Hermann Weidenfeller • Anton Vlcek

Digitale Modulationsverfahren mit Sinusträger

Springer

Berlin
Heidelberg
New York
Barcelona
Budapest
Hongkong
London
Mailand
Paris
Santa Clara
Singapur
Tokio

Hermann Weidenfeller • Anton Vlcek

Digitale Modulationsverfahren mit Sinusträger

Anwendung in der Funktechnik

Mit 248 Abbildungen

Springer

Prof. Dr.-Ing. Hermann Weidenfeller
Fachhochschule Frankfurt
Fachbereich Elektrotechnik
Kleiststraße 3
60318 Frankfurt

Prof. Dr.-Ing. Anton Vlcek
Frankensteiner Straße 131 A
64297 Darmstadt-Eberstadt

Die Deutsche Bibliothek - CIP-Einheitsaufnahme
Weidenfeller, Hermann:
Digitale Modulationsverfahren mit Sinusträger: Anwendung in der Funktechnik
Hermann Weidenfeller; Anton Vlcek.
Berlin; Heidelberg; NewYork; Barcelona; Budapest; Hongkong; London; Mailand; Paris; Santa Clara; Singapur; Tokio: Springer, 199
ISBN 3-540-60622-X
NE: Vlcek, Anton

ISBN 3-540-60622-X Springer-Verlag Berlin Heidelberg New York

Herstellung:PRODUSERV Springer Produktions-Gesellschaft, Berlin
Einband-Entwurf: Struve & Partner, Heidelberg
Satz: Camera-ready-Vorlage vom Autor
SPIN: 10510497 62/3020 - Gedruckt auf säurefreiem Papier

Vorwort

Neue Technologien haben in den letzten Jahren auf allen Gebieten der Nachrichtentechnik zu umwälzenden Entwicklungen geführt. So werden neben den noch bestehenden klassischen analogen Funk-Übertragungssystemen mehr und mehr moderne digitale Konzepte im Richtfunk, Satellitenfunk und Mobilfunk und anderen Funksystemen realisiert.

Im vorliegenden Lehrbuch werden digitale Modulationsverfahren behandelt, soweit sie für die Funkübertragung von Interesse sind.

Das Buch wendet sich gleichermaßen an den in der Praxis stehenden Ingenieur, der bei der Konzeption und Entwicklung von digitalen Funk-Übertragungssystemen Kenntnisse über die Eigenschaften digitaler Modulationsverfahren mit Sinusträger benötigt, wie an den Studenten der Nachrichtentechnik an Fachhochschulen und Technischen Hochschulen, dem es bei entsprechenden Vorlesungen als begleitende Literatur dienen kann. Dem forschenden Ingenieur verschafft das Werk Einblick in die Funktion und Leistungsfähigkeit der digitalen Modulationsverfahren mit Sinusträger nach dem derzeitigen Stand der Technik.

Für das Verständnis des Buches sind Grundkenntnisse der Analysis und der Wahrscheinlichkeitslehre erforderlich.

Um den Einstieg in die Theorie der zeitdiskreten aber wertkontinuierlichen Übertragungssignale zu erleichtern, sind wichtige Teile der Signaltheorie, der Wahrscheinlichkeitslehre und der Theorie digitaler Übertragungssysteme in kompakter Form zu Beginn des Buches dargestellt. Die Signalbeschreibung erfolgt in leicht verständlicher reeller Form, wobei nur kausale realisierbare Systeme betrachtet werden.

Neben den „uncodierten" digitalen Modulationsverfahren mit Sinusträger wird, nach einem kurzen Einblick in einige Methoden der Kanalcodierung, auf die anschauliche Darstellung der Verknüpfung von digitaler Sinusträger-Modulation und Kanalcodierung eingegangen.

Ergänzend werden die in digitalen Funksystemen zu beachtenden Randbedingungen, wie weißes Rauschen, lineare Verzerrungen etc. kurz behandelt.

Für die Unterstützung bei der Erstellung dieses Buches bedanke ich mich bei allen Fachkollegen.

Mein besonderer Dank gilt meinem Mitautor Herrn Prof. Dr.-Ing. A. Vlcek, der leider durch eine Krankheit jäh aus seinem Schaffen gerissen wurde. Ich habe die Arbeit in seinem Sinne weitergeführt.

Meiner Frau Juliane danke ich für die Erstellung der Abbildungen und für ihre übrige geduldige Mitarbeit.

Danken möchte ich auch meinem Kollegen Herrn Prof. Dr.-Ing. G. Zimmer, der das Lesen der Korrektur übernommen hat.

Bei Herrn Dipl.-Ing. N. Schellhaas bedanke ich mich für seine Unterstützung bei der Installation der LATEX-Software.

Dem Springer-Verlag schließlich, besonders Herrn Dr. D. Merkle, sei gedankt für die gute Zusammenarbeit.

Ladenburg, Februar 1996 Hermann Weidenfeller

Inhaltsverzeichnis

1 Einleitung

Der Austausch von Informationen ist für die menschliche Gesellschaft von existenzieller Bedeutung und hat in einem modernen Industriestaat einen ähnlich hohen Stellenwert wie beispielsweise die Produktion von lebenswichtigen Konsumgütern. Den wechselseitigen Informationsaustausch zwischen Menschen aber auch Organismen und Systemen faßt man unter dem Begriff *Kommunikation* zusammen.

Die Übertragungstechnik stellt technische Mittel und Methoden bereit um über größere und große Entfernungen hinweg zu kommunizieren. Für den Informationsaustausch werden grundsätzlich energetische Vorgänge oder materielle Zustände als Informationsträger benötigt. Information kann beispielsweise in Form von Sprache, Tönen, Bildern, geschriebenen Texten oder vereinbarten Zeichen in einer *Informationsquelle* erzeugt werden. Da die Bedeutung der Information die zur Übertragung ansteht für den Ingenieur der Übertragungsstechnik nicht im Vordergrund steht, wird sie als *Nachricht* bezeichnet. Die physikalische Darstellung der Nachricht, meist als elektrische oder optische Größe, repräsentiert in der Nachrichtenübertragungstechnik das *Nachrichtensignal.* Zur günstigen Übertragung über den *Kanal*, der in seiner praktischen Ausformung aus metallischen Leitern, Lichtwellenleitern oder Funkstrecken und den dazugehörigen Sende-und Empfangseinrichtungen besteht, wird das Nachrichtensignal im Sender in seiner Gestalt verändert. Die Veränderung des Nachrichtensignals, das bei der Übertragung durch additiv überlagertes Geräusch und andere Störeinflüsse beeinträchtigt wird, muß im Empfänger wieder rückgängig gemacht werden. Das Empfangssignal kann dann, soweit möglich, regeneriert und der *Informationssenke* zur Auswertung oder Weiterverarbeitung zugeleitet werden.

Die von Shannon 1949 formulierte *Informationstheorie* ermöglicht es

Nachrichten unabhängig von den sie tragenden Signalen zu charakterisieren. Sie stellt ein Bindeglied zwischen den 3 Teilgebieten der *Nachrichtentechnik*, nämlich der *Nachrichtenübertragung*, der *Nachrichtenvermittlung* und der *Nachrichtenverarbeitung* dar.

Einige wichtige Ergebnisse der Informationstheorie kommen in Kapitel 7 zur Anwendung.

Die Nachricht ist bei den in diesem Buch ausschließlich betrachteten digitalen Übertragungssystemen zunächst in einem zeit-und wertdiskreten Basisbandsignal mit zufällig auftreten Amplitudenzuständen enthalten. Basisbandsignale sind beispielsweise digitalisierte Sprachsignale oder Computerdatensignale mit 2 oder 2^n, $(n = 1, 2, 3, \ldots)$ Amplitudenzuständen. Als Gütekriterium für solche Signale wird die Symbolfehler-Wahrscheinlichkeit bei additiv überlagertem Rauschen benutzt, wobei 1 Symbol durch einen Amplitudenzustand repräsentiert wird.

Wie bereits eingangs erwähnt, werden die Basisbandsignale als Träger der Nachricht zur Übertragung verändert. Bei der hier im Vordergrund stehenden Funkübertragung prägt man das Basisbandsignal durch *Modulation* einer hochfrequenten Sinusschwingung auf. Als Modulation einer Sinusschwingung bezeichnet man allgemein die Veränderung von Amplitude, Phase oder Frequenz dieser Schwingung im Sinne des die Nachricht tragenden Basisbandsignals. Durch die Sinusträger-Modulation entsteht aus dem zeit-und wertdiskreten Basisbandsignal ein zeitdiskretes aber wertkontinuierliches moduliertes Signal. Die Wahl hochfrequenter Sinusträger ermöglicht die Nachrichtensignalübertragung in beliebigen zur Übertragung geeigneten Frequenzbereichen.

Als *Träger* des Basisbandsignals kommen neben den genannten hochfrequenten Sinusträgern auch periodische Impulsfolgen oder Pseudo-Rauschsignale zur Anwendung. Sie werden wegen ihrer geringen Bedeutung für die Funkübertragung nicht betrachtet.

Der Sinusträger stellt wegen seiner idealen Schmalbandigkeit - die Spektralfunktion einer Sinussschwingug ist eine Spektrallinie bei der Frequenz des Sinusträgers - für die Funkübertagung die bezüglich der Frequenzbandökonomie günstigste Alternative dar.

Da grundsätzlich digitale Basisbandsignale zur Übertragung anstehen, die aus nicht vorhersagbaren logischen Amplitudenzuständen (Elementarimpulsen) aufgebaut sind, wird in Kapitel 2 auf die Darstellung von Zufallsignalen und Zufallsereignissen, sowie die Grundlagen der Wahrscheinlichkeitslehre besonderen Wert gelegt.

Der Formung der Elementarimpulse der Basisbandsignale ist Kapitel 3 gewidmet. Ihre zeitliche - und spektrale Darstellung, sowie die Optimierung für die Übertragung, wird eingehend diskutiert.

Moduliert ein zeit - und wertdiskretes Basisbandsignal einen kontinuierlichen Sinusträger, so kommt es abhängig von der Gestalt der Elementarimpulse des Basisbandsignals (z.B. Rechteckimpulse) zu sprungartigen Änderungen von Amplitude, Phase oder Frequenz des Sinusträgers. Man nennt diese Art der Modulation deshalb *Tastung*. Wird die Amplitude des Sinusträgers im Sinne des Basisbandsignals sprunghaft geändert, so spricht man von *Amplitudenumtastung*, liegt die sprunghaft Änderung in der Phase des Sinusträgers, so heißt das Verfahren *Phasenumtastung* und ändert der *Träger* sprunghaft seine Frequenz, so spricht man von *Frequenzumtastung.*

Amplitudenumtastung, Phasenumtastung, Frequenzumtastung, Kanalcodierung und Modulation, sowie die hybride Amplituden-Phasen-Umtastung sind die Schwerpunkthemen des vorliegen Buches.

Auf die Beschreibung und Realisierung der Amplitudenumtastung wird in Kapitel 4 eingegangen. Neben der Darstellung des Zeitsignals und der spektralen Eigenschaften wird die Ableitung der Symbolfehler-Wahrscheinlichkeit bei additivem Rauschen durchgeführt.

In Kapitel 5 wird die Phasenumtastung diskutiert. Die Phasenumtastung besitzt mit seinen verschiedenen Varianten, wie z.B. die Phasendifferenzumtastung, große praktische Bedeutung. Zeitsignal-und spektrale Darstellung, Ableitung der Symbolfehler-Wahrscheinlichkeit bei additivem Rauschen, Entwurf von Modulator-Demodulatorsystemen (Modem), Phasendifferenzcodierung und die wichtigsten Methoden der Bittakt-und Trägerrückgewinnung zur kohärenten Demodulation sind Gegenstand dieses Kapitels.

Kapitel 6 befaßt sich mit der hybriden Amplituden-Phasen-Umtastung. Bei diesen Systemen beeinflußt das modulierende Basisbandsignal sowohl die Amplitude als auch die Phase eines Sinusträgers. Die Signalbeschreibung im Zeit-und Frequenzbereich wird ähnlich wie bei der Phasenumtastung vorgenommen. Verschiedene Alternativen zur Modem-Realsierung werden aufgezeigt und die Symbolfehler-Wahrscheinlichkeit bei additivem Geräusch wird abgeleitet.

Die Verbindung von Modulation und Kanalcodierung zur Entdeckung und Korrektur von Übertragungsfehlern (Bitfehlern) wird in Kapitel 7 vorgestellt. Hier wird zunächst ein kurzer Einblick in einige wichtige Methoden der Kanalcodierung wie Faltungscodierung und Blockcodierung gegeben. Auf die Verknüpfung von Modulation und Kanalcodierung zur *codierten Modulation* wird ebenfalls eingegangen. Mit Hilfe einiger charakteristischer Beispiele werden die Zusammenhänge erläutert.

In Kapitel 8 wird ein spezielles Codierverfahren behandelt mit dessen Hilfe die Realisierung von Systemen zur Amplitudenumtastung, Phasenumtastung und Amplituden-Phasen-Umtastung mit beliebiger Anzahl von Signalzuständen gelingt.

Die mittlere Signalleistung eines Sendesignals kann mit einem Codierverfahren, das in Kapitel 9 dargestellt ist, drastisch reduziert werden. Allerdings wird durch die Codierung die Signalbandbreite stark erhöht. Die Darstellung der Einseitenband-Modulation beschließt dieses Kapitel.

Zur Realisierung schmalbandiger Übertragungssignale sowie zur Erzeugung spezieller spektraler Eigenschaften im Basisbandsignal eignet sich das in Kapitel 10 dargestellte *Partial-Response-Codierverfahren.* Besonders zusammen mit der *Einseitenband-Übertragung* wird das Verfahren eingesezt.

In Kapitel 11 werden die variantenreichen Methoden der Frequenzumtastung mit kontinuierlicher Phase vorgestellt. Nach der Beschreibung der Signale im Zeit-und Frequenzbereich wird die Symbolfehler-Wahrscheinlichkeit bei additivem Rauschen ermittelt. Verschiedene Alternativen zur Realisierung von Modulator-und Demodulatorsystemen werden angegeben. Betrachtungen der Phasenmodulation mit kontinuierlicher Phase vervollständigen das Kapitel.

Kapitel 12 schließlich befaßt sich mit den vielfältigen Randbedingungen, die ein digitales Übertragungssystem störend beeinflussen. Themen dieses Kapitels sind die Darstellung des thermischen Rauschens, lineare - und nichtlineare Verzerrungen, Jitter, Frequenzverwerfungen, Mehrwegeausbreitung, Nachbarkanalstörungen, Gleichkanalstörungen, in kompakter Form. Ein Überblick über die Störeffekte bei der Ausbreitung einer elektromagnetischen Welle durch die Atmosphäre beschließen die Ausführungen.

2 Grundlagen der Signal- und Systemtheorie

Signale der elektrischen Nachrichtentechnik sind zeitabhängige Vorgänge die Nachrichten in Form physikalischer Größen (z.B. Strom, Spannung, Intensität einer Lichtwelle etc.) darstellen. Man unterscheidet dabei drei Grundmuster, nämlich *Elementarimpulse*, dies sind Signale von endlicher Amplitude und endlicher Dauer, *periodische Signale* eine aufeinanderfolgende Wiederholung gleichartiger Elementarimpulse und *stochastische Signale* immerwährende nicht periodisch schwankende Signale mit endlicher Amplitude. Zu den letzteren gehören auch Nachrichtensignale die durch stochastische Folgen von Elementarimpulsen (z.B. Rechteckimpulsen, Cosinusquadratimpulsen, hochfrequenten Schwingungspaketen, ...) definiert sind. Elementarimpulse und periodische Signale gehören zu der Gruppe der *determinierten Signale*, deren Verlauf mathematisch vollständig beschrieben werden kann. Ihnen gegenüber stehen die nichtdeterminierten Zufallssignale. Sie werden einerseits zur Nachrichtenübertragung benutzt, andererseits können sie Störsignale sein (z.B. thermisches Rauschen). Um die Eigenschaften der digitalen Nachichtensignale dem Übertragungssystem anzupassen zu können, ist neben der Kenntnis von Zeitfunktion und Amplitudenspektrum der Elementarimpulse auch der charakteristische Verlauf von Autokorrelationsfunktion und spektraler Leistungsdichte des stochastischen Signals wichtig. Die Signal-und Systemtheorie liefert die mathematischen Methoden um die wichtigsten Signal-und Systemeigenschaften zu beschreiben und zu analysieren [1, 2, 3, 4, 5, 6, 7].

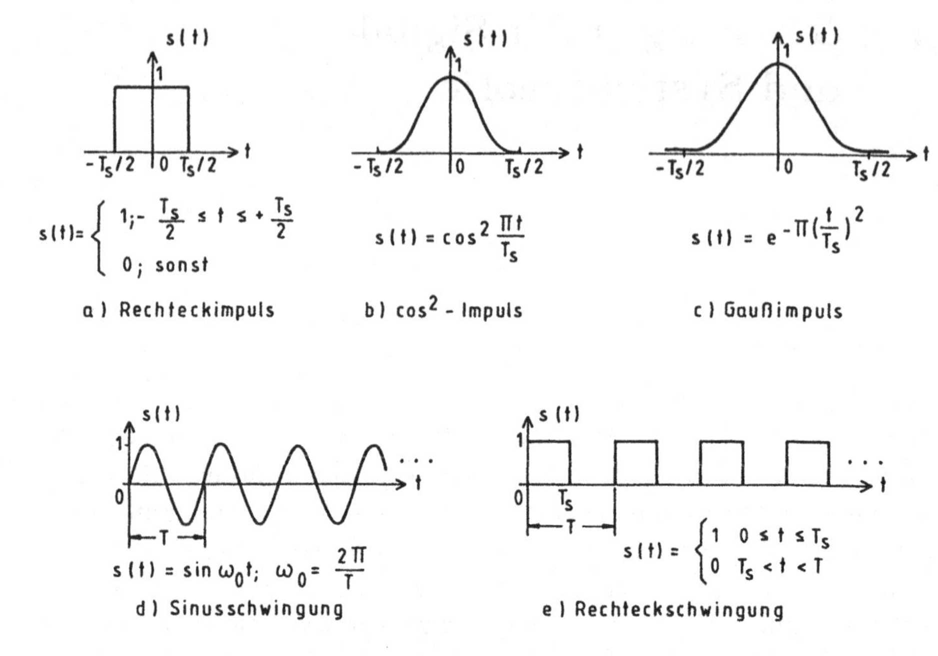

Abbildung 2.1: Einige determinierte Signale

2.1 Determinierte Signale

Die Elemente der diskreten Zufallssignale zur Nachrichtenübertragung sind determinierte Signale, wie z.B. Rechteckimpulse, Gauß-Impulse, Cosinusquadrat-Impulse, etc. Die Elementarimpulse sind entweder besonders einfach zu erzeugen oder haben für die Übertragung günstige Eigenschaften. Periodische Signale wie z.B. die Sinusfunktion, sie dient in der Nachrichtentechnik als hochfrequenter Träger, dem die zu übertragende Nachricht durch Veränderung von Amplitude, Phase oder Frequenz aufgeprägt wird, während periodische Rechteckimpulsfolgen in der Datentechnik als Taktsignale zur Anwendung kommen. Abbildung 2.1 zeigt als Beispiel einige determinierte Signale. Periodische Signale können mit Hilfe der Fourieranalyse und Elementsarimpulse mit Hilfe der Fouriertransformation (Fourierintegral) analysiert werden. In den nächsten beiden Abschnitten werden diese wichtigen Methoden der Signalanalyse kurz betrachtet.

2.1.1 Fourieranalyse

Periodische Signale wie beispielsweise die in Abbildung 2.1e dargestellte periodische Rechteckschwingung können mit Hilfe der Fourieranalyse in Fourierreihen entwickelt werden. Ein periodisches Signal besteht aus der Grundschwingung mit der Frequenz $f_0 = \frac{1}{T}$ und den sogenannten Oberschwingungen deren Frequenzen ganzzahlige Vielfache der Grundfrequenz sind. Gleichanteile in periodischen Signalen werden in der Fourierreihe ebenfalls berücksichtigt. Die Fourierreihe lautet allgemein

$$s(t) = a_0 + \sum_{\nu=1}^{\infty}(a_\nu \cos \nu\omega_0 t + b_\nu \sin \nu\omega_0 t). \tag{2.1}$$

Die Koeffizienten a_ν und b_ν kann man ermitteln, indem man Gleichung 2.1 mit $\cos \nu\omega_0 t$ bzw. mit $\sin \nu\omega_0 t$ multipliziert und von $-\frac{T}{2}$ bis $+\frac{T}{2}$ integriert. Zur Bestimmung von a_0 ist nur über $s(t)$ in den genannten Grenzen zu integrieren. Man erhält, da

$$\int_{\frac{-T}{2}}^{\frac{+T}{2}} \cos \nu\omega_0 t \sin \nu\omega_0 t dt = 0 \tag{2.2}$$

ist, die Fourierkoeffizienten aus

$$a_0 = \frac{1}{T}\int_{-\frac{T}{2}}^{\frac{T}{2}} s(t)dt \tag{2.3}$$

$$a_\nu = \frac{2}{T}\int_{\frac{-T}{2}}^{\frac{+T}{2}} s(t) \cos \nu\omega_0 t dt \tag{2.4}$$

$$b_\nu = \frac{2}{T}\int_{\frac{-T}{2}}^{\frac{+T}{2}} s(t) \sin \nu\omega_0 t dt. \tag{2.5}$$

Nach der Erweiterung auf negative Koeffizienten $\underline{c}_\nu$ lautet die Fourierreihe in komplexer Darstellung

$$s(t) = \sum_{\nu=-\infty}^{+\infty} \underline{c}_\nu e^{j\nu\omega_0 t}. \tag{2.6}$$

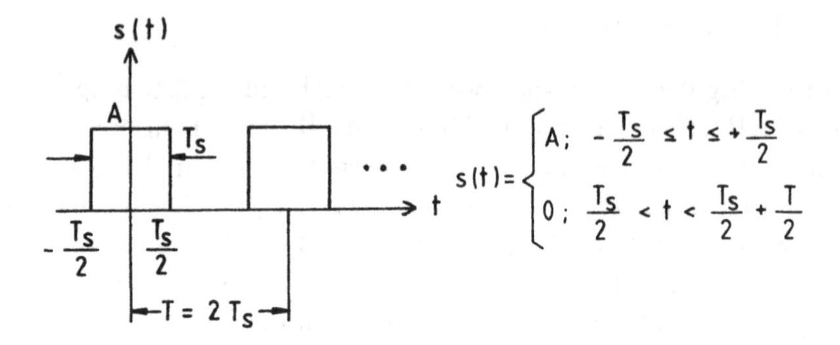

Abbildung 2.2: Periodische Rechteckimpulsfolge und ihre Definition

Den komplexen Fourierkoeffizienten $\underline{c}_\nu$ ermittelt man dann aus

$$\underline{c}_\nu = \frac{1}{T} \int_{-\frac{T}{2}}^{+\frac{T}{2}} s(t) e^{-j\nu\omega_0 t} dt. \tag{2.7}$$

Durch die Einführung negativer komplexer Fourierkoeffizienten erhält man eine symmetrische Darstellung der Fourierreihe $s(t)$. Diese Darstellung bewährt sich besonders gut beim Übergang zur Fouriertransformation. Aus Gleichung 2.6 erkennt man, daß periodische Signale nur bei diskreten Frequenzen Komponenten besitzen. Das durch das Signal belegte Frequenzband ist dabei unendlich breit. Diese Eigenschaft besitzen periodische Signale von beliebiger Elementarimpulsform.

Beispiel 2.1:
Analyse der periodischen Rechteckimpulsfolge nach Abbildung 2.2. Die Fourierkoeffizienten folgen im Beispiel 2.1 zu

$$a_0 = \frac{AT_s}{T} \tag{2.8}$$

$$a_\nu = \frac{4A}{\nu\omega_0 T} \frac{\sin \nu\omega_0 T_s}{2} \tag{2.9}$$

$$b_\nu = 0. \tag{2.10}$$

Da im gewählten Beispiel $T = 2T_s$ ist, erhält man für a_ν

$$a_\nu = A \frac{\sin \nu\omega_0 \frac{T_s}{2}}{\nu\omega_0 \frac{T_s}{2}}. \tag{2.11}$$

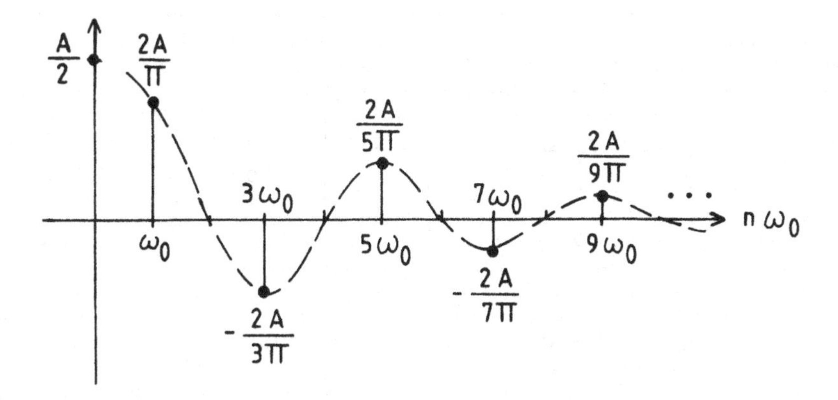

Abbildung 2.3: Qualitative Darstellung des Linienspektrums eines periodischen Rechtecksignals

Setzt man a_0 und a_ν in Gleichung 2.1 ein, so folgt

$$s(t) = \frac{A}{2} + \frac{2A}{\pi}\cos\omega_0 t - \frac{2A}{3\pi}\cos 3\omega_0 t + \frac{2A}{5\pi}\cos 5\omega_0 t - \cdots . \quad (2.12)$$

$$s(t) = A\left(\frac{1}{2} + \sum_{\nu=1}^{\infty}\frac{\sin\frac{\nu\pi}{2}}{\frac{\nu\pi}{2}}\cos\nu\omega_0 t\right). \quad (2.13)$$

Die Darstellung von Gleichung 2.13 führt auf das in Abbildung 2.3 gezeigte Linienspektrum (Amplitudenspektrum). Mit Gleichung 2.6 kann neben dem in Abildung 2.3 dargestellten Amplitudenspektrum auch ein entsprechendes Phasenspektrum ermittelt werden.

Die Anwendung der Fourierreihe ist auf periodische Signale beschränkt. Nachrichtensignale sind allgemein nichtperiodischer Natur. Den Zusammenhang zwischen Zeitfunktion und Spektrum bei impulsartigen Vorgängen stellt die Fouriertransformation (auch Fourierintegral) her, die aus der Fourierreihe hergeleitet werden kann.

2.1.2 Fouriertransformation

Geht man von der komplexen Fourierreihe nach Gleichung 2.6 mit den Koeffizienten nach Gleichung 2.7 aus und läßt die Periodendauer $T \to \infty$ gehen, so rücken die Spektrallinien wegen $f_0 = \frac{1}{T}$ unendlich dicht zusammen, vergleiche Abbildung 2.3. Aus dem Linienspektrum

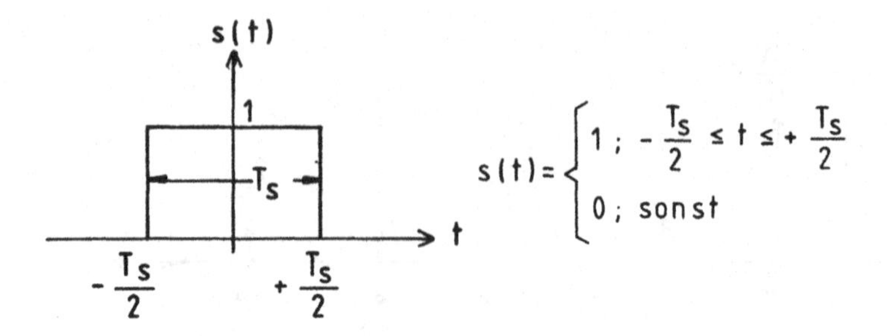

Abbildung 2.4: Rechteckimpuls

entsteht ein kontinuierliches (stetiges) Spektrum. Die beiden vorgenannten Gleichungen bilden dann das Fouriertransformationspaar

$$\underline{S}(f) = \int_{-\infty}^{+\infty} s(t) e^{-j2\pi ft} dt \tag{2.14}$$

$$s(t) = \int_{-\infty}^{+\infty} \underline{S}(f) e^{+j2\pi ft} df. \tag{2.15}$$

Wählt man als Variable anstelle der Frequenz f die Kreisfrequenz ω so ist wegen $d\omega = 2\pi df$ der Faktor $\frac{1}{2\pi}$ vor die Gleichung 2.15 zu setzen.

$$S(\omega) = \int_{-\infty}^{+\infty} s(t) e^{-j\omega t} dt \tag{2.16}$$

$$s(t) = \frac{1}{2\pi} \int_{-\infty}^{+\infty} \underline{S}(\omega) e^{+j\omega t} d\omega \tag{2.17}$$

$\underline{S}(f)$ nennt man die komplexe Spektraldichte der Zeitfunktion $s(t)$. Das Fourierintegral hat immer dann eine endliche Lösung, wenn $s(t)$ mindestens stückweise stetig ist und die hinreichende Bedingung

$$\int_{-\infty}^{+\infty} |s(t)| dt < \infty \tag{2.18}$$

erfüllt ist.

Beispiel 2.2:
Spektraldichte des Rechteckimpulses nach Abbildung 2.4. In Abbildung

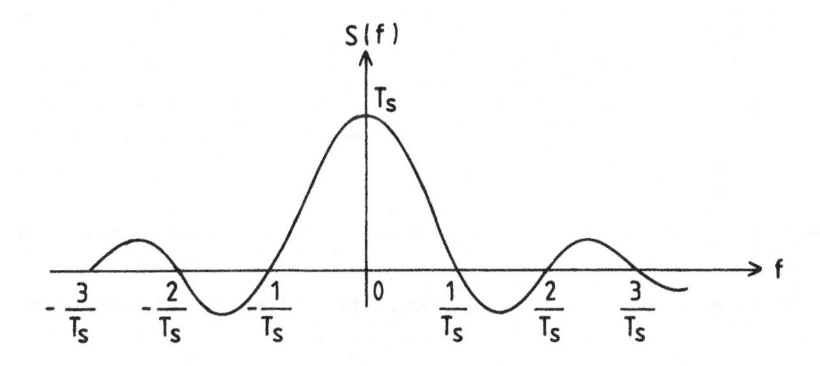

Abbildung 2.5: Spektralfunktion eines Rechteckimpulses

2.4 ist ein Rechteckimpuls dargestellt und definiert. Setzt man die in Abbildung 2.4 angegebene Gleichung in Gleichung 2.14 ein so ermittelt man die Spektraldichte

$$\underline{S}(f) = \int_{-\frac{T_s}{2}}^{+\frac{T_s}{2}} 1 e^{-j2\pi ft} dt \qquad (2.19)$$

$$\underline{S}(f) = \int_{-\frac{T_s}{2}}^{+\frac{T_s}{2}} \cos 2\pi ft \; dt - j \int_{-\frac{T_s}{2}}^{+\frac{T_s}{2}} \sin 2\pi ft \; dt \qquad (2.20)$$

die reell ist, da der letzte Term in der vorgenannten Gleichung Null wird. Das Ergebnis lautet somit

$$S(f) = T_s \frac{\sin \pi f T_s}{\pi f T_s}. \qquad (2.21)$$

In Abbildung 2.5 ist Gleichung 2.21 grafisch dargestellt. Hat der Impuls eine Amplitude von $1V$ und die Dauer $T_s = 1s$ so erhält man mit Gleichung 2.21 die Beziehung

$$S(f) = 1Vs \frac{\sin \pi f s}{\pi f s}. \qquad (2.22)$$

Die Dimension von $S(f)$ ist $Vs = \frac{V}{Hz}$. Die Bezeichnung Spektraldichte ist daher verständlich. Der Rechteckimpuls hat wie alle zeitbegrenzten Elementarimpulse ein unendlich breites Spektrum mit kontinuierlichem Verlauf.

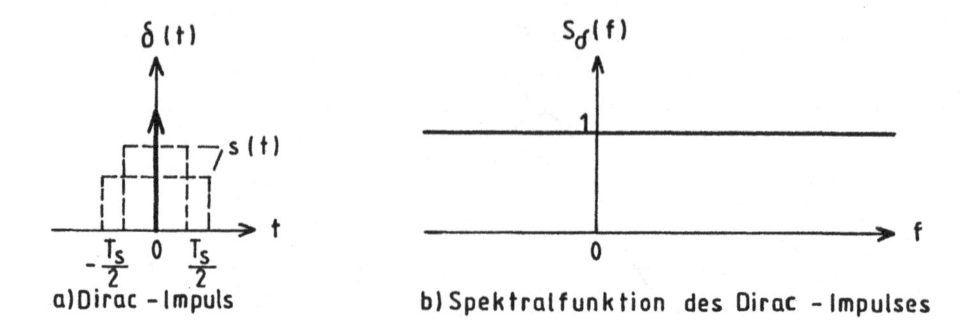

Abbildung 2.6: Der Dirac-Impuls und seine Spektralfunktion

2.1.3 Stoßfunktion

Verringert man in Abbildung 2.5 des vorstehenden Beispiels die Impulsdauer T_s so wandert die erste Nullstelle der Spektraldichte zu immer höheren Frequenzen hin. Gleichzeitig wird der Impuls immer schmaler wie gestrichelt in Abbildung 2.6 dargestellt. Für $T_s \rightarrow \infty$ erhält man eine Spektraldichte konstanter spektraler Amplitude. Die zu dieser Spektraldichte gehörende "Zeitfunktion" ist ein unendlich hoher und unendlich schmaler Impuls $\delta(t)$ der *Dirac-Impuls* oder *Stoßfunktion* genannt wird [1], mit der Dimension $1/s$. Für den Dirac-Impuls folgt mit der Fouriertransformation Gleichung 2.14 und Gleichung 2.15 deshalb

$$\underline{S}_\delta(f) = \int_{-\infty}^{+\infty} \delta(t) e^{-j2\pi f t} dt = 1 \tag{2.23}$$

$$\delta(t) = \int_{-\infty}^{+\infty} \underline{S}_\delta(f) e^{+j2\pi f t} dt. \tag{2.24}$$

Der Diracimpuls der symbolisch durch einen vertikalen Pfeil endlicher Länge dargestellt wird und seine Spektralfunktion sind in Abbildung 2.6 gezeigt. Eine weitere wichtige Eigenschaft der Stoßfunktion ist die Ausblendung von Funktionswerten (Abtastung) in äquidistanten Abständen T_s. Für eine stetige Funktion $s(t)$ gilt hier

$$\int_{-\infty}^{+\infty} s(t)\delta(t) dt = s(0) \tag{2.25}$$

$$\int_{-\infty}^{+\infty} s(t)\delta(t - T_s)dt = s(T_s) \tag{2.26}$$

$$\int_{-\infty}^{+\infty} s(t)\delta(t - 2T_s)dt = s(2T_s). \tag{2.27}$$

u.s.w.. Der Dirac-Impuls ist der Systemeingangsimpuls bei der Definition der Impulsantwort eines Systems. In einem der folgenden Abschnitte wird der Begriff Impulsantwort noch genauer definiert.

2.2 Zufallssignale

Von den bereits erwähnten immerwährenden *Zufallssignalen* kann nur ein zeitlicher Ausschnitt betrachtet werden. Ein Zufallssignal (auch stochastisches Signal) kann als Musterfunktion (=Elementarfunktion) eines stochastischen Prozesses aufgefaßt werden. Man unterscheidet diskrete Zufallssignale und kontinuierliche Zufallssignale. Diskrete Zufallssignale sind mathematisch darstellbar. Beispielsweise wird ein binäres Zufallssignal durch

$$x(t) = \sum_{k=-\infty}^{+\infty} x_{ik}\gamma(t - kT_s) \qquad (i = 1, 2) \tag{2.28}$$

beschrieben. In Gleichung 2.28 ist x_{ik} ein binärer Amplitudenoperator der in einem beliebigen Intervall $kT_s \leq t \leq (k+1)T_s$ die Werte 0 oder 1 in zufälliger Folge annehmen kann. $\gamma(t)$ beschreibt die rechteckförmige Gestalt des Impulses im vorgenannten Intervall. Auf entsprechende Art und Weise kann man Zufallssignale mit mehr als zwei Amplitudenzuständen (z.B. $m = 2^n$ Zustände; $n = 1, 2, 3, 4, \ldots$) definieren. Kontinuierliche Zufallssignale sind mathematisch nur näherungsweise darstellbar [8, 9, 10, 11]. Bei einem Zufallssignal kann das Zufallsereignis in der Amplitude, der Phase oder der Frequenz liegen. Aus Gründen der Anschaulichkeit werden hier zunächst Signale mit zufällig auftretender

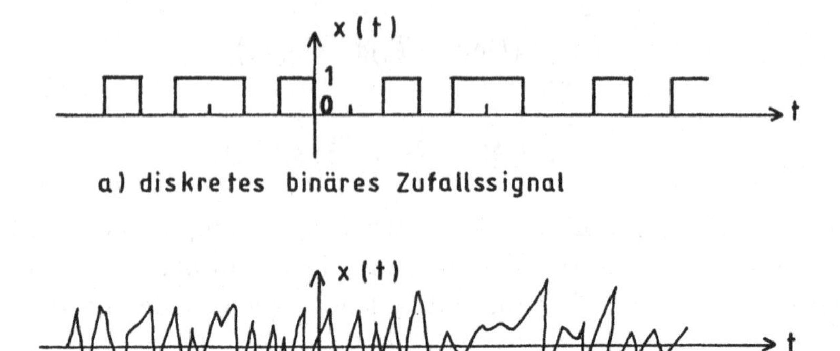

Abbildung 2.7: Zufallssignale

Amplitude betrachtet. Bei dem diskreten Zufallssignal nach Abbildung 2.7*a* ist unter anderem von Interesse mit welcher Wahrscheinlichkeit die einzelnen Signalamplitudenzustände x_{ik} (Ereignis x_{ik}) erscheinen. Zur Untersuchung dieser Eigenschaft benötigt man die Wahrscheinlichkeitslehre. In der Wahrscheinlichkeitslehre unterscheidet man sichere, unmögliche und zufällige Ereignisse x_{ik}. Tritt unter bestimmten Voraussetzungen ein Ereignis x_{ik} immer auf, so liegt ein sicheres Ereignis vor; kann es nie auftreten, so ist es ein unmögliches Ereignis und besteht schließlich die Möglichkeit des Auftretens oder Nichtauftretens, so ist es ein zufälliges Ereignis. Zur Erläuterung des Begriffs zufälliges Ereignis werde das in Abbildung 2.8 gezeigte sechstufige Signal betrachtet das in einem idealen Zufallsgenerator erzeugt wird.

$$x(t) = \sum_{k=-\infty}^{+\infty} x_{ik}\gamma(t - kT_s) \qquad i = (1, 2, 3, 4, 5, 6) \tag{2.29}$$

Das Erscheinen eines Amplitudenzustandes x_{ik} der Dauer T_s ist ein zufälliges Ereignis. Zur Bestimmung der Häufigkeit eines solchen Ereignisses werde nach Abbildung 2.8 das Ereignis $x_{3k} = 3V$ in Detektor 1 innerhalb einer Beobachtungszeit T_m (Meßzeit) ermittelt und im Zähler

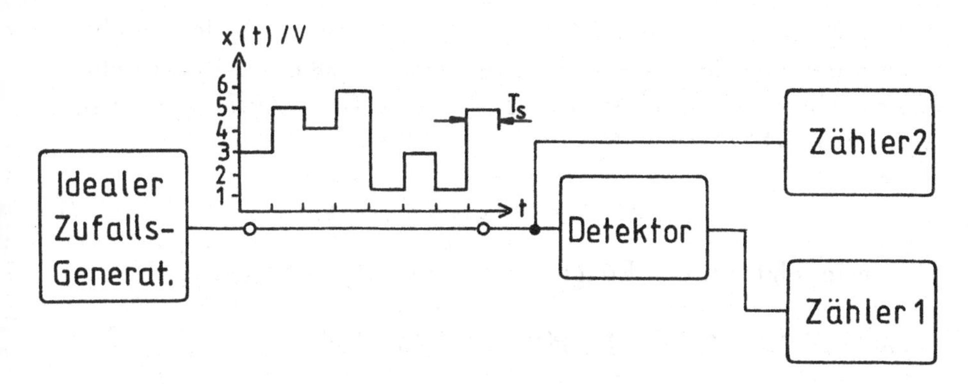

Abbildung 2.8: Erzeugung eines Signals mit 6 diskreten Signalzuständen

1 gezählt. In Zähler 2 werden alle innerhalb der Meßzeit vom Zufallsgenerator abgegebenen Impulse gezählt. Um die relative Häufigkeit des vorgenannten Ereignisses angeben zu können bildet man den Quotienten

$$h(x_{3k}) = \frac{\kappa}{\chi}. \tag{2.30}$$

In Gleichung 2.30 ist κ die Anzahl der Ereignisse $x_{3k} = 3V$ und χ die während der Meßzeit T_m vom Zufallsgenerator abgegebene Anzahl aller Symbole x_{ik}. Bei einer hinreichend langen Meßzeit T_m mit einer großen Anzahl χ von gesendeten Symbolen, kann die relative Häufigkeit $h = \frac{\kappa}{\chi}$ als Zahlenwert für die Wahrscheinlichkeit gewählt werden. Diesen Zahlenwert nennt man die statistische Wahrscheinlichkeit (nach v. Mises) des Ereignisses $x_{3k} = 3V$ und wird mit $p(x_{3k})$ bezeichnet. Als allgemeine Definition für beliebige Amplitudenzustände x_{ik} gilt

$$p(x_{ik}) = \lim_{\chi \to \infty} \frac{\kappa}{\chi}. \tag{2.31}$$

Im Zufallssignal nach Abbildung 2.8 treten die einander ausschließenden Ereignisse $x_{1k}, x_{2k}, \ldots, x_{6k}$ auf. Da der Zufallsgenerator ideal ist, ist die Wahrscheinlichkeit für jedes Ereignis gleich groß. Im Mittel fallen auf jedes dieser Ereignisse $\frac{1}{6}$ der innerhalb der Meßzeit T_m gesendeten Impulse. Die Wahrscheinlichkeit, daß beispielsweise das Ereignis x_{4k} oder das Ereignis x_{5k} eintritt ist dann $\frac{2}{6}$, denn im Mittel wird in einem

Drittel der gesendeten Impulse innerhalb der Meßzeit T_m der Amplitudenzustand x_{4k} oder x_{5k} vom Zufallsgenerator gesendet. Die einzelnen Wahrscheinlichkeiten addieren sich. Es gilt das Additionsgesetz der Wahrscheinlichkeitslehre [8].

$$p(x_{4k} \vee x_{5k}) = p(x_{4k}) + p(x_{5k}) \tag{2.32}$$

Allgemein folgt mit den Ereignissen (Variablen) $x_{1k}, x_{2k}, x_{3k}, \ldots$

$$p(x_{1k} \vee x_{2k} \vee x_{3k} \vee \ldots) = p(x_{1k}) + p(x_{2k}) + p(x_{3k}) + \cdots . \tag{2.33}$$

Bei der Aussendung von χ Impulsen innerhalb der Beobachtungszeit T_m tritt $\kappa - mal$ das Ereignis x_{ik} mit der Wahrscheinlichkeit $p(x_{ik})$ ein, siehe Gleichung 2.31. Die Wahrscheinlichkeit

$$q(x_{ik}) = 1 - p(x_{ik}) \tag{2.34}$$

ist damit die Wahrscheinlichkeit für das Nichteintreten eines Ereignisses x_{ik} (entgegengesetzte Ereignisse), da die Summe der Wahrscheinlichkeiten

$$p(x_{1k}) + p(x_{2k}) + p(x_{3k}) + \ldots + p(x_{6k}) = 1 \tag{2.35}$$

ist. Man nennt ein System von Ereignissen bei dem die Summe der Wahrscheinlichkeiten gleich 1 ist ein *vollständiges System.* Wahrscheinlichkeiten die unter festen Bedingungen (z.B. idealer Zufallsgenerator) berechnet werden nennt man *unbedingte Wahrscheinlichkeiten.* Häufig ist aber unter den Bedingungen die bei der Berechnung der Wahrscheinlichkeit eines Ereignisses x_{ik} vorausgesetzt werden eine enthalten die fordert, daß ein Ereignis y_{ik} mit einer bestimmten Wahrscheinlichkeit schon eingetreten sei. Eine solche Wahrscheinlichkeit wird *bedingte Wahrscheinlichkeit* $p(x_{ik}|y_{ik})$ genannt.

Zwei Ereignisse x_{ik} und y_{ik} sind unabhängig voneinander, wenn das Eintreten oder Nichteintreten des einen Ereignisses keinen Einfluß auf das Eintreten oder Nichteintreten des anderen Ereignisses hat. Man stelle sich hierzu zwei voneinander unabhängige Zufallsgeneratoren vor wie in Abbildung 2.8 dargestellt. Die Ereignisse x_{ik} im einen Zufallssignal sind dann unabhängig von den Ereignissen y_{ik} im anderen Zufallssignal. Für unabhängige Ereignisse gilt das Multiplikationsgesetz der Wahrscheinlichkeitslehre. Die Wahrscheinlichkeit $p(x_{ik} \wedge y_{ik})$ für

Tabelle 2.1: Verteilung des Zufallssignals nach Abbildung 2.8

x_{ik}	1	2	3	4	5	6
$p(x_{ik})$	1/6	1/6	1/6	1/6	1/6	1/6

das gleichzeitige Eintreten der voneinander unabhängigen Ereignisse x_{ik} und y_{ik} ist gleich dem Produkt der Wahrscheinlichkeiten $p(x_{ik})$ und $p(y_{ik})$.

$$p(x_{ik} \wedge y_{ik}) = p(x_{ik})p(y_{ik}). \tag{2.36}$$

Bei mehr als zwei unabhängigen Ereignissen $x_{1k}, x_{2k}, x_{3k} \ldots$ (Variablen) lautet das Multiplikationsgesetz entsprechend allgemein [8]

$$p(x_{1k} \wedge x_{2k} \wedge x_{3k} \wedge \ldots) = p(x_{1k})p(x_{2k})p(x_{3k}) \cdots. \tag{2.37}$$

2.2.1 Zufallssignal und Verteilung

Man nennt ein Signal zufällig oder Zufallssignal, wenn es bei verschiedenen unter gleichen Bedingungen durchgeführten Momentaufnahmen verschiedene Amplituden, Phasen oder Frequenzen annehmen kann, von denen jede Amplitude Phase oder Frequenz ein zufälliges Ereignis (Zufallsvariable) ist. Abbildung 2.7 stellt eine Momentaufnahme von Zufallssignalen mit zufälligen Amplituden dar. In einem Zeitintervall kann ein Zufallssignal entweder endlich viele oder beliebig viele zufällige Amplituden besitzen. Im ersten Fall nennt man das Zufallssignal *diskret* im zweiten Fall *kontinuierlich oder stetig.* Ein Zufallssignal ist erst vollständig charakterisiert, wenn von ihm nicht nur alle zufälligen Amplituden, Phasen oder Frequenzen die es annehmen kann bekannt sind, sondern auch die Wahrscheinlichkeit für das Erscheinen jeder einzelnen Amplitude, Phase oder Frequenz bekannt ist. Liegen diese Angaben vor so kennt man die Verteilung des Zufallssignals.

Beim idealen Zufallsgenerator gemäß Abbildung 2.8 kann das Zufallssignal $x(t)$ nur 6 diskrete Amplituden x_{ik} annehmen. Jede Amplitude erscheint mit der Wahrscheinlichkeit $p(x_{ik}) = \frac{1}{6}$. Die Verteilung dieses Zufallssignals kann somit angegeben werden, siehe Tabelle 2.1. Ihre grafische Darstellung zeigt Abbildung 2.9. Treten im diskre-

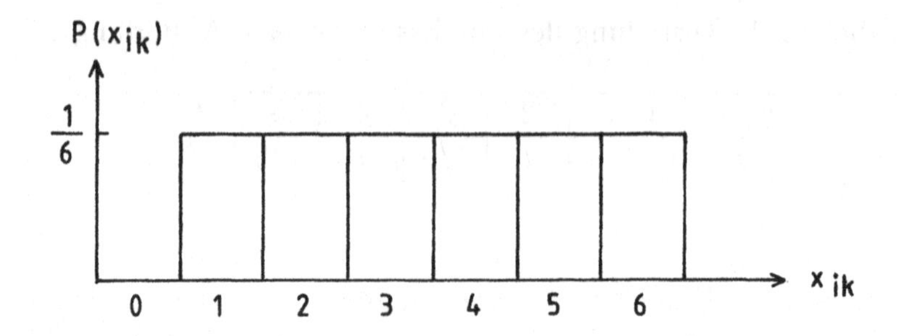

Abbildung 2.9: Histogramm der Verteilung nach Tabelle 2.1

ten Zufallssignal die einzelnen Amplituden x_{ik} nicht gleichwahrscheinlich auf, so verändert sich das Histogramm, da $p(x_{ik})$ nicht konstant $\frac{1}{6}$ bleibt.

Aus der Verteilung nach Abbildung 2.9 kann die Verteilungsfunktion $F(x_{ik})$ hergeleitet werden, die die Wahrscheinlichkeit angibt, daß eine Amplitude des diskreten Zufallssignals kleiner ist als eine bestimmte andere. Für das in Abbildung 2.8 dargestellte diskrete Zufallssignal gilt beispielsweise $F(1) = p(x(t) < 1) = 0$. Die Wahrscheinlichkeit, daß das Zufallssignal $x(t)$ die Amplitude 0 annimmt ist gleich 0. Wird diese Reihe fortgesetzt so erhält man die folgenden Ergebnisse:

$$F(2) = p(x(t) < 2V) = p(x(t) = 1V) = \frac{1}{6}$$

$$F(3) = p(x(t) < 3V) = \sum_{i=1}^{2} p(x(t) = iV) = \frac{1}{3}$$

$$F(4) = p(x(t) < 4V) = \sum_{i=1}^{3} p(x(t) = iV) = \frac{1}{2}$$

$$F(5) = p(x(t) < 5V) = \sum_{i=1}^{4} p(x(t) = iV) = \frac{2}{3}$$

$$F(6) = p(x(t) < 6V) = \sum_{i=1}^{5} p(x(t) = iV) = \frac{5}{6}$$

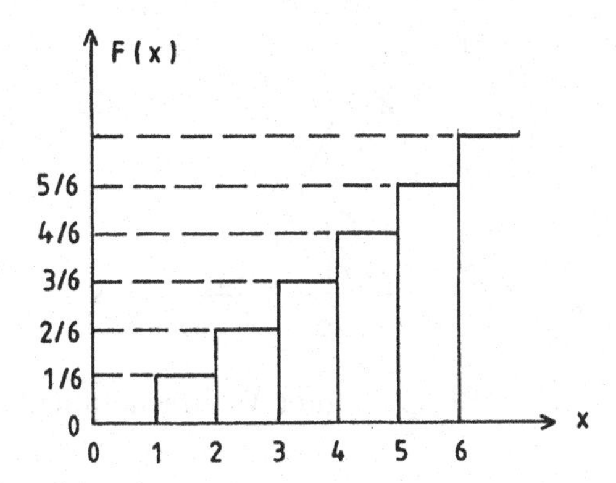

Abbildung 2.10: Verteilungsfunktion des diskreten Zufallssignals nach Abbildung 2.8

$$F(x_{ik} > 6) = p(x(t) < x_{ik}) = \sum_{i=1}^{6} p(x(t) = iV) = 1$$

Die graphische Darstellung der Verteilungsfunktion nach den vorstehenden Ergebnissen ist eine Treppenfunktion die aufgrund des diskreten Signalcharakters Sprungstellen enthält. Sie ist in Abbildung 2.10 dargestellt.

Die Verteilungsfunktion eines *stetigen Zufallssignals* hat einen stetigen (kontinuierlichen) Verlauf. Ein stetiges Zufallssignal kann in einem Zeitintervall beliebig viele Werte annehmen; die Wahrscheinlichkeit für das Auftreten jedes einzelnen Wertes x der Zufallsvariablen ist deshalb gemäß der Definition für die Wahrscheinlichkeit nach Gleichung 2.31 gleich Null. An die Stelle der Verteilung tritt die *Dichtefunktion* oder *Wahrscheinlichkeitsdichte* $f(x)$ die die Bedingungen

$$f(x) \geq 0 \tag{2.38}$$

und

$$\int_{-\infty}^{+\infty} f(x)dx = 1 \tag{2.39}$$

erfüllt. In der grafischen Darstellung einer Dichtefunktion muß die Fläche nach Gleichung 2.39 zwischen der Kurve $f(x)$ und der Abszissenachse den Wert 1 haben. In Abbildung 2.11 ist eine Dichtefunktion

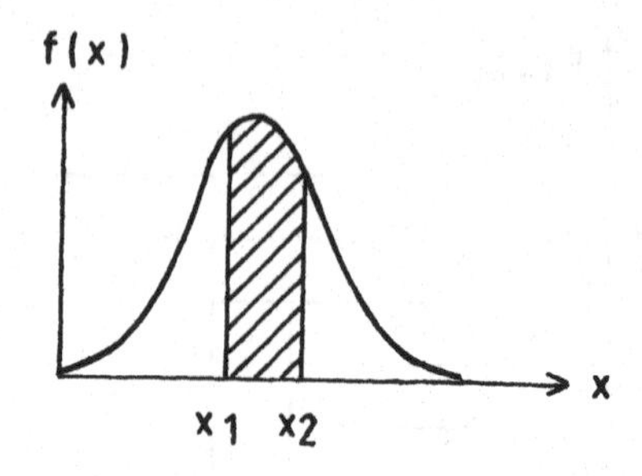

Abbildung 2.11: Beispiel einer Wahrscheinlichkeitsdichte

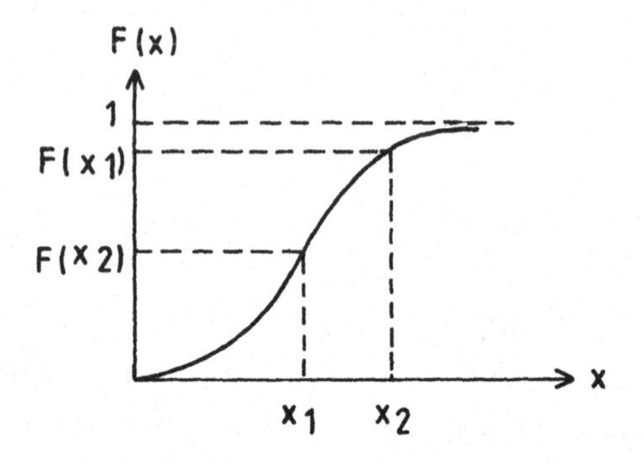

Abbildung 2.12: Verteilungsfunktion eines kontinuierlichen Zufallssignals

dargestellt. Aus der Dichtefunktion ermittelt man die *Verteilungsfunktion* $F(x)$ eines stetigen Zufallssignals.

$$F(x) = p(x(t) < x) = \int_{-\infty}^{x} f(t)dt \tag{2.40}$$

Dabei gilt $F(-\infty) = 0$ und $F(+\infty) = 1$, siehe Abbildung 2.12. Die Wahrscheinlichkeit, daß das Zufallssignal $x(t)$ Werte zwischen x_1 und x_2 annimmt wird durch die in der Darstellung der Dichtefunktion Abbildung 2.11 schraffierten Fläche angegeben.

$$p(x_1 \leq x(t) \leq x_2) = p(x(t) < x_2) - p(x(t) < x_1) = F(x_2) - F(x_1) \tag{2.41}$$

$$p(x_1 \leq x(t) \leq x_2) = \int_{x_1}^{x_2} f(t)dt \tag{2.42}$$

Tabelle 2.2: Verteilung eines diskreten Zufallssignals

x_1	x_2	x_3	...	x_n
p_1	p_2	p_3	...	p_n

Zur Verdeutlichung der Eigenschaften eines Zufallssignals wurde bisher stets ein Signal mit zufälliger Amplitudenverteilung betrachtet. Bei Signalen der Nachrichtentechnik können, wie bereits erwähnt, die Zufallsereignisse (Zufallsvariablen) auch in der Phase (zufällige Phasenänderungen) oder Frequenz (zufällige Frequenzänderungen) liegen. Die Beschreibung solcher Vorgänge erfolgt teilweise durch andere als die dargestellten Dichtefunktionen. Sie werden bei ihrer Anwendung erläutert.

2.2.2 Scharmittelwert und Streuung

Die Verteilung eines diskreten Zufallssignals und ebenso die Dichtefunktion eines stetigen Zufallssignals beschreiben dieses vollständig. Durch sie sind Aussagen über die Signalzustände (Amplituden, Phasen oder Frequenzen) eines Zufallssignals und die entsprechenden Wahrscheinlichkeiten möglich. In der Wahrscheinlichkeitslehre und besonders in ihren Anwendungen haben sich zur Charakterisierung der Zufallsgrößen einige Parameter bewährt, die aus der Verteilung bzw. aus der Wahrscheinlichkeitsdichte ermittelt werden können. Von diesen Parametern sind der *Scharmittelwert* oder Erwartungswert und die *Varianz* oder *Streuung* die wichtigsten. Den Erwartungswert eines diskreten Zufallssignals erhält man indem man jeden diskreten Signalzustand mit der zugehörigen Wahrscheinlichkeit multipliziert und sie Summe der so entstandenen Produkte bildet. Dieser Mittelwert braucht nicht unter den Signalzuständen des diskreten Zufallssignals vorzukommen. Für ein diskretes Zufallssignal ist die Verteilung nach Tabelle 2.2 maßgebend. Mit $\sum_{i=1}^{n} p_i = 1$ ist der Scharmittelwert des diskreten Zufallssignals

$$E\{x\} = x_1p_1 + x_2p_2 + \cdots + x_np_n = \sum_{i=1}^{n} x_ip_i. \qquad (2.43)$$

Für ein stetiges Zufallssignal $x(t)$ berechnet man den Erwartungswert $E\{x\}$ indem man die mit der Zufallsvariablen x multiplizierte Wahrscheinlichkeitsdichte $f(x)$ von $-\infty$ bis $+\infty$ integriert

$$E\{x\} = \int_{-\infty}^{+\infty} x f(x) dx. \tag{2.44}$$

Der Scharmittelwert der Summe zweier unabhängiger Zufallssignale $x(t)$ und $y(t)$ ist gleich der Summe der Scharmittelwerte der beiden Zufallssignale.

$$E\{z\} = E\{x\} + E\{y\} \tag{2.45}$$

Der Scharmittelwert des Produkts zweier unabhängiger Zufallssignale $x(t)$ und $y(t)$ ist gleich dem Produkt der Scharmittelwerte der beiden Zufallssignale.

$$E\{z\} = E\{x\}E\{y\} \tag{2.46}$$

Die genannten Regeln gelten für 3 und mehr Zufallssignale sinngemäß. Die Varianz oder Streuung σ^2 eines Zufallssignals $x(t)$ dient zur Beschreibung der Abweichungen vom Scharmittelwert $E\{x\}$. Ihre Wurzel heißt *Standardabweichung* oder mittlere quadratische Abweichung vom Scharmittelwert. Die Varianz σ^2 eines diskreten Zufallssignals $x(t)$ erhält man indem man das Quadrat jeder Abweichung $(x - E\{x\})^2$ mit der zugehörigen Wahrscheinlichkeit multipliziert und alle Produkte addiert. Dabei gilt für den Term $(x - E\{x\})^2$ die selbe Verteilung wie für $x(t)$. Die Varianz ist dann

$$\sigma^2 = \sum_{i=1}^{n} (x_i - E\{x\})^2 p_i. \tag{2.47}$$

Bei einem stetigen Zufallssignals $x(t)$ ermittelt man die Varianz indem man die mit dem Quadrat der Abweichung vom Scharmittelwert $(x - E\{x\})^2$ multiplizierte Dichtefunktion $f(x)$ von $-\infty$ bis $+\infty$ integriert.

$$\sigma^2 = \int_{-\infty}^{+\infty} (x - E\{x\})^2 f(x) dx \tag{2.48}$$

Sind $x(t)$ und $y(t)$ zwei stetige Zufallssignale mit der Varianz σ_x^2 und σ_y^2, dann ist auch

$$z(t) = x(t) + y(t) \tag{2.49}$$

ein Zufallssignal und die Varianz σ_z^2 des Zufallssignals $z(t)$ bestimmt sich aus den Varianzen

$$\sigma_z^2 = \sigma_x^2 + \sigma_y^2. \tag{2.50}$$

Dies gilt sinngemäß auch für mehr als zwei Zufallssignale. Den *Effektivwert* eines stetigen Zufallssignals (=quadratischer Scharmittelwert) bestimmt man aus

$$x_{eff} = \int_{-\infty}^{+\infty} x(t)^2 f(x) dx. \tag{2.51}$$

Eine weiterer wichtiger Mittelwert zur Beschreibung von Zufallssignalen ist die *Korrelationsfunktion*, die einen linearen Funktionszusammenhang zwischen zwei Zufallssignalen liefert. Neben der "Scharkorrelationsfunktion" (Regression und Korrelation) ist bei Zufallssignalen besonders die "Zeitkorrelationsfunktion" von Bedeutung. Vor der Betrachtung der Zeitmittelwerte werden zunächst jedoch einige wichtige Verteilungen näher beleuchtet [8, 11].

2.2.3 Wichtige Verteilungen

Binomial-und Poisson-Verteilung als diskrete Verteilungen und die Gauß-Verteilung als stetige Verteilung sollen kurz behandelt werden. Besonders die Gaußverteilung hat in der Praxis große Bedeutung erlangt. Im hier betrachteten Zusammenhang wird sie zur Ermittlung der Symbolfehler - Wahrscheinlichkeit in digital modulierten Zufallssignalen benötigt, während die Bernoulli-Verteilung und die Poisson-Verteilung bei der Bestimmung von Bündelfehler - Ereignissen zur Anwendung kommen.

2.2.3.1 Bernoulli-Verteilung

Die Bernoulli-Verteilung heißt oft auch *Binomial-Verteilung* oder *Newtonsche Verteilung.* Sie ist bei allen diskreten Problemen anwendbar denen sinngemäß die folgenden Vorgänge zugrunde liegen. In einem Zufallsgenerator werde ein stochastisches Binärsignal $x(t)$ mit den Signalzuständen 0 und 1 erzeugt. Das erscheinen der Binärzustände 0 und

1 sei unabhängig voneinander. Das Signal $x(t)$ werde durch ein Störsignal so beeinflußt, daß jedes Binärzeichen mit gleicher Wahrscheinlichkeit p verfälscht wird. Jedes richtige Binärzeichen erscheint dann mit der Wahrscheinlichkeit $1-p$. Betrachtet man nun einen beliebigen Signalausschnitt von $x(t)$ der Länge n bit, wie beispielsweise in Abbildung 2.7a gezeigt, dann ist die Wahrscheinlickeit von ν falschen und $(n-\nu)$ richtigen Binärzeichen in diesem Ausschnitt nach dem Multiplikationsgesetz der Wahrscheinlichkeitslehre Gleichung 2.37

$$p^{\nu}(1-p)^{n-\nu}$$

Da im Signalausschnitt der Länge n bit ν Bitfehler und $(n-\nu)$ richtige Binärzeichen erscheinen gibt es $\binom{n}{\nu}$ Permutationen. Für die Wahrscheinlichkeit, daß im betrachteten Signalausschnitt von n bit genau ν bit verfälscht sind folgt deshalb

$$P_n(\nu) = \binom{n}{\nu} p^{\nu}(1-p)^{n-\nu}. \tag{2.52}$$

Hierbei ist

$$\binom{n}{\nu} = \frac{n!}{\nu!(n-\nu)!}. \tag{2.53}$$

Die Wahrscheinlichkeiten die zu den einzelnen Werten von ν gehören ergeben die Verteilung. Durch deren Summierung erhält man die Verteilungsfunktion.

$$F_n(\nu) = \sum_{\mu=0}^{\nu-1} P_n(\mu) \tag{2.54}$$

Zur Berechnung der Wahrscheinlichkeiten $P_n(\nu)$ kann man die Rekursionsformel

$$P_n(\nu+1) = \frac{n-\nu}{\nu+1}\frac{p}{1-p}P_n(\nu) \tag{2.55}$$

benutzen. Der Scharmittelwert der Binomial-Verteilung ist

$$E\{x\} = np \tag{2.56}$$

und die Varianz lautet,

$$\sigma^2 = np(1-p). \tag{2.57}$$

2.2.3.2 Poisson-Verteilung

Der Poisson-Verteilung liegt im wesentlichen die gleiche Problemstellung zugrunde wie der Binomial-Verteilung. Sie unterscheidet sich nur darin, daß der betrachtete Signalausschnitt des Binärsignals, vergleiche Abbildung 2.7*a* eine große Zahl von Binärzeichen n enthält und die Wahrscheinlichkeit für das Erscheinen eines Bitfehlers p sehr klein ist. Mit anderen Worten, die Poissonverteilung entsteht aus der Binomialverteilung durch den Grenzübergang für $n \to \infty$ und $p \to 0$.

$$\Psi_n(\nu) = \frac{(np)^\nu e^{-np}}{\nu!} \tag{2.58}$$

Die Poission-Verteilung hängt nur von dem Produkt np ab. Ihre Verteilungsfunktion lautet

$$F_n(\nu) = \sum_{m=0}^{\nu-1} \Psi_n(m). \tag{2.59}$$

Für die Berechnung weiterer Wahrscheinlichkeiten benutzt man die Rekursionsformel

$$\Psi_n(\nu+1) = \frac{np}{\nu+1}\Psi_n(\nu). \tag{2.60}$$

Der Scharmittelwert und die Varianz sind bei der Poisson-Verteilung

$$E\{x\} = \sigma^2 = np. \tag{2.61}$$

2.2.3.3 Gauß-Verteilung

Wird im Binärsignal nach Abbildung 2.7*a* die Anzahl der Binärzeichen im betrachteten Signalausschnitt unendlich groß und bleibt die Bitfehler - Wahrscheinlichkeit p fest so führt der Grenzübergang $n \to \infty$ von der Binomial-Verteilung zur Gauß-Verteilung. Während die Binomial-Verteilung für diskrete Ereignisse erklärt ist, rücken bei der Gauß-Verteilung die Merkmalswerte x (zufällige Amplituden) unendlich dicht zusammen. Sie beschreibt im Gegensatz zur Binomial-Verteilung ein stetiges Zufallssignal,

$$p(x) = \lim_{n \to \infty} P_n(x)$$

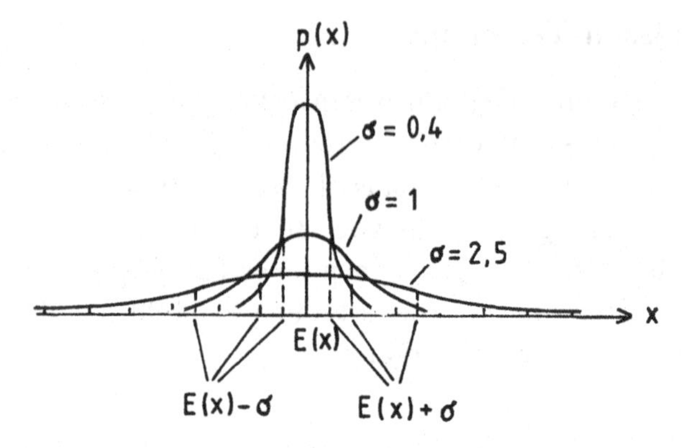

Abbildung 2.13: Gaußsche Wahrscheinlichkeitsdichte

$$p(x) = \frac{1}{a\sqrt{2\pi}} e^{\frac{-(x-b)^2}{2a^2}} \tag{2.62}$$

wobei a und b Konstanten darstellen. Für Scharmittelwert und Varianz ermittelt man

$$E\{x\} = \int_{-\infty}^{+\infty} p(x)dx = b \tag{2.63}$$

und

$$\sigma^2 = \int_{-\infty}^{+\infty} (x-b)^2 p(x)dx$$

$$\sigma^2 = a^2. \tag{2.64}$$

Scharmittelwert und Varianz beschreiben diese Verteilung vollständig. Besondere Bedeutung hat die Gauß-Verteilung in der Nachrichtentechnik deshalb gewonnen, weil die Amplituden-Verteilung des thermischen Rauschens, das ein kontinuierliches Zufallssignal darstellt, durch die gaußsche Wahrscheinlichkeitsdichte beschrieben wird. In Abbildung 2.13 ist sie mit σ als Parameter dargestellt. Die Kurven haben eine glockenförmige Gestalt. Der Scheitel jeder Verteilung liegt beim Mittelwert $E\{x\}$. Von ihm aus fällt die Kurve symmetrisch nach beiden Seiten ab und nähert sich asymptotisch der x-Achse. Im Abstand σ vom Mittelwert hat die Kurve ihre Wendepunkte. Mit wachsendem σ werden die Kurven flacher.

Von einem Zufallssignal das durch die Gaußverteilung beschrieben werden kann, ist es langwierig bei gegebener Varianz σ^2 und gegebenem

Scharmittelwert $E\{x\}$ einzelne Werte der Wahrscheinlickeitsdichte zu berechnen. Man bezieht deshalb die Gauß-Verteilung auf eine solche mit dem Scharmittelwert $E\{x\} = 0$ und der Varianz $\sigma^2 = 1$. Die Wahrscheinlickeitsdichte dieser Verteilung lautet mit Gleichung 2.62

$$\varphi(\lambda) = \frac{1}{\sqrt{2\pi}} e^{\frac{-\lambda^2}{2}} \tag{2.65}$$

und wird *normierte Gauß-Verteilung* oder kurz *Normal-Verteilung* genannt. Für die Variable λ ist dann

$$\lambda = \frac{x - E\{x\}}{\sigma} \tag{2.66}$$

zu setzen. Die Verteilungsfunktion $F(x)$ der Gauß-Verteilung

$$F(x) = \int_{-\infty}^{x} p(t)dt$$

$$F(x) = \frac{1}{\sigma\sqrt{2\pi}} \int_{-\infty}^{x} e^{\frac{-(t-E\{x\})^2}{2\sigma^2}} dt \tag{2.67}$$

wird *Gaußsches Integral* oder *Gaußsches Fehlerintegral* genannt [8]. Das Fehlerintegral nach Gleichung 2.67 stellt den Inhalt der Fläche unter der Kurve $p(x)$ mit den Grenzen $-\infty$ und einem beliebigen x dar. $F(x)$ hat die x-Achse und die Gerade $F(x) = 1$ als Asymptote und bei $x = E\{x\}$ einen Wendepunkt. Es gibt die Wahrscheinlichkeit an, daß ein Merkmalswert (z.B. eine Geräuschspannung) kleiner als ein Wert x ist (z.B. eine feste Referenzspannung). Abbildung 2.14 zeigt die graphische Dartellung von Gaußverteilung und Fehlerintegral. Unter Berücksichtigung der Symmtrie der Glockenkurve ist das Fehlerintegral $F(x)$ für $E\{x\} = 0$ auch in der folgenden normierten Form bekannt.

$$\Phi(\lambda) = \frac{1}{\sqrt{2\pi}} \int_{0}^{\lambda} e^{-\frac{t^2}{2}} dt \tag{2.68}$$

Die zu λ gehörende Variable x kann mit Gleichung 2.66 jeweils ermittelt werden. Gleichung 2.68 mit einem schraffierten Flächenstück zwischen den Merkmalswerten λ_1 und λ_2 ist in Abbildung 2.15 dargestellt. Durch das schraffierte Flächenstück in Abbildung 2.15 wird die Wahrscheinlickeit angegeben, daß ein Merkmalswert (z.B. eine Geräuschamplitude)

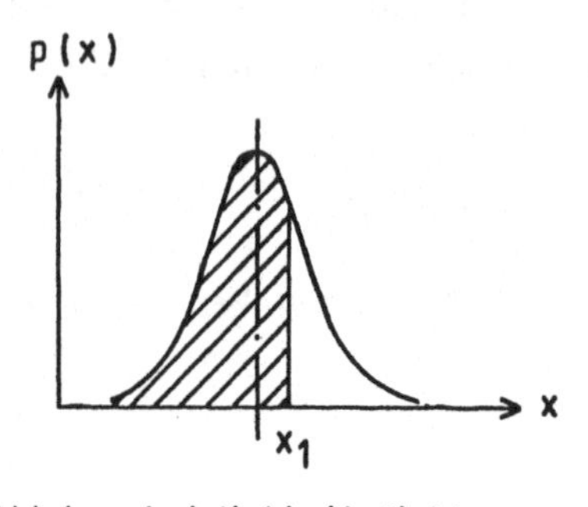

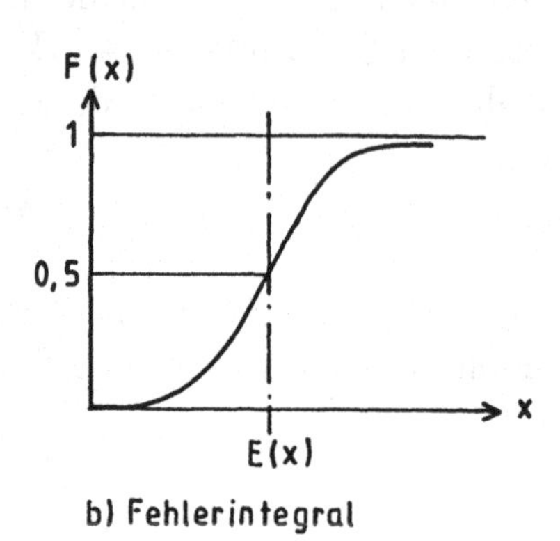

Abbildung 2.14: Wahrscheinlichkeitsdichte und Fehlerintegral nach Gauß

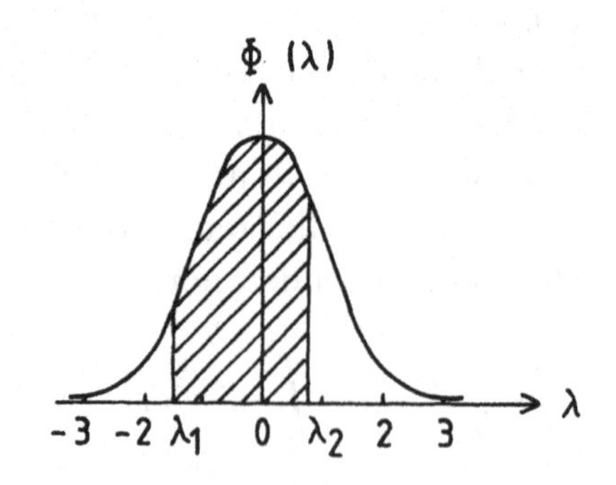

Abbildung 2.15: Darstellung der Funktion $\Phi(\lambda)$

in dem von λ_1 und λ_2 begrenzten Intervall zu erwarten ist. Neben den Definitionen 2.67 und 2.68 gibt es für das Gaußsche Fehlerintegral weitere die praktische Bedeutung haben. Beispielsweise wird bei der Berechnung der Symbolfehler-Wahrscheinlichkeit in Systemen zur modulierten Übertragung das Gaußsche Fehlerintegral in der Form

$$erf(\lambda) = \Phi(\lambda\sqrt{2}) \tag{2.69}$$

$$erf(\lambda) = 1 - 2Q(\lambda\sqrt{2}) \tag{2.70}$$

$$erf(\lambda) = \frac{2}{\sqrt{\pi}} \int_0^{\lambda} e^{-t^2} dt \tag{2.71}$$

mit

$$Q(\lambda) = \frac{1}{\sqrt{2\pi}} \int_{\lambda}^{\infty} e^{\frac{-t^2}{2}} dt \tag{2.72}$$

$$Q(\lambda) = \frac{1}{2} - \frac{1}{2}\Phi(\lambda) \tag{2.73}$$

verwendet [11, 12, 13]. Im Intervall $t \geq 1$ gibt es für Gleichung 2.72 eine brauchbare Näherung [13]. Sie lautet

$$Q_a(t) = \frac{1}{(1-a) + a\sqrt{t^2 + b}} \frac{1}{\sqrt{2\pi}} e^{\frac{-t^2}{2}} \tag{2.74}$$

mit $a = 0,339$ und $b = 5,510$. Für Gleichung 2.71 läßt sich mit 2.74 eine entsprechende Näherung formulieren.

$$erf_a(t) = 1 - \frac{e^{-}t^2}{1,172t + \sqrt{0,361t^2 + 0,995}} \tag{2.75}$$

Der durch die Approximation Gleichung 2.75 verursachte Fehler liegt bei ungefähr 0,27% im gesamten Intervall $t \geq 1$. Eine weitere Näherung für $erf(\lambda)$ findet man in [11].

2.2.4 Zeitmittelwerte

Zur Übertragung in einem gewünschten Frequenzbereich wird die Nachricht einem sinusförmigen Träger aufgeprägt, wobei dessen Amplitude, Phase oder Frequenz im Sinne des diskreten Nachrichtensignals verändert wird. Der so modulierte Träger stellt ein Zufallssignal dar von dem Scharmittelwert und Varianz, wie in vorhergehenden Abschnitten erläutert, bestimmt werden können. Aufgrund der Zeitabhängigkeit der Nachrichtensignale sind neben Scharmittelwert und Varianz auch die entsprechenden Zeitmittelwerte von Interesse. Der lineare Zeitmittelwert eines Signals ist im Intervall [-T,+T] durch

$$\bar{x} = \lim_{T \to \infty} \frac{1}{2T} \int_{-T}^{+T} x(t)dt \tag{2.76}$$

definiert. Entsprechend gilt für den quadratischen Zeitmittelwert

$$\bar{x^2} = \lim_{T \to \infty} \frac{1}{2T} \int_{-T}^{+T} x(t)^2 dt. \tag{2.77}$$

Der quadratische Mittelwert nach Gleichung 2.77 gibt bei einem reellen Signal $x(t)$ die mittlere Leistung (Wirkleistung) mit dem Effektivwert

$$x_{eff} = \sqrt{\bar{x^2}} \tag{2.78}$$

an. $x(t)$ heißt *Leistungssignal*, wenn Gleichung 2.77 eine endliche reelle Lösung hat. Für solche Signale kann eine endliche mittlere Leistung in einem beliebigen Zeitabschnitt angegeben werden. Die Gesamtenergie im Intervall $-\infty \leq t \leq +\infty$ ist bei diesen Signalen jedoch nicht endlich (z.B. alle periodischen Signale). Es gibt jedoch auch Signale die im vorgenannten Intervall eine endliche Signalenergie

$$E = \int_{-\infty}^{+\infty} x(t)^2 dt < \infty \tag{2.79}$$

besitzen. Diese Signale nennt man *Energiesignale.* Der in einem der folgenden Abschnitte genauer betrachtete Nyquistimpuls ist ein solches Energiesignal. Für Energiesignale gilt das *Parsevalsche Theorem*

$$E = \int_{-\infty}^{+\infty} s(t)^2 dt = \int_{-\infty}^{+\infty} |\underline{S}(f)|^2 df. \tag{2.80}$$

Die der Varianz äquivalente Streuung ermittelt man mit der Beziehung

$$\varrho^2 = \lim_{T \to \infty} \frac{1}{2T} \int_{-T}^{+T} (x(t) - \bar{x})^2 dt = \bar{x^2} - \bar{x}^2 \tag{2.81}$$

und für die Standardabweichung gilt

$$\varrho = \sqrt{\varrho^2}. \tag{2.82}$$

Der Grenzübergang $T \to \infty$ bedeutet in der Praxis die Mittelung über einen genügend großen Zeitabschnitt, wobei T einen beliebigen Signalausschnitt darstellt. Man bezeichnet Zufallsprozesse bei denen die Mittelwerte über das Ensemble (Ensemble-Mittelwert = Scharmittelwert) und Mittelwerte über der Zeit gleich sind als *ergodische Prozesse*. Für solche Zufallsignale, die Musterfunktionen stochastischer Prozesse sind, gilt also

$$E\{x\} = \bar{x} \tag{2.83}$$

und

$$\sigma^2 = \bar{x^2}. \tag{2.84}$$

Stochastische Prozesse heißen *stationär*, wenn Scharmittelwert $E\{x\}$ und Varianz σ^2 unabhängig vom Beobachtungszeitpunkt sind. Ergodizität setzt Stationarität voraus. Bei stationären Prozessen sind die beiden vorgenannten Mittelwerte unter konstanten physikalischen Bedingungen zu allen Meßzeiten gleich. Bei technischen Prozessen und den hier betrachteten Zufallssignalen kann dies immer vorausgesetzt werden.

2.2.4.1 Korrelationsfunktion und spektrale Leistungsdichte

Im Empfänger eines digitalen Übertragungssystems müssen die im Sender zu einem Zufallssignal zusammengefügten diskreten Signalwerte wiedererkannt werden. Da die Anzahl der diskreten Signalwerte endlich ist kann man prinzipiell alle möglichen Signalwerte im Empfänger abspeichern oder erzeugen und zur Erkennung jeden empfangenen Signalwert mit allen abgespeicherten bzw. erzeugten vergleichen. Zum Vergleich zweier Signalwerte benutzt man meist einen speziellen Mittelwert die bereits erwähnte Korrelationsfunktion, die schaltungstechnisch einfach realisierbar ist. Die Korrelationsfunktion hat die Eigenschaft den "Verwandtschaftsgrad" zwischen zwei Zufallssignalen zu erkennen.

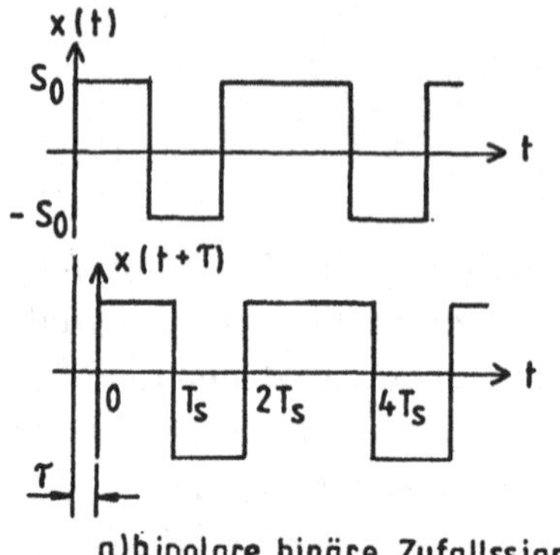

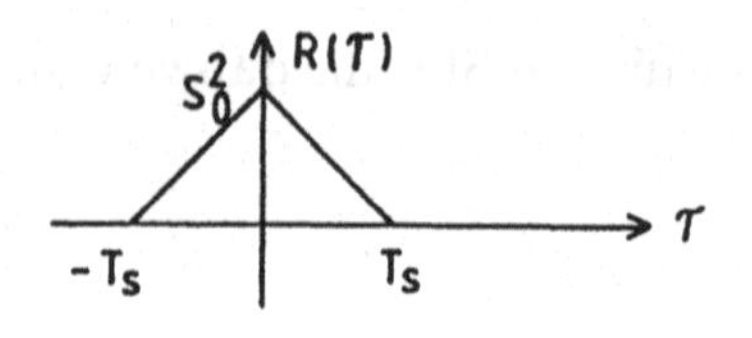

Abbildung 2.16: Autokorrelationsfunktion eines binären (bipolaren) Zufallssignals mit Rechteckimpulsform

Sie ist durch

$$R(\tau) = \lim_{T \to \infty} \frac{1}{2T} \int_{-T}^{+T} x_1(t) x_2(t+\tau) d\tau \tag{2.85}$$

definiert. Sie gibt in Abhängigkeit einer zeitlichen Verschiebung τ den Verwandtschaftsgrad der zwei zu vergleichenden Signale $x_1(t)$ und $x_2(t)$ an ($0 \leq \tau \leq \infty$). Ist $x_1(t) \neq x_2(t)$ so nennt man sie *Kreuzkorrelationsfunktion*, ist dagegen $x_1(t) = x_2(t)$ so heißt sie *Autokorrelationsfunktion*. Im hier betrachteten Zusammenhang zur Signalerkennung und zur Bestimmung der spektralen Leistungsdichte eines Signals ist nur die Autokorrelationsfunktion von Interesse die immer eine lineare gerade Funktion ist. Für $\tau = 0$ ist die Autokorrelationsfunktion mit der Wirkleistung des Signals identisch. In Abbildung 2.16 ist die Autokorrelationsfunktion eines stochastischen Binärsignals dargestellt. Bei $\tau = T_s$ (Verzögerung um die Symboldauer) ist $R(\tau) = 0$. Je geringer die Verschiebung τ ist, um so größer ist die Signalverwandtschaft.

Von grundlegender Bedeutung für die digitale Nachrichtenübertragung ist der Zusammenhang zwischen Autokorrelationsfunktion und spektraler Leistungsdichte. Die spektrale Leistungsdichte ist, neben der Bitfehlerquote, die in der Praxis wichtigste Kennfunktion zur qualitativen Beurteilung von Zufallssignalen. Mit Hilfe der Autokorrelationsfunktion kann die spektrale Leistungsdichte eines *Leistungssignals* mathematisch ermittelt werden. Autokorrelationsfunktion $R(\tau)$ und spektrale Leistungdichte $L(f)$ sind Fouriertransformierte voneinander (Theorem von Wiener und Khintchine).

$$L(f) = \int_{-\infty}^{+\infty} R(\tau) e^{-j2\pi f\tau} d\tau \tag{2.86}$$

$$R(\tau) = \int_{-\infty}^{+\infty} L(f) e^{j2\pi f\tau} df \tag{2.87}$$

Die reele Form zur Bestimmung der spektralen Leistungsdichte lautet

$$L(f) = 2\int_{0}^{\infty} R(\tau) \cos 2\pi f\tau d\tau. \tag{2.88}$$

$R(\tau)$ hat die Dimension V^2, wenn $s(t)$ die Dimension Volt hat, dies ist die Einheit einer Leistung am Bezugswiderstand $R = 1\Omega$. Demnach hat $L(f)$ die Einheit einer Energie oder Leistung/Hz. Daher der Name spektrale Leistungsdichte, in der Praxis meist als zweiseitiges *Leistungsspektrum* bezeichnet. Leistungsspektren werden mit Spektrumanalysatoren gemessen. Die mittlere Leistung eines Zufallssignals ermittelt man aus der spektralen Leistungsdichte durch Integration über den gesamten Frequenzbereich.

$$P = \int_{-\infty}^{+\infty} L(f) df \tag{2.89}$$

Der Gleichanteil im Leistungsspektrum eines Zufallssignals folgt aus

$$L(0) = \int_{-\infty}^{+\infty} R(\tau) d\tau. \tag{2.90}$$

Auch von verschiedenen determinierten Signalen kann man die Autokorrelationsfunktion und die spektrale Leistungsdichte berechnen und messen. Dies ist von besonderer Bedeutung für die mathematische Beschreibung und meßtechnische Untersuchung von Übertragungssystemen zur modulierten Übertragung. In Systemen zur modulierten Übertragung treten determinierte Signale (Sinusträger) und Zufallssignale (digitales Nachrichtensignal) gemeinsam auf.

f	$\pi f T_s$	$\sin \pi f T_s$	$\frac{\sin \pi f T_s}{\pi f T_s}$
0	0	0	1
$1/4T_s$	1/8	0,7	0,81
$1/2T_s$	1/4	1	0,4
$3/4T_s$	3/8	0,7	0,09
$1/T_s$	1/2	0	0
$3/2T_s$	3/4	-1	0,04

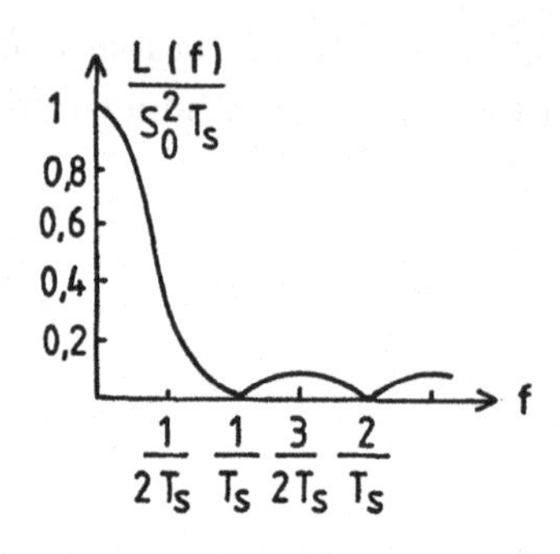

Abbildung 2.17: Spektrale Leistungsdichte des binären Zufallssignals nach Abbildung 2.16

Die spektrale Leistungsdichte der binären Rechteckzufallsfolge nach Abbildung 2.16 ermittelt man mit Gleichung 2.86 zu

$$L(f) = 2S_0^2 \int_0^{T_s} (1 - \frac{\tau}{T_s}) \cos 2\pi f \tau d\tau \tag{2.91}$$

$$L(f) = S_0^2 T_s \left(\frac{\sin \frac{\pi f T_s}{2}}{\frac{\pi f T_s}{2}} \right)^2 . \tag{2.92}$$

Der Verlauf von Gleichung 2.92 ist in Abbildung 2.17 über der Frequenz dargestellt. Die Autokorrelationsfunktion der Cosinusschwingung (Sinusschwingung) ist ebenfalls cosinusförming (sinusförmig). Ihre spektrale Leistungsdichte besteht aus einer Spektrallinie (spektraler Dirac-Impuls), wenn man nur positive Frequenzen betrachtet (einseitige spektrale Leistungsdichte), siehe Abbildung 2.18 [9, 10, 11, 14].

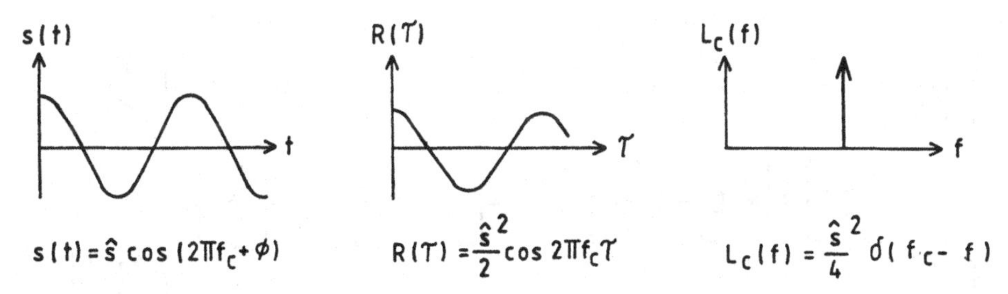

Abbildung 2.18: Autokorrelationsfunktion und spektrale Leistungsdichte der Cosinusfunktion

2.3 Die wichtigsten Gesetze der Theorie der Übertragungssysteme

Ein Übertragungssystem besteht im allgemeinen aus einer Kettenschaltung von Vierpolen (z.B. Verstärkern, Filtern, Entzerrern, ...). Durchläuft ein Signal ein solches System so erfährt es aufgrund von Störungen und dem nichtidealen Verhalten der Vierpole Veränderungen. Dieser Systemeinfluß auf das Übertragungssignal kann durch die Impulsantwort und Übertragungsfunktion der Vierpole im wesentlichen erfaßt werden. In Abbildung 2.19 ist das Prinzip-Blockschaltbild eines Übertragungssystems zur modulierten Übertragung dargestellt. Abbildung 2.20 zeigt die Systemantwortfunktionen eines Dreieckimpulses und eines Rechteckimpulses qualitativ. Das System wird hierbei als kausal, linear, zeitinvariant und stabil angenommen. Lineare Systeme können ganz allgemein mit Hilfe von linearen Differential-Gleichungen beschrieben werden. Linear heißt ein System wenn jede Linearkombination eines Systemeingangssignals

$$s_1(t) = ah(t) + bg(t - t_0) \tag{2.93}$$

zu einer entsprechenden Linearkombination von Systemausgangssignalen führt.

$$s_2(t) = Af(t) + Br(t - t_0) \tag{2.94}$$

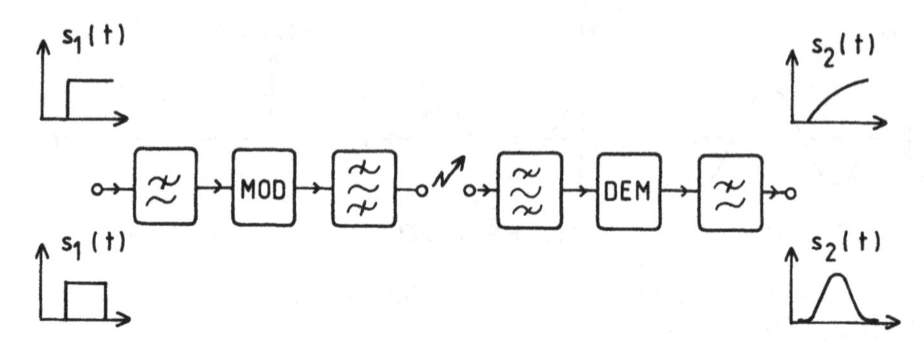

Abbildung 2.19: Übertragungssystem bei modulierter Übertragung

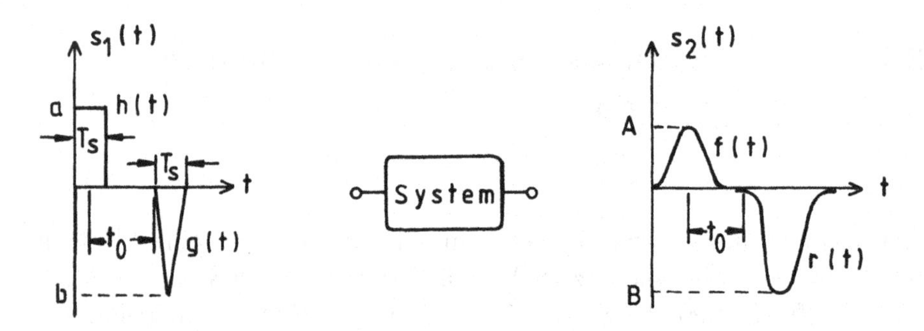

Abbildung 2.20: Reaktion eines Systems auf zwei unterschiedliche Eingangssignale

In linearen Systemen gilt der Überlagerungssatz. Das Systemausgangssignal kann daher beliebige Konstanten annehmen. Abbildung 2.20 verdeutlicht den beschriebenen Zusammenhang. Die Fouriertransformation der Gleichungen 2.93 und 2.94 liefert die Spektralfunktionen

$$\underline{S}_1(f) = a\underline{H}(f) + b\underline{G}(f) \tag{2.95}$$

$$\underline{S}_2(f) = A\underline{F}(f) + B\underline{R}(f) \tag{2.96}$$

bei determinierten Signalen. Sind $s_1(t)$ und $s_2(t)$ Zufallssignale für die die spektrale Leistungsdichte existiert (Leistungssignale) so gilt für die spektralen Leistungsdichten sinngemäß

$$L_1(f) = aL_h(f) + bL_g(f) \tag{2.97}$$

$$L_2(f) = AL_f(f) + BL_r(f) \tag{2.98}$$

Bei linearen zeitinvarianten Systemen ist die Gestalt des Systemausgangssignals unabhängig von der zeitlichen Verschiebung (Verzögerung durch das System) des Systemeingangssignals. Beispielsweise hat eine stochastische Sequenz von Rechteckimpulsen am Systemeingang immer eine Sequenz von Gauß-Impulsen der gleichen Stochastik am Systemausgang zur Folge wenn das Übertragungssystem zur Impulsformung Filter mit entsprechender Impulsantwort enthält.

Ein System ist stabil, wenn auf ein Systemeingangssignal mit endlicher Amplitude am Systemausgang ein Ausgangssignal mit ebenfalls endlicher Amplitude erscheint.

In kausalen Systemen gibt es einen gesetzmäßigen Zusammenhang zwischen Ursache (Signal am Systemeingang) und Wirkung (Signal am Systemausgang). Grundsätzlich kann in kausalen Systemen die Wirkung nicht vor der Ursache eintreten. Den Zusammenhang zwischen Systemeingangssignal und Systemausgangssignal stellt im Frequenzbereich die Systemübertragungsfunktion $\underline{\mathrm{H}}(f)$ her.

$$\underline{\mathrm{H}}(f) = \frac{\underline{\mathrm{S}}_2(f)}{\underline{\mathrm{S}}_1(f)} \tag{2.99}$$

Bei Zufallssignalen gilt entsprechend

$$|\underline{\mathrm{H}}(f)|^2 = \frac{L_2(f)}{L_1(f)}. \tag{2.100}$$

Wie bereits erwähnt treten in Systemen zur modulierten Übertragung die hier ausschließlich von Interesse sind determinierte Signale (Sinusträger) und Zufallssignale (diskrete stochastische Basisbandsignale) gemeinsam auf. Die Systemauslegung erfolgt hier für das modulierte Signal, das zwar diskreter Natur ist, im Modulationsintervall $kT_s \leq t \leq (k+1)T_s$ jedoch einen kontinuierlichen Verlauf hat. Es sei $s(t)$ eine Zeitfunktion für die das Fourierintegral existiert. Man nennt dann $|\underline{\mathrm{S}}(f)|^2$ die spektrale Energiedichte des Signals.

$$|\underline{\mathrm{S}}(f)|^2 = \underline{\mathrm{S}}(f)\underline{\mathrm{S}}^*(f) \tag{2.101}$$

In der Praxis arbeitet man immer dann mit Energiedichten wenn das zu übertragende Basisbandsignal ein Energiesignal ist d.h. die spektrale Leistungsdichte mathematisch nicht existiert, siehe Gleichung 2.79. Der besonders wichtige Nyquistimpuls, der im nächsten Kapitel näher untersucht wird, ist ein Energiesignal. Der Zusammenhang zwischen spektraler Energiedichte und Autokorrelationsfunktion besteht ebenfalls über das Theorem von Wiener und Khintchine.

$$R(\tau) = \int_{-\infty}^{+\infty} |\underline{S}(f)|^2 e^{j2\pi f\tau} df \tag{2.102}$$

$$|\underline{S}(f)|^2 = \int_{-\infty}^{+\infty} R(\tau) e^{-j2\pi f\tau} d\tau \tag{2.103}$$

Die Übertragungsfunktion eines Systems bei der Übertragung mit Energiesignalen lautet damit

$$|\underline{H}(f)|^2 = \frac{|\underline{S}_2(f)|^2}{|\underline{S}_1(f)|^2}. \tag{2.104}$$

Für das Cosinussignal (Sinussignal), das Trägersignal bei modulierter Übertragung,

$$s_c(t) = \hat{s}_c \cos 2\pi f_c t \tag{2.105}$$

existiert sowohl die Fouriertransformierte

$$S_c(f) = \frac{\hat{s}_c^2}{2} \delta(f - f_c) \tag{2.106}$$

als auch die spektrale Leistungsdichte

$$L_c(f) = \frac{\hat{s}_c^2}{4} \delta(f - f_c). \tag{2.107}$$

Ist das zu übertragende Basisbandsignal ein Energiesignal, so formuliert man die durch die Modulation erfolgte Verknüpfung von Basisbandsignal und Träger im Frequenzbereich mit den entsprechenden Energiedichten. Liegt jedoch zur Übertragung ein Leistungssignal vor, (z.B. eine stochastische Folge von Rechteckimpulsen) so formuliert man den Modulationsvorgang im Frequenzbereich mit den spektralen Leistungsdichten von Basisbandsignal und Träger

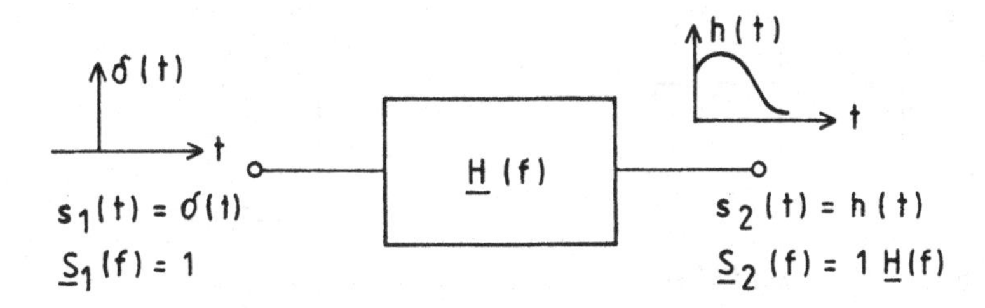

Abbildung 2.21: Definition der System-Impulsantwort

2.3.1 Impulsantwort

Wie determinierte Signale am Ausgang und Eingang eines Übertragungssystems, so hat auch die Übertragungsfunktion $\underline{H}(f)$ selbst eine Fouriertransformierte, nämlich (Fourierrücktransformation)

$$h(t) = \int_{-\infty}^{+\infty} \underline{H}(f) e^{+j2\pi ft} df \tag{2.108}$$

die Impulsantwort des Übertragungssystems. Die Systemeigenschaften des Übertragungsnetzwerks können somit entweder durch die Übertragungsfunktion oder die Impulsantwort beschrieben werden. $h(t)$ ist die Antwort des Systems auf den Dirac-Stoß. In Abbildung 2.21 ist dies prinzipiell demonstriert. Die Impulsantwort am Ausgang eines Übertragungssystems gibt Aufschluß über die zu erwartende Impulsgestalt die bei digitaler Übertragung maßgebend ist für die fehlerfreie Wiedergewinnung der übertragenen Nachricht. In Abbildung 2.22 ist dargestellt wie bei zwei typischen Übertragungsbetragsfunktionen $|\underline{H}(f)|$ die Impulsantworten aussehen. **Der Verlauf der Gruppenlaufzeit über der Frequenz wird dabei als linear voraussgesetzt.** Die steilen Flanken der Übertragungsfunktion in Abbildung 2.22*a* (harte Bandbegrenzung) führen zu erheblichen Überschwingern, die sich in einer stochastischen Folge von Impulsen als Symbolinterferenz auswirken, da die Einzelimpulse der Folge nicht auf ihr zugeordnetes Zeitintervall $kT_s \leq t \leq (k+1)T_s$ (=Modulationsintervall) beschränkt bleiben. Die sanft abfallenden Flanken der Übertragungsfunktion nach Abbildung 2.22*b* verhindern störende Überschwinger.

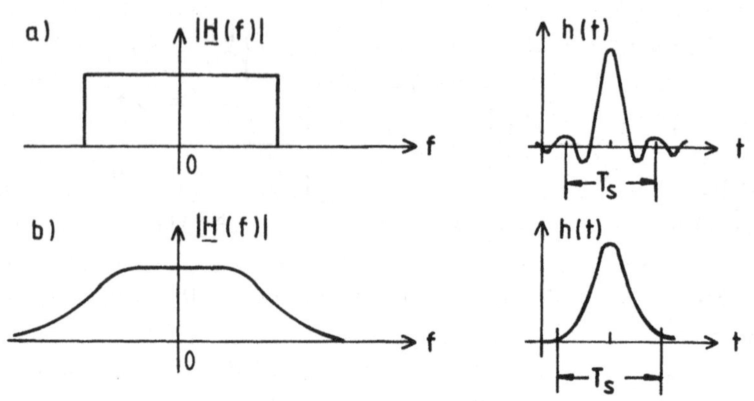

Abbildung 2.22: Impulsantworten zweier Übertragungssysteme unterschiedlicher Übertragungsfunktion

2.3.2 Systemanalyse im Zeit-und Frequenzbereich

Im Frequenzbereich erhält man bei determinierten Signalen die Ausgangsgröße $\underline{S}_2(f)$ eines Systems dadurch, daß man die das System kennzeichnende Übertragungsfunktion $\underline{H}(f)$ mit der Eingangsgröße $S_1(f)$ multipliziert.

$$\underline{S}_2(f) = \underline{H}(f)\underline{S}_1(f) \tag{2.109}$$

Entsprechend gilt bei Zufallssignalen

$$L_2(f) = |\underline{H}(f)|^2 L_1(f) \tag{2.110}$$

im Falle der Leistungssignale und

$$|\underline{S}_2(f)|^2 = |\underline{H}(f)|^2 |\underline{S}_1(f)|^2 \tag{2.111}$$

im Falle der Energiesignale. Im Rahmen der folgenden Betrachtungen werden der Einfachheit halber nur determinierte Signale betrachtet. Für Zufallssignale sind die dargestellten Gesetzmäßigkeiten entsprechend anzuwenden. Die multiplikative Verknüpfung in Gleichung 2.109 im Frequenzbereich entspricht der Faltung der Signale im Zeitbereich.

$$s_2(t) = h(t) * s_1(t) \tag{2.112}$$

$$s_2(t) = \int_{-\infty}^{+\infty} h(\tau) s_1(t-\tau) d\tau \tag{2.113}$$

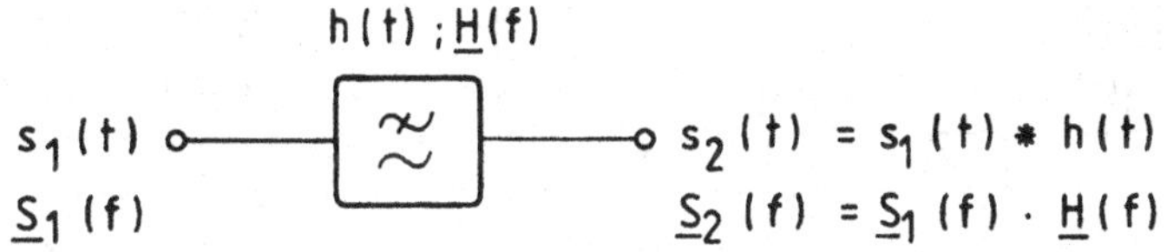

h(t) ; H(f)
s1(t)
S1(f)
s2(t) = s1(t) * h(t)
S2(f) = S1(f) · H(f)

Abbildung 2.23: Systembetrachtung an einem Tiefpaßfilter

s1(t)
S1(f)
s3(t) = s1(t) · s2(t)
S3(f) = S1(f) * S2(f)
s2(t)
S2(f)

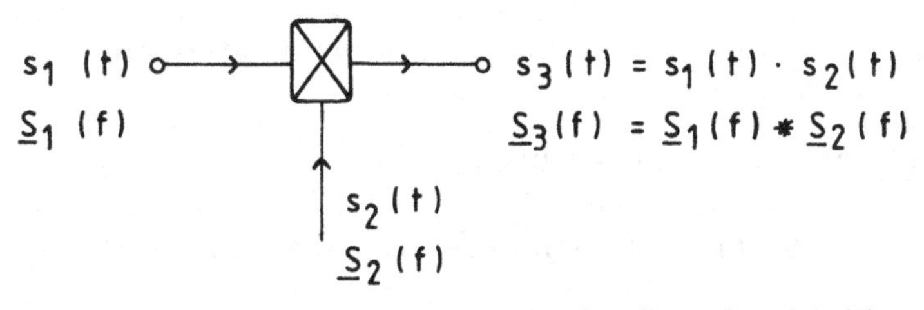

Abbildung 2.24: Systembeschreibung der Signalmultiplikation

$$s_2(t) = \int_{-\infty}^{+\infty} s_1(\tau)h(t-\tau)d\tau \qquad (2.114)$$

Mit den vorgenannten zwei Gleichungen läßt sich beispielsweise das Verhalten von Filtern theoretisch beschreiben, siehe Abbildung 2.23. In Übertragungssystemen die Modulationseinrichtungen enthalten treten häufig Signalmultiplikationen auf, z.B. bei den noch näher zu besprechenden Modulationsarten Amplitudentastung und Phasenumtastung. Bei Multiplikationen im Zeitbereich ist der Faltungssatz im Frequenzbereich anzuwenden, wie Abbildung 2.24 zeigt. Ein Modulator-Demodulatorsystem (Modem) für die vorgenannten Modulationsarten Amplitudentastung und Phasenumtastung hat den in Abbildung 2.25 dargestellten Prinzipaufbau. Ohne auf die Verfahren selbst näher einzugehen sollen nun allgemein im Zeit-und Frequenzbereich bei gegebenen Eingangsgrößen $s_1(t)$ bzw. $S_1(f)$ die entsprechenden Systemausgangsgrößen $s_2(t)$ bzw. $S_2(f)$ ermittelt werden. Im Zeitbereich sind die in Gleichung 2.112 dargestellten Faltungsoperationen und Multiplikationen zur Bestimmung von $s_2(t)$ durchzuführen.

$$s_2(t) = \{[((((s_1 * h_1)s_c * h_2) * h_3) * h_4)]s_{ce}\} * h_5 \qquad (2.115)$$

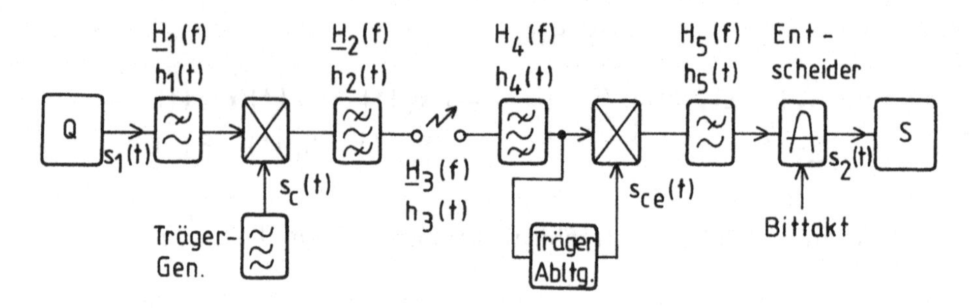

Abbildung 2.25: Modulator-Demodulatorsystem

Im Frequenzbereich ermittelt man

$$S_2(f) = \{[((S_1 \underline{H}_1) * S_c)\underline{H}_2\underline{H}_3\underline{H}_4] * S_{ce}\}H_5. \tag{2.116}$$

Bei der Betrachtung im Frequenzbereich sind erheblich weniger mathematisch aufwendige Faltungsoperationen notwendig als im Zeitbereich. Es wäre deshalb in diesem Fall vorteilhafter die Systembetrachtung im Frequenzbereich durchzuführen [1, 2, 3, 4, 5, 6, 7].

3 Modulationsarten und ihre Basisbandsignale

Moduliert man einen Sinusträger mit einem digitalen Basisbandsignal so ist das Ergebnis dieser Modulation bei entsprechender Impulsformung ein wertdiskretes aber zeitkontinuierliches Signal. Wie bei den bekannten (analogen) zeit-und wertkontinuierlichen Modulationsarten stehen bei der wertdiskreten Form zur Modulation lediglich *Amplitude, Phase und Frequenz* eines kontinuierlichen Sinusträgers zur Verfügung. Das modulierende Nachrichtensignal ist ein stochastisches binäres oder mehrstufiges Basisbandsignal. Bei der Modulation werden die informationtragenden Amplitudenzustände des Basisbandsignals im *Modulationsintervall* $kT_s \leq t \leq (k+1)T_s$ entweder der Amplitude, Phase oder Frequenz eines Sinusträgers zugeordnet. Praktische Bedeutung hat auch die hybride Modulation, bei der z.B. der Phase und Amplitude eines Sinusträgers die Nachricht eingeprägt wird. Hierbei ist T_s die Symboldauer (Schrittdauer) eines Basisbandelementarimpulses. In Abbildung 3.1 sind die binären Modulationsarten *Amplitudentastung, Phasenumtastung und Frequenzumtastung* zusammen mit einem binären Basisbandsignal dargestellt, wobei im Falle der Amplitudentastung zwei Möglichkeiten zur Modulation vorliegen. In der Praxis sind die amerikanischen Bezeichnungen dieser Modulationsarten nämlich *Amplitude Shift Keying (ASK)* für die Amplitudentastung, *Phase Shift Keying (PSK)* für die Phasenumtastung, *Frequency Shift Keying (FSK)* für die Frequenzumtastung und *Amplitude Phase Keying (APK)* für die Amplituden-Phasen-Tastung gebräuchlich. Im Modulationsintervall wird nach Abbildung 3.1 jedes Binärzeichen im Basisbandsignal durch ein entsprechendes Sinusschwingungspaket dargestellt. Im übrigen sehen die modulierten Signale in Abbildung 3.1 nur dann so aus,

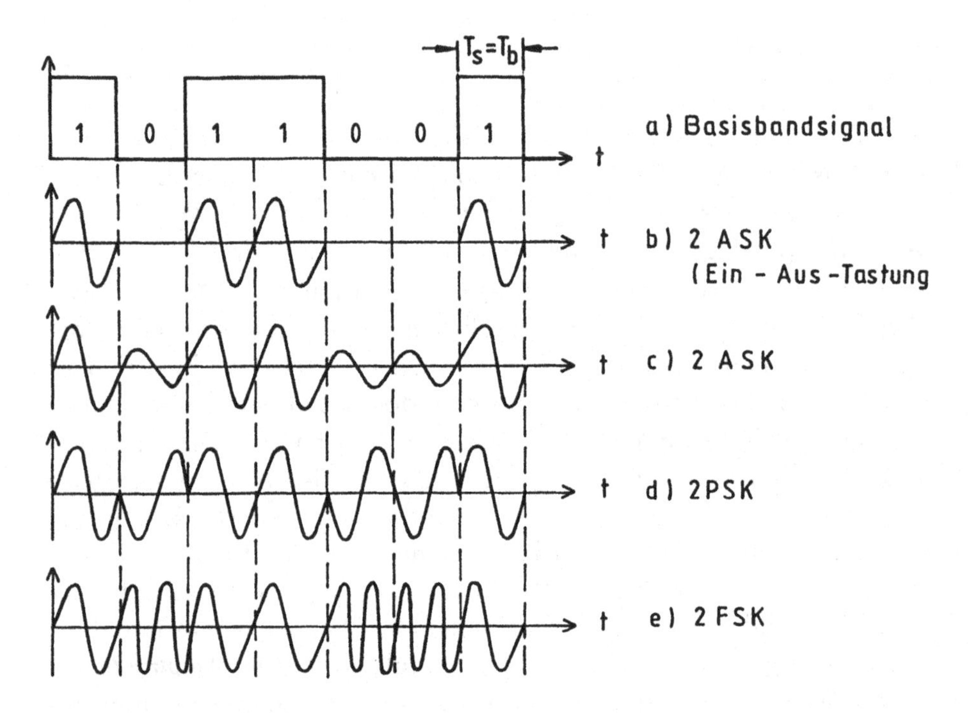

Abbildung 3.1: Signalformen bei binärer zeitkontinuierlicher und wertdiskreter Modulation (Bitrate = Trägerfrequenz)

wenn die Trägerfrequenz ein ganzzahliges Vielfaches der Symbolrate (=Bitrate im binären Fall) ist. Ist dies nicht der Fall so ergeben sich andere Signalübergänge. Die Modulation erfolgt nur in seltenen Fällen mit Rechteckelementarimpulsen. Meist verwendet man andere Elementarimpulsformen wie z.B. *Nyquistimpulse* oder *Gaußimpulse*. Hierdurch läßt sich eine Frequenzbandbegrenzung und spektrale Formung des modulierten Signals erzielen. In Abschnitt 3.1 werden die Methoden der Impulsformung genauer behandelt. Die Symbolrate

$$v_s = \frac{1}{T_s} \tag{3.1}$$

der Basisbandsignale und modulierten Signale ist im binären Fall identisch mit der Bitrate

$$v_b = \frac{1}{T_b}. \tag{3.2}$$

Wie bereits erwähnt bestehen die *Symbole* der modulierten Signale aus Schwingungspaketen verschiedener Amplitude bei ASK-, Phase bei PSK-, und Frequenz bei FSK-Sytemen, wobei im binären Fall jeweils nur zwei verschiedene Signalzustände auftreten können. Neben der binären Übertragung mit 2 verschiedenen Signalzuständen ist allgemein eine Übertragung mit $m = 2^n, (n = 1, 2, 3, \cdots)$ verschiedenen Signalzuständen möglich. Hierzu ordnet man zunächst die binäre Basisbandfolge (Quellensignal) in Gruppen zu n bit. Jede n bit-Gruppe entspricht dabei einem Symbol, das beispielsweise als Amplitudenstufe einem Basisbandsignals mit m Amplitudenstufen zugeordnet wird. Die Symbolrate ist deshalb allgemein

$$v_s = \frac{1}{T_s} = \frac{v_b}{n} = \frac{v_b}{\log_2 m}. \tag{3.3}$$

Der Modulator führt dann die Zuordnung der m Amplitudenzustände des Basisbandsignals je nach Modulationsart zu den m Amplitudenzuständen (ASK), Phasenzuständen (PSK) oder Frequenzlagen (FSK) eines Sinusträgers durch. Der endliche Symbolvorrat der zeitdiskreten und wertkontinuierlichen Modulationsarten besteht aus Sinusschwingungspaketen m verschiedener Amplituden (mASK), m verschiedener Phasen (mPSK) oder m verschiedener Frequenzlagen (mFSK) die im

Modulationsintervall in stochastischer Folge auftreten. Abbildung 3.2 gibt einen Überblick über die Modulationsverfahren mit Sinusträger die von praktischer Bedeutung sind.

Bevor nun die eingehende Beschreibung der digitalen Modulationsarten erfolgt ist es sinnvoll zunächst noch weitere Themen, wie die Impulsformung in digital modulierten Übertragungssystemen, zu diskutieren. Das Signalformat der Quellensignale die als logische Signale (z.B. TTL-Signale, ECL-Signale etc.) vorliegen eignen sich nicht unmittelbar zur Digitalmodulation. Bei Systemen in denen die Modulationsarten Amplitudentastung, Phasenumtastung oder die hybride Amplituden-Phasentastung sowie speziellen FSK-Verfahren benutzt werden erfolgt eine Impulsformung. Durch die Impulsformung wird das Nachrichtensignal (Basisbandsignal oder moduliertes Signal) in seinem Frequenzband begrenzt und kann so ohne wesentliche Verzerrungen über den Übertragungskanal gegebener Bandbreite übertragen werden. Die Impulsformung erfolgt vor der Modulation am digitalen Basisbandsignal mit Tiefpässen oder auch am bereits modulierten Signal mit Bandpässen. Aufgrund der erwähnten Bandbegrenzung der zu übertragenden Nachrichtensignale ergeben sich Gruppenlaufzeitverzerrungen die im demodulierten Signal zu Symbolinterferenzen führen können, siehe auch Kapitel 12 [15, 16, 17].

3.1 Impulsformung, spektrale Formung

Der Impulsformung liegt die Aufgabe zugrunde ein digitales Nachrichtensignal über einen gegebenen Übertragungskanal endlicher Bandbreite mit möglichst hoher Symbolrate verzerrungsfrei zu übertragen. Sind bei der Übertragung eines Signals Dämpfung und Laufzeit aller spektraler Signalkomponenten gleich, so liegt ein ideales verzerrungsfreies Übertragungssystem vor. Der in Abbildung 3.3 gezeigte Rechteckimpuls mit streng genommen unendlich hoher Bandbreite erleidet bei einer solchen Übertragung lediglich eine Verzögerung um den Wert

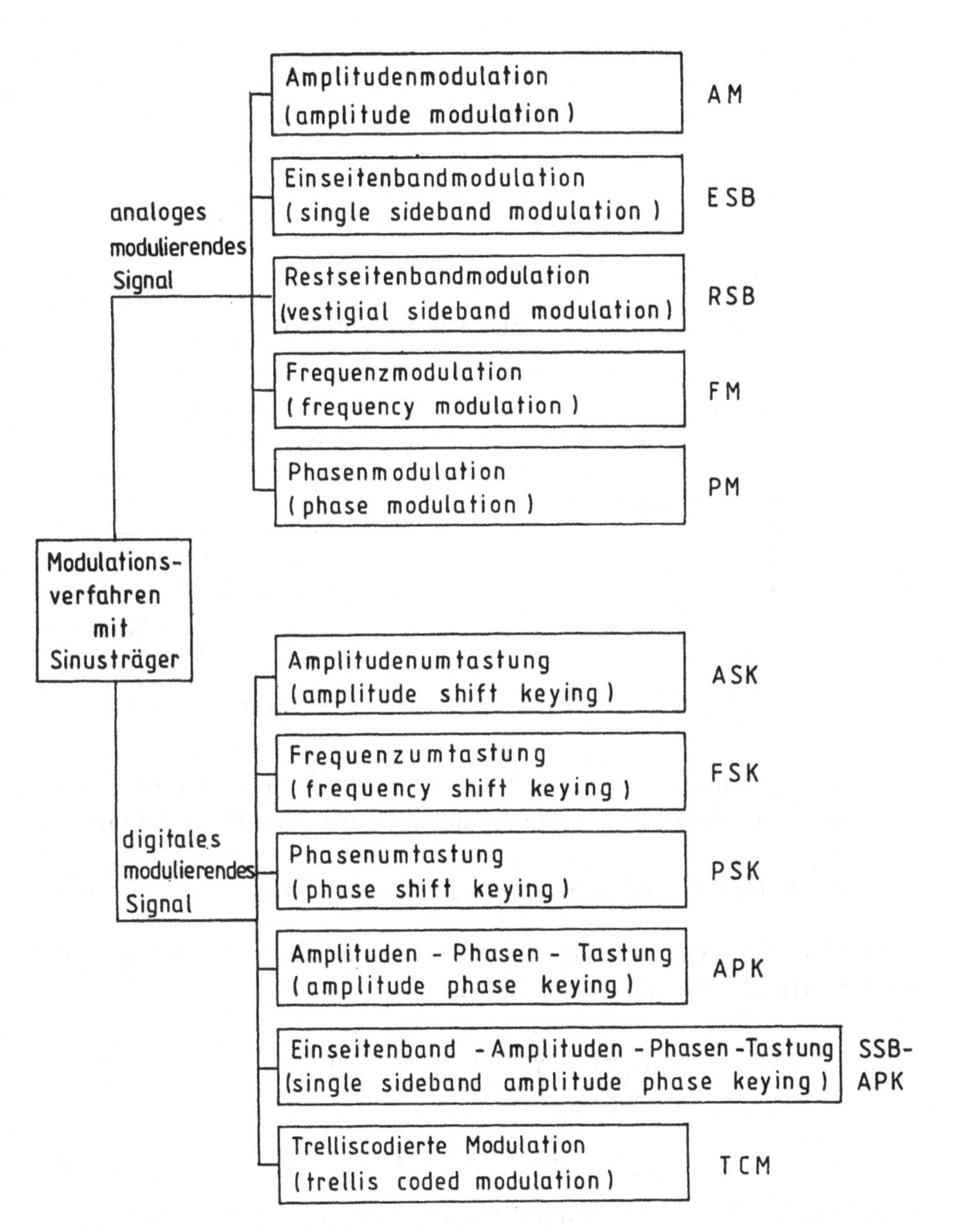

Abbildung 3.2: Übersicht über die wichtigsten Modulationsverfahren mit Sinusträger

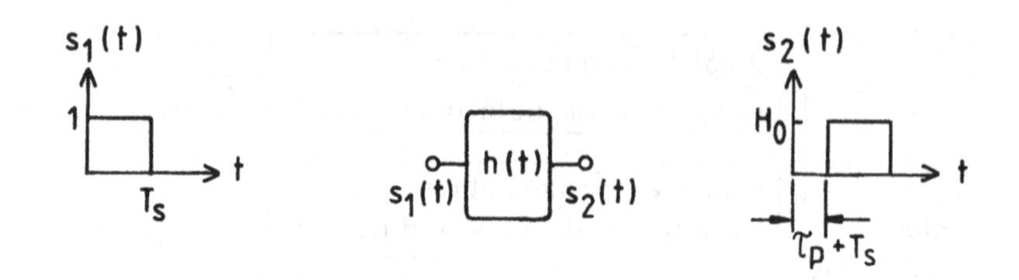

Abbildung 3.3: Ideales Übertragungssystem

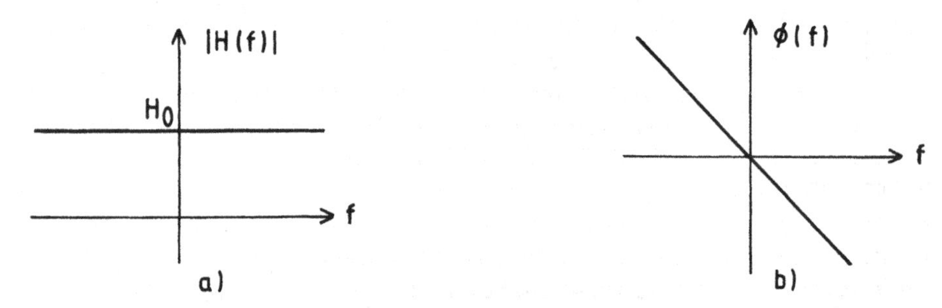

Abbildung 3.4: Frequenzgang des idealen Übertragungssystems

τ_p und eine Dämpfung vom Wert 1 auf den Wert H_0 seine Gestalt bleibt nach der Übertragung jedoch unverändert. Nach Abbildung 3.3 gilt

$$s_2(t) = H_0 s_1(t - \tau_p) = s_1(t) * h(t) = s_1(t) * [H_0 \delta(t - \tau_p)] \tag{3.4}$$

mit $h(t)$ der Impulsantwort des Systems. Für die Übertragungsfunktion des verzerrungsfreien Systems gilt dann

$$\underline{H}(f) = \int_{-\infty}^{+\infty} h(t) e^{-j2\pi f t} dt \tag{3.5}$$

$$\underline{H}(f) = H_0 e^{-j2\pi f \tau_p} = H_0 e^{j\phi(f)} \tag{3.6}$$

Der Betrag der Übertragungsfunktion sowie der Verlauf der Phase $\phi(f)$ sind in Abbildung 3.4a, b dargestellt. Die Systembandbreite des idealen Übertragungssystems ist unendlich groß und der Verlauf der Phase ist über der Frequenz linear. Übertragungssysteme mit unendlicher Systembandbreite sind weder realisierbar noch sind sie praktisch relevant.

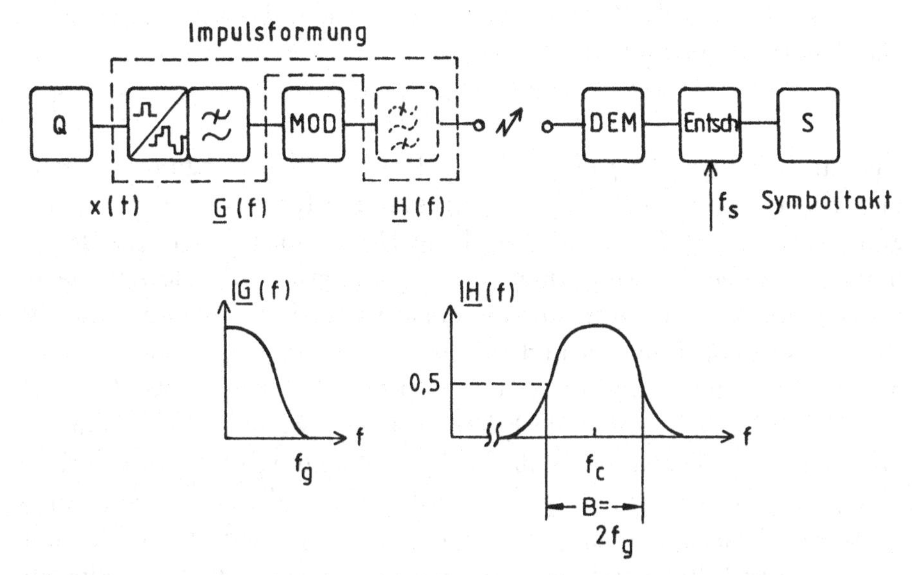

Abbildung 3.5: Modulator-Demodulatorsystem bei bandbegrenzter Übertragung

Ein reales System zur Übertragung modulierter Signale unterdrückt alle spektralen Signalkomponenten die außerhalb seines Durchlaßbereichs mit der Bandbreite B liegen. In Abbildung 3.5 ist das prinzipielle Blockschaltbild eines solches Systems bei Anwendung der Verfahren ASK, PSK oder APK dargestellt. Abbildung 3.5 enthält auch die Übertragungsfunktion im Basisband - und Trägerfrequenzbereich. Im sendeseitigen Modulatorsystem nach Abbildung 3.5 erfährt das Quellensignal zunächst eine Impulsformung danach erfolgt die Modulation des Sinusträgers im Modulator.
Nach der Demodulation im Empfänger wird das demodulierte Signal im Entscheider abgetastet und regeneriert und der Nachrichtensenke zugeführt. Infolge der Bandbegrenzung auf die Bandbreite B entstehen lineare Verzerrungen im modulierten Signal (Dämpfungsverzerrungen, Gruppenlaufzeitverzerrungen) und nach der Demodulation auch im digitalen Basisbandsignal in Form von Symbolinterferenzen und Amplitudenverzerrungen. Die Gestalt der Impulsantwort eines Systems hängt damit offenbar von der Systembandbreite B ab. Zwischen der Bandbreite und der Zeitdauer der Impulsantwort eines Übertragungs-

systems läßt sich ein Zusammenhang herstellen, das sogenannte *Zeit-Bandbreite-Produkt* [1].

$$Bt_m = const. \tag{3.7}$$

das für beliebige *Tiefpaß-Systeme* (Basisband-Übertragungssysteme) und *Bandpaß-Systeme* (Übertragungssysteme für modulierte Signale) gültig ist. t_m ist hierbei die zeitliche Breite eines Rechtecks dessen maximale Höhe der Amplitude von $h(t)$ entspricht und dessen Fläche mit der unter $h(t)$ liegenden übereinstimmt. In Abbildung 3.6*a* ist die Übertragungsfunktion und die Impulsantwort eines idealen Bandpasses sowie die Definition von t_m dargestellt. Die Größe t_m kann auch für jedes beliebige reale Filter bestimmt werden. In diesem Zusammenhang sei erwähnt, daß die Systembandbreite B durch Filter (Tiefpässe, Bandpässe) festgelegt wird. Alle anderen Systemkomponenten sind als signaltransparent zu betrachten. Zur Impulsformung ist somit das Filter am günstigsten dessen Impulsantwort das kleinste Zeit-Bandbreite-Produkt aufweist. Von Interesse sind jedoch nur solche Filter deren Impulsantwort ohne größere "Überschwinger" auf das Intervall $kT_s \leq t \leq (k+1)T_s$ (Modulationsintervall) beschränkt ist, oder deren Impulsantworten zum jeweiligen Abtastzeitpunkt im Entscheider Nulldurchgänge aufweisen (Nyquistfilter). Geeignete Filterübertragungsfunktionen lassen sich mit der in [2] angegebenen Echomethode oder durch Computersimulation ermitteln. Bei rechteckförmigen Eingangsimpulsen kann näherungsweise eine $\cos^2$ - förmige Impulsform mit einem Butterworth-Tiefpaß 4. Ordnung erzielt werden. In Abschnitt 3.1.1.3 wird gezeigt, daß der auf das Intervall $kT_s \leq t \leq (k+1)T_s$ zeitbegrenzte Gaußimpuls und der Nyquistimpuls die für reale Systeme günstigsten Impulsarten darstellen. Abbildung 3.6*b* gibt die Impulsantworten einiger Impulsformungstiefpässe und deren Übertragungsfunktionen wieder. Die Realisierung der Impulsformungsfilter erfolgt entweder in konventioneller Technik aus LC-Gliedern oder durch Oberflächenwellenfilter (Satellitenfunk, Richtfunk). Auf piezoelektrischem Substrat lassen sich im Frequenzbereich von $10MHz$ bis über $1GHz$ derartige Filter realisieren [21]. Führt man die Impulsformung am modulierten Signal durch, so sind anstelle der Impulsformertiefpässe entsprechende Bandpässe zu realisieren, was in der Regel aufwendiger ist. Die Impulsformung am Basisbandsignal ist bei den Verfahren ASK,

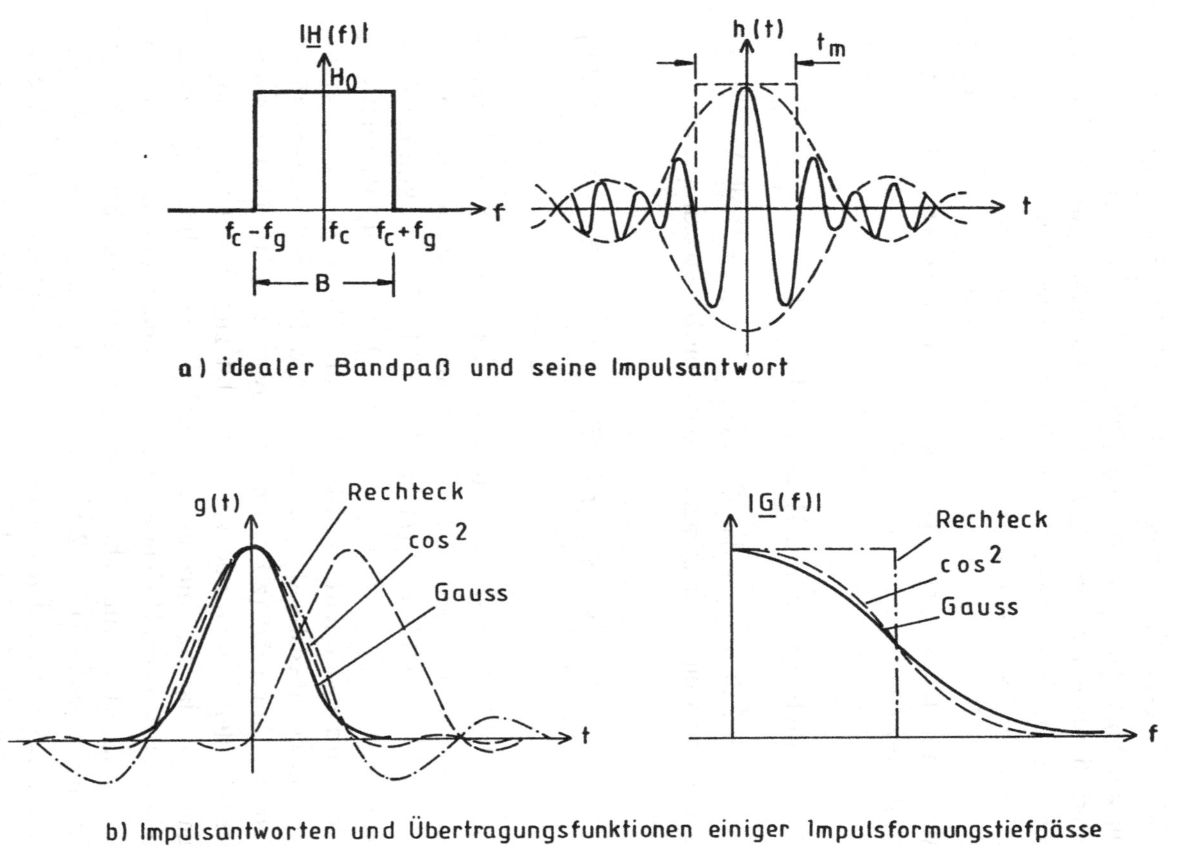

Abbildung 3.6: Impulsantworten und Übertragungsfunktionen

PSK und APK deshalb möglich weil beim Modulationsvorgang selbst keine neuen Signalkomponenten entstehen. Die Modulation besteht hier lediglich aus einer linearen Frequenzverschiebung der Basisbandspektren um die Trägerfrequenz bei Bildung zweier Seitenbänder. In der Praxis teilt man die Übertragungsfunktion des impulsformenden Filters oft auf Modulatorsystem und Demodulatorsystem auf. Durch diese Maßnahme läßt sich eine etwas bessere Übertragungsqualität (Bitfehlerquote) erzielen.

3.1.1 Impulsformung am Basisbandsignal

Im praktischen Fall besteht das Quellensignal $x(t)$ gemäß Abbildung 3.5 aus einer binären stochastischen Folge von Rechteckimpulsen

$$x(t) = \sum_{k=-\infty}^{+\infty} \hat{x}_{\nu k}\gamma(t - kT_b) \qquad (\nu = 1, 2) \tag{3.8}$$

mit $\hat{x}_{\nu k} \in \{0, 1\}$. Das Quellensignal hat die Bitrate v_b und nimmt die Amplitudenwerte $\hat{x}_{1k}$ und $\hat{x}_{2k}$ in stochastischer Folge im Intervall $kT_b \leq t \leq (k+1)T_b$ an. $\gamma(t)$ bezeichnet die Rechteckimpulsform. Zur Erzielung von $m = 2^n, (n = 1, 2, 3, \ldots)$ diskreten Modulationszuständen wird das binäre Basisbandsignal $x(t)$ meist - wie bereits erwähnt - in ein Basisbandsignal mit m Amplitudenzuständen in einem Codierer umgesetzt (z.B. in mASK-Systemen). Im Codierer werden hierbei jedem Amplitudenzustand n bit zugeordnet. Am Codiererausgang hat das so umcodierte Signal die Symbolrate (Schrittgeschwindigkeit) v_s nach Gleichung 3.3. Zur weiteren Erläuterung der Impulsformung ist es hinreichend ein System mit nur zwei diskreten Modulationszuständen ($m = 2, n = 1$) zu betrachten. Die Impulsformung an Basisbandsignalen mit $m > 2$ erfolgt auf die gleiche Weise. In Abbildung 3.7 ist eine Impulsformerstufe für Basisbandbinärsignale, wie sie zur Modulation in einem binären PSK-System (2PSK) verwendet wird, dargestellt. Abbildung 3.7 enthält außerdem die binären Basisbandsignale vor und nach der Impulsformung bzw. Codierung. Der Codierer vollzieht in diesem Fall nur eine Potentialverschiebung der Eingangsimpulse, d.h. er setzt gleichanteilbehaftete Impulse in gleich-

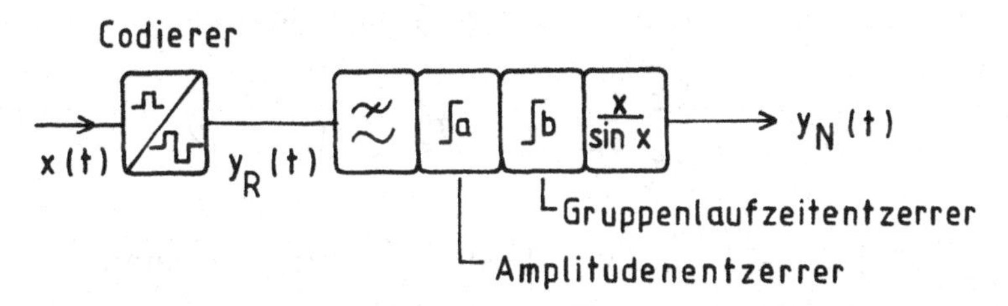

a) Impulsformerstufe

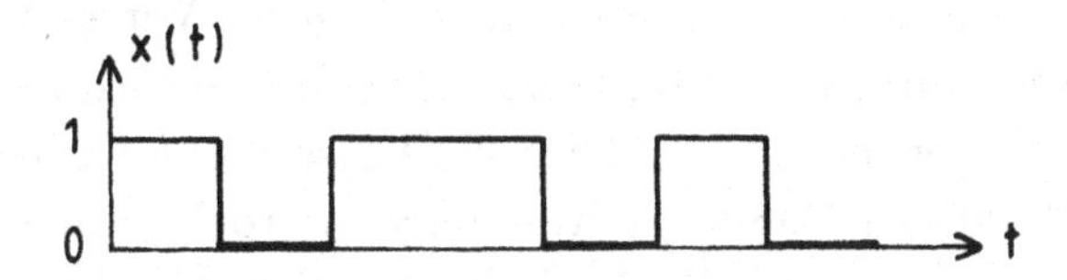

b) Quellensignal

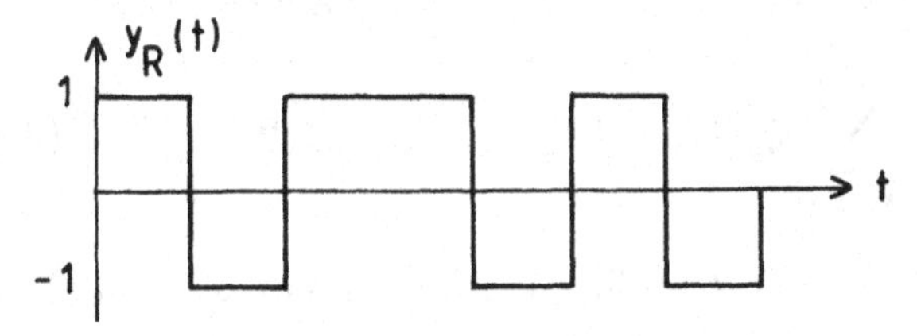

c) 2-stufiges Signal nach der Codierung

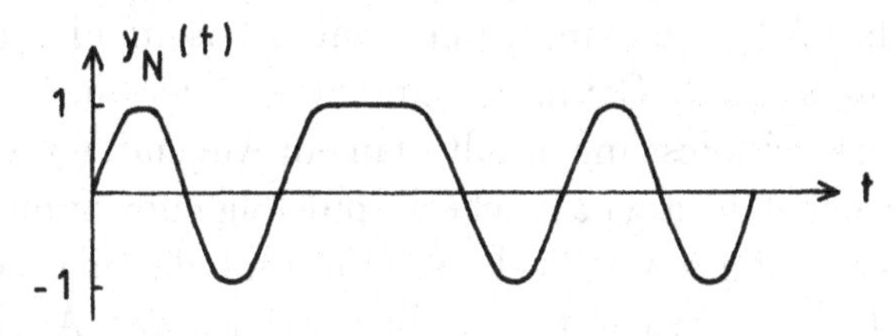

d) 2-stufiges Signal am Ausgang der Impulsformerstufe

Abbildung 3.7: Beispiel zur Impulsformung

anteilfreie Impulse um. Am Codiererausgang erscheint

$$y_R(t) = \sum_{k=-\infty}^{+\infty} \hat{y}_{\mu k}\gamma(t - kT_s) \qquad (\mu = 1,2) \tag{3.9}$$

wobei $\hat{y}_{\mu k} \in \{+1, -1\}$ zwei verschiedene Amplituden annimmt, siehe Abbildung 3.7*c*. Die Impulsformerstufe insgesamt besteht aus dem Codierer einem Tiefpaß einem Amplituden-und Gruppenlaufzeitentzerrer, sowie aus einer Baugruppe zur Entzerrung der $x/sinx$ - Verzerrung. Letztere wird infolge der endlichen Impulsbreite der Elementarimpulse (Rechteckimpulse) $y_R(t)$ verursacht, da Dirac-Impulse nicht realisierbar sind. Amplituden-und Gruppenlaufzeitentzerrer werden zum Ausgleich der linearen Verzerrungen benötigt die infolge der Bandbegrenzung durch den Tiefpaß entstehen. Am Ausgang der Impulsformerstufe erscheint schließlich das bandbegrenzte geformte Signal

$$y_N(t) = \sum_{k=-\infty}^{+\infty} \hat{y}_{\mu k} g(t - kT_s) \qquad (\mu = 1,2) \tag{3.10}$$

mit der Impulsform $g(t)$ (z.B. Gaußimpuls oder Nyquistimpuls), wie qualitativ in Abbildung 3.7*d* dargestellt.

Die Qualität eines stochastischen Impulszuges mit m Amplitudenzuständen kann hinsichtlich seiner Amplituden-und Phasenfehler mit Hilfe des *Augendiagramms* durch Computersimulation oder meßtechnisch ermittelt werden. Durch Messung erhält man ein Augendiagramm wenn man die zu untersuchende stochastische Impulsfolge der Symboldauer T_s auf den Eingang eines Oszilloskops gibt und dabei extern mit dem Symboltakt $f_s = \frac{1}{T_s}$ triggert. Im Idealfall ist das Augendiagramm eines stochastischen Signals vollständig geöffnet, wie Abbildung 3.8*a* für den binären Fall zeigt. Abbildung 3.8*b* gibt Aufschluß über den typischen Verlauf eines stochastischen Binärsignals bei linearen Verzerrungen. Die Augenöffnung $\hat{x}_a$ als auch die Augenbreite $\hat{x}_b$ wird infolge der Amplituden-und Gruppenlaufzeitverzerrungen (Symbolinterferenz) reduziert. Die in Abbildung 3.8*b* dargestellte verringerte horizontale Augenöffnung $\hat{x}_b$ ist ein Maß für die Verzerrung der zeitlichen Symbolfolge, während die verringerte vertikale Augenöffnung $\hat{x}_a$ in Augenmitte ein Maß für die Verzerrung der Impulsamplitude ist [16,

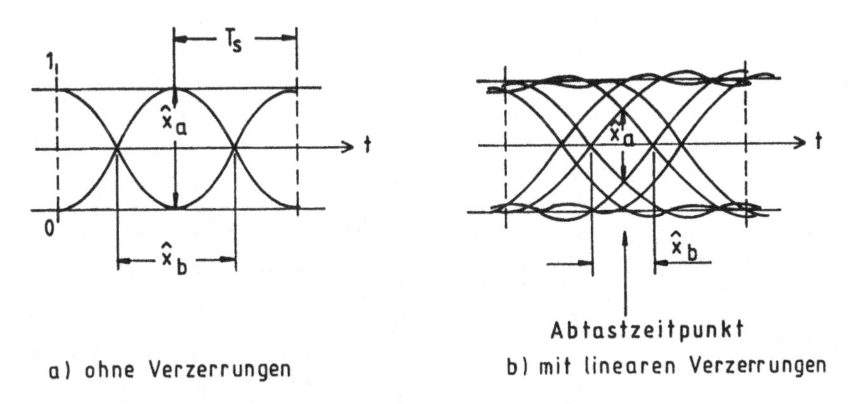

Abbildung 3.8: Augendiagramme eines Binärsignals

17, 18, 19, 20, 22]. In Abbildung 3.9 sind gemessene Augendiagramme dargestellt, den in Abbildung 3.9*bd* gezeigten ist additives Rauschen überlagert. Durch das Geräusch werden die Signalkonturen der Augendiagramme stark verwischt. Es treten im Signal infolge des Geräuschs sowohl Amplituden-als auch Phasenfehler (Jitter) auf. Erhöht man den Geräuschanteil so verkleinert sich das "Auge" bis es schließlich gänzlich verschwindet. Aus Abbildung 3.9 erkennt man, daß das Binärsignal ein "Auge", das Ternärsignal jedoch 2 "Augen" besitzt. Die Anzahl der sich bei der Messung bzw. Computersimulation ergebenden "Augen" hängt von der Anzahl der Amplitudenzustände des Basisbandsignals ab. Hat das Basisbandsignal allgemein m Amplitudenzustände so ergeben sich $m - 1$ "Augen". Im Entscheider des Demodulatorsystems gemäß Abbildung 3.5 wird jeder Impuls mit einer Entscheiderschwelle (beim Binärsignal bei 0 Volt) abgefragt und in Impulsmitte mit dem Symboltakt f_s abgetastet. Jede Amplitude wird beim Binärsignal zum Abtastzeitpunkt im Entscheider als logisch 1 interpretiert, wenn sie größer als 0 Volt ist. Ist sie kleiner als 0 Volt erkennt der Entscheider logisch 0. Dieser Entscheidungs-und Abtastvorgang, der bei der Behandlung der speziellen Modulationsverfahren noch genau erläutert wird, ist bei nicht vollständig geöffnetem Auge mehr oder weniger fehlerbehaftet. Es treten Symbolfehler (Schrittfehler) und damit auch Bitfehler (1 Symbol = n bit), beim Binärsignal ist $n = 1$, mit einer berechenbaren Wahrscheinlichkeit bzw. meßbaren Häufigkeit auf. Die Symbolfehler-Wahrscheinlichkeit bzw. Bitfehler-Wahrscheinlichkeit hängt vom ver-

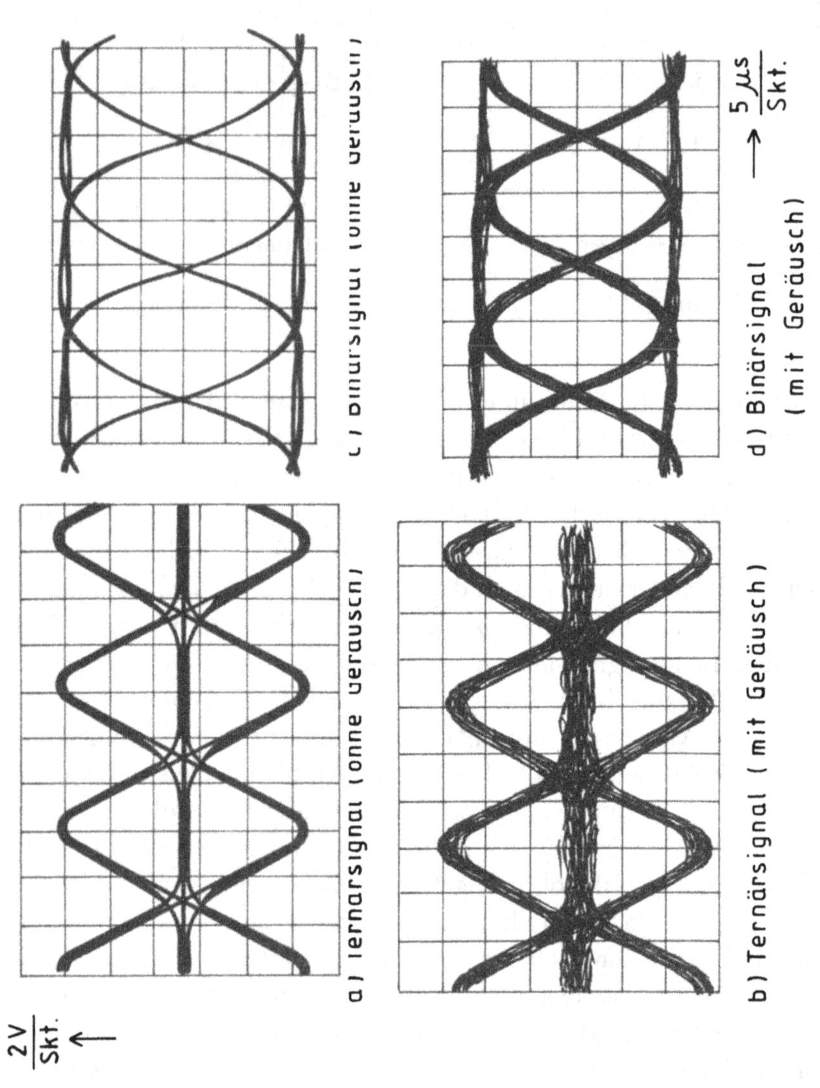

Abbildung 3.9: Augendiagramme mit und ohne additives weißes Rauschen (cos^2 - Impulsform)

wendeten Modulationsverfahren ab. Bei der Behandlung der verschiedenen Modulationsverfahren wird die Symbolfehler-Wahrscheinlichkeit jeweils abgeleitet oder angegeben.

Neben der Kenntnis des Zeitverlaufs der stochastischen Nachrichtensignale ist ebenso ihr Spektralverlauf von Bedeutung. Nur mit Hilfe der Spektralfunktion oder der spektralen Leistungsdichte eines Signals die mathematisch oder meßtechnisch (Spektrumanalysator) ermittelt werden können, ist der Verlauf über der Frequenz und die Frequenzbandbegrenzung überprüfbar. In den nächsten Abschnitten wird deshalb die spektrale Leistungsdichte eines stochastischen Rechteck-Basisbandsignals (Leistungssignal) mit m Amplitudenstufen und die Spektralfunktion der in der Praxis besonders wichtigen Nyquistimpulsform (Energiesignal) ermittelt.

3.1.1.1 Spektrale Leistungsdichte rechteckförmiger Basisbandsignale

Von einer stochastischen Folge aus Rechteckimpulsen mit m Amplitudenstufen die durch Gleichung 3.11

$$y_R(t) = \sum_{k=-\infty}^{+\infty} \hat{y}_{\mu k}\gamma(t - kT_s) \qquad (\mu = 1, 2, \ldots, m) \tag{3.11}$$

beschrieben werden kann, kann die spektrale Leistungsdichte mathematisch ermittelt werden, da es sich um ein Leistungssignal handelt. Als Beispiele für solche Signale sind in Abbildung 3.10 ein gleichanteilbehaftetes und ein gleichanteilfreies Zufallssignal mit 4 Amplitudenstufen, die gleichwahrscheinlich auftreten, gezeichnet. Die Berechnung der spektralen Leistungsdichte erfolgt mit dem Theorem von Wiener und Khintchine Gleichung 2.86 und Gleichung 2.87. Hierbei muß ein Zufallssignal die nachfolgend dargestellten Bedingungen erfüllen:

- die Impulse (Symbole) des Basisbandsignals sind statistisch voneinander unabhängig.
- jedes Symbol des Basisbandsignals tritt gleichwahrscheinlich mit der Wahrscheinlichkeit $\frac{1}{m}$ auf.
- die Impulse des Basisbandsignal sind zeitbeschränkt auf das Intervall $kT_s \leq t \leq (k+1)T_s$.

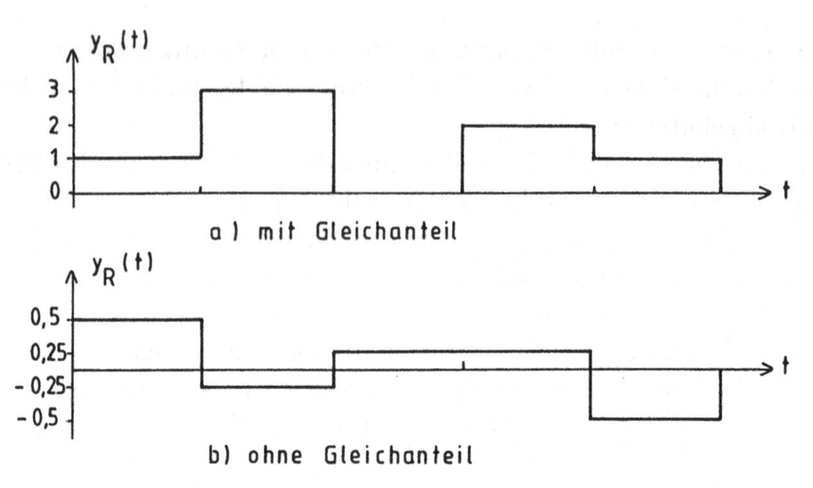

Abbildung 3.10: Basisbandsignale mit 4 Amplitudenstufen

- die Impulsfolge ist ein Zufallsprozeß der stationär und ergodisch ist.

Man bestimmt zunächst die Autokorrelationsfunktion des Zufallssignals nach Gleichung 3.11 mit Gleichung 2.85. Mit Gleichung 2.86 erhält man dann die spektrale Leistungsdichte eines Signals mit Gleichanteil und m Amplitudenstufen [23, 24] zu

$$L_R(f) = \sigma^2 T_s \left(\frac{\sin \pi f T_s}{\pi f T_s} \right)^2 + \bar{y}^2 \delta(0) \tag{3.12}$$

Die spektrale Leistungsdichte eines m - stufigen Basisbandsignals mit Gleichanteil und Rechteckimpulsform hat einen über der Frequenz kontinuierlichen Verlauf, wobei nur bei der Frequenz $f = 0$ eine diskrete Spektrallinie der spektralen Amplitude $\bar{y}^2$ auftritt. $\bar{y}$ ist dabei der Scharmittelwert (Erwartungswert) und σ^2 die Varianz der Amplitudenstufen.

Bei einem m-stufigen Basisbandsignal *ohne* Gleichanteil entfällt der diskrete Anteil in Gleichung 3.12 und die spektrale Leistungsdichte hat einen über der Frequenz stetigen Verlauf. In Abbildung 3.11 ist Gleichung 3.12 grafisch über der Frequenz dargestellt. Die spektrale Leistungsdichte eines stochastischen Rechteck-Basisbandsignals hat streng genommen eine unendlich hohe Signalbandbreite. Eine "harte" Bandbegrenzung auf die Grenzfrequenz $f_g = \frac{1}{T_s}$ führt auf erhebliche lineare Verzerrungen. Nach einer solchen Bandbegrenzung ist die Impulsform

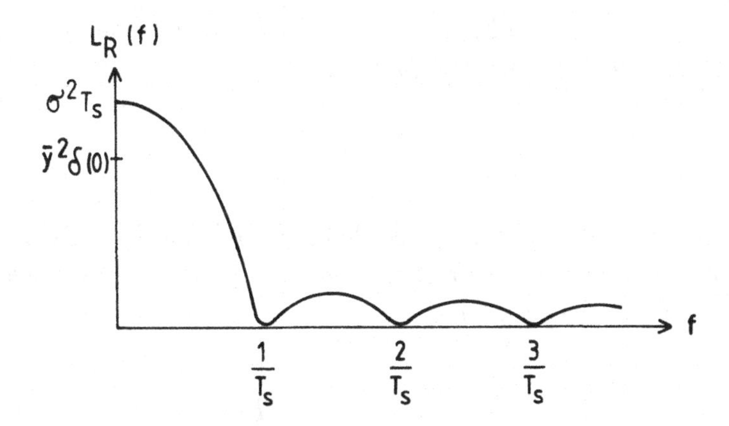

Abbildung 3.11: Leistungsspektrum eines m-stufigen Basisbandsignals mit Gleichanteil und rechteckförmigen Elementarimpulsen

"verschliffen", sodaß in einem stochastischen Signal Symbolinterferenzen auftreten. Bei einer Bandbegrenzung auf zum Beispiel $f_g = \frac{3}{T_s}$ erscheint der bandbegrenzte Impuls praktisch noch als Rechteckimpuls. Da das Zeit-Bandbreite-Produkt bei einer solch geringen Bandbegrenzung ungünstig ist, hat die "schwache" Bandbegrenzung nur in Systemen Bedeutung bei denen die Frequenzbandökonomie eine geringe Rolle spielt.

3.1.1.2 Nyquistimpulse und ihre Spektralfunktion, Nyquist-Kriterien

Nyquistimpulse sind zeitlich nicht beschränkt auf das Intervall $kT_s \leq t \leq (k+1)T_s$ (Modulationsintervall). Die Signalenergie im zeitlich unbegrenzten Intervall ist bei solchen Impulsen endlich. Es sei $g(t)$ die Impulsantwort eines Nyquistimpulses und $G(f)$ deren Fouriertransformierte, dann gilt (Parsevalsches Theorem)

$$\int_{-\infty}^{+\infty} g^2(t)dt = \int_{-\infty}^{+\infty} |G(f)|^2 df < \infty.$$

Der Nyquistimpuls ist ein Energiesignal, siehe auch Gleichung 2.79. Die Impulsantwort eines Nyquisttiefpasses lautet

$$g(t) = \frac{\sin\frac{\pi t}{T_s}}{\frac{\pi t}{T_s}} \frac{\cos\frac{r\pi t}{T_s}}{1-(\frac{2rt}{T_s})^2} \tag{3.13}$$

und ist im Intervall $-\infty \leq t \leq +\infty$ definiert. r heißt"Roll-Off-Faktor" mit $0 \leq r \leq 1$. Für die Spektralfunktion des Nyquistimpulses ermittelt man mit dem Fourierintegral

$$\frac{G(f)}{T_s} = 1 \quad \text{für} \quad 0 \leq f \leq \frac{1}{2T_s}(1-r) \tag{3.14}$$

$$\frac{G(f)}{T_s} = \frac{1}{2} - \frac{1}{2}\sin\left(\frac{fT_s}{2r} - \frac{1}{2r}\right) \quad \text{für} \quad \frac{1}{2T_s}(1-r) \leq f \leq \frac{1}{2T_s}(1+r) \tag{3.15}$$

$$\frac{G(f)}{T_s} = 0 \quad \text{sonst} \tag{3.16}$$

[14, 25, 26, 27]. Die Spektralfunktion ist reell und frequenzbandbegrenzt auf die obere Frequenzgrenze f_g (=Bandbreite des Basisbandsignals).

$$f_g = \frac{1}{2T_s}(1+r) = \frac{v_s}{2}(1+r) \tag{3.17}$$

Abbildung 3.12 stellt Zeitfunktion und Spektralfunktion einiger Nyquistimpulse mit dem "Roll-Off-Faktor" r als Parameter dar. Bildet man eine stochastische Folge aus Nyquistimpulsen so bleibt die Energie des Impulszuges im Intervall $-\infty \leq t \leq +\infty$ endlich, Abbildung 3.13. Im Impulszug treten starke Symbolinterferenzen auf, da die einzelnen Impulse nicht auf das Intervall $kT_s \leq t \leq (k+1)T_s$ beschränkt sind. Jeweils in Impulsmitte jedoch, zu den Abtastzeitpunkten (Entscheider), liegen die Nulldurchgänge aller benachbarten Impulse. Bei einer exakten Signalabtastung im Entscheider des Demodulatorsystems treten somit keine Symbolinterferenzen auf. Diese Eigenschaft heißt *erstes Nyquistkriterium* [25, 26, 27]. In Abbildung 3.14 sind einige Augendiagramme von stochastischen Impulsfolgen mit Nyquist-Elementarimpulsform bei verschiedenen "Roll-Off-Faktoren" dargestellt. Zu den Abtastzeitpunkten in Impulsmitte sind keine Symbolinterferenzen erkennbar. Nach Abbildung 3.14 ist in allen Fällen das

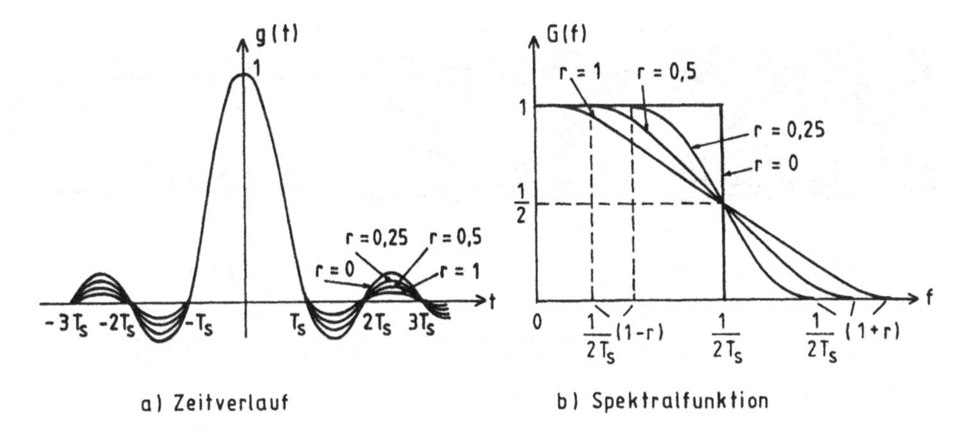

Abbildung 3.12: Impulsantwort und Spektralfunktion einiger Nyquistimpulse

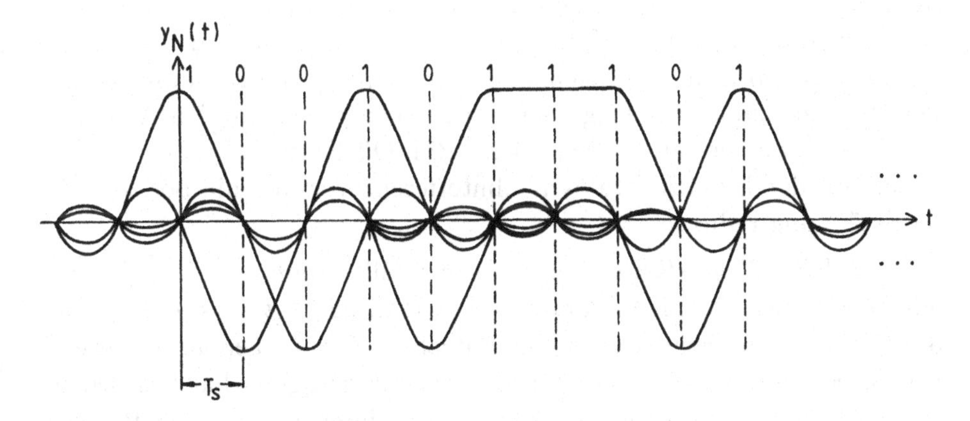

Abbildung 3.13: Stochastische Folge aus Nyquistimpulsen

Abbildung 3.14: Augendiagramme binärer Nyquistimpulsfolgen

erste Nyquistkriterium erfüllt, da in Impulsmitte zum Abtastzeitpunkt die Impulsüberlappung (Symbolinterferenz) nicht wirksam wird.

Das *zweite Nyquistkriterium* einer stochastischen Impulsfolge ist dann erfüllt, wenn alle Nulldurchgänge im Augendiagramm im Abstand $\frac{T_s}{2}$ von der Impulsmitte auftreten. Aus Abbildung 3.14 erkennt man, daß nur die Impulsfolge mit dem "Roll-Off-Faktor" $r = 1$ das zweite Nyquistkriterium erfüllt. Nur bei $r = 1$ ist sowohl die vertikale als auch die horizontale Augenöffnung maximal. Alle Nulldurchgänge der Nyquistimpulse der Folge bei $r = 1$ liegen genau um den Abstand T_s voneinander entfernt. Bei allen "Roll-Off-Faktoren" $r < 1$ liegt außerhalb der Impulsmitte Symbolinterferenz vor, die die horizontale Augenöffnung reduziert.

Das *dritte Nyquistkriterium* ist dann erfüllt, wenn die Fläche unter einem empfangenen Signalimpuls im Intervall $kT_s \leq t \leq (k+1)T_s$ mit der Fläche des im Sender erzeugten Signalimpulses im genannten Intervall übereinstimmt. Für die digitale Signalübertragung hat das dritte Nyquistkritierium gegenüber den beiden anderen nur geringe Bedeutung.

Die durch die Gleichungen 3.14, 3.15 und 3.16 gegebene Übertragungsfunktion eines Nyquisttiefpasses - sie stimmt mit der Spektralfunktion des Nyquistimpulses überein - ist schwierig zu realisieren. In der Praxis wird deshalb oft für die Übertragungsfunktion nicht der durch die vorgenannten Gleichungen angegebene Verlauf approximiert,

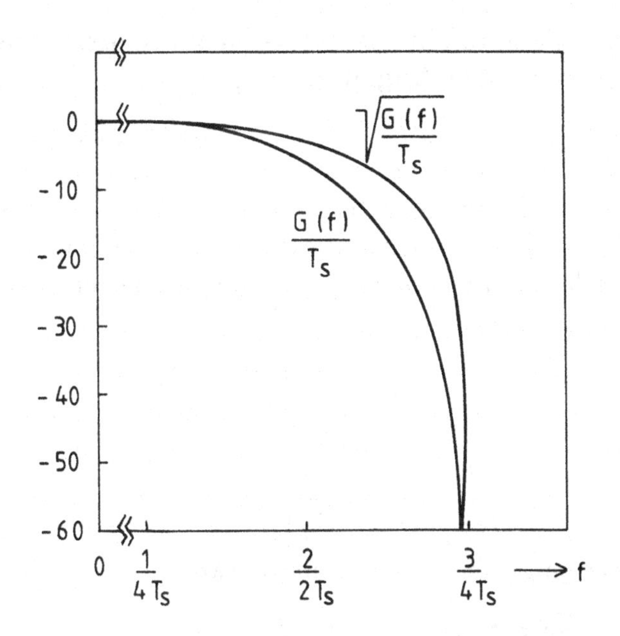

Abbildung 3.15: Nyquist und Wurzel-Nyquist-Betragsübertragungsfunktion

sondern man realisiert die Übertragungsfunktion $\sqrt{\frac{G(f)}{T_s}}$ die oft als "Wurzel-Nyquist-Verlauf" bezeichnet wird. In Abbildung 3.15 ist in logarithmischer Darstellung die Übertragungsfunktion eines Nyquist- und eines "Wurzel-Nyquist"-Tiefpasses über der Frequenz dargestellt. Experimentelle Untersuchungen zeigen, daß mit dem letztgenannten Filter bei additivem Geräusch die beste Bitfehlerquote erreicht werden kann [18]. Die Approximation von Tiefpaß-Übertragungsfunktionen zur Impulsformung ist einfacher durchzuführen als die Approximation von entsprechenden Bandpaß-Übertragungsfunktionen. Entsprechendes gilt wie bereits erwähnt für deren Realisierung in LC-Filter. Setzt man die bereits erwähnten Oberflächenwellenfilter z.B. nach [21] ein, so erfolgt die Impulsformung allerdings oft am modulierten Signal [28].

3.1.1.3 Optimierung eines stochastischen Binärsignals auf maximale Augenöffnung

Bei der Realiserung eines digitalen Übertragungssystems liegt zunächst als Randbedingung das Zeit-Bandbreite-Produkt $f_g T_s$ vor. Zur Ermittlung optimaler Impulsformungsfilter kann man weitere Randbedingungen definieren, z.B. Verzerrungen. Diese sollen jedoch im vorliegenden Fall nicht betrachtet werden. Zur Optimierung werden ein Gaußtiefpaß der Übertragungsfunktion

$$G(f) = e^{(\pi \frac{f}{\Delta f})^2} \tag{3.18}$$

mit

$$\frac{\Delta f}{f_g} = \frac{\pi}{\sqrt{3\pi - 5,4(T_s f_g)^{-1}}} \tag{3.19}$$

und der genäherten gaußförmigen Impulsantwort

$$g(t) \approx T_s \int_{-f_g}^{+f_g} \frac{\sin \pi f t}{\pi f t} e^{j2\pi f t} df - \frac{1}{\Delta f} \int_{-f_g}^{+f_g} f \sin(\pi T_s f) e^{j2\pi f t} df \tag{3.20}$$

sowie ein Nyquistiefpaß mit einer Übertragungsfunktion nach Abbildung 3.15 und der Impulsantwort nach Gleichung 3.13 gegenübergestellt. Die Aufgabe lautet somit: Welcher der beiden Tiefpässe liefert bei einem bestimmten Zeit-Bandbreite-Produkt $f_g T_s$ die größte Augenöffnung in Impulsmitte ?
Zur Lösung der Aufgabe durch Computersimulation definiert man die vertikalen Augenöffungen $\hat{x}_{ai}$ und $\hat{x}_{aa}$ wie sie prinzipiell in Abbildung 3.16 angegeben sind. Wird die Augenöffnung $\hat{x}_{ai}$ bzw. die realtive Augenöffnung

$$\hat{x}_r = \frac{\hat{x}_{ai}}{\hat{x}_{aa}} \tag{3.21}$$

maximal, dann ist das erste Nyquistkriterium bestmöglich erfüllt. Es sei $y_N(t)$ das Ausgangssignal der in Abbildung 3.7a dargestellten Impulsformerstufe, nach Gleichung 3.10 mit der Impulsform $g(t)$, dann gilt für die innere vertikale Augenöffnung des Augendiagramms nach Abbildung 3.16

$$\hat{x}_{ai} = 2[g(0) - 2\sum_{k=1}^{\infty} |g(kT_s)|]. \tag{3.22}$$

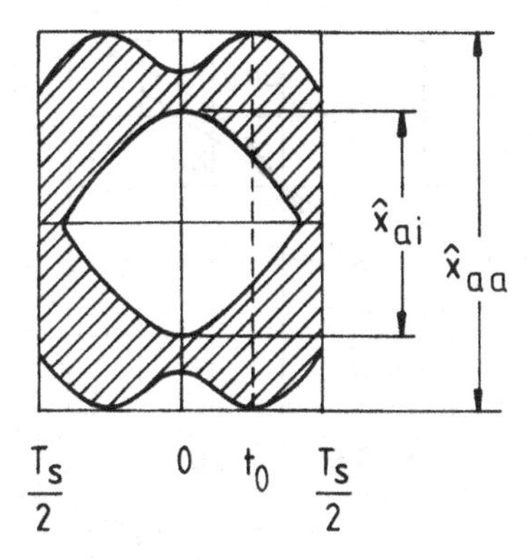

Abbildung 3.16: Prinzip eines realen Augendiagramms

Hierbei sind $g(kT_s)$ die Vor-und Nachläufer der Elementarimpulse des Impulszuges $y_N(t)$ die sich als Störgrößen den Elementarimpulsen $g(t)$ betragsmäßig additiv überlagern und bei t_0, siehe Abbildung 3.16, ihren Spitzenwert $\hat{x}_{aa}$ haben. Für diesen Spitzenwert ist deshalb zu setzen

$$\hat{x}_{aa} = 2[g(t_0) + \sum_{k=1}^{\infty} |g(t + kT_s)| + \sum_{k=1}^{\infty} g(t_0 - kT_s)]. \qquad (3.23)$$

Durch einsetzen der entprechenden Filterimpulsantworten der beiden zu vergleichenden Impulsformungsfilter in die beiden zuletzt formulierten Gleichungen ist nun die relative Augenöffnung $\hat{x}_r$ nach Gleichung 3.21 durch Variation des Zeit-Bandbreite-Produkts zu maximieren und die Augendiagramme graphisch darzustellen. Der Wert $\hat{x}_{rmax} = 1$ ist jedoch nur erreichbar, wenn jeweils benachbarte Impulse in Impulsmitte keine Symbolinterferenz erleiden. Dies ist in idealer Weise nur bei den Nyquistimpulsen der Fall. Das Ergebnis der Optimierung dargestellt in Abbildung 3.17 zeigt zwar, daß das Nyquistfilter bei starker Bandbegrenzung mit $f_gT_s < 0,7$ eine größere Augenöffnung ermöglicht, bei geringer Bandbegrenzung im Intervall $0,7 < f_gT_s \leq 1$ das Gaußfilter jedoch günstiger ist. In Abbildung 3.18*a* ist das meßtechnisch ermittelte Augendiagramm bei "harter" Bandbegrenzung und in Abbildung 3.18*b* nach Einsatz eines optimierten Gaußfilters dargestellt. Die Symbolinterferenz wird durch Einsatz des Gaußtiefpasses zur Impulsformung erheblich verringert. Dies hat eine wesentliche Verringerung der Bitfehlerquote zur Folge [20].

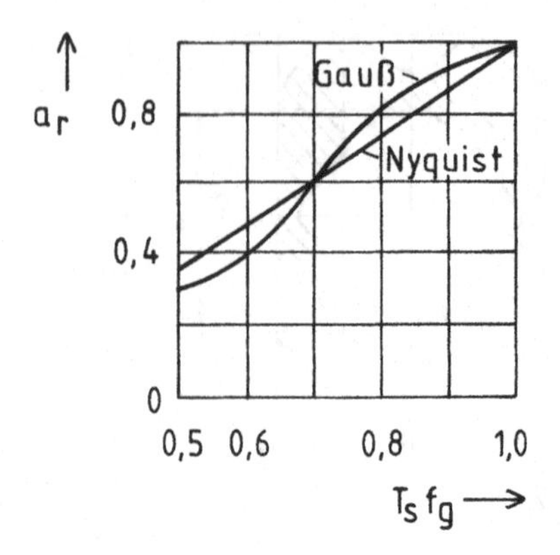

Abbildung 3.17: Relative Augenöffnung in Abhängigkeit des Zeit-Bandbreite-Produkts [20]

a) vor der Optimierung b) nach der Optimierung

Abbildung 3.18: Augenöffnung eines stochastischen Binärsignals bei der Impulsformung mit einem Gaußtiefpaß vor und nach der Optimierung [20]

3.2 Trägerunterdrückung

ASK,- PSK,- und APK-Signale werden meist durch Produktmodulation realisiert wobei das zu übertragende Basisbandsignal nach der Impulsformung mit einem Sinusträger multipliziert wird, siehe die Prinzipdarstellung in Abbildung 3.19. Nach Abbildung 3.19 wird das Quellensignal $x(t)$ nach der Codierung und Impulsformung mit einem Sinusträger multipliziert (Mischung). Da die Multiplikation nicht ideal realsiert werden kann (Ringmodulator) folgt am Multipliziererausgang ein Bandpaß der unerwünschte Mischprodukte unterdrückt. Enthält das zu übertragende Basisbandsignal einen Gleichanteil, so entsteht nach der Produktmodulation im Spektrum des modulierten Signals eine Spektrallinie bei der Trägerfrequenz die bereits im Basisbandsignal vorhanden ist, wie bereits in Abschnitt 3.1.1.1 gezeigt. Enthält das modulierende Signal dagegen keinen Gleichanteil, so wird bei der Produktmodulation der Träger unterdrückt. Durch eine einfache mathematische Betrachtung kann dies demonstriert werden. Hierzu werde angenommen das zu übertragende Basisbandsignal sei im einen Fall ein gleichanteilfreies periodisches Rechtecksignal und im anderen Fall ein periodisches Signal mit Gleichanteil. In Abbildung 3.20 sind beide Signale dargestellt.

Die Trägerschwingung werde durch

$$s_c(t) = \cos \omega_c t \tag{3.24}$$

und die beiden periodischen Basisbandsignale durch ihre Fourierreihen-

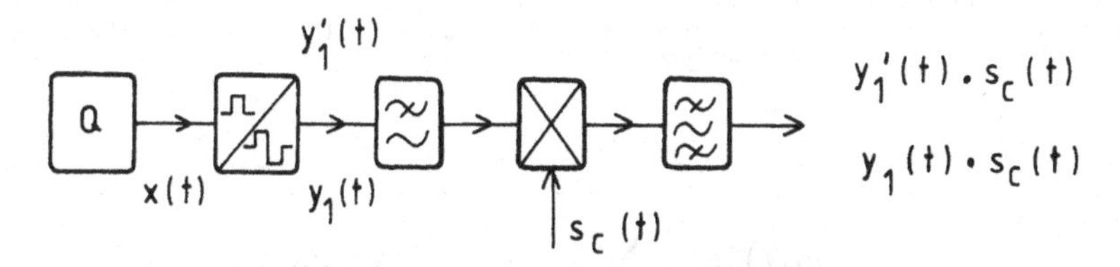

Abbildung 3.19: Produktmodulator

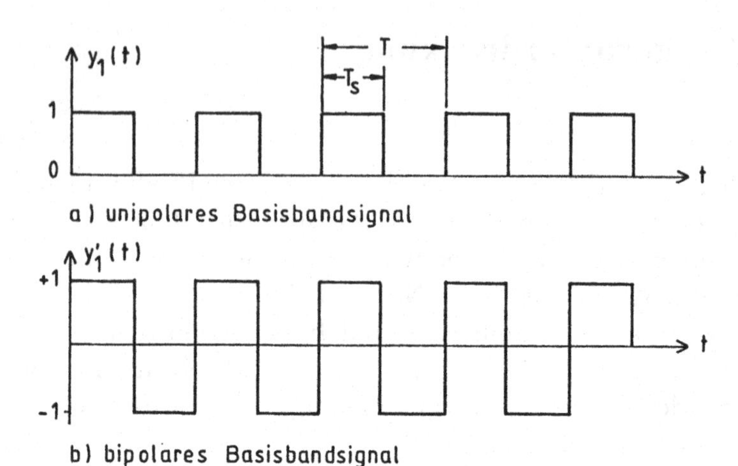

Abbildung 3.20: Periodische binäre Rechtecksignale

entwicklungen

$$y_1(t) = \frac{1}{2} + \frac{2}{\pi} \sum_{\nu=1}^{\infty} \frac{1}{\nu} \sin \nu\omega_1 t \tag{3.25}$$

und

$$\acute{y}_1(t) = \frac{2}{\pi} \sum_{\nu=1}^{\infty} \frac{1}{\nu} sin \nu\omega_1 t \tag{3.26}$$

beschrieben. Hierbei ist

$$\omega_1 = \frac{2\pi}{T} \tag{3.27}$$

die Grundkreisfrequenz und $T = 2T_s$ die Periodendauer. Infolge der Produktmodulation entstehen in den beiden betrachteten Fällen die modulierten Signale

$$s_c(t)y_1(t) = \frac{\cos\omega_c t}{2} + \frac{2}{\pi} \sum_{\nu=1}^{\infty} \frac{1}{\nu} \sin \nu\omega_1 t \cos \omega_c t$$

$$s_c(t)y_1(t) = \frac{\cos\omega_c t}{2} + \frac{2}{\pi} \sum_{\nu=1}^{\infty} \frac{1}{2\pi} [\sin(\nu\omega_1 + \omega_c)t + \sin(\nu\omega_1 - \omega_c)t] \tag{3.28}$$

und

$$s_c(t)\acute{y}_1(t) = \frac{2}{\pi} \sum_{\nu=1}^{\infty} \frac{1}{\nu} \sin \nu\omega_1 t \cos \omega_c t$$

$$s_c(t)\acute{y}_1(t) = \frac{2}{\pi}\sum_{\nu=1}^{\infty}\frac{1}{2\nu}[\sin(\nu\omega_1 + \omega_c)t + \sin(\nu\omega_1 - \omega_c)t] \tag{3.29}$$

Bei dem gleichanteilbehafteten Basisbandsignal nach Gleichung 3.28 erscheinen nach der Modulation der Träger mit halber Amplitude und die Summen-und Differenzkomponenten (oberes und unteres Seitenband), während im Falle des gleichanteilfreien Basisbandsignals nach Gleichung 3.29 die Trägerkomponente nicht auftritt. Der Träger wird bei der Modulation unterdrückt, weil im Basisbandsignal kein Gleichanteil enthalten ist. Die für periodische Basisbandsignale demonstrierten Eigenschaften sind ohne Einschränkung der Allgemeinheit auch auf entsprechende stochastische Basisbandsignale übertragbar.

4 Amplitudentastung mit m Signalzuständen (mASK; $m = 2, 4, 8, \ldots 2^n$; $n = 1, 2, 3, \ldots$)

Unter der Amplitudentastung mit m Signalzuständen (mASK) versteht man die digitale Amplitudenmodulation eines Sinusträgers der Frequenz f_c durch ein m-stufiges Basisbandsignal der Symbolrate v_s. Im Modulationsintervall $kT_s \leq t \leq (k+1)T_s$ wird jeder diskreten Amplitudenstufe des Basisbandsignals eine Sinusschwingung bestimmter Amplitude zugeordnet, oder es erfolgt eine Trägerabschaltung. Das Prinzip von mASK-Modulator-Demodulatorsystemen ist in Abbildung 4.1 dargestellt. Nach Abbildung 4.1a gibt die Signalquelle das binäre Nachrichtensignal $x(t)$ ab, das ein Zufallssignal ist.

$$x(t) = \sum_{k=-\infty}^{+\infty} \hat{x}_{\nu k} \gamma(t - kT_s) \qquad (\nu = 1, 2) \tag{4.1}$$

$x(t)$ hat die Bitrate $v_b = 1/T_b$ und besteht aus einer stochastischen Folge von Rechteckimpulsen $\gamma(t)$ der Impulsdauer T_b. $\hat{x}_{\nu k}$ ist die $\nu-$ *te* Amplitude die $x(t)$ im k-ten Modulationsintervall annimmt, $x_{\nu k} \in \{0, 1\}$. Durch Serien-Parallel-Umsetzung und Codierung entsteht aus dem Binärsignal $x(t)$ ein m-stufiges Basisbandsignal mit Gleichanteil der Form

$$y_R(t) = \sum_{k=-\infty}^{+\infty} \hat{y}_{\mu k} \gamma(t - kT_s) \qquad (\mu = 1, 2, 3, \ldots, m) \tag{4.2}$$

mit der Symbolrate

$$v_s = \frac{1}{T_s} = \frac{v_b}{n} = \frac{v_b}{\log_2 m} = \frac{1}{nT_b}$$

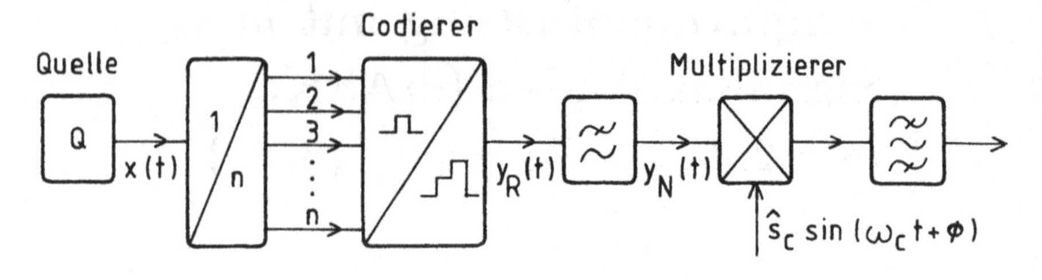

a) Modulatorsystem

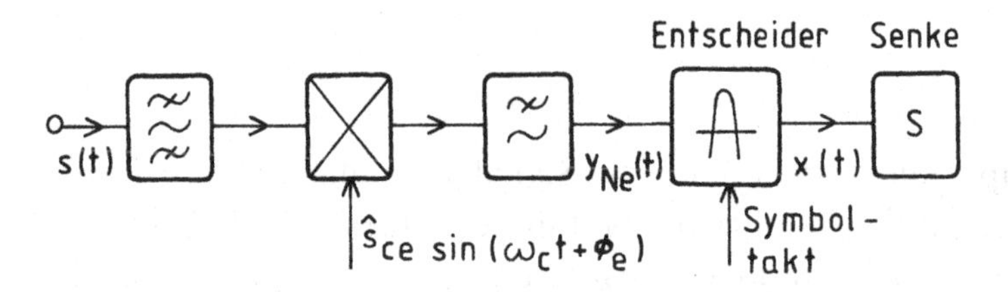

b) Demodulatorsystem bei kohärenter Demodulation

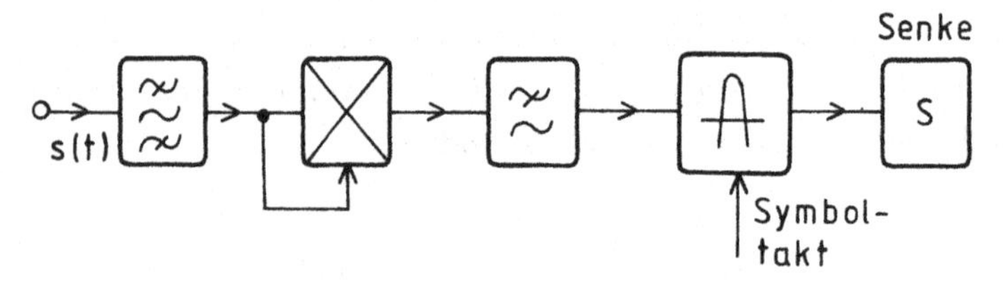

c) Demodulation durch Quadrierung

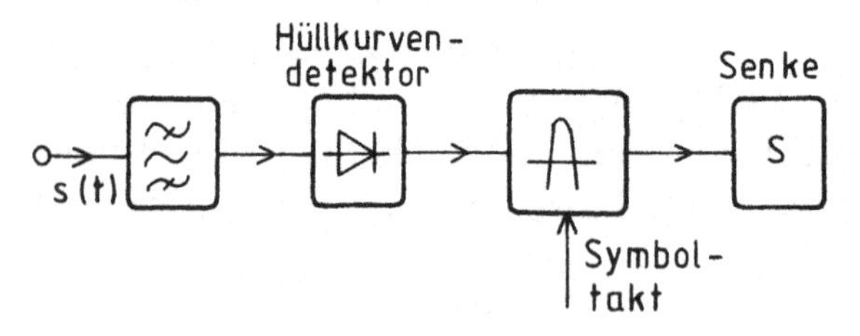

d) Demodulatorsystem bei inkohärenter Demodulation

Abbildung 4.1: mASK-Modem-Prinzip

das ebenfalls ein Zufallssignal ist, und $\hat{y}_{\mu k}$ den m möglichen Amplituden in stochastischer Folge. In Abbildung 3.10*a* ist ein solches 4-stufiges Basisbandsignal in Rechteckimpulsform dargestellt. Eine Folge aus Rechteckimpulsen ist nicht frequenzbandbeschränkt. Man formt deshalb mit dem in Abbildung 4.1*a* gezeichneten Tiefpaß die Rechteckimpulsfolge z.B. in eine Folge von Nyquistimpulsen der Impulsform $g(t)$ um. Am Ausgang des Impulsformungsfilters erscheint dann die bandbegrenzte Nyquistimpulsfolge

$$y_N(t) = \sum_k \hat{y}_{\mu k} g(t - kT_s) \qquad (\mu = 1, 2, \ldots, m) \tag{4.3}$$

Hierbei bedeutet $\sum_k = \sum_{k=-\infty}^{+\infty}$. Näheres zur Impulsformung siehe Abschnitt 3.1. Zur Verdeutlichung der folgenden Betrachtungen wird stets die Nyquistimpulsformung unterstellt. Sollte dies nicht der Fall sein, so wird gesondert darauf hingewiesen.

Der mASK-Modulator ordnet im Modulationsintervall jeder Amplitudenstufe $\hat{y}_{\mu k}$ ein Trägerschwingungspaket bestimmter Amplitude zu, dies geschieht durch Multiplikation von $y_N(t)$ mit der Trägerschwingung

$$s_c(t) = \hat{s}_c \sin(\omega_c t + \phi). \tag{4.4}$$

Das Produkt

$$\begin{aligned} s(t) &= s_c(t) y_N(t) \qquad (4.5) \\ &= \sum_k \hat{s}_{\mu k} g(t - kT_s) \sin(\omega_c t + \phi) \\ &\quad (\mu = 1, 2, 3, \ldots, m) \end{aligned}$$

mit $\hat{s}_{\mu k} = \hat{s}_c \hat{y}_{\mu k}$ beschreibt die Gesamtheit aller Signalzustände die am Modulatorausgang erscheinen. Der $\mu - te$ Amplitudenzustand der modulierten Trägerschwingung im $k - ten$ Modulationsintervall lautet somit

$$s_{\mu k}(t) = \hat{s}_{\mu k} \sin(\omega_c t + \phi)\, g(t - kT_s) \tag{4.6}$$

Die Hüllkurve des mASK-Signals wird infolge der Produktmodulation durch die Impulsform $g(t)$ des Basisbandsignals geprägt. Sie besitzt wegen der Impulsformung allmähliche "weiche" Signalübergänge, man

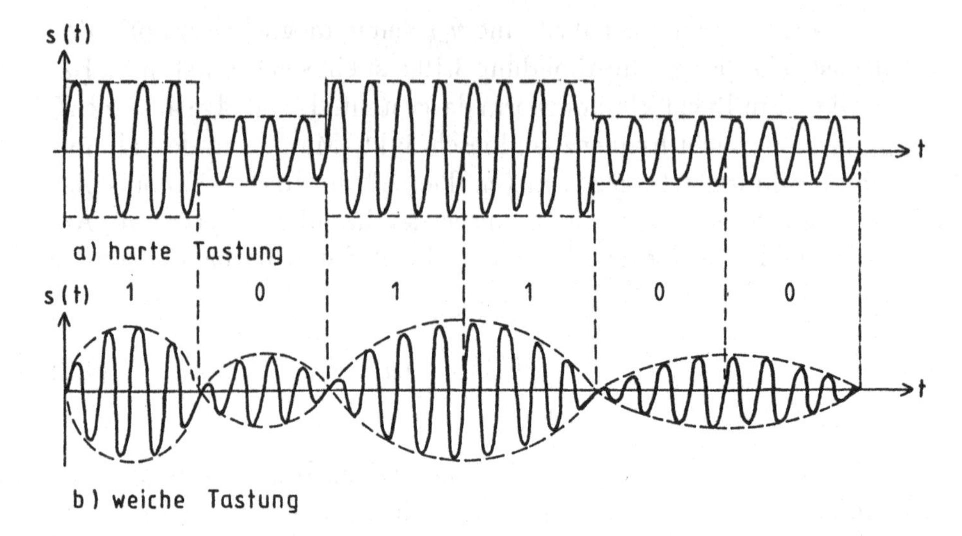

Abbildung 4.2: 2ASK-Signal bei "harter" und "weicher" Tastung ($f_c = 4v_b$)

spricht deshalb von "weicher" Tastung im Gegensatz zur "harten" Tastung mit Rechteckimpulsen. Ein 2ASK-Signal bei harter und weicher (Nyquistimpulsform) Tastung ist in Abbildung 4.2 gezeichnet. Die jeweils im Modulationsintervall erscheinenden Schwingungspakete unterschiedlicher Amplitude sind zwar bei entprechender Impulsformung keine Sinusschwingungen konstanter Amplitude, wie das bei der Tastung mit Rechteckimpulsen der Fall ist, trotzdem werden die diskreten Signalzustände zur Veranschaulichung im *Zustandsdiagramm* durch die Spitzen von m Zeigern den *Signalpunkten* dargestellt. In Abbildung 4.3 sind einige mASK-Zustandsdiagramme wiedergegeben. Jeder Signalpunkt charakterisiert ein mASK-Schwingungspaket im Modulationsintervall. Die größte Amplitude im Zustandsdiagramm wird auf den Wert 1 normiert. Dies gibt einen ersten Hinweis auf die Störsicherheit der verschiedenen ASK-Systeme. Aus Abbildung 4.3 ist erkennbar, daß die Störanfälligkeit eines ASK-Systems mit geringer werdenden Abständen der Signalpunkte voneinander wächst.

Das Demodulatorsystem zur kohärenten Demodulation gemäß Abbildung 4.1b enthält unter anderem einen Multiplizierer und Tiefpaß wie

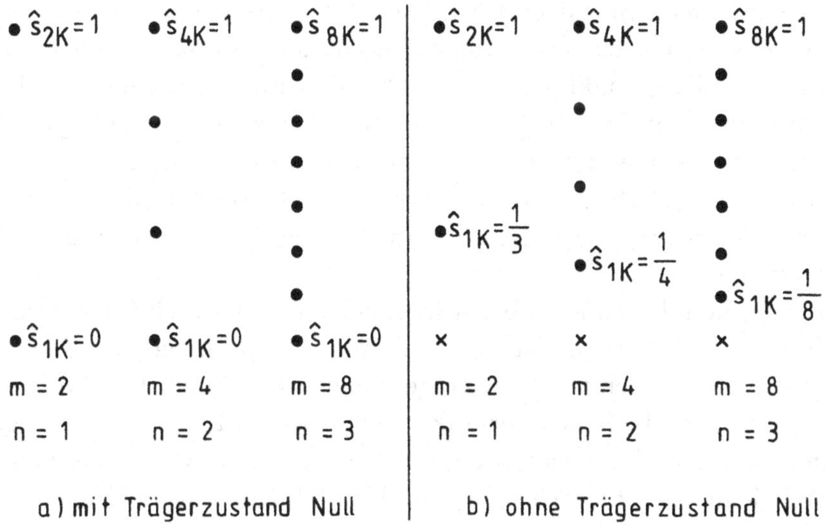

Abbildung 4.3: Signalzustandsdiagramme einiger ASK-Systeme

das Modulatorsystem. Man multipliziert das Empfangssignal $s(t)$ nach Gleichung 4.5 mit dem aus dem Empfangssignal selektierten kohärenten Träger

$$s_{ce}(t) = \hat{s}_{ce}\sin(\omega_c t + \phi_e) \tag{4.7}$$

und erhält mit $\phi_e = \phi = 0$.

$$s(t)s_c(t) = \hat{s}_{ce}\sin^2\omega_c t\sum_k \hat{s}_{\mu k}g(t-kT_s) \qquad (\mu = 1,2,3,\ldots,m) \tag{4.8}$$

$$s(t)s_c(t) = \frac{\hat{s}_{ce}}{2}\left(\sum_k \hat{s}_{\mu k}g(t-kT_s) - \sum_k \hat{s}_{\mu k}g(t-kT_s)\sin 2\omega_c t\right). \tag{4.9}$$

Die Komponente der doppelten Trägerfrequenz in der vorstehenden Gleichung wird im Tiefpaß des Demodulator-Systems unterdrückt. Es verbleibt das demodulierte Signal

$$y_{Ne}(t) = \frac{\hat{s}_{ce}}{2}\sum_k \hat{s}_{\mu k}g(t-kT_s). \tag{4.10}$$

Das demodulierte Signal $y_{Ne}(t)$ ist mit dem gesendeten Basisbandsignal $y_N(t)$ nach Gleichung 4.3 im störungsfreien Fall bis auf einen konstanten Amplitudenfaktor identisch. Es wird im Entscheider mit dem ebenfalls aus dem Empfangssignal gewonnenen Symboltakt in Symbolmitte abgetastet, regeneriert und in das ursprüngliche Binärsignal $x(t)$ zurückverwandelt. In Abschnitt 4.3 wird auf die Realisierung des Entscheidungsvorgangs sowie die Takt-und Trägerableitung noch genauer eingegangen.

Die Demodulation kann bei ASK-Signalen auch durch Quadrierung erfolgen. Diese Methode ist in Abbildung 4.1c prinzipiell dargestellt. Bei diesem Verfahren ist keine Trägerableitung aus dem Empfangssignal erforderlich. Lediglich der Takt muß aus dem Empfangssignal gewonnen werden. Zur Erläuterung der Demodulation werde das Signal nach Gleichung 4.5 betrachtet, das im Idealfall empfangen wird. Durch Quadrierung erhält man mit dem vorgenannten Signal bei $\phi = 0$

$$s^2(t) = \sin^2 \omega_c t \sum_k \hat{s}^2_{\mu k} g^2(t - kT_s) \qquad (\mu = 1, 2, 3, \ldots, m) \tag{4.11}$$

Die Darstellung in Gleichung 4.11 ist zulässig, weil die Quadrierung intervallweise im jeweiligen Modulationsintervall stattfindet. Wendet man die Additionstheoreme der Trigonometrie auf die vorgenannte Gleichung an so folgt

$$s^2(t) = \frac{\sum_k \hat{s}^2_{\mu k} g^2(t - kT_s)}{2} - \frac{\sum_k \hat{s}^2_{\mu k} g^2(t - kT_s)}{2} \cos 2\omega_c t \tag{4.12}$$

Nach der Tiefpaßfilterung verbleibt in diesem Fall

$$y_{Ne}(t) = \frac{\sum_k \hat{s}^2_{\mu k} g^2(t - kT_s)}{2} \qquad (\mu = 1, 2, 3, \ldots, m) \tag{4.13}$$

Im demodulierten Basisbandsignal das durch die vorstehende Gleichung beschrieben wird, sind alle demodulierten Symbole im Modulationsintervall positiv oder Null wie im sendeseitigen Basisbandsignal auch. Eine Symbolverfälschung durch die Quadrierung tritt somit nicht auf.

Der in Abbildung 4.1d prinzipiell dargestellte inkohärente Demodulator benötigt zur Demodulation ebenfalls keinen Träger. Ein als Hüllkurvendetektor verwendeter passiver HF-Gleichrichter liefert an seinem

Ausgang im Idealfall die Hüllkurve des ASK-Signals nämlich

$$y_{Nh}(t) = \hat{s}_{ch} \sum_k \hat{y}_{\mu k} g(t - kT_s) \qquad (\mu = 1, 2, 3, \ldots, m) \qquad (4.14)$$

Dies ist bis auf den konstanten Faktor $\hat{s}_{ch}$ das gesendete Basisbandsignal.

Auf die Abtastung und Regeneration (Entscheider) der betrachteten Systeme wird in Abschnitt 4.3.1 noch genauer eingegangen.

Die ASK-Verfahren werden in Abschnitt 4.3, der sich mit der Realisierung solcher Systeme befaßt, weiter behandelt.

4.1 Spektren der ASK-Signale

Bisher wurde ausschließlich das Zeitverhalten der ASK-Systeme mit m Signalzuständen diskutiert. Um ein Nachrichtensignal vollständig beurteilen zu können ist die Kenntnis seines Spektralverlaufs von Bedeutung. Verwendet man zur Impulsformung als Elementarimpulse Nyquistimpulse (Energiesignal), so kann man lediglich die Spektralfunktion eines hochfrequenten ASK-Impulses ermitteln, da eine stochastische Folge von Nyquistimpulsen eine Energiesignal darstelllt. Benutzt man dagegen ein Leistungssignal, z.B. eine stochastische Folge von Rechteckimpulsen, so kann die spektrale Leistungsdichte des ASK-Signals bestimmt werden., Näheres zur Berechnung ist in den Abschnitten 2.2.4.1 und 3.1.1.1 sowie 3.1.1.2 zu finden.

Nach Gleichung 4.5 erfolgt die Modulation durch das Produkt

$$s(t) = s_c(t) y_N(t)$$

Eine Multiplikation im Zeitbereich entspricht der Faltung im Frequenzbereich. Die spektrale Leistungsdichte eines ASK-Signals mit m Signalzuständen wird bestimmt indem man die spektrale Leistungsdichte des Basisbandsignals mit der spektralen Leistungsdichte des Trägers faltet. Die Faltungsoperation führt dabei lediglich auf eine Verschiebung

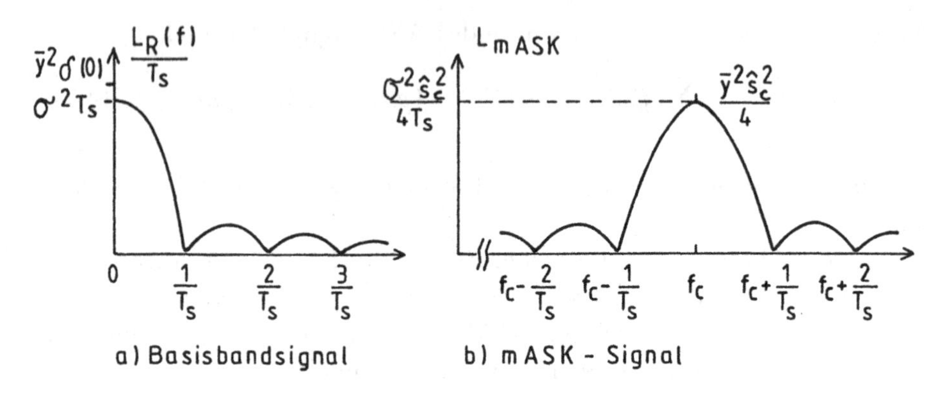

Abbildung 4.4: Spektrale Leistungsdichte bei der Modulation mit Rechteckimpulsen

der spektralen Leistungsdichte des Basisbandsignals um den Betrag der Trägerfrequenz.

Mit der spektralen Leistungsdichte des Basisbandsignals bei Rechteckimpulsform nach Gleichung 3.12 und Gleichung 2.107 ermittelt man durch Faltung [24]

$$L_{mASK}(f) = L_R(f) * L_c(f)$$

$$\frac{L_{mASK}}{T_s} = \frac{\sigma^2\hat{s}_c^2}{4}\left(\frac{\sin \pi T_s(f-f_c)}{\pi T_s}\right)^2 + \frac{\bar{y}^2\hat{s}_c^2}{4}\delta(f_c). \tag{4.15}$$

Hierbei ist σ^2 die Varianz und $\bar{y}$ der Erwartungswert (Scharmittelwert) der Amplituden des Basisbandsignals. Zusammen mit der spektralen Leistungsdichte des Basisbandsignals ist Gleichung 4.15 in Abbildung 4.4 wiedergegeben. Nach Abbildung 4.4 entstehen auch hier durch den Modulationsvorgang zwei Seitenbänder. Der Spektralverlauf ist kontinuierlich bis auf eine Spektrallinie bei der Trägerfrequenz jedoch nicht bandbegrenzt.

Auf entsprechende Art und Weise wird die Spektralfunktion eines ASK-Impulses bei der Modulation mit Energiesignalen (Nyquistimpulse) ermittelt. Die mASK-Spektralfunktion bei der Modulation mit Nyquistimpulsen (Energiesignal) erhält man durch Faltung der Spektralfunktionen Gleichung 3.14, 3.15 und 3.16 sowie Gleichung 2.106

$$S_N(f) = S_c(f) * G(f)$$

$$\frac{S_N(f)}{T_s} = \frac{\hat{s}_c^2}{2} \tag{4.16}$$

$$f_c - \frac{1}{2T_s}(1-r) \leq f \leq f_c + \frac{1}{2T_s}(1-r)$$

$$\frac{S_N(f)}{T_s} = \frac{\hat{s}_c^2}{4}\left[1 - \sin\frac{T_s}{2r}(f_c - f - \frac{1}{2T_s})\right] \tag{4.17}$$

$$f_c - \frac{1}{2T_s}(1+r) \leq f \leq f_c - \frac{1}{2T_s}(1-r)$$

$$\frac{S_N(f)}{T_s} = \frac{\hat{s}_c^2}{4}\left[1 - \sin\frac{T_s}{2r}(f - f_c - \frac{1}{2T_s})\right] \tag{4.18}$$

$$f_c + \frac{1}{2T_s}(1-r) \leq f \leq f_c + \frac{1}{2T_s}(1+r)$$

Die Spektralfunktion von ASK-Impulsen bei Nyquistimpulsformung und variablem "Roll-Off-Faktor" r ist in Abbildung 4.4 qualitativ dargestellt. Nyquist-Basisbandsignale zur ASK-Modulation enthalten ebenso wie Rechteck-Basisbandsignale einen Gleichanteil. Eine Trägerunterdrückung durch den Modulationsvorgang findet somit nicht statt, vergleiche Abschnitt 3.2. Infolge der Modulation entstehen 2 Seitenbänder eines oberhalb der Trägerfrequenz und eines unterhalb derselben. Die Spektrallinie der Trägerfrequenz ist im Spektrum vorhanden aufgrund des Gleichanteils im Basisbandsignal. Der Gleichanteil im Basisbandsignal führt nach der Modulation zu einer Spektrallinie bei der Trägerfrequenz im Spektrum.

Wegen der Bandbegrenzung bestimmt man die Signalbandbreite eines ASK-Signals bei der Modulation mit Nyquistimpulsen zu

$$B_m = (f_c + \frac{1}{2T_s}(1+r) - (f_c - \frac{1}{2T_s}(1+r) = \frac{1}{T_s}(1+r) \tag{4.19}$$

In ASK-Signalen ist somit bei beliebiger Anzahl von Signalzuständen m und beliebiger Elementarimpulsform eine Spektrallinie der

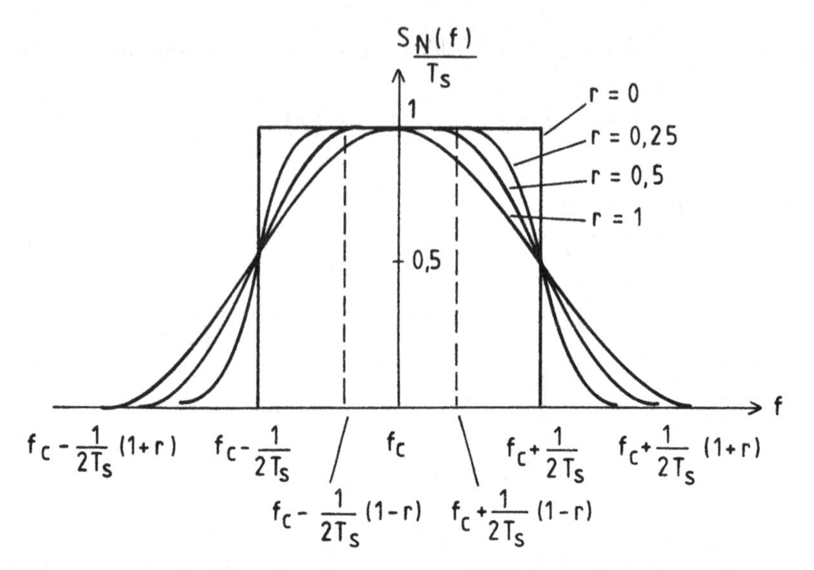

Abbildung 4.5: Spektralfunktion von ASK-Impulsen bei Nyquistimpulsformung und variablem r

Trägerfrequenz im Spektrum vorhanden. Eine Trägerunterdrückung findet nicht statt. Zur kohärenten Demodulation kann der Träger im Demodulator-System unmittelbar aus dem Empfangssignal gewonnen werden.

4.2 *m*ASK bei additivem Geräusch

In den Bauelementen der Übertragungssysteme (Transistoren, Widerstände etc.) entsteht das unvermeidliche thermische Rauschen (weißes Rauschen), siehe Abschnitt 12.1. Weiteres Geräusch wird beispielsweise in Funksystemen über die Antenne empfangen (z.b. galaktisches Rauschen im Satellitenfunk, Geräuscheinfluß der Erde im Satelliten-und Richtfunk etc.). Neben den sich dem Nutzsignal additiv überlagernden Geräuscheinflüssen gibt es weitere additive Überlagerungen von Störgrößen verschiedener Art (z.B. von anderen Funksystemen), die jedoch hier nicht betrachtet werden sollen. Wegen seiner konstanten Leistungsdichte über der Frequenz ist das weiße Rauschen eine besonders wirksame Störgröße. Das wichtigste Qualitätskriterium in digitalen Übertragungssystemen allgemein ist deshalb die mathematisch ermittelbare Bitfehler-Wahrscheinlichkeit bzw. die Symbolfehler-Wahrscheinlichkeit (1 Symbol = n bit) und die meßtechnisch bestimmbare Bitfehlerquote bei additivem weißem Rauschen. Die Bitfehler-Wahrscheinlichkeit bzw. Symbolfehler-Wahrscheinlichkeit hängt vom Modulationsverfahren ab. Man erreicht bei kohärenter Demodulation allgemein bei gleichem Signal-Geräusch-Verhältnis geringere Bitfehler-Wahrscheinlichkeiten als bei inkohärenter Demodulation. Allerdings ist der kohärente Demodulator erheblich aufwendiger zu realisieren. Bei kohärenter Demodulation ist es günstiger mASK-Systeme mit Zustandsdiagrammen gemäß Abbildung 4.3*a* zu erzeugen die den Signalzustand Null (kein Träger) mitbenutzen. Zustandsdiagramme nach Abbildung 4.3*b* sind dagegen bei inkohärenter Demodulation zu empfehlen bei denen der Signalpunkt Null (kein Träger) nicht vorkommt. Die Begründung hierfür liegt im ersten Fall in der Reduzierung der mittleren effektiven Signalleistung da der Signalzustand Null leistungslos übertragen wird, dies wird in den nächsten Abschnitten gezeigt, im zweiten Fall spielen Realsierungsaspekte des inkohärenten Demodulators eine Rolle auf die noch näher eingegangen wird.

4.2.1 Symbolfehler-Wahrscheinlichkeit der mASK-Systeme (mit Trägerzustand Null) bei kohärenter Demodulation

Zur Ableitung der Symbolfehler-Wahrscheinlichkeit wird das in [29] dargestellte Verfahren angewendet und auf allgemeine Lösungen erweitert. In Anhang A ist diese Methode kurz dargestellt. Für die in der Überschrift genannte Demodulationsart läßt sich so eine geschlossene Lösung für die Symbolfehler-Wahrscheinlichkeit der mASK-Systeme finden. Die Ableitung der Symbolfehler-Wahrscheinlichkeit wird zunächst am Beispiel der 2ASK, 4ASK und 8ASK durchgeführt und dann auf mASK-Systeme verallgemeinert. Die Zustandsdiagramme der 3 genannten ASK-Systeme sind zu diesem Zweck in Abbil-

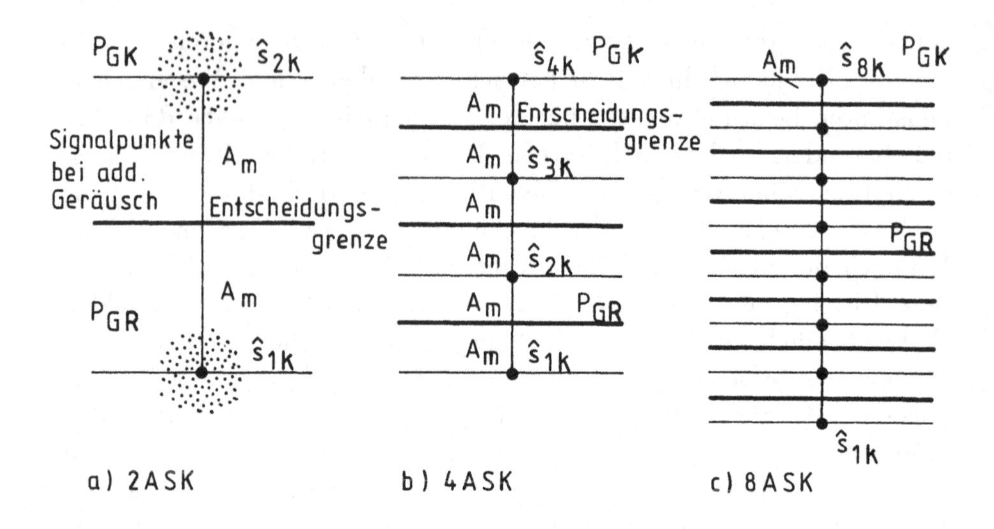

Abbildung 4.6: Signalzustandsdiagramme und Entscheidungsgebiete einiger ASK-Systeme (mit Träger Null)

dung 4.6 nocheinmal dargestellt. Zunächst zerlegt man die Zustandsdiagramme in Entscheidungsgebiete die durch die Entscheidungsgrenzen, in Abbildung 4.6 dick eingezeichnet, begrenzt sind. Die Entscheidungsgrenzen erhält man durch Bildung der Mittelsenkrechten zwischen benachbarten Signalpunkten. Hierdurch ist der minimale Abstand zwischen einem Signalpunkt und der zugehörigen Entscheidungsgrenze A_m definierbar, der in Abbildung 4.6 jeweils eingetragen ist. Er hängt von der Anzahl m der Signalpunkte ab und kann aus dem Signalspitzenwert $\hat{s}_{mk}$ ermittelt werden.

$$A_m = \frac{\hat{s}_{mk}}{2(m-1)} \tag{4.20}$$

Die Rauschstörung führt zu einer Streuung der Signalpunkte um ihren Sollwert. Dies ist am Beispiel der 2ASK in Abbildung 4.6 verdeutlicht. Verläßt ein Signalpunkte aufgrund einer Rauschstörung - das Geräusch kann als Zeiger zufälliger Amplitude und Phase aufgefaßt werden, siehe Abbildung 12.1 - sein Entscheidungsgebiet, so entsteht ein Symbolfehler. Der kürzeste Weg um sein Entscheidungsgebiet zu verlassen führt für einen Signalpunkt über den Abstand A_m. Dies kann durch eine

Geräuschkomponente verursacht werden die senkrecht auf eine Entscheidungsrenze trifft und deren Amplitude größer A_m ist. Die einzelnen Entscheidungsgebiete lassen sich in Rechtecke die sich in Unendlichen schließen und Halbkreise mit unendlichem Radius geometrisch weiter zerlegen, die Teilentscheidungsgebiete genannt werden. In Anhang A ist die Wahrscheinlichkeit - P_{GR} für die Rechtecke und P_{GK} für die Halbkreise - , daß ein Signalpunkt innerhalb der vorgenannten Teilentscheidungsgebiete bleibt, angegeben. Die Wahrscheinlichkeit, daß ein Signalpunkt bei einer Rauschstörung in seinem Entscheidungsgebiet bleibt erhält man aus dem Mittelwert der Wahrscheinlichkeiten der jeweiligen Teilungentscheidungsgebiete. Für die 3 in Abbildung 4.6 dargestellten ASK-Zustandsdiagramme folgt mit Anhang A durch abzählen, aufaddieren und Mittelung

$$P_{G2ASK} = \frac{1}{2}\left(4P_{GR} + 2P_{GK}\right) = \frac{1}{2}\left(4\frac{1}{4}erf(z) + 2\frac{\pi}{2\pi}\right) = \frac{1}{2} + \frac{1}{2}erf(z) \tag{4.21}$$

$$P_{G4ASK} = \frac{1}{4}\left(12P_{GR} + 2P_{GK}\right) = \frac{1}{4}\left(12\frac{1}{4}erf(z) + 2\frac{\pi}{2\pi}\right) = \frac{1}{4} + \frac{3}{4}erf(z) \tag{4.22}$$

$$P_{G8ASK} = \frac{1}{8}\left(28P_{GR} + 2P_{GK}\right) = \frac{1}{8}\left(28\frac{1}{4}erf(z) + 2\frac{\pi}{2\Pi}\right) = \frac{1}{8}+\frac{7}{8}erf(z). \tag{4.23}$$

Zur Mittelung wird vorausgesetzt, daß jeder Signalzustand mit der Wahrscheinlichkeit $1/m$ auftritt (m = 2,4,8 ...). $erf(z)$ bezeichnet das gaußsche Fehlerintegral, siehe Abschnitt 2.2.3.3 Gleichung 2.71. Allgemein kann man mit den drei vorstehenden Gleichungen für ASK-Systeme mit beliebigem $m = 2^n$ schließen

$$P_{GmASK} = \frac{1}{2^n} + \frac{2^n - 1}{2^n}(1 - erf(z)). \tag{4.24}$$

Dies ist die mittlere Wahrscheinlichkeit, daß ein Signalpunkt bei einer Rauschstörung innerhalb seines Entscheidungsgebietes bleibt. Die Symbolfehler-Wahrscheinlichkeit ist dann

$$P_{smASK} = 1 - P_{GmASK} = \frac{2^n - 1}{2^n}(1 - erf(z)). \tag{4.25}$$

Die Variable z ist der Störabstand, mit

$$z = \frac{A_m}{\sqrt{2N}} = \frac{A_m}{\sqrt{2}U_R}. \tag{4.26}$$

Hierbei ist U_R der Effektivwert der Rauschspannung und $N = U_R^2$ der Effektivwert der Rauschleistung an $R = 1\Omega$. Offenbar hängt die Symbolfehler-Wahrscheinlichkeit nur vom Störabstand ab. Üblicherweise wird die Symbolfehler-Wahrscheinlichkeit nicht in Abhängigkeit des Störabstandes z dargestellt, der ein Spannungsverhältnis ist, sondern in Abhängigkeit des Signal-Geräusch-Verhältnisses C/N ausgedrückt, das ein Leistungsverhältnis darstellt. C ist der mittlere Effektivwert der Signalleistung an $R = 1\Omega$ und wird in Abhägigkeit von A_m ermittelt. A_m ist der minimale Abstand eines Signalpunktes von seiner zugehörigen Entscheidungsgrenze - wie bereits erwähnt - er ist maßgebend für die Symbolfehler-Wahrscheinlichkeit (worst case). Für die mittlere effektive Signalleistung an $R = 1\Omega$ gilt

$$C = \frac{1}{m} \sum_{\mu=1}^{m} \frac{\hat{s}_{\mu k}^2}{2}. \tag{4.27}$$

Setzt man Gleichung 4.20 in Gleichung 4.27 ein, so hängt C nur noch vom Abstand A_m ab.

$$C = \frac{2A_m^2}{m} \sum_{\mu=1}^{m} (\mu - 1)^2 \tag{4.28}$$

Setzt man Gleichung 4.28 in Gleichung 4.26 ein, so findet man den gewünschten Zusammenhang zwischen Störabstand z und Signal-Geräusch-Verhältnis C/N.

$$z = \sqrt{\frac{mC}{4N \sum_{\mu=1}^{m} (\mu - 1)^2}} \tag{4.29}$$

Zur Kontrolle kann man C in Abhängigkeit von A_m auch unmittelbar aus dem Zustandsdiagramm nach Abbildung 4.6 berechnen. Da der Spannungswert $\hat{s}_{\mu k}$ ein ganzzahliges Vielfaches von A_m ist folgt mit Gleichung 4.27

$$C_{2ASK} = \frac{1}{2}\left(\frac{\hat{s}_{1k}^2}{2} + \frac{\hat{s}_{2k}^2}{2}\right) = \frac{1}{2}\left(0 + \frac{(2A_m)^2}{2}\right) = A_m^2 \tag{4.30}$$

Auf entsprechende Art und Weise erhält man

$$C_{4ASK} = 7A_m^2 \tag{4.31}$$

und

$$C_{8ASK} = 35A_m^2. \tag{4.32}$$

Von praktischem Interesse ist oft auch die Abhängigkeit der Symbolfehler-Wahrscheinlichkeit P_s von Signal-Geräusch-Verhältnis $\hat{C}/N$. $\hat{C}$ ist der Spitzenwert der Signalleistung an einem Widerstand von $R = 1\Omega$. Für ASK-Systeme mit beliebigem m gilt

$$\hat{C} = \hat{s}_{mk}^2. \tag{4.33}$$

Setzt man in die vorstehende Gleichung in Gleichung 4.20 ein, so erhält man

$$\hat{C} = 4A_m^2(m-1)^2. \tag{4.34}$$

Auch die letztgenannte Gleichung kann mit Abbildung 4.6 überprüft werden. Man findet

$$\hat{C}_{2ASK} = 4A_m^2 \tag{4.35}$$

$$\hat{C}_{4ASK} = 36A_m^2 \tag{4.36}$$

u.s.w.. Für den Spitzenwert des Störabstandes gilt sinngemäß

$$\hat{z} = \frac{A_m}{\sqrt{2N}} \tag{4.37}$$

und durch Einsetzen der Gleichung 4.34 erhält man

$$\hat{z} = \frac{1}{2(m-1)}\sqrt{\frac{\hat{C}}{2N}}. \tag{4.38}$$

In Abbildung 4.7 ist die Symbolfehler-Wahrscheinlichkeit in Abhängigkeit von C/N für einige ASK-Systeme dargestellt. Zur numerischen Berechnung wurde die Näherung nach Gleichung 2.75 für das gaußsche Fehlerintegral benutzt. Nach Abbildung 4.7 nimmt mit zunehmender Stufenzahl m das für eine bestimmte Symbolfehler-Wahrscheinlichkeit benötigte Signal-Geräusch-Verhältnis rapide zu. Die Zunahme des

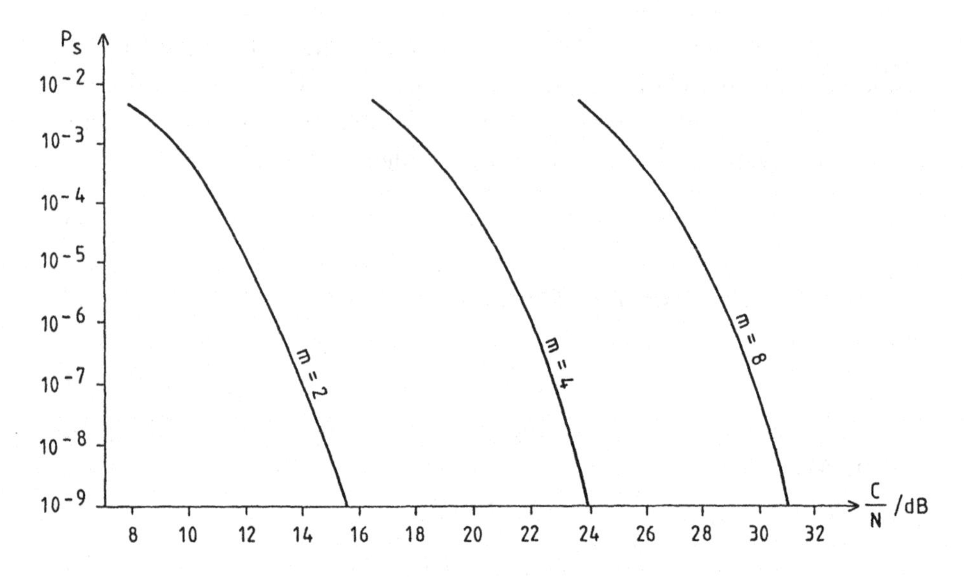

Abbildung 4.7: Symbolfehler-Wahrscheinlichkeit in Abhängigkeit des Signal-Geräusch-Verhältnisses C/N einiger ASK-Systeme (mit Träger Null)

Signal-Geräusch-Verhältnisses, bezogen auf die mittlere efffektive Leistung der 2ASK kann man aus

$$\Delta \frac{C}{N} = 10 \lg \frac{C_{mASK}}{C_{2ASK}} \tag{4.39}$$

bei Symbolfehler-Wahrscheinlichkeiten $P_s \leq 10^{-4}$ mit guter Näherung extrapolieren. Zum Beispiel beträgt der Unterschied zwischen 4ASK und 2ASK näherungsweise

$$\Delta \frac{C}{N}_{4PSK} = 10 \lg \frac{7A_m^2}{A_m^2} = 8,45dB. \tag{4.40}$$

Diese Differenz im notwendigen Signal-Geräusch-Verhältnis C/N kann auch aus Abbildung 4.7 z.B. bei $P_s = 10^{-7}$ abgelesen werden. Anstelle des Signal-Geräusch-Verhältnisses C/N wird in der Praxis meist

$$\frac{E_s}{N_0} = \frac{CB_{\ddot{a}q}}{Nv_s} = n\frac{E_b}{N_0}$$

benutzt, siehe auch Abschnitt 12.1. E_s ist die mittlere Signalenergie je Symbol, N_0 die Rauschleistungsdichte, E_b die mittlere Signalenergie je Bit und $B_{\ddot{a}q}$ die äquivalente Rauschbandbreite, die ebenfalls in Abschnitt 12.1 definiert ist. Mit der vorgenannten Gleichung ist eine bandbreiteunabhängige Darstellung der Symbolfehler-Wahrscheinlichkeit möglich. Verwendet man für das modulierende Basisbandsignal die Nyquistimpulsform, so ist die äquivalente Rauschbandbreite $B_{\ddot{a}q}$ zahlenmäßig gleich der Symbolrate v_s. Man findet deshalb für 2ASK, 4ASK und 8ASK

$$\left(\frac{E_b}{N_0}\right)_{2ASK} = \frac{C}{N} \tag{4.41}$$

$$\left(\frac{E_b}{N_0}\right)_{4ASK} = \frac{C}{2N} \tag{4.42}$$

$$\left(\frac{E_b}{N_0}\right)_{8ASK} = \frac{C}{3N}. \tag{4.43}$$

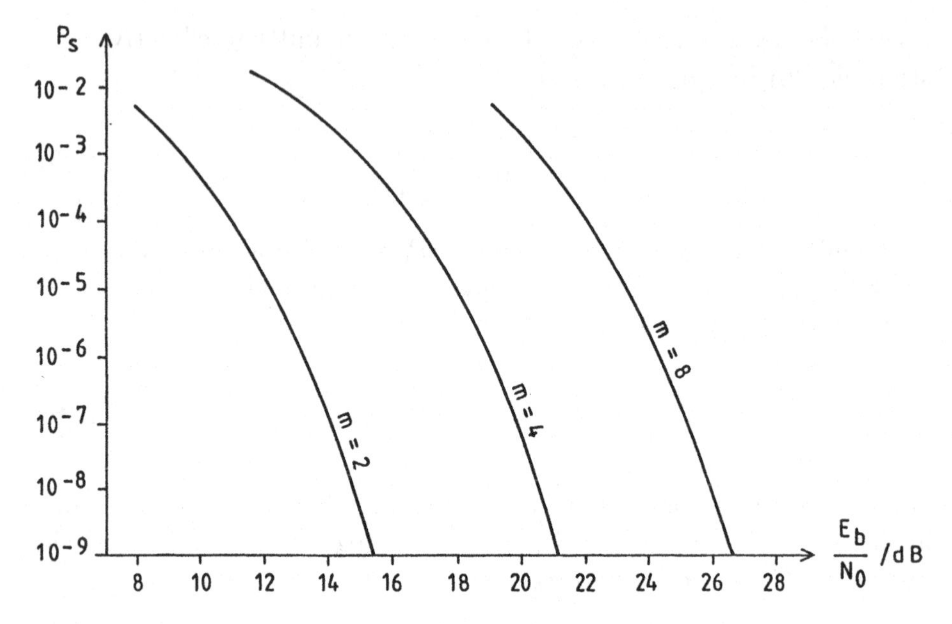

Abbildung 4.8: Symbolfehler-Wahrscheinlichkeit einiger ASK-Systeme in Abhängigkeit von E_b/N_0 bei Nyquistimpulsformung (mit Trägerzustand Null)

Drückt man die vorstehenden Gleichungen in dB aus so gilt

$$\left(\frac{E_b}{N_0}\right)_{2ASK,dB} = \left(\frac{C}{N}\right)_{dB} \tag{4.44}$$

$$\left(\frac{E_b}{N_0}\right)_{4ASK,dB} = \left(\frac{C}{N}\right)_{dB} + 10\lg\frac{1}{2} = \left(\frac{C}{N}\right)_{dB} - 3dB \tag{4.45}$$

$$\left(\frac{E_b}{N_0}\right)_{8ASK,dB} = \left(\frac{C}{N}\right)_{dB} + 10\lg\frac{1}{3} = \left(\frac{C}{N}\right)_{dB} - 4,7dB. \tag{4.46}$$

Die grafische Darstellung der Symbolfehler-Wahrscheinlichkeit in Abhängigkeit von E_b/N_0 ist näherungsweise durch eine Verschiebung der in Abbildung 4.7 gezeichneten Kurven um die in den vorstehenden Gleichungen angegebenen dB-Werte erzielbar, siehe Abbildung 4.8. Den exakten Verlauf von P_s über E_b/N_0 findet man, wenn man die Gleichungen 4.41 bis 4.43 zusammen mit Gleichung 4.25 und Gleichung 4.29 verwendet.

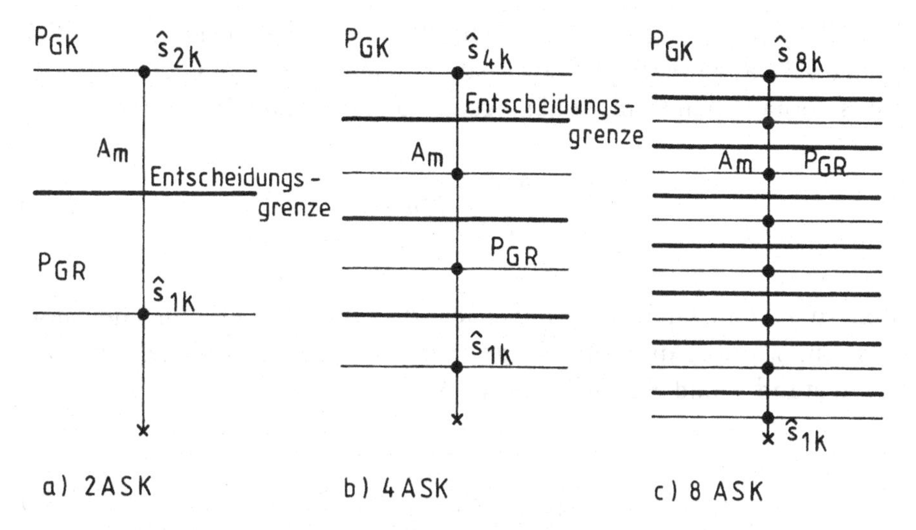

Abbildung 4.9: Zustandsdiagramme und Entscheidungsgebiete einiger ASK-Systeme ohne Trägerzustand Null

4.2.2 Symbolfehler-Wahrscheinlichkeit der mASK-Systeme (ohne Trägerzustand Null) bei kohärenter Demodulation

Wie in Abschnitt 4.2.1 kann die Symbolfehler-Wahrscheinlichkeit der in der Überschrift genannten mASK-Systeme nach der in Anhang A dargestellten Methode ermittelt werden. In Abbildung 4.9 sind die möglichen Signalzustandsdiagramme einiger dieser Systeme dargestellt. Die Ableitung und Verallgemeinerung der Symbolfehler-Wahrscheinlichkeit führt wie in Abschnitt 4.2.1 auf das Ergebnis Gleichung 4.25

$$P_{smASK} = \frac{2^n - 1}{2^n}(1 - erf(z)).$$

Unterschiede gibt es lediglich bei der Berechnung des minimalen Abstandes eines Signalpunktes zu seiner zugehörigen Entscheidungsgrenze. Aus Abbildung 4.9 ermittelt man hier

$$A_m = \frac{\hat{s}_{mk}}{2m - 1}. \tag{4.47}$$

Für die Berechnung der mittleren effektiven Signalleistung ist Gleichung 4.27 anzuwenden. Setzt man in Gleichung 4.27 Gleichung 4.47 ein, so erhält man C in Abhängigkeit von A_m, nämlich

$$C = \frac{A_m^2}{2m} \sum_{\mu=1}^{m} (2\mu - 1)^2. \tag{4.48}$$

Stellt man nun Gleichung 4.48 nach A_m um und setzt in Gleichung 4.26 ein, so führt dies auf den gewünschten Zusammenhang zwischen Störabstand z und Signal-Geräusch-Verhältnis C/N.

$$z = \sqrt{\frac{mC}{N \sum_{\mu=1}^{m} (2\mu - 1)^2}}. \tag{4.49}$$

Aus dem Zustandsdiagramm nach Abbildung 4.9 kann die mittlere effktive Trägerleistung in Abhängigkeit von A_m, wie bereits in Abschnitt 4.2.1 gezeigt, auch unmittelbar berechnet werden. Die maximale Signalleistung in Abhängigkeit von A_m lautet

$$\hat{C} = \hat{s}_{mk}^2 = A_m^2 (2m - 1)^2 \tag{4.50}$$

und der zugehörige Störabstand folgt dann mit Gleichung 4.37 und Gleichung 4.50 zu

$$\hat{z} = \frac{1}{2m - 1} \sqrt{\frac{\hat{C}}{2N}}. \tag{4.51}$$

In Abbildung 4.10 ist die Symbolfehler-Wahrscheinlichkeit der Systeme 2ASK , 4ASK und 8ASK (ohne Träger Null) in Abhängigkeit von C/N dargestellt, während Abbildung 4.11 die Abhängigkeit der Symbolfehler-Wahrscheinlichkeit von E_b/N_0 zeigt. Vergleicht man in Abbildung 4.7 und Abbildung 4.10 die Kurven der jeweiligen 2ASK-Systeme miteinander, so findet man, daß die 2ASK (mit Träger Null) ein um ca. $4dB$ geringeres Signal-Geräusch-Verhältnis benötigt um beispielsweise eine Symbolfehler-Wahrscheinlichkeit von 10^{-6} zu erzielen. Entsprechendes findet man für 4ASK und 8ASK.

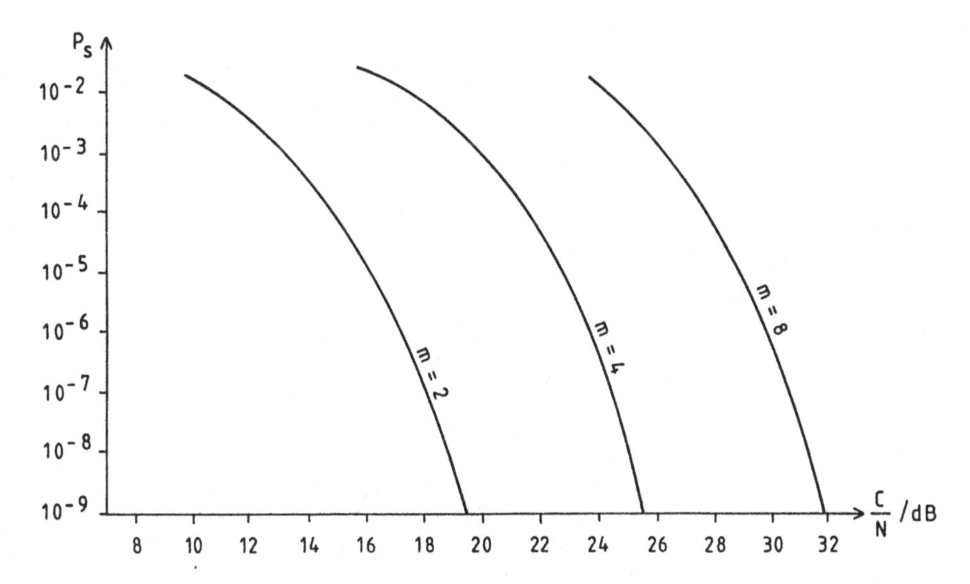

Abbildung 4.10: Verlauf der Symbolfehler-Wahrscheinlichkeit über C/N einiger ASK-Systeme (ohne Träger Null)

4.2.3 *m*ASK-Symbolfehler-Wahrscheinlichkeit bei inkohärenter Demodulation

Aus Realisierungsgründen verwendet man bei inkohärenter Demodulation die in Abbildung 4.9 dargestellten Signalzustandsdiagramme, die den Signalzustand "Träger Null" nicht aufweisen. Die Demodulation des Trägerzustandes Null mit einem Hüllkurvendetektor ist aus Realsierungsgründen und wegen des immer vorhandenen Grundgeräuschs nur näherungsweise möglich. In Abschnitt 4.3.3 wird dies noch nachgewiesen.

Zur Bestimmung der Symbolfehler-Wahrscheinlichkeit ist deshalb die in der vorgenannten Abbildung dargestellte Signalanordnung zu unterstellen. Am Eingang des inkohärenten Demodulators nach Abbildung 4.1*d* liege das *m*ASK-Signal $s_e(t)$ dem additives weißes Rauschen $n(t)$ überlagert ist.

$$s_e(t) = s(t) + n(t) \tag{4.52}$$

Aufgrund der Geräuschbegrenzung durch den Empfangsbandpaß in Ab-

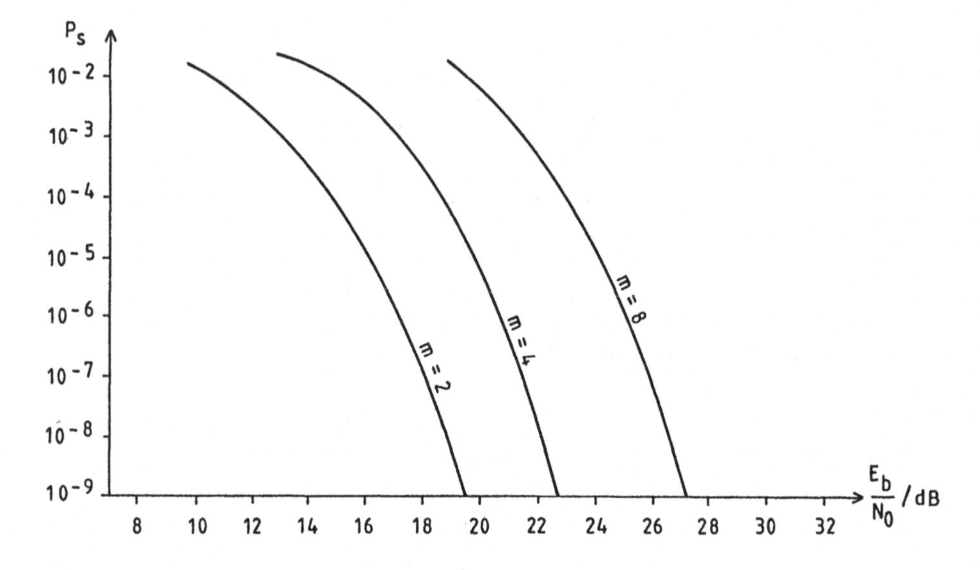

Abbildung 4.11: Symbolfehler-Wahrscheinlichkeit in Abhängigkeit von E_b/N_0 einiger ASK-Systeme (ohne Trägerzustand Null) bei Nyquistimpulsformung

bildung 4.1*d*. kann das additiv überlagerte Geräusch als *Schmalbandrauschen*, siehe Abschnitt 12.1 aufgefaßt werden. Am Eingang des Hüllkurvendetektors liegt somit mit Gleichung 12.4 und Gleichung 4.5 das Signal

$$s_e(t) = \sin\omega_c t \sum_k \hat{s}_{\mu k} g(t - kT_s) + n_c(t)\cos\omega_c t - n_s(t)\sin\omega_c t \quad (4.53)$$

($\mu = 1, 2, 3, \ldots, m$). Stellt man die letztgenannte Gleichung in ihre Quadraturform um, so folgt

$$s_e(t) = \tilde{s}_{\mu k}(t)\sin(\omega_c t + \delta_{\mu k}(t)) \quad (4.54)$$

mit

$$\tilde{s}_{\mu k}(t) = \sqrt{\left(\sum_k \hat{s}_{\mu k} g(t - kT_s) - n_s(t)\right)^2 + n_c^2(t)} \quad (4.55)$$

der Hüllkurve und

$$\delta_{\mu k}(t) = \arctan \frac{n_c(t)}{\sum_k \hat{s}_{\mu k} g(t - kT_s) - n_s(t)} \quad (4.56)$$

der Phase des gestörten mASK-Signals. Wegen der nichtlinearen Eigenschaften des Hüllkurvendetektors ist das dem demodulierten Signal überlagerte Geräusch nicht mehr gaußverteilt. Vielmehr folgt die zum Entscheider gelangende Hüllkurve $\tilde{s}_{\mu k}(t)$ einer Rice-Verteilung.

$$p(\tilde{s}_{\mu k}) = \frac{\tilde{s}_{\mu k}}{\sqrt{N}} e^{-\frac{\tilde{s}^2_{\mu k} + \hat{s}^2_{\mu k}}{2N}} I_0\left(\frac{\tilde{s}_{\mu k}\hat{s}_{\mu k}}{N}\right) \quad (4.57)$$

In Gleichung 4.57 ist N der Effektivwert der Rauschleistung bei weißem Rauschen und I_0 bezeichnet die modifizierten Besselfunktionen 1.Art und 0-ter Ordnung. Die Rice-Verteilung kann für Werte $\frac{\hat{s}_{\mu k}}{\sqrt{N}} > 1$, durch eine Gauß-Verteilung approximiert werden [24]. Bei großem Signal-Geräusch-Verhältnis ($(C/N) > 8$ dB), siehe hierzu auch Abbildung 4.11, ist diese Forderung erfüllt. Die in Abschnitt 4.2.2 abgeleiteten Beziehungen und Ergebnisse sind somit näherungsweise auch für mASK-Systeme bei inkohärenter Demodulation gültig, wenn man im Modulator Zustandsdiagramme nach Abbildung 4.9 realisiert.

4.3 mASK-Modem-Entwurf

Die Modulation erfolgt bei ASK-Systemen meist nach dem Prinzip der Produktmodulation. Diese Art der Modulation wurde bereits grundsätzlich diskutiert. Ein m-stufiges Basisbandsignal das nur positive Amplitudenwerte und die Amplitude Null besitzen kann wird in einem Multiplizierer mit einem Sinusträger multipliziert. Der Multiplizierer ist hierbei der aus einem Diodenquartett bestehende Ringmodulator. Diese Art der Modulation entspricht dem auch für analoge Signale benutzten Prinzip der Zweiseitenband-Amplitudenmodulation mit unterdrücktem Träger. Zur Modulation kann auch der sogenannte Schaltmodulator benutzt werden.

Im Demodulator kommt bei kohärenter Demodulation ebenfalls der Ringmodulator zur Anwendung, wobei der frequenz-und phasenrichtige Träger aus dem Empfangssignal abgeleitet werden muß.

Bei der Demodulation durch Quadrierung kann der Ringmodulator als Quadrierer geschaltet werden.

Der inkohärente Demodulator ist ein Hüllkurvendetektor der aus einem passiven HF-Gleichrichter (Diode und RC-Glied) besteht.

4.3.1 mASK-Modem bei kohärenter Demodulation

In Abbildung 4.12 ist das Blockschaltbild eines mASK-Modems dargestellt das nur die wichtigsten Baugruppen enthält. Jede Baugruppe muß separat entwickelt werden. Erst in einem nächsten Schritt erfolgt die Integration aller Baugruppen zum Modulatorsystem wobei auf reflexionsfreies Zusammenfügen der einzelen Vierpole zu achten ist. Fehlanpassungen führen zu Verzerrungen im demodulierten Signal. Signalverzerrungen im Basisbandsignal kann man am besten mit Hilfe des Augendiagramms entdecken. Die Augenöffnung in vertikaler und horizontaler Richtung gibt Aufschluß über den Grad und die Art der Verzerrungen. Die Überprüfung der spektralen Form im Basisbandsignal und modulierten mASK-Signal wird mit dem Spektrum-Analysator durchgeführt, der die spektrale Leistungsdichte (Leistungsspektrum) mißt. Mit einem solchen Gerät kann näherungsweise auch die spektrale Lei-

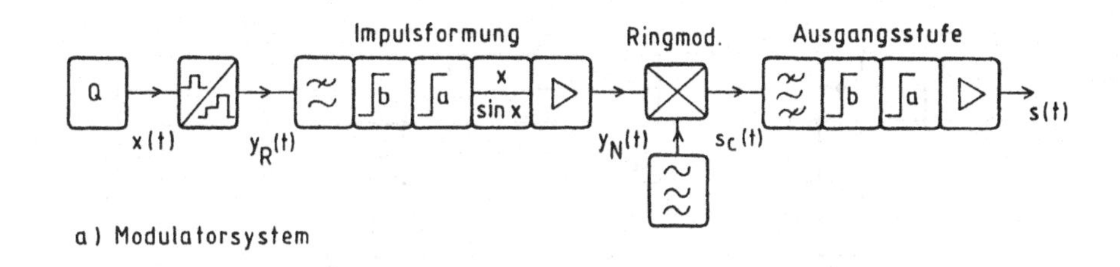

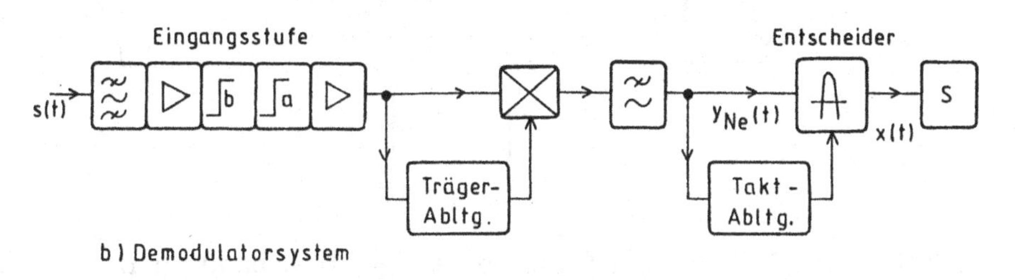

Abbildung 4.12: Blockschaltbild eines mASK-Modems bei kohärenter Demodulation

stungsdichte der mASK-Signale bzw. Basisbandsignale gemessen werden für die mathematisch die spektrale Leistungsdichte nicht existiert (z.B. Modulation mit Nyquistimpulsen). Im gemessenen Leistungsspektrum sind unerwünschte Signalkomponenten, nichtlineare Verzerrungen , etc. erkennbar, da die gewünschte spektrale Gestalt aus der Theorie bekannt ist.

Aus dem Quellensignal $x(t)$ wird im Codierer nach Abbildung 4.12 ein m-stufiges Basisbandsignal $y_R(t)$ in Rechteckimpulsform erzeugt, wobei jede Amplitudenstufe n bit repräsentiert. $y_R(t)$ hat nur positive Amplitudenstufen oder die Nullstufe. Der Codierer kann beispielsweise aus einer Schaltmatrix wie sie in Abbildung 4.13 dargestellt ist realisiert werden. Nach einer Serien-Parallel-Umsetzung werden in m Gattern (G) aus logischen Bausteinen z.B. in TTL-Technik die $m = 2^n$ verschiedenen Bitmuster ausgewertet. Jedes Gatter gibt dann die logische Eins ab (= 5 V bei TTL-Technik), wenn das jeweils fest zugeordnete Bitmuster erscheint. Mit den Potentiometern am Ausgang der Gatter werden die jeweiligen Amplitudenstufen eingestellt. Als Co-

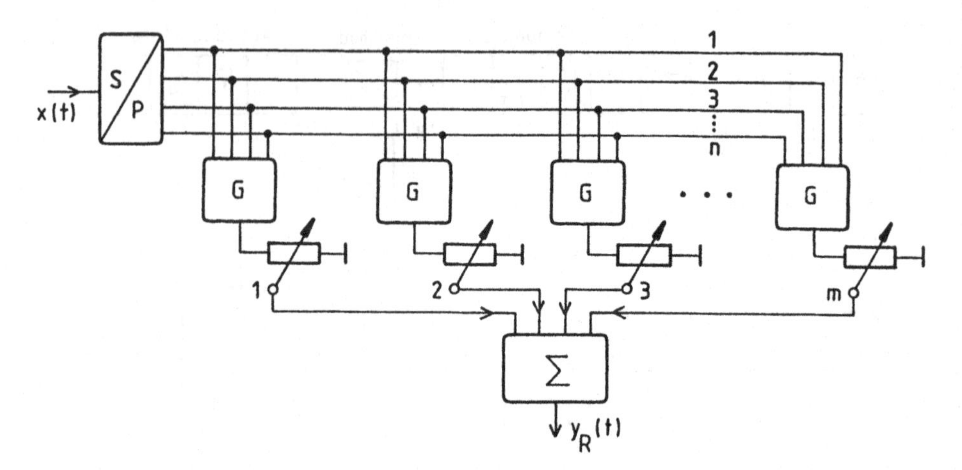

Abbildung 4.13: Codierer für ein m-stufiges Basisbandsignal

dierer kann beispielsweise auch ein CMOS-Multiplexer in integrierter Technik mit Analogeingang benutzt werden [30]. In der Impulsformerstufe werden Nyquistimpulsfolgen $y_N(t)$ erzeugt. Sie enthält neben dem Nyquist-Tiefpaß einen Gruppenlaufzeitentzerrer, einen Amplitudenentzerrer, sowie eine Korrektureinrichtung zur Kompensation der $\frac{\sin x}{x}$-Verzerrung die durch die endliche Dauer der Rechteckimpulse der Folge $y_R(t)$ verursacht wird. Abbildung 4.14 zeigt den typischen Verlauf des Augendiagramms eines binären Basisbandsignals bei Nyquistimpulsformung sowie die spektrale Leistungsdichte gemessen am Ausgang der Impulsformerstufe. Die Modulation des Sinusträgers $\sin \omega_c t$ erfolgt im Ringmodulator. Dieser Vorgang ist schematisch in Abbildung 4.15 am Beispiel einer 4ASK erläutert. Durch die Multiplikation von Träger $s_c(t)$ und Basisbandsignal $y_N(t)$ entstehen im Modulationsintervall im Falle der 4ASK vier verschiedene Schwingungspakete entprechend den 4 verschiedenen Amplitudenstufen des Basisbandsignals. Die Impulsform $g(t)$ der Elementarimpulse erzwingt hierbei eine Formung des modulierten Signals. Die Beschaltung des Ringmodulators sowie sein Aufbau sind in Abbildung 4.16 dargestellt. Bei positiven Werten des Signals $y_N(t)$ werden die Dioden D_1 und D_4 aufgesteuert. Die beiden Dioden D_2 und D_3 sperren und sind eigentlich für die ASK-Modulation überflüssig. Die Spannung auf der Sekundärseite des Eingangsübertragers deren Amplitude von $y_N(t)$ bestimmt wird, wird

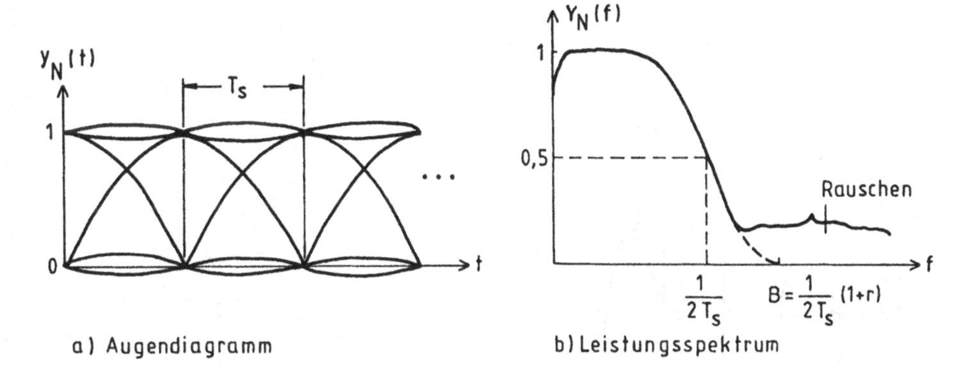

Abbildung 4.14: Augendiagramm und Leistungsspektrum einer Nyquistimpulsfolge

deshalb direkt an die Primärseite des Ausgangsübertragers übergeben. Ist $y_N(t)$ gleich Null , so erfolgt keine oder höchstens eine Ansteuerung durch die Überschwinger der Nyquistimpulse. Wegen der Polarität der Folge $y_N(t)$ (positiv oder Null) können sich die Trägerspannungen im Ausgangsübertrager im Mittel nicht aufheben. Es wird damit keine Trägerunterdrückung erreicht. Die Signalspitzenwerte bei der Modulation liegen bei ca.400 mV beim Basisbandsignal und zwischen 1 V und 10 V beim Träger. Bei hohen Amplituden nähert sich der Sinusträger immer mehr einer Rechteckschwingung mit sehr steilen Schaltflanken. Man kann deshalb anstelle des Sinusträgers zur Modulation auch einen Rechteckträger verwenden. Neben dem erwünschten modulierten Signal $s(t)$ erhält man bei der Modulation unerwünschte Komponenten höherer Ordnung (Vielfache der Trägerfrequenz) da der Ringmodulator kein idealer Multiplizierer ist. Sie werden im Bandpaß der Ausgangsstufe unterdrückt, siehe Abbildung 4.12. Neben dem Sendebandpaß enthält die Ausgangsstufe weitere Verstärkerstufen und u.U. einen Gruppenlaufzeit-sowie einen Dämpfungsentzerrer. Der typische Signalpegel am Ausgang des Modulators liegt bei ca. 0 dBm an einem Wellenwiderstand von $Z_L = 75\Omega$. Den typischen Verlauf des Leistungsdichtespektrums eines 2ASK-Signals gemessen am Ausgang der Ausgangsstufe zeigt Abbildung 4.17. Die Gestalt des Leistungsspektrums

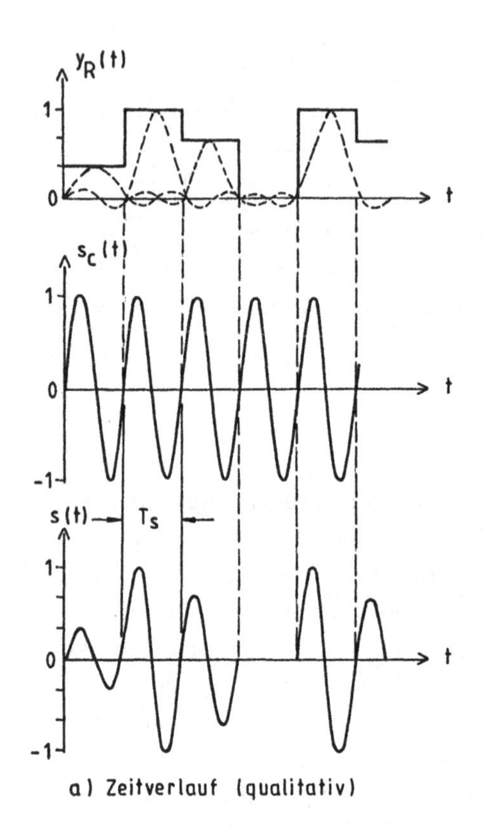

- $\hat{s}_{4k} = 1$
- $\hat{s}_{3k} = \frac{2}{3}$
- $\hat{s}_{2k} = \frac{1}{3}$
- $\hat{s}_{1k} = 0$

b) Zustandsdiagramm

μ	$\hat{s}_{\mu k}$
1	0
2	$\frac{1}{3}$
3	$\frac{2}{3}$
4	1

c) Modulationsparameter

Abbildung 4.15: Schematische Darstellung der 4ASK-Modulation

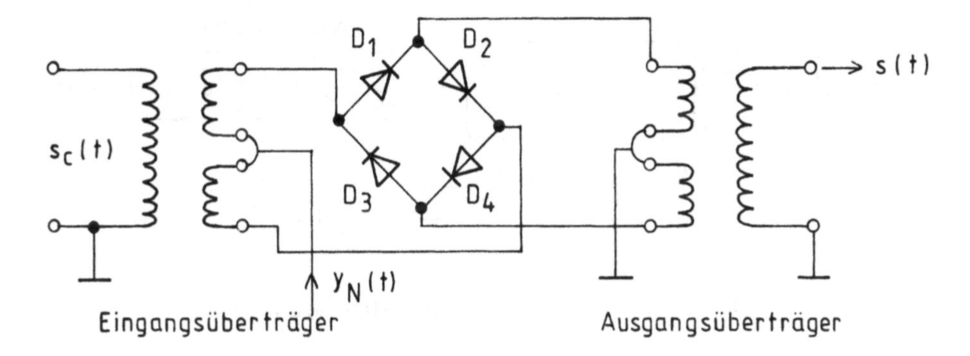

Abbildung 4.16: Beschaltung des Ringmodulators zur Erzeugung von mASK-Signalen

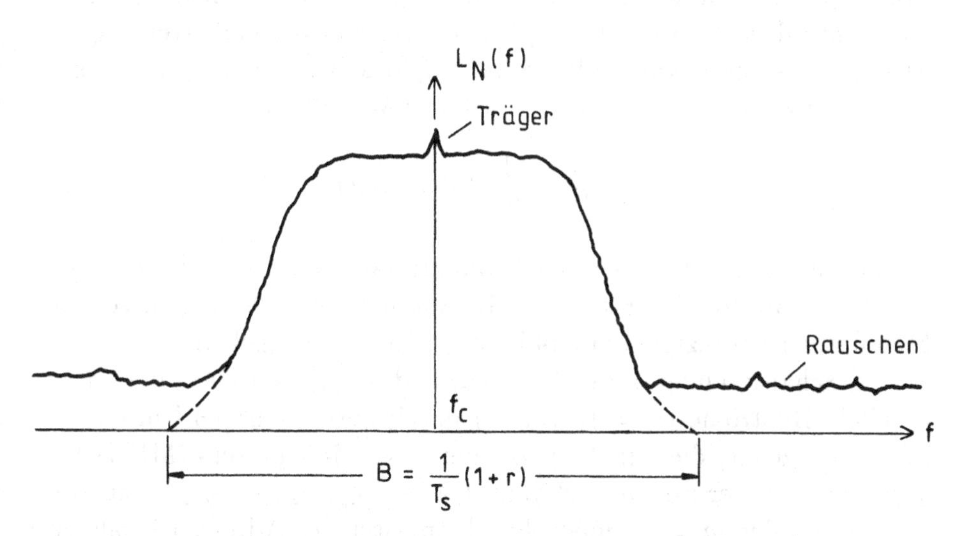

Abbildung 4.17: Gemessenes Leistungsspektrum eines 2ASK-Signals bei der Modulation mit Nyquistimpulsen

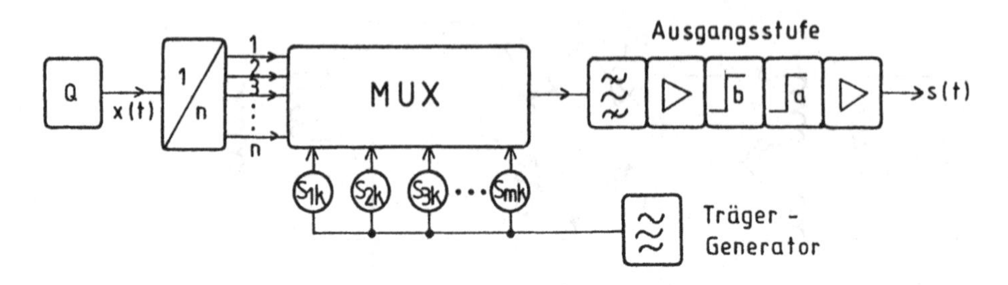

Abbildung 4.18: mASK-Schaltmodulator

bleibt bei mASK-Signalen mit beliebigem $m = 2, 4, 8, \cdots$ erhalten, variabel ist lediglich die Bandbreite, da sich die Symbolrate $v_s = 1/T_s$ verändert. In der Mitte des Spektrums nach Abbildung 4.17 ist die Trägerspektrallinie erkennbar, die wie erwähnt bei mASK-Systemen nicht unterdrückt wird. Die Signalbandbreite des modulierten Signals ist doppelt so groß wie die Bandbreite f_g des Basisbandsignals, wegen der Bildung zweier Seitenbänder nach der Modulation.

$$B_{mASK} = \frac{1}{T_s}(1 + r) = 2 f_g \tag{4.58}$$

Neben dem meist verwendeten Produktmodulator ist auch der sogenannte Schaltmodulator für mASK-Systeme einsetzbar. Ein solcher Modulator ist prinzipiell in Abbildung 4.18 wiedergegeben.

Im Schaltmodulator (auch Direktmodulator) werden zunächst n parallele Bitströme ($n = 1, 2, 3, \cdots$) durch Serien-Parallel-Umsetzung ($n > 1$) erzeugt, die zur Adressierung eines Multiplexers (MUX) benutzt werden, der mit $m = 2^n$ Sinusträgern $s_{c1}, s_{c2}, \cdots, s_{cm}$ beschaltet ist. Jedem der $m = 2^n$ möglichen Bitmuster des Adressensignals ist ein Sinustträger bestimmter Amplitude zugeordnet, der im jeweiligen Modulationsintervall an den Multiplexerausgang geschaltet wird. Als Multiplexer können die in integrierter Technik verfügbaren Multiplexer mit Analogeingang, siehe [30], benutzt werden. Bei Schaltmodulatoren muß die Impulsformung allerdings am modulierten Signal erfolgen, da das Basisbandsignal lediglich eine steuernde Funktion ausübt. Die

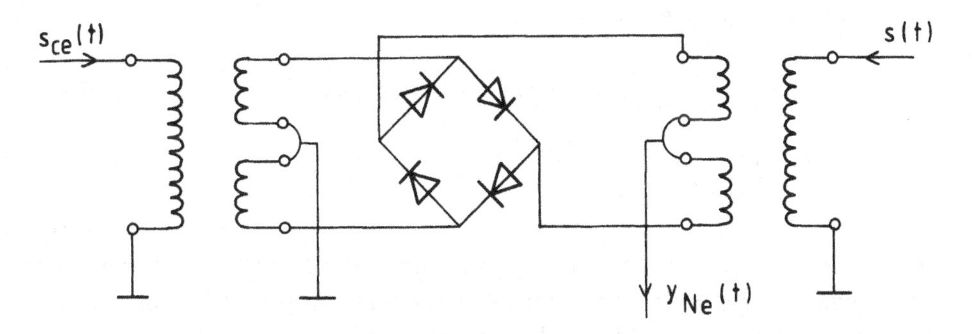

Abbildung 4.19: Beschaltung des Produktdemodulators bei kohärenter Demodulation

Impulsformung wird gemäß Abbildung 4.18 im Sendebandpaß der Ausgangsstufe die auch die notwendigen Gruppenlaufzeit-und Dämpfungsentzerrer sowie Verstärker enthält durchgeführt. Das Modulatorausgangssignal hat bei diesem direkten Verfahren den gleichen Zeit-und Spektralverlauf wie im Falle der Produktmodulation. Abbildung 4.17 repräsentiert deshalb auch die spektrale Leistungsdichte am Ausgang des Schaltmodulators.

Zur kohärenten Demodulation wird unabhängig von der Art der Erzeugung der Produktdemodulator verwendet. Nach Abbildung 4.12 wird das empfangene mASK-Signal zunächst in der Eingangsstufe vom Außerbandgeräusch befreit, entzerrt und verstärkt. Die eigentliche Demodulation wird durch Multiplikation (Ringmodulator) des Empfangssignals $s(t)$ mit dem aus dem Empfangssignal wiedergewonnen kohärenten Träger erzielt. Auf die Realisierung der Trägerableitung wird noch genauer eingegangen. Am Ausgang des Ringmodulators erscheint das bereits durch Gleichung 4.8 im Idealfall beschriebene Ergebnis. Da der Ringmodulator kein idealer Multiplizierer ist, erscheinen zusätzlich Komponenten der Frequenzen $[3\omega_c \pm (0 \cdots \omega_g)], [5\omega_c \pm (0 \cdots \omega_g)]$, etc., sowie das unvermeidliche Geräusch. Die Beschaltung des Ringmodulators als Produktdemodulator ist in Abbildung 4.19 dargestellt. Mit dem Schmalbandrauschen nach Gleichung 12.4 dem Empfangssignal nach Gleichung 4.5, sowie dem abgeleiteten Träger, Gleichung 4.7, findet man mit $\phi_e = 0$ und $\hat{s}_{ce} = 1$,

$$s_{pr}(t) = [s(t) + n(t)] \sin \omega_c t \tag{4.59}$$

$$s_{pr}(t) = \sin^2 \omega_c t \sum_k \hat{s}_{\mu k} g(t - kT_s) + n_c(t) \sin \omega_c t \cos \omega_c t - n_s(t) \sin^2 \omega_c t \tag{4.60}$$

($\mu = 1, 2, 3, \ldots, m$). Wendet man auf die vorstehende Gleichung die Additionstheroreme der Trigonometrie an, und unterdrückt alle Komponenten der doppelten, dreifachen, fünffachen, ... Trägerfrequenz (Demodulatortiefpaß in Abbildung 4.12), so erscheint als demoduliertes Signal

$$y_{Ne}(t) = \frac{1}{2} \sum_k \hat{s}_{\mu k} g(t - kT_s) - \frac{1}{2} n_s(t) \tag{4.61}$$

Der Demodulationsvorgang verändert den Charakter des additiv überlagerten Geräuschs nicht, die Rauschstörung bleibt auch im demodulierten Signal gaußverteilt, da $n_s(t)$ gaußverteilt ist. Das dem demodulierten Signal überlagerte Restgeräusch kann nicht mehr beseitigt werden und führt bei zu geringem Signal-Geräusch- Verhältnis C/N zu Symbolfehlern im Entscheider. Das demodulierte Signal eignet sich noch nicht zur weiteren Verarbeitung in der Nachrichtensenke (z.B. Computer, Vermittlungsstelle, etc.) die in der Regel nur binäre Signale verarbeiten kann. Zur Umwandlung in ein Binärsignal werden die m Amplituden des demodulierten Signals zunächst in Komparatoren mit speziellen Referenzspannungen abgefragt und in logische Signale (z.B. TTL-Signale) umgesetzt. Danach erfolgt die Abtastung in Impulsmitte durch Übernahme in ein D-Flip-Flop mit dem Symboltakt der aus dem demodulierten Signal abgeleitet werden muß. Die beiden beschriebenen Operationen werden im Entscheider nach Abbildung 4.12 durchgeführt. Abbildung 4.20 und Abbildung 4.21 zeigen schematisch den Ablauf der Amplitudenentscheidung und Regeneration am Beispiel der $2ASK$ und $4ASK$, sowie den Aufbau der jeweiligen Entscheidereinrichtung. Der Komparator K in Abbildung 4.20a schaltet immer dann eine logische 1 an den Eingang des D-Flip-Flops, wenn die Referenzspannung $U_s = 0,5V$ (oft auch Schwellenspannung genannt) durch die Signalspannung $y_{Ne}(t)$ überschritten wird. Ansonsten liegt der Komparatorausgang auf logisch 0. Bei einer Signalspitzenspannung von $1V$ ist

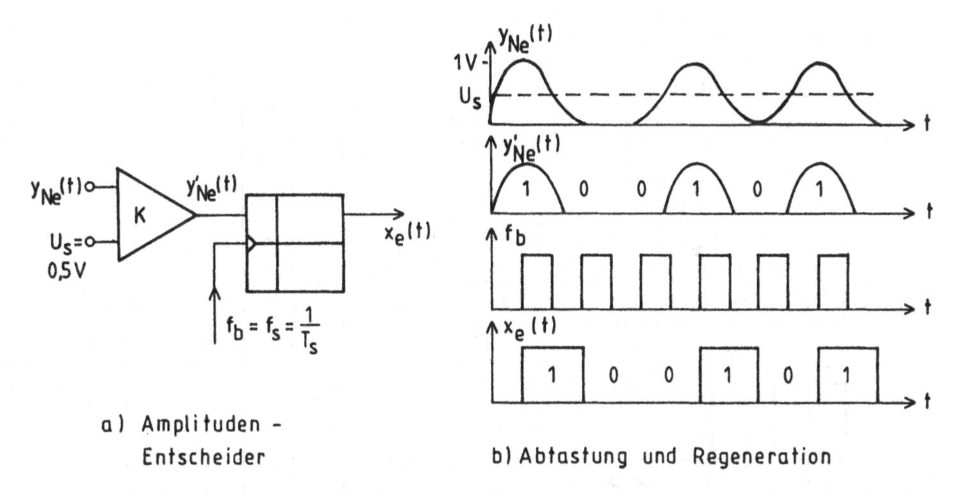

Abbildung 4.20: Amplitudenenscheidung und Regeneration bei der 2ASK

im binären Fall die Schwellenspannung $U_s = 0,5V$ zu wählen. Die Signalregeneration in Rechteckimpulse erzielt man im D-Flip-Flop durch Bitmittenabtastung mit dem Symbotakt $f_s = 1/T_s$, siehe Abbildung 4.20*b*. Im binären Fall ist $f_s = f_b$. Das regenerierte Empfangssignal $x_e(t)$ erscheint um $T_s/2 = T_b/2$ verzögert jedoch geräusch-und jitterfrei am Ausgang des D-Flip-Flops falls der abgeleitete Symboltakt bzw. der abgeleitete Träger entsprechende Eigenschaften aufweisen. Der Qualtität der Träger-und Taktableitung kommt deshalb erhebliche Bedeutung zu.

Im Falle der 4ASK nach Abbildung 4.21 benötigt man im Entscheider 3 Komparatoren. Bei einer Signalspitzenspannung des 4-stufigen Basisbandsignals von $1V$ wählt man für die Komparatoren die Referenzspannungen $U_{s1} = 0,167V$, $U_{s2} = 0,5V$ und $U_{s3} = 0,833V$. Damit sind 3 D-Flip-Flops erforderlich, siehe Abbildung 4.21*a*. Neben der Signalabtastung mit dem aus dem Empfangssignal abgeleiteten Symboltakt $f_s = \frac{f_b}{2}$ (f_b ... Bittakt) ist zusätzlich ein logisches Netzwerk gemäß der Wahrheitstafel nach Abbildung 4.21*c* und eine Parallel-Serien-Umsetzung notwendig. Bei ASK-Signalen mit m Signalzuständen werden für den Entscheider $m-1$ Komparatoren sowie Flip-Flops benötigt.

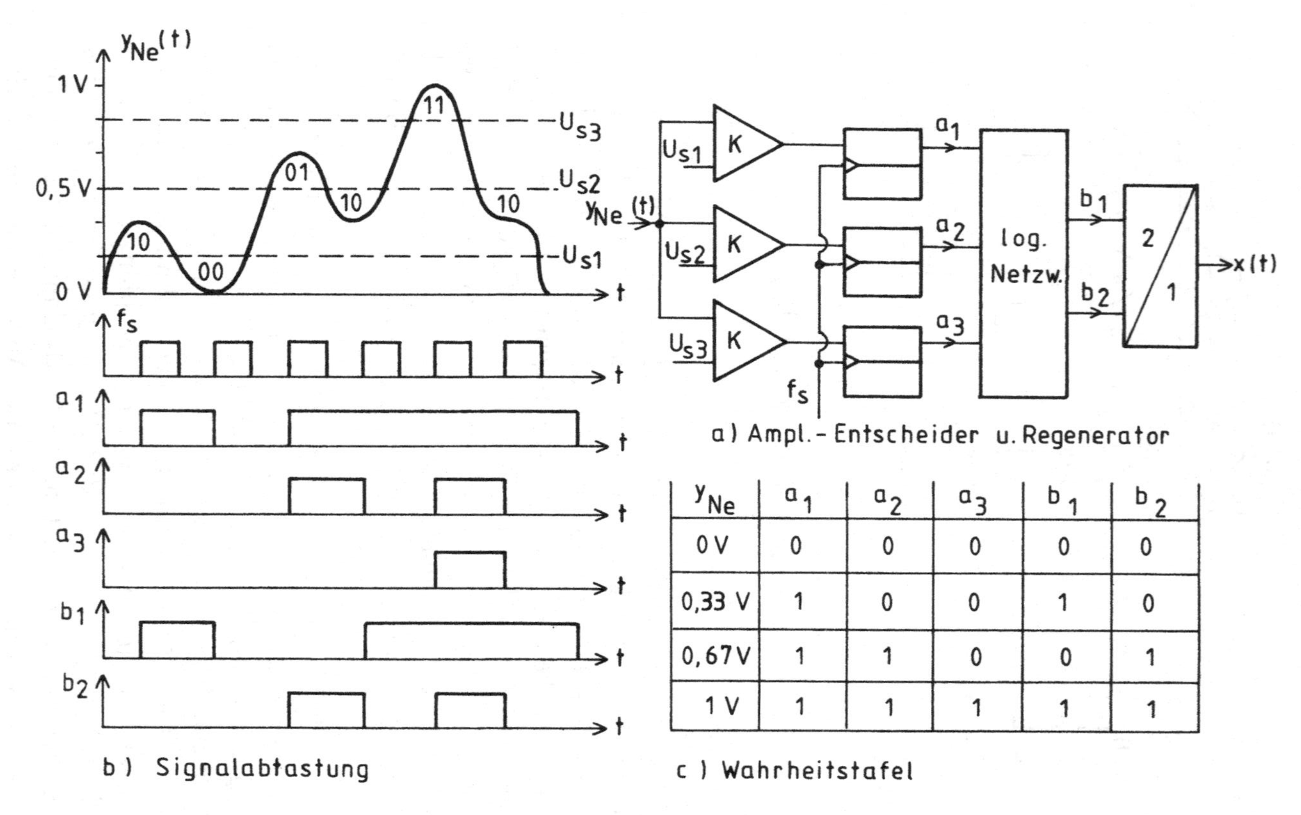

y_{Ne}	a_1	a_2	a_3	b_1	b_2
0 V	0	0	0	0	0
0,33 V	1	0	0	1	0
0,67 V	1	1	0	0	1
1 V	1	1	1	1	1

Abbildung 4.21: Amplitudenentscheidung und Signalregeneration bei der 4ASK

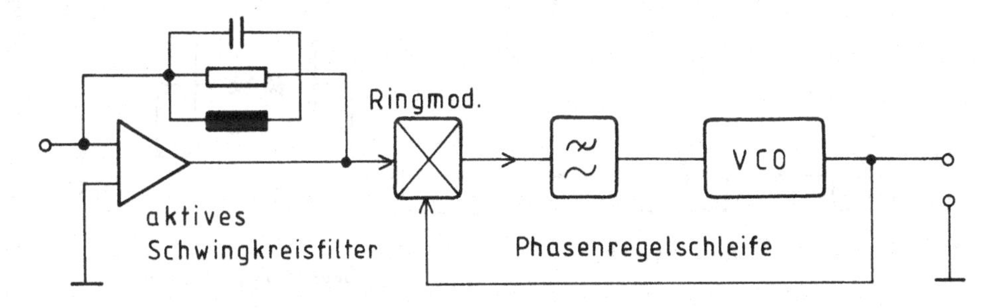

Abbildung 4.22: Prinzip einer Trägerableitung

4.3.1.1 Trägerableitung in mASK-Modems

Kohärente Demodulation erfordert im Demodulator einen zum Empfangssignal frequenz-und phasenrichtigen Träger. In einem mASK-Signal ist die Trägerspektrallinie enthalten, da im Modulator keine Trägerunterdrückung erfolgt, siehe Abbildung 4.17. Obwohl das Nutzsignalspektrum in der Umgebung der Trägerspektallinie wie ein extrem großes Störsignal wirkt, ist eine Trägerselektion möglich. Abbildung 4.22 gibt das Prinzip einer Schaltung zur Trägerselektion aus dem Empfangssignal wieder. Sie besteht im einfachsten Fall aus einem selektiven Verstärker (aktives Schwingkreisfilter) und einer nachgeschalteten Phasenregelschleife. Mit einem aktiven Schwingkreisfilter wird die Trägerfrequenz selektiert. Wegen der endlichen Bandbreite des Schwingkreisfilters enthält der selektierte Sinusträger additives Geräusch und Jitter. Die Schwingkreisgüten liegen bei $Q = 20...50$. Höhere Gütewerte sind ungünstig da im praktischen Fall meist ein Trägerfrequenzversatz (Frequenzverwerfungen, siehe Abschnitt 12.5) auftritt. Bei zu hoher Selektivität also, kleiner Bandbreite, liegt die Trägerfrequenz u.U. außerhalb des Fangbereichs der Trägerableitung. In den meisten Fällen ist eine zusätzliche Frequenznachregelung (AFC ... Automatic Frequency Control) erforderlich. Anstelle des aktiven Schwingkreisfilters kann auch ein schmalbandiger passiver Bandpaß in Verbindung mit einem geeigneten Verstärker benutzt werden. Die Phasenregelschleife in Abbildung

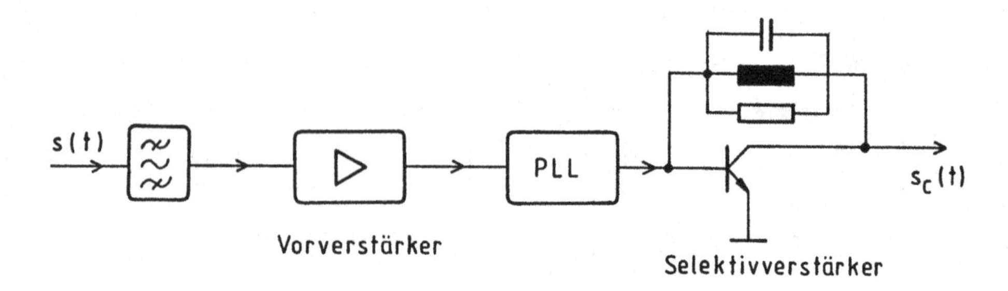

Abbildung 4.23: Blockschaltbild einer Trägerableitung für ein 2ASK-Modem (Trägerfrequenz $f_c = 70MHz$) ohne AFC

4.22 wirkt als hochselektives "Nachlauffilter" wobei das Ergebnis eines Vergleichs zwischen Empfangssignal und VCO-Ausgangssignal nach einer Tiefpaßfilterung zur Nachführung der Frequenz des spannungsgesteuerten Oszillators (VCO) benutzt wird. Als Vergleicher kann z.B. eine Ringmodulator eingesetzt werden. Phasenregelschleifen liegen als integrierte Bauelemente vor, wobei der Vergleich meist digital erfolgt. Zur Frequenzeinstellung müssen diese Phasenregelschleifen lediglich mit dem entsprechenden Schwingkreis (oder Quarz) und dem Schleifentiefpaß beschaltet werden (z.B. NE 568 von VALVO).

Abbildung 4.23 zeigt das Blockschaltbild einer funktionsfähigen, Schaltung zur Trägerselektion ohne Frequenznachregelung. Zur Vorselektion wird ein passiver Bandpaß in Verbindung mit einem Vorverstärker eingesetzt. Danach folgt eine Phasenregelschleife. Zur Unterdrückung weiterer Störkomponenten wird ein zusätzlicher selektiver Verstärker verwendet. Die Trägerableitung nach Abbildung 4.23 ist detailliert in Abbildung 4.24 dargestellt. Sie besteht aus einem vierkreisigen passiven Bandpaß, einem Operationsverstärker $NE5205$ von VALVO der Phasenregelschleife in integrierter Form (NE568 von VALVO) sowie einem einstufigen Selektivverstärker mit dem Transistor $2N2222$. Der Tschebychev-Bandpaß hat eine $3dB$-Bandbreite von $2,5MHz$. Mit dem Vorverstärker wird eine Verstärkung von $20dB$ erzielt. Die Phasenregelschleife hat einen Einrastbereich von $\pm 2MHz$. Ein durch den Bandpaß zulässiger Frequenzversatz von $\pm 1,25MHz$ führt somit noch zum Einrasten der Phasenregelschleife. In Abbildung 4.25 ist die mit dem Spektrum-Analysator gemessene Spektrallinie

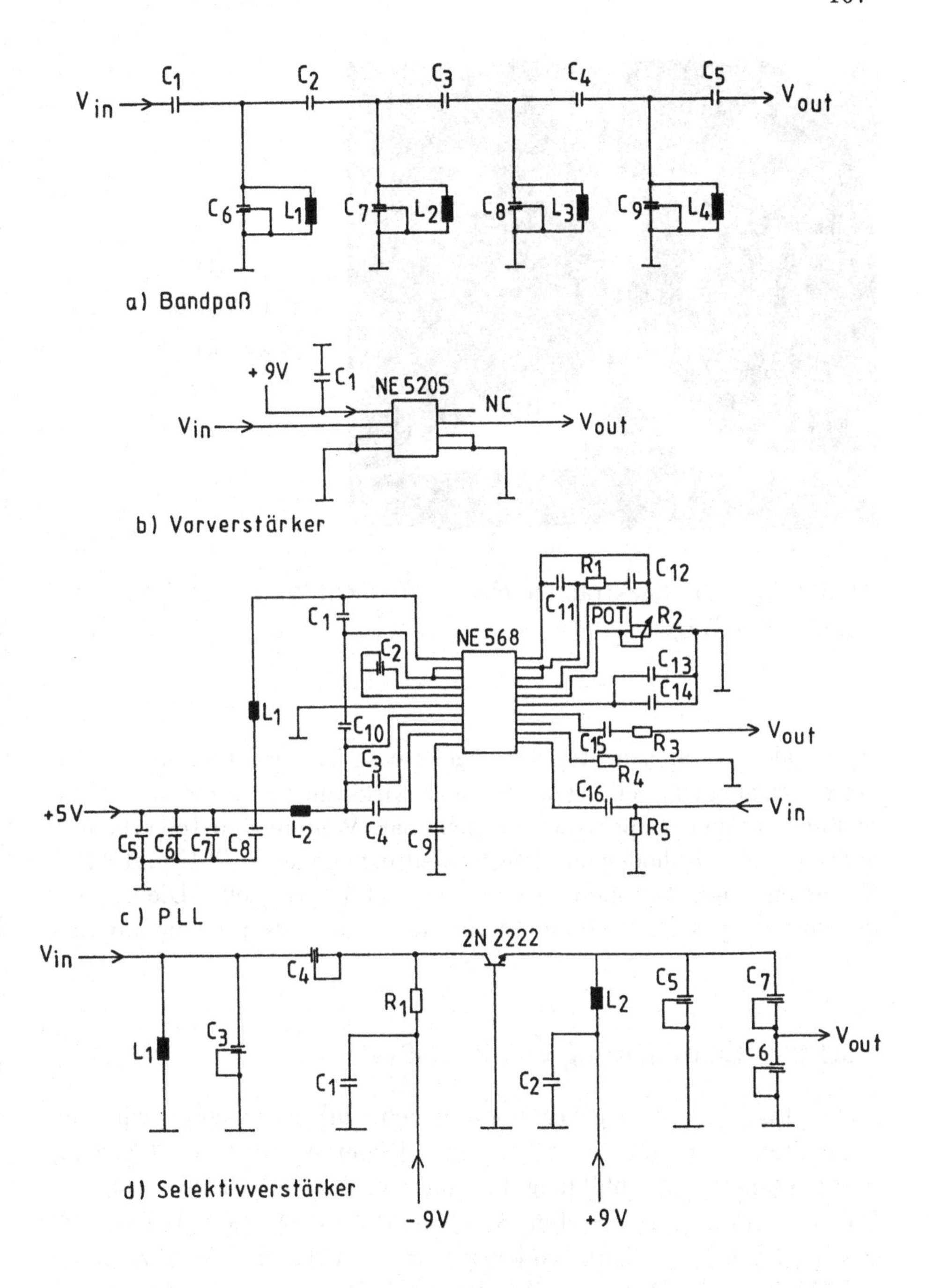

Abbildung 4.24: Schaltung einer 2ASK-Trägerableitung

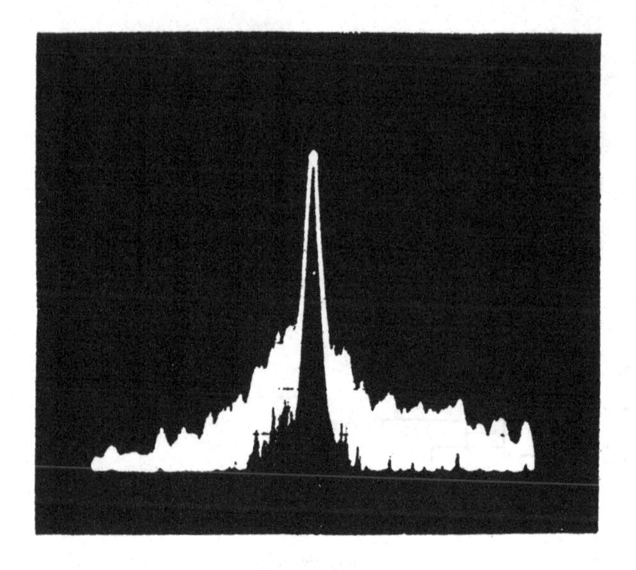

Abbildung 4.25: Spektrallinie eines aus einem 2ASK-Empfangssignal abgeleiteten Trägers

(spektrale Leistungsdichte) des abgeleiteten Trägers dargestellt. Aus der spektralen Darstellung ist der noch wirksame Geräusch-und Jittereinfluß am Fuß der Spektrallinie erkennbar. Weitere zum Teil erheblich aufwendigere Methoden zur Trägerableitung werden in PSK-und APK-Systemen eingesetzt, näheres ist in Kapitel 5 dargestellt. Die meisten der dort vorgestellten Verfahren sind auch für ASK-Systeme anwendbar.

4.3.1.2 Taktableitung in mASK-Systemen

Zur Abtastung und Regeneration des demodulierten Signals wird der Symboltakt $f_s = 1/T_s = \frac{f_b}{n}$ benötigt. Dieser Abtast -und Regenerationsvorgang ist in Abbildung 4.20 und Abbildung 4.21 demonstriert. Da in einem digitalen System Symboltakt bzw. Bittakt und stochastisches Nachrichtensignal flankensynchron zueinander sein müssen, ist die Ableitung des Bittaktes oder des Symboltaktes aus dem Empfangssignal erforderlich. Die Symboltakt-bzw. Bittaktableitung erzielt man

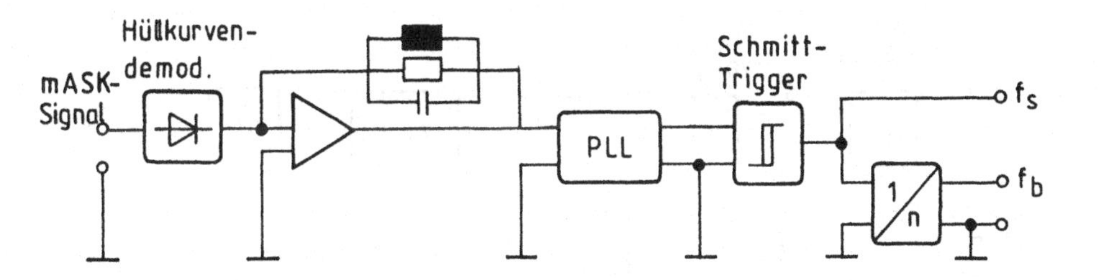

Abbildung 4.26: Rückgewinnung des Symboltaktes bzw. Bittaktes aus dem modulierten Signal

bei mASK-Systemen meist aus dem demodulierten Signal, jedoch ist auch die Selektion aus dem noch modulierten Signal möglich.

Zur Taktableitung muß das zu übertragende Signal vor der Modulation verwürfelt werden (Scrambler). Bei der Verwürfelung wird zum Basisbandsignal eine PN-Folge (PN ...Pseudo Noise) mit einer ausreichenden Zahl von Signalübergängen modulo-2 hinzuaddiert. Dadurch werden eventuell im Basisbandsignal erscheinende "Nullbänke" oder "Einsbänke" verhindert. Nach der Demodulation und Entscheidung wird durch synchrone modulo-2-Addition der gleichen PN-Folge die Verwürfelung wieder rückgängig gemacht (Descrambler).

Der Aufbau einer Taktableitung besteht wie bei der Trägerableitung im wesentlichen aus einem aktiven Schwingkreisfilter und einer nachgeschalteten Phasenregelschleife, siehe Abbildung 4.26. Bei der Taktableitung aus dem modulierten Signal, muß zunächst die Demodulation mit einem Hüllkurvendetektor durchgeführt werden, da der Bittakt bzw. Symboltakt als parasitäres Signal in der Hüllkurve des m-ASK-Signals enthalten ist (Näheres zum Hüllkurvendetektor wird in Abschnitt 4.3.3 berichtet). Danach selektiert man die Sinusschwingung der Symboltaktfrequenz mit einem aktiven Schwingkreisfilter wie im Falle der Trägerableitung erläutert. Diese meist noch stark durch Rauschen und Jitter gestörte Sinusschwingung wird in der nachfolgenden Phasenregelschleife (Phase Locked Loop ...PLL) weitgehend von diesen Störungen befreit. Setzt man voraus, daß der PLL eine Sinusschwingung abgibt,- meist wird intern bereits eine Rechteckschwingung erzeugt - so kann man mit einem Schmitt-Trigger den periodischen Symboltakt f_s herstellen. Den Bittakt gewinnt man dann aus

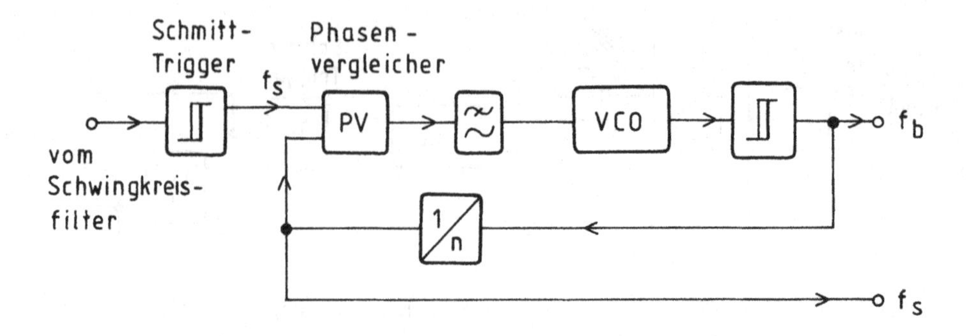

Abbildung 4.27: Erzeugung des Bittaktes aus dem Symboltakt

f_s durch Frequenzvervielfachung um den Faktor n mit einer "Synthesizerschaltung" wie sie in Abbildung 4.27 gezeigt ist. Der VCO der Phasenregelschleife schwingt auf der Bittaktfrequenz. Sein Sinusausgangssignal wird in einem Schmitt-Trigger in eine Rechteckschwingung (z.B. TTL-Pegel) umgesetzt in der Frequenz um den Faktor n auf die Symboltaktfrequenz f_s geteilt und dem Eingang des digitalen Phasenvergleichers der Phasenregelschleife zugeführt. Durch Nachführung der VCO-Frequenz mit dem Tiefpaßanteil des Vergleichsergebnisses werden Schrittakt und Bittakt phasenstarr gekoppelt.

Gewinnt man den Symboltakt aus dem bereits demodulierten Signal zurück, was meistens der Fall ist, so enfällt der Hüllkurvendetektor in Abbildung 4.26. Grundsätzlich ist es auch möglich die Sinusschwingung des Bittaktes aus dem Empfangssignal herauszufiltern und den Symboltakt durch digitale Frequenzteilung zu gewinnen. Eine Methode die etwas weniger Aufwand erfordert. Die Spektrallinie des Symboltaktes erscheint jedoch mit höherer Amplitude im Signalspektrum als die Spektrallinie des Bittaktes. Der Störabstand ist im letztgenannten Fall deshalb geringer. Neben diesen hier kurz erwähnten grundsätzlichen Methoden gibt es eine Vielzahl anderer. Auf die wichtigsten davon wird bei der Behandlung der PSK-Systeme in Kapitel 5 näher eingegangen.

4.3.2 mASK-Modem bei der Demodulation durch Quadrierung

In Abschnitt 4.1 wurden zwei Modulationsverfahren zur Erzeugung von mASK-Signalen nämlich die Produktmodulation und der Schaltmodulator erläutert. Ebenso wurde die kohärente Demodulation besprochen. Mit einfachen mathematischen Mitteln wurde dort grundsätzlich nachgewiesen, daß die Demodulation von ASK-Signalen auch durch Quadrierung, ohne Trägerableitung aus dem Empfangssignal erfolgen kann. Im folgenden soll nun der Einfluß von Schmalbandrauschen auf das demodulierte Signal betrachtet und die Realisierung der Quadrierung kurz erläutert werden. Abbildung 4.1c zeigt das Blockschaltbild eines Demodulators zur Demodulation durch Quadrierung. Das am Demodulatoreingang erscheinende Empfangssignal $s(t)$ nach Gleichung 4.5 werde durch additves Geräusch gestört. Das Geräusch kann wegen der Bandbegrenzung im Bandpaß der Eingangsstufe als Schmalbandrauschen gemäß Gleichung 12.4 aufgefaßt werden. Das am Eingang des Multiplizierers nach Abbildung 4.1c erscheinende Signal lautet deshalb

$$s_e(t) = s(t) + n(t) \tag{4.62}$$

und am Multipliziererausgang erhält man

$$s_e(t)^2 = [s(t) + n(t)]^2 = s(t)^2 + 2s(t)n(t) + n(t)^2 \tag{4.63}$$

Setzt man Gleichung 4.5 und Gleichung 12.4 in die vorgenannte Gleichung ein, so erhält man bei Anwendung der Additionstheoreme der Trigonometrie, wenn man alle Komponenten der doppelten Trägerkreisfrequenz unterdrückt, (Tiefpaßfilter in Abbildung 4.1c), am Entscheidereingang als demoduliertes Signal

$$\acute{s}_{Ne}(t) = \frac{\sum_k \hat{s}_{\mu k}^2 g^2(t-kT_s)}{2} + \frac{n_s^2(t)}{2} + \frac{n_c^2(t)}{2} - n_s(t)\sum_k \hat{s}_{\mu k} g(t-kT_s) \tag{4.64}$$

$(\mu = 1,2,3,\ldots,m)$.$n_s(t)$ und $n_c(t)$ sind gaußverteilte Rauschkomponenten. Da diese Komponenten sich dem vorstehenden demodulierten Signal in quadrierter Form additiv überlagern, kann das Geräusch nicht mehr als gaußverteilt angenommen werden. Offensichtlich ist das durch

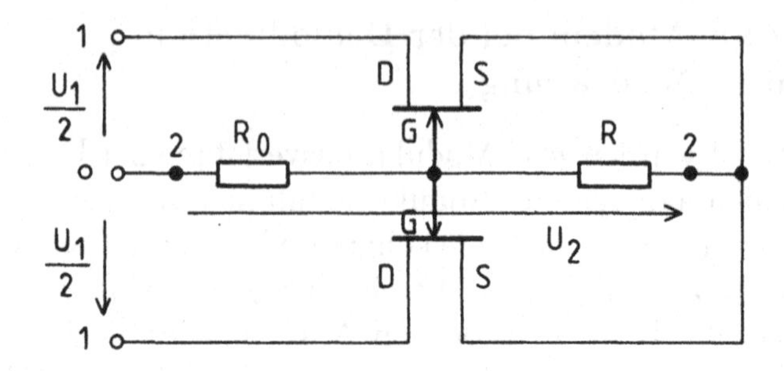

Abbildung 4.28: Quadrierschaltung

Quadrierung gewonnene demodulierte Signal erheblich stärker durch Geräuschkomponenten gestört als das durch kohärente Demodulation gewonnene, siehe Gleichung 4.61. Die Abtasung und Signalregeneration im Entscheider wird auf die bereits beschriebene Weise wie in Abbildung 4.20 und Abbildung 4.21 demonstriert, erreicht.

In Abbildung 4.28 ist eine Quadrierschaltung mit 2 Feldeffekttransistoren dargestellt. Die Ansteuerung der Schaltung erfolgt an den Eingangsklemmen $1 - 0 - 1$ durch die Gegentaktspannung U_1. Besitzen die Feldeffekttransistoren gleichen Nullpunkt-Kanalwiderstand U_p so gilt näherungsweise

$$U_2 = \frac{R}{2(R_0 + 4R)} \frac{U_1^2}{U_p} \tag{4.65}$$

Wählt man $R \gg R_0$ so vereinfacht sich diese Gleichung auf

$$U_2 = \frac{U_1^2}{8U_p} \tag{4.66}$$

4.3.3 *m*ASK-Modem bei inkohärenter Demodulation

Auch bei einem Modem mit inkohärenter Demodulation werden zur Modulation die gleichen Methoden benutzt wie im Falle der kohärenten Demodulation und der Demodulation durch Quadrierung, nämlich der Produktmodulator und der Schaltmodulator. Eine nähere Beschreibung dieser Baugruppen ist somit nicht erforderlich. Bei inkohären-

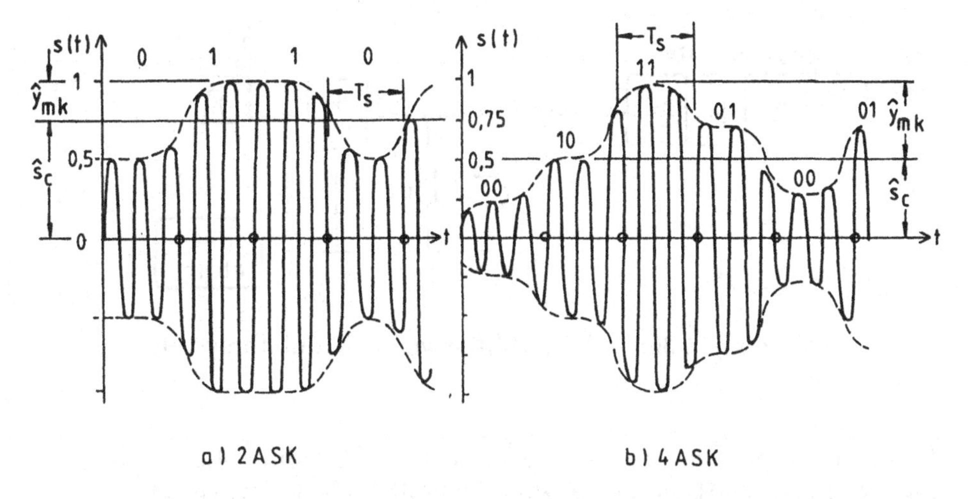

Abbildung 4.29: 2ASK-und 4ASK-Signaldarstellung

ter Demodulation vermeidet man mASK-Konfigurationen die den Amplitudenzustand Null (kein Träger) benutzen. Mit der Terminologie der analogen Amplitudenmodulation ausgedrückt, entpräche ein solcher Signalzustand einem Modulationsgrad von 1, also der vollen Aussteuerung der Trägeramplitude. Ein Modulationsgrad dieser Größenordnung ist für die Realisierung des Hüllkurvendetektors ungünstig, wie nun gezeigt wird. Günstige Zustandsdiagramme für mASK-Systeme die die Hüllkurvendemodulation anwenden sind in Abbildung 4.9 dargestellt. Abbildung 4.29 gibt den Signalverlauf eines 2ASK - und eines 4ASK-Signals sowie eine mögliche logische Zuordnung der Amplitudenzustände wieder. Der Modulationsgrad einer mASK-Schwingung kann nach Abbildung 4.29 durch

$$g_r = \frac{\hat{y}_{mk}}{\hat{s}_c} \tag{4.67}$$

ausgedrückt werden. Das Demodulatorsystem zur Hüllkurvendemodulation ist in Abbildung 4.30 angegeben. Die Eingangsstufe und die Einrichtungen zur Entscheidung und Regeneration sind die gleichen wie im Falle der kohärenten Demodulation bzw. der Demodulation durch Quadrierung, siehe Abbildung 4.20, Abbildung 4.21 und Abbildung 4.12. Der Hüllkurvendetektor ist ein HF-Gleichrichter aus passiven Bauelementen. Er besteht aus einer Diode und einem RC-Glied. Mit Hilfe des

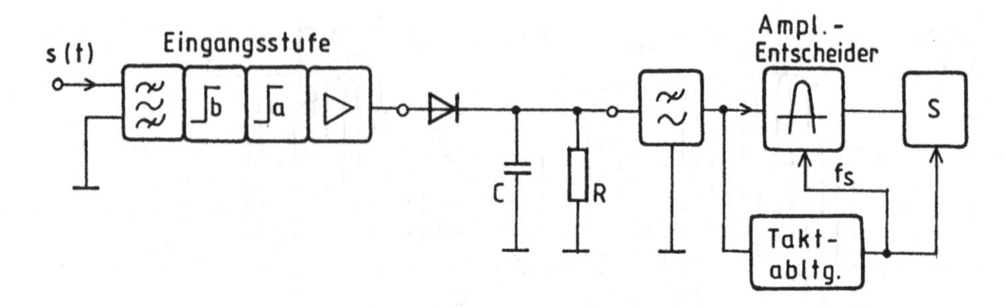

Abbildung 4.30: mASK-Hüllkurvendemodulatorsystem

Richtkennlinienfeldes des HF-Gleichrichters Abbildung 4.31. läßt sich die günstigste Zeitkonstante für das RC-Glied des Hüllkurvendetektors ermitteln. Die im Hüllkurvendetektor verursachten Verzerrungen sind nach Abbildung 4.31 gering wenn die Bedingungen

$$\hat{i}_s \leq I_0 \tag{4.68}$$

$$\frac{\hat{y}_{mk}}{|\underline{Z}_s|} \leq \frac{\hat{s}_c}{R} \tag{4.69}$$

$$\frac{\hat{y}_{mk} R}{\hat{s}_c |\underline{Z}_s|} \leq 1 \tag{4.70}$$

eingehalten werden. Setzt man den Modulationsgrad nach Gleichung 4.67 in die letzte der vorgenannten Ungleichungen ein, so folgt mit

$$|\underline{Z}_s| = \frac{1}{\sqrt{(\frac{1}{R})^2 + (\omega_g C)^2}} \tag{4.71}$$

$$g_r \frac{R}{|\underline{Z}_s|} \leq 1 \tag{4.72}$$

und durch Umstellung

$$\tau_H = RC \leq \frac{\sqrt{1 - {g_r}^2}}{g_r \omega_g} \tag{4.73}$$

Aus der vorgenannten Gleichung wird deutlich, warum der Modulationsgrad $g_r = 1$ ungünstig ist. Für $g_r = 1$ wird $\tau_H = 0$, eine nicht realisierbare Zeitkonstante [31]. Die Realsierung einer möglichst kleinen

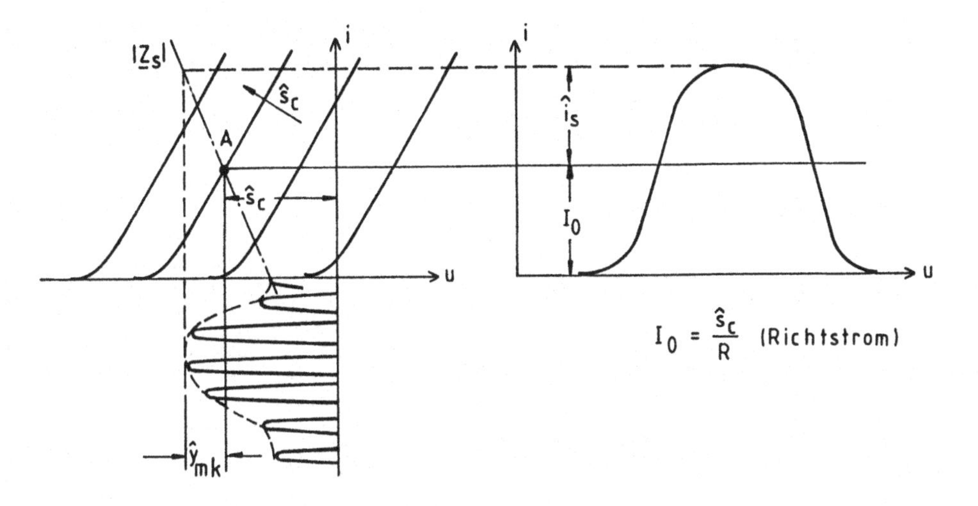

Abbildung 4.31: Richtkennlinienfeld des Hüllkurvendetektors (f_g ...Bandbreite des Basisbandsignals)

Zeitkonstanten ist aufgrund der Wertestreuung der Bauteile und dem immer vorhandenen Grundgeräusch nicht zu empfehlen. Eine verzerrungsfreie Demodulation von mASK-Signalen die den Modulationsgrad 1 aufweisen ist deshalb nicht erreichbar. Bei einer Signalkonstellation nach Abbildung 4.9 liegt der niedrigste Signalpegel über dem Grundgeräusch. Damit kann der Modulationsgrad kleiner als 1 gewählt werden. Eine Realisierung des Hüllkurvendetektors ist deshalb möglich.

5 Phasenumtastung mit m Signalzuständen ($m = 2^n, n = 1, 2, 3, \ldots$)

Phasenmodulationssysteme für die Übertragung digitaler Signale haben mehr Ähnlichkeit mit analogen AM-Systemen als mit PM-Systemen (AM ... Amplitudenmodulation, PM ... Phasenmodulation). Bei der Übertragung zeitkontinuierlicher Analogsignale ist das PM-Signal einem FM-Signal (FM ... Frequenzmodulation) äquivalent, dessen Momentanfrequenz gleich der zeitlichen Ableitung der Phase ist.

Bei digitalen Signalen ist es oft erforderlich ein Basisbandsignal bis zur Frequenz Null zu übertragen, wobei für jedes Symbol (1 Symbol = n bit) des digitalen Basisbandsignals im Modulationsintervall $kT_s \leq (k+1)T_s$ ein Trägerschwingungspaket bestimmter Nullphase übertragen wird. Da die Nachricht in der Phase des digital modulierten Signals liegt und an den Intervallgrenzen Unstetigkeiten auftreten, ist eine Äquivalenz zwischen PSK und FSK allgemein nicht nachweisbar.

Will man m verschiedene Phasenzustände, die auf dem Einheitskreis definiert sind übertragen, so ist der nutzbare Bereich gleich 2π. Bei der Phasenumtastung (PSK ... Phase Shift Keying) gibt es oft mehr als 2 Phasenzustände und damit mehr als ein bit pro Phasenzustand (1 Phasenzustand = 1 Symbol = n bit). Da die Eingangs-und Ausgangssignale eines digitalen Mehrphasensystems binäre Signale sind - die digitalen Endeinrichtungen verarbeiten nur Binärsignale- ist es üblich die Zahl der Phasenzsutände gleich einer ganzen Potenz von 2 zu wählen, wie $2, 4, 8, \ldots m = 2^n$. In Kapitel 8 wird gezeigt, daß es auch Ausnahmen von dieser Regel gibt.

Allgemein unterscheidet man zwischen mPSK-Systemen und mDPSK-Systemen (DPSK ... Differential Phase Shift Keying). Letz-

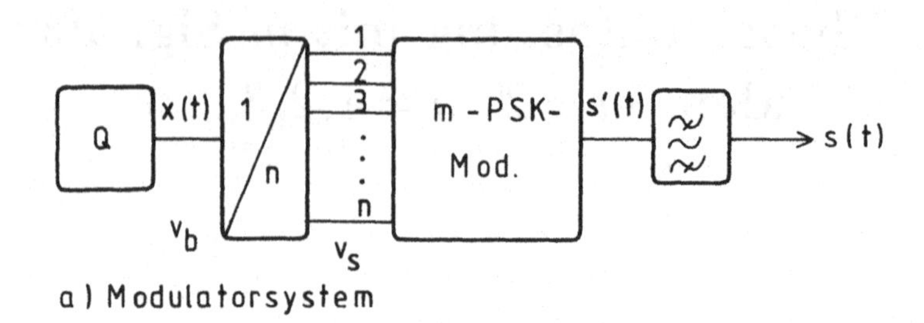

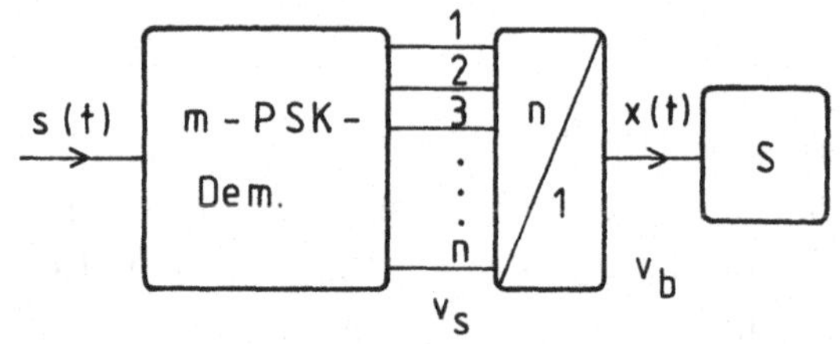

Abbildung 5.1: mPSK-Modem-Modell

tere werden vor der Modulation einer Phasendifferenzcodierung unterworfen. mPSK-Systeme werden kohärent demoduliert, wobei ein zum Empfangsignal phasen-und frequenzrichtiger Träger und Symboltakt benötigt wird. mDPSK-Systeme können sowohl kohärent als auch durch Phasendifferenzdemodulation demoduliert werden. Zur Phasendifferenzdemodulation ist kein Träger erforderlich. [14, 24, 27, 32, 33].

5.1 mPSK bei kohärenter Demodulation

Zur Formulierung des Modulations-und Demodulationsprozesses werde das in Abbildung 5.1 dargestellte Modell eines mPSK-Modems betrachtet. Die Nachrichtenquelle Q gibt das binäre Nachrichtensignal

$$x(t) = \sum_{k=-\infty}^{+\infty} \hat{x}_{\nu k} \gamma(t - kT_b) \qquad (\nu = 1, 2)$$

der Bitrate v_b ab. $x(t)$ ist eine stochastische Folge von Rechteckimpulsen $\gamma(t)$ der Impulsdauer T_b, die die Amplituden $\hat{x}_{1k} = 0$ und $\hat{x}_{2k} = 1$ annehmen kann. Durch Serien- Parallel-Umsetzung enstehen n parallele Binärsignale gleicher Impulsform mit der Symbolrate

$$v_s = \frac{v_b}{n} = \frac{v_b}{\log_2 m} = \frac{1}{T_s} = \frac{1}{nT_b}. \tag{5.1}$$

Jedes der $m = 2^n$ möglichen Bitmuster repräsentiert ein Symbol der Länge n bit. Im mPSK-Modulator wird jedem Symbol im Modulationsintervall $kT_s \leq t \leq (k+1)T_s$ eine Sinusschwingung der Trägerfrequenz f_c bestimmter Phase zugeordnet. Das Modulatorausgangssignal kann deshalb durch

$$\acute{s}(t) = \sum_k \hat{s}_c \gamma(t - kT_s) \sin(\omega_c t + \Phi_{\mu k}) \qquad (\mu = 1, 2, 3, \ldots, m) \tag{5.2}$$

mit $\Phi_{\mu k}$ nach Gleichung 5.10 oder 5.11, beschrieben werden. $\gamma(t)$ bezeichnet die rechteckförmige Signalhüllkurve bei harter Tastung mit

$$s_c(t) = \hat{s}_c sin\omega_c t \tag{5.3}$$

dem unmodulierten Sinusträger. Im Gegensatz zu den ASK-Systemen ist die Signalamplitude $\hat{s}$ bei PSK-Systemen konstant. Die Nachricht liegt in der Phase $\Phi_{\mu k}$. Zur Impulsformung des mPSK-Signals wird der am Modulatorausgang angebrachte Bandpaß benutzt. Das Ausgangssignal des Modulatorsystems lautet somit mit $\hat{s}_c = 1$ bei Nyquistimpulsformung

$$s(t) = \acute{s}(t) * g(t) = \sum_k \sin(\omega_c t + \Phi_{\mu k}) \, g(t - kT_s) \qquad (\mu = 1, 2, \ldots, m) \tag{5.4}$$

Hierbei ist $g(t)$ die Impulsantwort des Nyquistbandpasses. Die Impulsformung kann auch im Basisband erfolgen wie noch gezeigt wird. Die Hüllkurve des jeweiligen Schwingungspakets im Modulationsintervall wird durch $g(t)$ bestimmt. In Abbildung 5.2 ist ein 2PSK-Signal bei

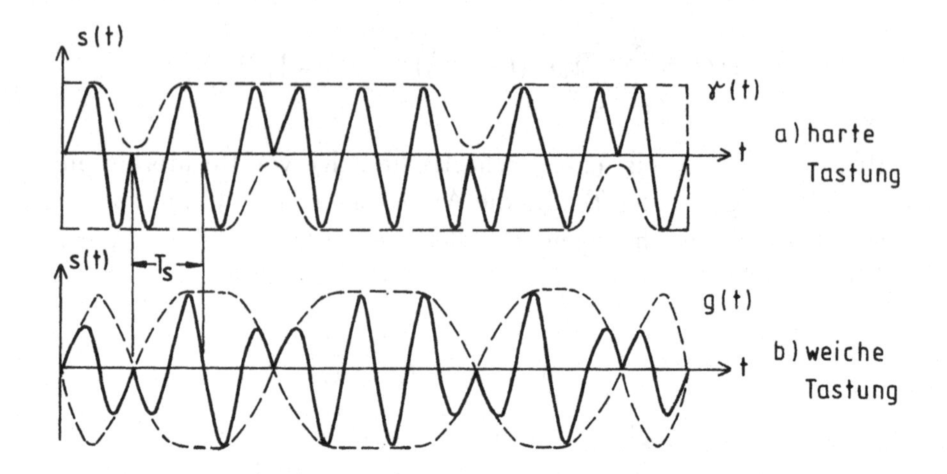

Abbildung 5.2: Impulsformen beim 2PSK-Signal

"harter" Tastung mit Rechteckimpulsen und "weicher" Tastung mit Nyquistimpulsen dargestellt. Aus Abbildung 5.2 erkennt man, daß die Konstanz der Hüllkurve (gestrichelt gezeichnet) beim PSK-Signal eigentlich verloren geht. Schreibt man Gleichung 5.4 in Quadraturform, so erhält man

$$s(t) = \sum_k \sin\omega_c t \cos\Phi_{\mu k} g(t - kT_s) + \cos\omega_c t \sin\Phi_{\mu k} g(t - kT_s) \quad (5.5)$$

$(\mu = 1, 2, 3, \ldots, m)$,

$$s(t) = s_p(t)\sin\omega_c t + s_q(t)\cos\omega_c t \quad (5.6)$$

mit den Basisbandsignalen

$$s_p(t) = \sum_k \cos\Phi_{\mu k} g(t - kT_s) \quad (5.7)$$

$$s_q(t) = \sum_k \sin\Phi_{\mu k} g(t - kT_s). \quad (5.8)$$

Mit Gleichung 5.5 kann jedes beliebige mPSK-Signal dargestellt werden, allerdings wird neben dem Träger $\sin\omega_c t$ noch der sogenannte Quadraturträger $\cos\omega_c t$ benötigt. Beide Träger sind orthogonal zueinander

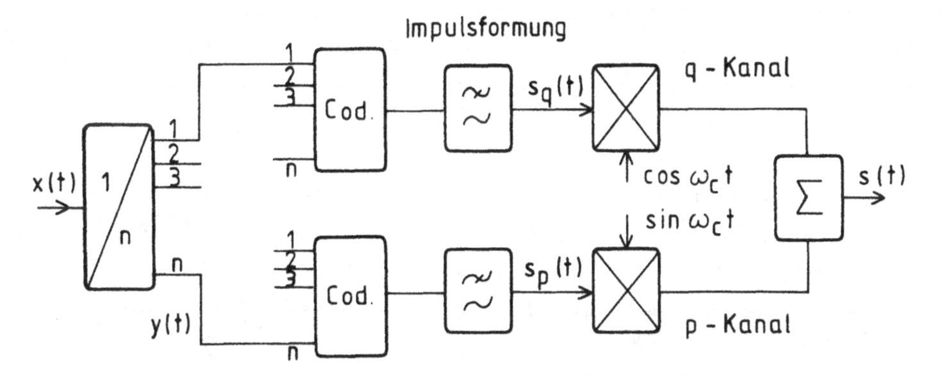

Abbildung 5.3: Prinzip des Quadraturmodulators

wie noch nachgewiesen wird. Ansonsten wäre eine Unterscheidung der beiden Summanden in Gleichung 5.6 nicht möglich. Der μ-te Signalzustand im k-ten Modulationsintervall lautet mit Gleichung 5.6

$$s_{\mu k}(t) = s_{p\mu k}(t) \sin \omega_c t + s_{q\mu k}(t) \cos \omega_c t \tag{5.9}$$

Die Realisierung von Gleichung 5.6 führt auf den *Quadraturmodulator* der prinzipiell in Abbildung 5.3 dargestellt ist. $s_p(t)$ und $s_q(t)$ sind hierbei mehrstufige Basisbandsignale der Impulsform $g(t)$ im Modulationsintervall, die zur Modulation mit den Quadraturträgern $\sin \omega_c t$ und $\cos \omega_c t$ multipliziert (Produktmodulation) und dann addiert werden. In den Codierern des Quadraturmodulators erfolgt die Zuordnung der m Symbole zu den jeweiligen Amplitudenstufen von $s_p(t)$ und $s_q(t)$ im Modulationsintervall. Abbildung 5.4 zeigt die Zustandsdiagramme von 2PSK, 4PSK, 8PSK und 16PSK. Die Zustandsdiagramme stellen die Signalspitzenwerte (Signalpunkte) der Trägerzeiger dar, die in stochastischer Folge gesendet werden. Sie sind auf dem Einheitskreis angeordnet. Die Phasenzustände $\Phi_{\mu k}$ von 2PSK, 4PSK und 8PSK in Abbildung 5.4 sind für alle $m > 2$ durch die Menge

$$\Phi_{\mu k} \in \left\{ \frac{\pi}{m}, \frac{3\pi}{m}, \frac{5\pi}{m}, \ldots, \frac{(2m-1)\pi}{m} \right\} \tag{5.10}$$

definiert. Im Falle der $2PSK$ treten die Phasenzustände 0 und π auf. Dreht man die Zustandsdiagramme um den Winkel $\frac{\pi}{m}$, so entsteht eine

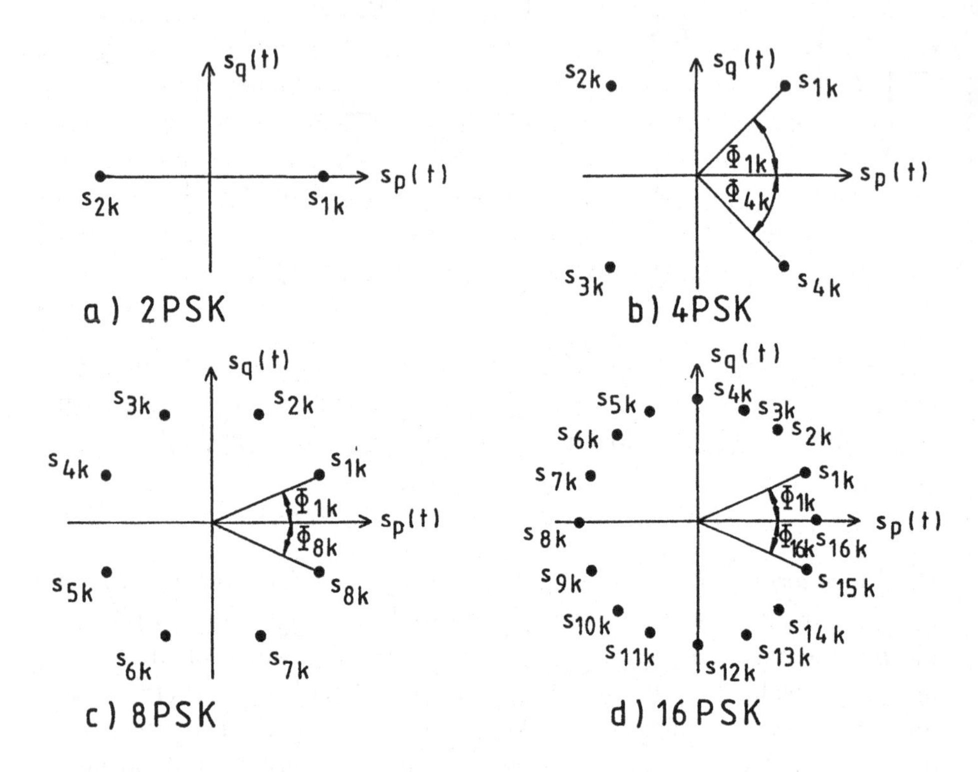

Abbildung 5.4: Zustandsdiagramme einiger PSK-Systeme

weitere Form die praktische Bedeutung hat. Die Phasenzustände $\Phi_{\mu k}$ sind hier für $m > 2$ durch

$$\Phi_{\mu k} \in \left\{0, \frac{2\pi}{m}, \frac{4\pi}{m}, \ldots, \frac{(m+2)\pi}{m}\right\} \tag{5.11}$$

definiert, während die 2PSK die Phasenzustände $\pi/2$ und $-\pi/2$ hat. Die Phasenzustände der 16PSK in Abbildung 5.4 sind durch Gleichung 5.11 definiert. Zur Unterscheidung der beiden Arten von Zustandsdiagrammen, wird für die erstgenannte wichtigere Form die Bezeichnung mPSK beibehalten, während der seltenere zweite Fall mit $\frac{2\pi}{m}$-mPSK bezeichnet wird. Die Amplituden $\cos\Phi_{\mu k}$ und $\sin\Phi_{\mu k}$ der beiden Basisbandsignale $s_p(t)$ und $s_q(t)$ nach Gleichung 5.7 und Gleichung 5.8 können aus Abbildung 5.4 ermittelt werden, da alle Signalpunkte auf dem Einheitskreis definiert sind.

Im mPSK-Demodulator werden die übertragenen Phasenzustände (=Symbole) detektiert und dem jeweiligen Bitmuster der Länge n bit zugeordnet. Für die Phasendetektion muß der kohärente Träger im Demodulator zur Verfügung stehen. Diese Forderung wird durch die Trägerselektion aus dem Empfangssignal erfüllt. Da die direkte Messung der Trägerphase im Modulationsintervall sehr aufwendig wäre, wird zur Demodulation die Orthogonalität der beiden Quadraturträger $\sin\omega_c t$ und $\cos\omega_c t$ im Modulationsintervall ausgenutzt. Zur Demodulation von $s_p(t)$ der kophasalen Komponente und $s_q(t)$ der Quadraturkomponente des mPSK-Signals werden mit $s(t)$ nach Gleichung 5.6 die Orthogonalitätsbeziehungen im Modulationsintervall nachgebildet. Für $k = 0$ erhält man

$$\begin{aligned} s_{p\mu 0}(t) &= \frac{1}{T_s}\int_0^{T_s} s(t)\sin\omega_c t dt \\ &= \frac{s_{p\mu 0}(t)}{2} - \frac{s_{q\mu 0}(t)}{4\omega_c T_s}\sin 2\omega_c T_s - \frac{s_{p\mu 0}(t)}{4\omega_c T_s}(\cos 2\omega_c T_s - 1) \end{aligned} \tag{5.12}$$

$$\begin{aligned} s_{q\mu 0}(t) &= \frac{1}{T_s}\int_0^{T_s} s(t)\cos\omega_c t dt \\ &= \frac{s_{q\mu 0}(t)}{2} + \frac{s_{q\mu 0}(t)}{4\omega_c T_s}\sin 2\omega_c T_s - \frac{s_{p\mu 0}(t)}{4\omega_c T_s}(\cos 2\omega_c T_s - 1) \end{aligned} \tag{5.13}$$

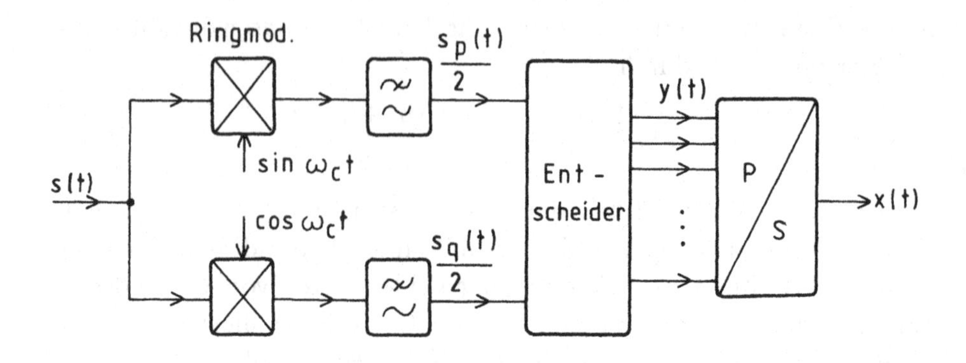

Abbildung 5.5: Quadraturdemodulator

Hierbei wird im Orthogonalitätsintervall (=Modulationsintervall) $kT_s \leq t \leq (k+1)T_s$) für die mehrstufigen Signale $s_p(t)$ und $s_q(t)$ zur Vereinfachung der Rechnung konstante Amplitude (Rechteckimpulsform) vorausgesetzt.

Beim Demodulationsprozeß entstehen die gesuchten Signale $s_p(t)/2$ und $s_q(t)/2$ sowie weitere Komponenten. Streng genommen werden diese Komponenten nur zu Null wenn für die Trägerfrequenz

$$f_c = \frac{\alpha}{T_s} \tag{5.14}$$

gilt (α ganzzahlig). Die Trägerfrequenz muß ein ganzzahliges Vielfaches der Symbolrate $v_s = 1/T_s$ sein. Im praktischen Fall wird diese Forderung nur selten erfüllt. Dies ist auch nicht unbedingt notwendig, da immer $4\omega_c T_s \gg \sin 2\omega_c T_s$ bzw. $4\omega_c T_s \gg (\cos 2\omega_c T_s - 1)$ vorausgesetzt werden kann. Die Umsetzung der beiden Gleichungen 5.12 und 5.13 in ein Blockschaltbild führt auf den Quadraturdemodulator der in Abbildung 5.5 dargestellt ist. Als Tiefpässe werden im praktischen Fall nicht einfache Integratoren (RC-Glieder) sondern Netzwerke mit besseren Selektioneigenschaften verwendet. Die in den Gleichungen 5.12 und 5.13 formulierte Multiplikation wird in Ringmodulatoren und die daraufolgende Integration in Tiefpaßfiltern durchgeführt. Mit Abbildung 5.5 kann die Quadraturdemodulation einfach beschrieben werden. Für die kophasale Komponente gilt bei Anwendung der Additionstheoreme der

Trigonometrie

$$s(t)\sin\omega_c t = \frac{s_p(t)}{2} - \frac{s_p(t)}{2}\cos 2\omega_c t + \frac{s_q(t)}{2}\sin 2\omega_c t \tag{5.15}$$

und für die Quadraturkomponente erhält man

$$s(t)\cos\omega_c t = \frac{s_q(t)}{2} + \frac{s_q(t)}{2}\cos 2\omega_c t + \frac{s_p(t)}{2}\sin 2\omega_c t \tag{5.16}$$

Nach der Unterdrückung der Komponenten der doppelten Trägerfrequenz in den Tiefpässen nach Abbildung 5.5 erhält man als demodulierte Signale die kophasale Komponente $s_p(t)/2$ und die Quadraturkomponente $s_q(t)/2$. Die Zuordung des zum k-ten Modulationsintervall gehörenden Bitmusters (Symbol) erfolgt durch Amplitudenentscheidung und logische Verknüpfung wie bereits für ASK-Signale in Abbildung 3.20 und Abbildung 3.21 gezeigt. Im Falle der 2PSK entfällt im Quadraturmodulator und Quadraturdemodulator gemäß Abbildung 5.3 und Abbildung 5.5 der Signalzug der Quadraturkomponenten (q-Kanal).

In Abschnitt 5.2 werden weitere Details zur Realisierung von mPSK-Systemen angegeben.

5.1.1 Spektrale Leistungsdichte der mPSK-Signale bei rechteckförmigen Basisbandsignalen

Der direkte Weg zur Bestimmung der spektralen Leistungsdichte eines digital phasenmodulierten Signals ist die Bestimmung der Fouriertransformierten eines Signalabschnittes im Intervall $[-T, +T]$, die Bildung des Betragsquadrats dieser Fouriertransformierten, Division durch T, und der Mittelwertbildung über alle möglichen Signalzustände (Ensemble-Mittelwert). Das Leistungsspektrum wird schließlich durch Bildung des Grenzwertes für $T \to \infty$ gefunden, [34]. Diese Methode, die auch bei beliebigen anderen Modulationsverfahren anwendbar ist, wird nachfolgend in Kurzform dargestellt.

Die spektrale Leistungsdichte kann auch aus der Fouriertransformierten der Autokorrelationsfunktion des mPSK-Signals, wie z.B. in Abschnitt 3.1.1.1 für Basisbandsignale erläutert, bestimmt werden [35, 27].

In den meisten Anwendungsfällen, werden PSK-Signale durch Multiplikation digitaler Basisbandsignale $s_p(t)$ und $s_q(t)$ mit den Quaraturträgern $\sin\omega_c t$ und $\cos\omega_c t$ erzeugt. Die Basisbandsignale werden bei diesen Verfahren ohne Hinzufügung neuer Frequenzkomponenten bei Bildung zweier Seitenbänder um den Wert der Trägerfrequenz verschoben. Das mPSK-Leistungsspektrum kann deshalb durch Faltung des Basibandspektrums mit dem Leistungsspektrum der Quadraturträger ermittelt werden. Die gleiche Methode wurde bereits bei den ASK-Systemen in Abschnitt 4.1 angewendet.

Bei der Ermittlung des Leistungsspektrums der mPSK-Signale sind für die Basisbandsignale die bereits in Abschnitt 3.1.1.1 formulierten Einschränkungen vorauszusetzen.

Die Foriertransformierte eines mPSK-Impulses im Intervall $[-T, T]$ bei der Modulation mit Rechteckimpulsen $\gamma(t)$ lautet mit Gleichung 5.2 und $\hat{s}_c = 1$ allgemein

$$\begin{aligned} \underline{S}(f) &= \int_{-T}^{+T} s(t) e^{-j2\pi f t} dt \qquad (5.17) \\ &= \int_{-T}^{+T} \sum_k \sin(\omega_c t + \Phi_{\mu k}) \gamma(t - kT_s) e^{-j2\pi f t} dt \end{aligned}$$

Liegt die Lösung aus der vorgenannten Gleichung vor, so erhält man die spektrale Leistungsdichte aus dem Grenzübergang

$$L_{mPSK}(f) = \lim_{T\to\infty} \frac{1}{T} |\underline{S}(f)|^2. \qquad (5.18)$$

Die Bildung des weiter oben erwähnten Scharmittelwertes entfällt da die Amplitude des mPSK-Signals bei der Modulation mit Rechteckimpulsen als konstant angenommen werden kann. Damit der vorgenannte Grenzwert existiert muß die notwendige Bedingung

$$\lim_{T\to\infty} \frac{1}{T} \int_{-\infty}^{+\infty} |s(t)|^2 dt < \infty$$

erfüllt sein. Für rechteckförmige Basisbandsignale $s_p(t)$ und $s_q(t)$ nach Gleichung 5.7 und Gleichung 5.8 ist diese Forderung gegeben. Das Leistungsspektrum eines mPSK-Signals bei der Tastung mit Rechteckimpulsen ermittelt man damit zu

$$L_{mPSK} = \frac{T_s}{4}\left(\frac{\sin(f_c - f)\pi T_s}{(f_c - f)\pi T_s}\right)^2 \tag{5.19}$$

wenn man nur positive Frequenzen betrachtet. Der Verlauf von L_{mPSK} ist kontinuierlich über der Frequenz jedoch nicht frequenzbandbegrenzt. Die Trägerspektrallinie erscheint im Spektrum nicht, da $s_p(t)$ und $s_q(t)$ gleichanteilfreie Basisbandsignale sind, siehe hierzu auch Abschnitt 3.2. Die spektrale Leistungsdichte der mehrstufigen Basisbandsignale lautet

$$L_p(f) = L_q(f) = T_s\left(\frac{\sin \pi f T_s}{\pi f T_s}\right)^2 \tag{5.20}$$

Bis auf den diskreten Anteil und konstante Faktoren stimmt die vorstehende Gleichung mit Gleichung 3.13 überein. Vergleicht man Gleichung 5.19 mit Gleichung 5.20 so ist unmittelbar ersichtlich, daß sich das modulierte Signal vom unmodulierten nur durch die Verschiebung um die Tägerfrequenz unterscheidet. In Abbildung 5.6 sind die Leistungsdichtespektren gemäß Gleichung 5.20 und Gleichung 5.19 grafisch dargestellt. Gleichung 5.19 hätte man auch mit Gleichung 5.20 durch Faltung mit der Trägerspektrallinie nach Gleichung 2.107 ermitteln können. Ihr Verlauf stimmt bis auf den diskreten Anteil mit dem Verlauf bei ASK-Systemen nach Abbildung 4.4 überein.

5.1.2 Spektralfunktion eines mPSK-Signalimpulses bei Nyquist-Impulsformung

Die Spektralfunktion eines mASK-Impulses stimmt mit der Spektralfunktion eines mPSK-Impulses bei Nyquistimpulsformung überein. Die Gleichungen 4.16 bis 4.18 beschreiben somit auch die Spektralfunktion eines mPSK-Impulses bei Nyquistimpulsformung im Modulationsintervall. Entspechendes gilt für Abbildung 4.5, die auch den Verlauf der Spektralfunktion eines mPSK-Impulses wiedergibt.

Eine diskrete Spektrallinie bei der Trägerfrequenz läßt sich durch Messung der spektralen Leistungsdichte bei mASK-Signalen und Nyquistimpulsformung nachweisen. Bei entsprechenden mPSK-Signalen ist dies aufgrund der gleichanteilfreien Basisbandsignale nicht der Fall.

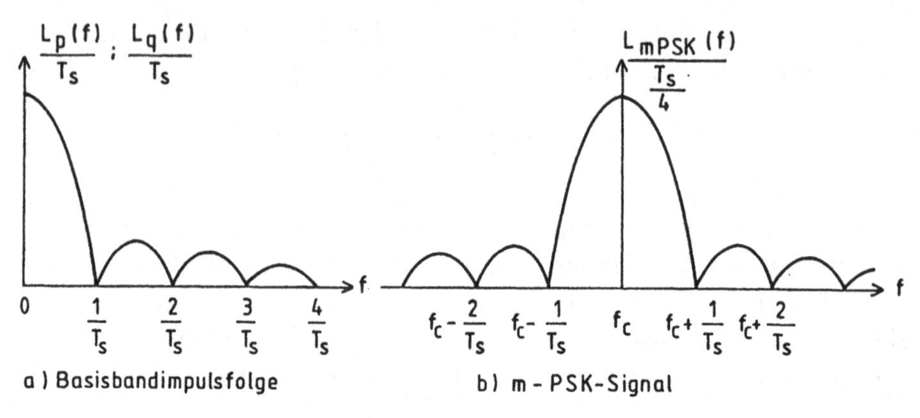

Abbildung 5.6: mPSK-und Basisband-Leistungsspektrum bei der Modulation mit Rechteckimpulsen

Die durch das mPSK-Signal belegte Bandbreite ist mit der mASK-Signalbandbreite Gleichung 4.19 identisch.

$$B_{mPSK} = \frac{1}{T_s}(1+r) = v_s(1+r) = \frac{v_b}{n}(1+r)$$

Sie ist somit auch für mPSK-Signale bei Nyquistimpulsformung anzuwenden. Obwohl theoretisch die spektrale Leistungsdichte einer stochastischen Zufallsfolge aus Nyquistimpulsen bzw. einer stochastischen Zufallsfolge aus mPSK-Impulsen die durch Modulation mit Nyquistimpulsen entstanden ist mathematisch nicht existiert, so ist sie doch näherungsweise darstellbar und mit einem Spektrumanalysator näherungsweise meßbar. Man mißt dabei die in einen Frequenzbereich Δf fallende Signalleistung $\Delta P(f)$ mit einem selektiven Empfänger und bildet im Meßgerät näherungsweise

$$L_{mPSK} = \lim_{\Delta f \to 0} \frac{\Delta P(f)}{\Delta f}. \tag{5.21}$$

Aus der vorstehenden Gleichung ist die Dimension der spektralen Leistungsdichte nämlich W/Hz leicht erkennbar. Die beschriebene Meßprozedur ist bei beliebigen Signalen durchführbar.

Die Spektralfunktion eines mPSK-Impulses bei Nyquistimpulsformung kann durch Faltung aus der Fouriertransformierten der Sinusträgerschwingung und der Spektralfunktion eines Nyquistimpulses ebenfalls ermittelt werden, wie bereits in Abschnitt 4.1 für ASK-Signale gezeigt.

5.1.3 Symbolfehler-Wahrscheinlichkeit der mPSK-Systeme bei additivem Geräusch

Wird ein PSK-Signal bei der Übertragung durch additives weißes Geräusch gestört, so können in beliebig streuenden Zeitabständen einzelne Störspitzen die Phase des mPSK-Signals so beeinflussen, daß Symbolfehler entstehen. Dieser Effekt wird durch die additive Überlagerung des Geräuschs verursacht, die auch mit zufälliger Phase erfolgt. Siehe hierzu auch Abschnitt 12.1. Wie im Falle der mASK wird die Ableitung der Symbolfehler-Wahrscheinlichkeit spezieller mPSK Systeme nach der in Anhang A dargestellten Methode nach [29] durchgeführt. Durch Weiterentwicklung dieser Methode läßt sich eine Verallgemeinerung erreichen, die auf eine geschlossene Lösung für die Symbolfehler-Wahrscheinlichkeit der mPSK-Systeme führt. Wie bereits für ASK-Systeme demonstriert sind die Entscheidungsgebiete der im Zustandsdiagramm definierten Signalpunkte durch die jeweiligen Entscheidungsgrenzen festgelegt. Solange ein Signalpunkt bei additivem Geräusch innerhalb seiner Entscheidungsgrenzen bleibt tritt kein Symbolfehler auf. Alle Signalpunkte liegen bei PSK-Systemen auf dem Einheitskreis. In Abbildung 5.7 sind die Zustandsdiagramme von 2PSK und 4PSK mit Entscheidungsgrenzen bei additivem Geräusch dargestellt. Die Entscheidungsgebiete bestehen bei der 2PSK aus den Halbebenen, rechts und links von der Entscheidungsgrenze, während bei der 4PSK die 4 Quadranten des rechtwinkligen Koordinatensystems die Entscheidungsgrenzen bilden. Zur Verallgemeinerung kann man nun schließen, daß bei beliebigen mPSK-Systemen die Entscheidungsgebiete durch einen Kreissektor mit unendlichem Radius und dem Zentriwinkel $\frac{2\pi}{m}$ darstellbar sein müssen, wenn man jedem Signalpunkt das gleiche Entscheidungsgebiet zuordnet. Abbildung 5.8 zeigt ein solches Entscheidungsgebiet mit dem zugehörigen Signalpunkt. Die Geräuschamplituden werden durch die zweidimensionale Wahrscheinlichkeitsdichte nach

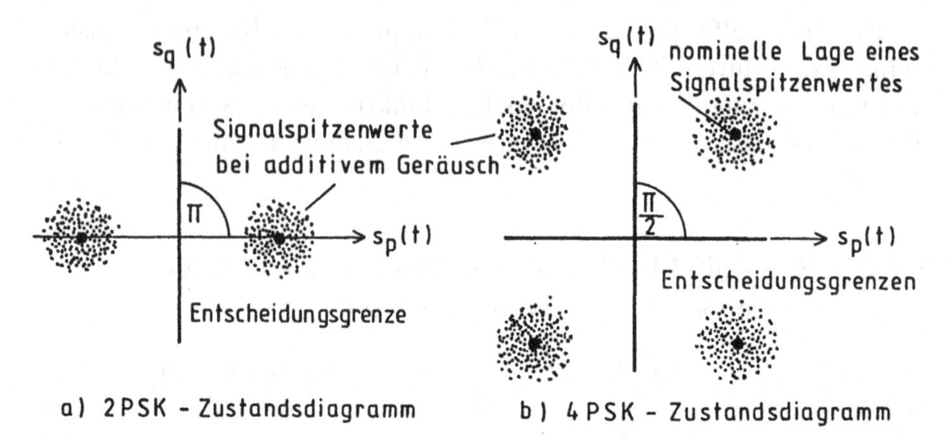

Abbildung 5.7: Zustandsdiagramme von 2PSK und 4PSK bei additivem Geräusch

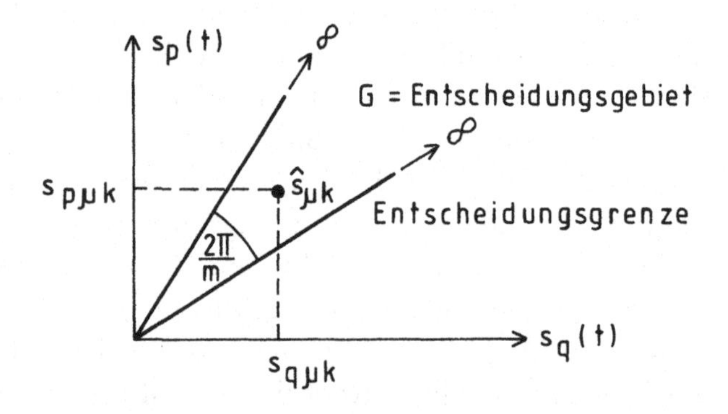

Abbildung 5.8: mPSK-Entscheidungsgebiet

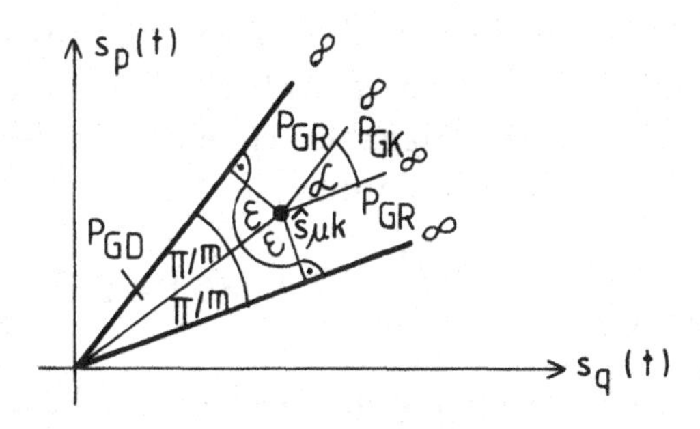

Abbildung 5.9: Teilentscheidungsgebiete bei mPSK-Systemen

Gauß $p[s_p(t), s_q(t)]$ beschrieben da sie auf die Quadraturkomponenten $s_p(t)$ und $s_q(t)$ wirken, siehe Anhang A. Die Wahrscheinlichkeit, daß ein Signalpunkt $\hat{s}_{\mu k}$ sein Entscheidungsgebiet bei Geräuscheinfluß nicht verläßt, ist durch

$$P_{GmPSK} = \int \int_G p(s_p, s_q) ds_p ds_q \tag{5.22}$$

mit G dem Entscheidungsgebiet definiert. Die Symbolfehler-Wahrscheinlichkeit folgt dann zu

$$P_{smPSK} = 1 - P_{GmPSK} \tag{5.23}$$

Wie bereits für ASK-Systeme erläutert können die Entscheidungsgebiete der mPSK zerlegt werden, und zwar in die Teilentscheidungsgebiete "Rechteck (R)", "Rechtwinkliges Dreieck (D)" und "Kreissektor (K)", siehe Anhang A. Die Zerlegung ist in Abbildung 5.9 demonstriert. In Abbildung 5.9 ist stellvertretend für m gleiche Entscheidungsgebiete nur ein einziges gezeichnet. Der Abstand A_m ist der minimale Abstand eines Signalpunktes zur zugehörigen Entscheidungsgrenze. Die Lösung des Gebietsintegrals nach Gleichung 5.22 setzt sich bei mPSK-Systemen nach Abbildung 5.9 allgemein aus der Summe der folgenden Einzelwahrscheinlichkeiten zusammen.

$$P_{GmPSK} = 2P_{GD} + 2P_{GR} + P_{GK} \tag{5.24}$$

Die Lösung der Gebietsintegrale der Teilentscheidungsgebiete für die Einzelwahrscheinlichkeiten liegt in Anhang A vor. Demnach ist die Wahrscheinlichkeit, daß ein Signalpunkt sein Entscheidungsgebiet bei additivem Geräusch nicht verläßt durch

$$P_{GmPSK} = 2\frac{\epsilon}{2\pi}\left(1 - \frac{1}{\epsilon}e^{-z^2}\int_0^{\epsilon} e^{-z^2\tan^2\beta}d\beta\right) + 2\frac{1}{4}erf(z) + \frac{\alpha}{2\pi} \quad (5.25)$$

bestimmt. Zusammenfassen und in Gleichung 5.23 einsetzen liefert

$$P_{smPSK} = 1 - \frac{\epsilon}{\pi} - \frac{\alpha}{2\pi} - \frac{1}{2}erf(z) + \frac{1}{\pi}e^{-z^2}\int_0^{\epsilon} e^{-z^2\tan\beta^2}d\beta. \quad (5.26)$$

Die Variable z ist der Störabstand, siehe Anhang A bzw. Gleichung 4.26 am Demodulatoreingang, der für die Symbolfehler-Wahrscheinlichkeit maßgebend ist

$$z = \frac{A_m}{\sqrt{2N}}$$

und

$$erf(z) = \frac{2}{\sqrt{\pi}}\int_0^z e^{-x^2}dx$$

ist das gaußsche Fehlerintegral nach Gleichung 2.71. Die Symbolfehler-Wahrscheinlichkeit wird in Abhängigkeit von C/N bzw. $\hat{C}/N$ angegeben. Hierbei ist C der Effektivwert der Leistung des modulierten Signals und N der Effektivwert der Rauschleistung. Für den Effektivwert der Signalleistung gilt allgemein an $R = 1\Omega$

$$C = \frac{\hat{s}^2_{\mu k}}{2} \quad (5.27)$$

und für die Spitzenleistung erhält man

$$\hat{C} = \hat{s}^2_{\mu k} \quad (5.28)$$

Aus trigonometrischen Betrachtungen an Abbildung 5.9 findet man

$$\frac{A_m}{\hat{s}_{\mu k}} = \sin\frac{\pi}{m} \quad (5.29)$$

$$\hat{s}_{\mu k} = \frac{A_m}{\sin\frac{\pi}{m}} \quad (5.30)$$

$$C = \frac{A_m^2}{2\sin^2\frac{\pi}{m}} \tag{5.31}$$

$$\hat{C} = \frac{A_m^2}{\sin^2\frac{\pi}{m}}. \tag{5.32}$$

Mit Gleichung 4.26 und Gleichung 4.37 sowie den vorstehenden Gleichungen lauten die Störabstände

$$z = \sin\frac{\pi}{m}\sqrt{\frac{C}{N}} \tag{5.33}$$

$$\hat{z} = \sin\frac{\pi}{m}\sqrt{\frac{\hat{C}}{N}}. \tag{5.34}$$

Die Symbolfehler-Wahrscheinlichkeit nach Gleichung 5.26 läßt sich weiter verallgemeinern. Wie mit Abbildung 5.9 zu überprüfen ist, kann man für beliebiges m schreiben

$$1 - \frac{\epsilon}{\pi} - \frac{\alpha}{2\pi} = \frac{1}{2} \tag{5.35}$$

mit

$$\epsilon = \frac{\frac{m}{2} - 1}{m}\pi. \tag{5.36}$$

Damit erhält man für die Symbolfehler-Wahrscheinlichkeit beliebiger mPSK-Systeme schließlich [36, 37]

$$P_{smPSK} = \frac{1}{2} - \frac{1}{2}erf(z) + \frac{1}{\pi}e^{-z^2}\int_0^{\epsilon} e^{-z^2\tan^2\beta}d\beta \tag{5.37}$$

Für den Spezialfall der 4PSK läßt sich zeigen, daß der Zusammenhang

$$\frac{1}{2} - \frac{1}{2}erf(z) + \frac{1}{\pi}e^{-z^2}\int_0^{\epsilon} e^{-z^2\tan^2\beta}d\beta = \frac{3}{4} - \frac{1}{2}erf(z) - \frac{1}{4}erf^2(z) \tag{5.38}$$

gilt, die Symbolfehler-Wahrscheinlichkeit der $4PSK$ also auch durch

$$P_{s4PSK} = \frac{3}{4} - \frac{1}{2}erf(z) - \frac{1}{4}erf^2(z) \approx 1 - erf(z) \tag{5.39}$$

beschrieben werden kann [36]. Für praktische Berechnungen der Symbolfehler-Wahrscheinlichkeit kann das gaußsche Fehlerintergral mit Gleichung 2.75 genähert werden. Die Näherung gilt für alle $z \geq 0dB$. In der Praxis benutzt man oft anstelle des Signal-Geräusch-Verhältnisses C/N das Verhälnis E_b/N_0 nach Gleichung 12.12. Man erhält bei Nyquistimpulsformung den Zusammenhang

$$\frac{C}{N} = \frac{E_b}{N_0} n. \tag{5.40}$$

Ausgedrückt in Dezibel folgt hieraus

$$\left(\frac{C}{N}\right)_{dB} = \left(\frac{E_b}{N_0}\right)_{dB} + 10 \lg n. \tag{5.41}$$

Die beiden vorgenannten Gleichungen sind so nur bei Nyquistimpulsformung anzuwenden, da hier die äquivalente Rauschbandbreite

$$B_{\text{äq}} = f_c + \frac{1}{2T_s} - \left(f_c - \frac{1}{2T_s}\right) = \frac{1}{T_s} = v_s \tag{5.42}$$

gleich der Symbolrate in Hz ist. Sie ist durch die Signalbandbreite bei $r = 0$ definiert, siehe Abbildung 4.5.

In Abbildung 5.10 ist der Verlauf der Symbolfehler-Wahrscheinlichkeit P_{smPSK} einiger PSK-Systeme in Abhängigkeit von C/N dargestellt. Abbildung 5.11 zeigt den entsprechenden Verlauf einiger PSK-Systeme über E_b/N_0. Die Kurvenverläufe der Symbolfehler-Wahrscheinlichkeit über E_b/N_0 nach Abbildung 5.11 erzielt man näherungsweise durch Parallelverschiebung der Kurvenzüge nach Abbildung 5.10 um den Wert $10 \lg n$. Zur genauen Bestimmung der Kurven in Abbildung 5.11 setzt man Gleichung 5.40 in Gleichung 5.33 ein.

Die Extrapolation von Kurvenzügen der Symbolfehler-Wahrscheinlichkeit kann man mit Gleichung 4.39, der für ASK-Systeme angegebenen Näherung, durchführen.

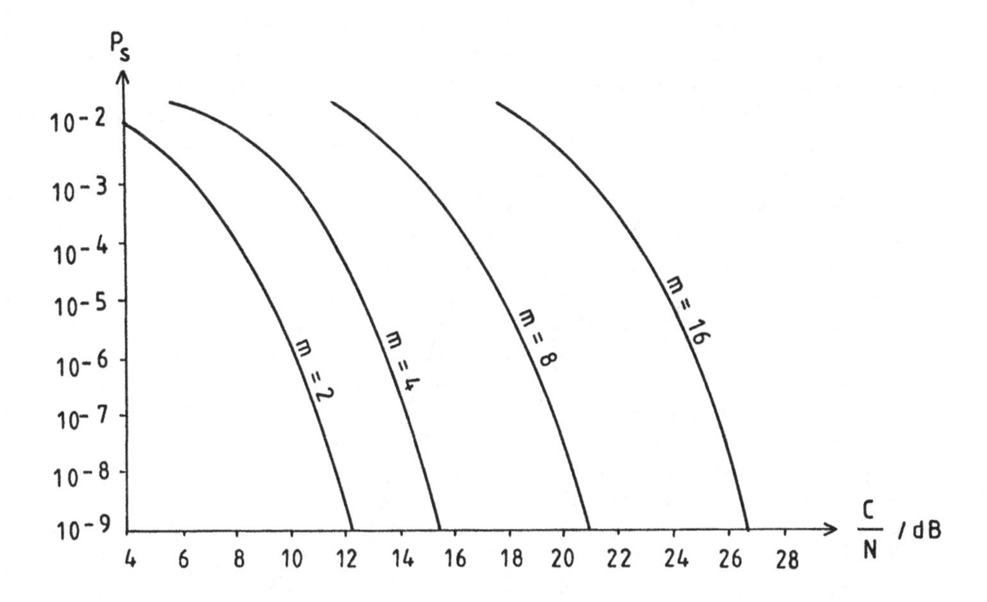

Abbildung 5.10: Symbolfehler-Wahrscheinlichkeit einiger PSK-Systeme über C/N

5.2 Realisierung von mPSK-Systemen bei kohärenter Demodulation

Die Realsierung von 2PSK-Systemen geschieht meist mit Hilfe der bereits von den ASK-Systemen bekannten Produktmodulation. 4PSK-Modems können mit der bereits grundsätzlich diskutierten Quadratur-Modulation und Demodulation hergestellt werden. In beiden Fällen sind die modulierenden Nachrichtensignale (Basisbandsignale) gleichanteilfreie stochastische Binärsignale bestimmter Impulsform.

Bei PSK-Systemen mit mehr als 4 Signalzuständen $m > 4$ kommt ebenfalls die Quadraturmodulation aber auch der bereits von den ASK-Systemen bekannte Schaltmodulator zur Anwendung, wobei kein Basisbandsignal im vorstehenden Sinne erzeugt wird.

Zur Demodulation wird bei der 2PSK der einfache Produktdemodulator eingesetzt. Für PSK-Systeme mit $m \geq 4$ benutzt man fast

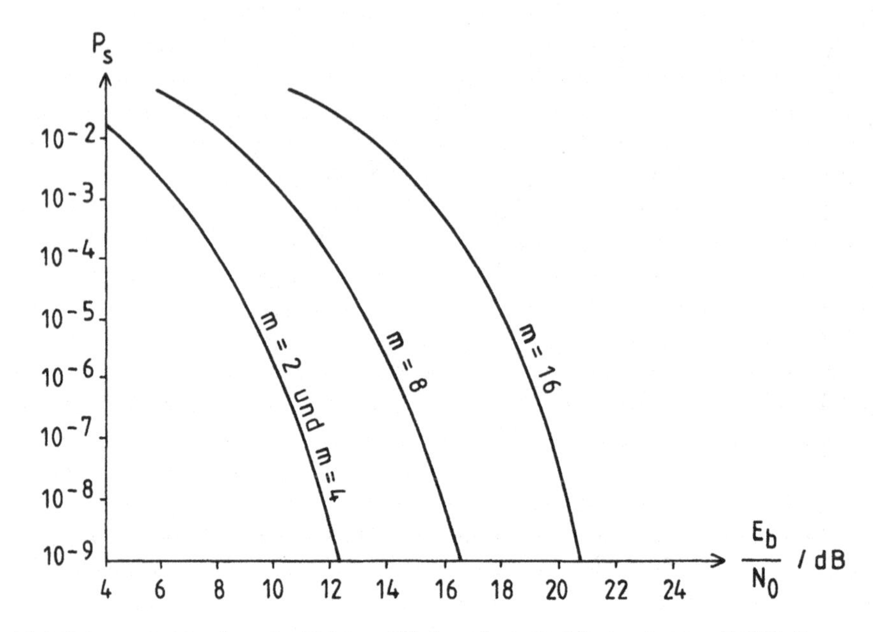

Abbildung 5.11: Symbolfehler-Wahrscheinlichkeit einiger PSK-Systeme über E_b/N_0 bei Nyquistimpulsformung

ausschließlich den Quadraturdemodulator. Kohärente Demodulation erfordert die Wiedergewinnung von Takt und Träger aus aus dem Empfangssignal.

5.2.1 2PSK-Modem bei kohärenter Demodulation

Ein 2PSK -Modem wird auf ähnliche Art und Weise realisiert wie ein 2ASK-Modem. Die Unterschiede liegen hier lediglich im Basisbandsignal. Abbildung 5.12 stellt das Blockschaltbild eines 2PSK-Modems dar. Zur Modulation wird im Pegelumsetzter (Codierer) gemäß Abbildung 5.12 aus dem Binärsignal der Quelle das meist als gleichanteilbehaftetes Signal $x(t)$ vorliegt (z.B. TTL, ECL, ...) ein gleichanteilfreies Basisbandsignal (bipolares Signal) in Rechteckimpulsform $y_R(t)$ erzeugt. Das gleichanteilfreie Basisbandsignal hat wie bereits erläutert die Unterdrückung der Trägerspektrallinie im Signalspektrum zur Folge. Das Quellensignal $x(t)$ wird als verwürfelt (Scrambler) vorausgesetzt, so daß genügend Taktinformation (Signalübergänge) im Signal enthalten

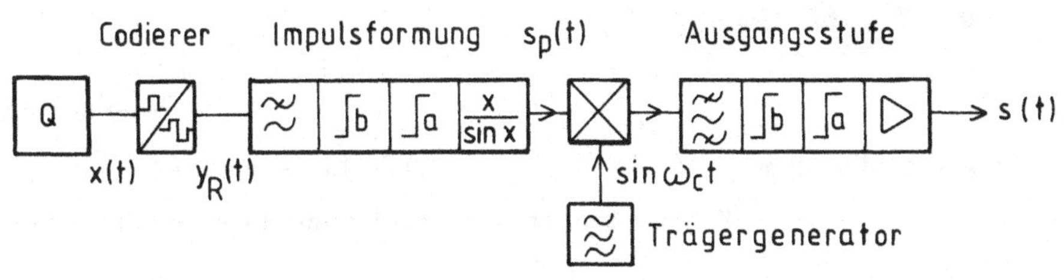

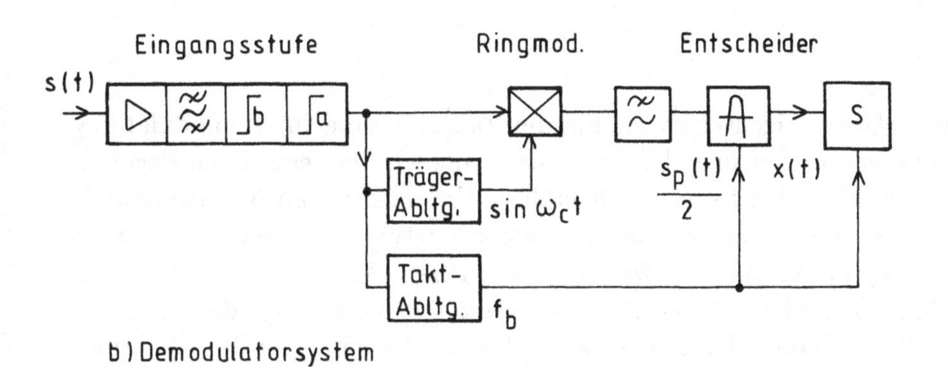

Abbildung 5.12: 2PSK-Modem

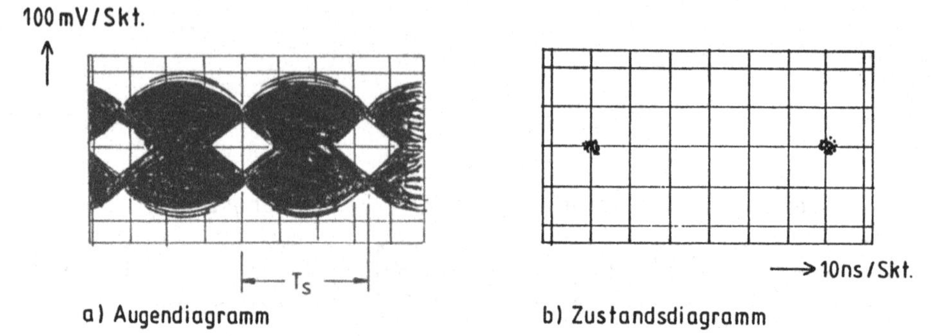

Abbildung 5.13: Augendiagramm und Zustandsdiagramm der 2PSK bei Nyquistimpulsformung

ist. Diese Eigenschaft ist für die Taktableitung im Demodulatorsystem von Bedeutung. Die Impulsformung wird in der auf den Pegelumsetzer folgenden Stufe durchgeführt. Unterstellt man Nyquistsimpulsformung, dann besteht die Impulsformerstufe aus einem Nyquisttiefpaß, einem Gruppenlaufzeitentzerrer, einem Amplitudenentzerrer und einer Einheit zur Korrektur der $(sinx)(x)$-Verzerrung die durch die endliche Dauer der Rechteckimpulse am Eingang der Impulsformerstufe verursacht wird. Das Augendiagramm einer stochastischen Folge aus binären Nyquistimpulsen ist in Abbildung 5.13a dargestellt, gemessen am Entscheidereingang. Abbildung 5.13b zeigt das an der gleichen Stelle ebenfalls mit dem Oszilloskop gemessene Zustandsdiagramm der 2PSK. Das Augendiagramm erfüllt das erste Nyquistkriterium fast optimal, während das zweite Nyquistkriterium nicht gewährleistet ist. Die leichte Streuung der Signalpunkte in Abbildung 5.13b läßt auf einen gewissen Geräuscheinfluß schließen. Die Signalumtastung ist in Abbildung 5.14 schematisch dargestellt. Infolge der Multiplikation von Träger $\sin \omega_c t$ und Basisbandsignal $s_p(t)$ entsteht die Trägerumtastung zwischen 0 und π in informationsabhängiger Folge. Der Träger wird in einem quarzstabilen Oszillator erzeugt. Die Modulation erfolgt meist bei einer geeigneten Zwischenfrequenz. Im Satelliten-und Richtfunk liegt diese Frequenz bei $70MHz$ oder $140MHz$. Im Richtfunk wer-

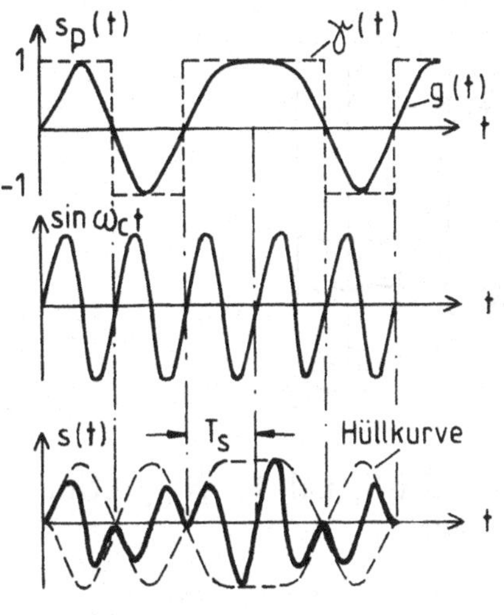

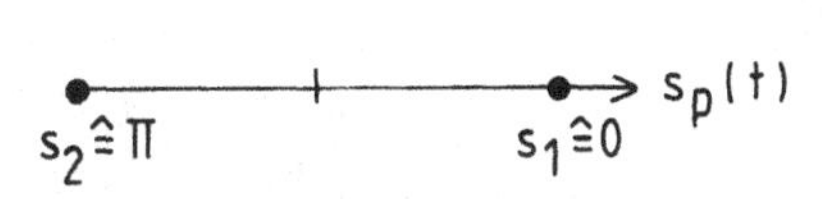

a) Zustandsdiagramm

μ	$\Phi_{\mu k}$	$s_{p\mu k}$	$\hat{x}_{\mu k}$
1	0	1	1
2	π	-1	0

b) Modulationsparameter

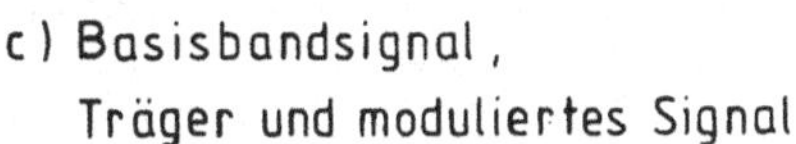

c) Basisbandsignal,
Träger und moduliertes Signal

Abbildung 5.14: Schematische Darstellung der 2PSK

den auch sogenannte Direktmodulatoren eingesetzt wobei die Trägerfrequenz im RF-Bereich liegt (z.B. 2 ... 6 GHz). Auf ihre Realisierung wird noch genauer eingegangen. Der Produktmodulator ist ein Ringmodulator (z.B. SRA 1 von Motorola) wie er bereits für die Erzeugung von ASK-Signalen benutzt wurde. Die Beschaltung erfolgt sinngemäß wie für 2ASK -Systeme in Abbildung 4.16 angegeben. Je nach Polarität des Basisbandsignals werden die Dioden D_1, D_4 bzw. D_2, D_3 in Abbildung 4.16 aufgesteuert. Sind D_1 und D_4 durchlässig, so wird die Trägerspannung von der Sekundärseite des Eingangsübertragers direkt an die Primärseite des Ausgangsübertragers übergeben. Dies entpricht einer Trägerphasenlage von 0. Sind die Dioden D_2 und D_3 durchgeschaltet, so erscheint eine um π in der Phase gedrehte Trägerspannung am Eingang des Ausgangsübertragers. Die Ströme des Trägersignals heben sich aufgrund der Mittelanzapfung auf (Trägerunterdrückung). Neben dem gewünschten Signal

$$s(t) = s_p(t) \sin \omega_c t \tag{5.43}$$

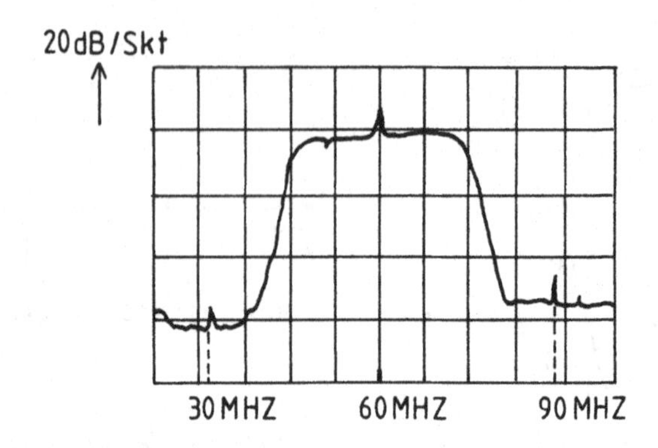

Abbildung 5.15: Leistungsspektrum eines 2PSK-Signals bei Nyquistimpulsformung ($v_b = 30Mbit/s, r = 0,3, f_c = 60MHz$)

mit $s_p(t)$ nach Gleichung 5.7 entstehen im Ringmodulator Komponenten höherer Ordnung. Diese Komponenten werden im Bandpaß der Ausgangsstufe unterdrückt. Die Ausgangstufe enthält weiterhin verschiedene Verstärker und einen Gruppenlaufzeit-sowie Dämpfungsentzerrer. In Abbildung 5.15 ist der typische Verlauf der spektralen Leistungsdichte eines 2PSK-Signals bei Nyquistimpulssformung gemessen am Ausgang der Ausgangsstufe dargestellt. Neben dem typischen Spektralverlauf bei Nyquistimpulsformung erkennt man in Abbildung 5.15 parasitäre Spektrallinien bei $60MHz$ (Restträger) $30MHz$ (Symboltakt) und $90MHz$ (harmonische des Symboltaktes).

Im Richtfunk werden zu unmittelbaren Modulation im GHz-Bereich auch sogenannte Direktmodulatoren eingesetzt. Üblich sind der *Leitungslängenmodulator* und der *Phasenumschalter*. Beide Methoden sind in Abbildung 5.16 dargestellt [38, 39, 40, 41]. Der Leitungslängenmodulator besteht aus einem Zirkulator, einer am Ende kurzgeschlossenen $\lambda/4$ - Leitung und einer PIN-Diode. Ist das modulierende Signal $s_p(t)$ positiv (logisch 1), so wird die PIN-Diode durchlässig und schließt die $\lambda/4$ - Leitung am Eingang kurz. Die RF-Welle wird deshalb vom Leitungseingang zum Zirkulator reflektiert (Reflexionsfaktor = -1). Bei negativem $s_p(t)$ (logisch 0) sperrt die PIN-Diode und die RF-Welle vom Zirkulator läuft zunächst bis zum Leitungsende der $\lambda/4$ - Leitung

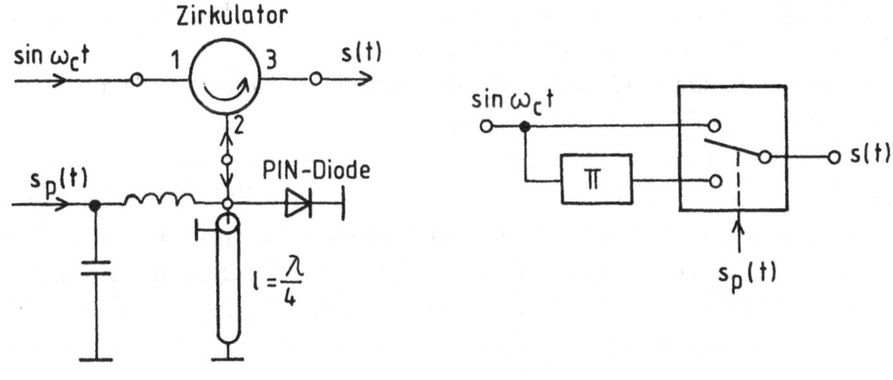

Abbildung 5.16: 2PSK-Modulatoren für Trägerfrequenzen im GHz-Bereich

und wird von dort infolge des Reflexionsfaktors von -1 zum Zirkulator reflektiert. Der Wegunterschied gegenüber der am Leitungsanfang reflektierten Welle beträgt somit $2\lambda/4 = \lambda/2$. Dies entspricht einem Phasenunterschied von π.

Der Phasenumschalter, beispielsweise mit PIN-Dioden als Schalter, wird durch das Basisbandsignal $s_p(t)$ gesteuert. Dadurch wird in informationsabhängiger Folge im Modulationsintervall $kT_s \leq t \leq (k+1)T_s$ entweder eine Trägerschwingung mit der Phase 0 oder π an den Ausgang geschaltet. Die Impulsformung kann bei den genannten Verfahren nur am modulierten Signal durchgeführt werden. Leitungslängenmodulator und Schaltmodulator sind auf Systeme mit $m \geq 4$ erweiterbar.

Die Demodulation wird unabhängig von der Art der Modulation durch Produktdemodulation im Zwischenfrequenzbereich (ZF-Bereich) durchgeführt. Hierzu ist ein entsprechender Frequenzumsetzer (z.B. von 11 GHz auf 140 MHz) erforderlich. Nach Abbildung 5.12b wird das empfangene ZF-Signal $s(t)$ zunächst in der Eingangsstufe (Bandpaß, Verstärker, Gruppenlaufzeit-und Dämpfungsentzerrer) vom Außerbandgeräusch befreit, verstärkt und entzerrt. Danach erfolgt die kohärente Demodulation durch Multiplikation (Ringmodulator) des

Empfangssignals mit dem kohärenten Träger $\sin \omega_c t$, der aus dem Empfangssignal wiedergewonnen werden muß.

Methoden zur Trägerableitung bei kohärenter Demodulation werden in Abschnitt 5.2.4 näher betrachtet.

Der Produktdemodulator besteht wie im Modulatorsystem aus einem Ringmodulator wie er auch für die kohärente ASK-Demodulation, siehe Abbildung 4.12*b*, benutzt wird. Die Beschaltung für die 2PSK-Demodulation wird sinngemäß beibehalten. Am Ausgang des Produktdemodulators erscheint im rauschfreien Fall das Signal

$$s(t) \sin \omega_c t = \frac{s_p(t)}{2} - \frac{s_p(t)}{2} \cos 2\omega_c t + K(\omega_c). \tag{5.44}$$

$K(\omega_c)$ bezeichnet die parasitären Frequenzkomponenten höherer Ordnung die wie bereits erwähnt, im Ringmodulator zusätzlich entstehen. Sie und die Komponente der doppelten Trägerfrequenz werden nach Abbildung 5.12*b* durch einen Tiefpaß unterdrückt. Am Entscheidereingang erscheint als demoduliertes Signal $\frac{s_p(t)}{2}$ das nach Gleichung 5.7 bis auf den Faktor 1/2 mit dem gesendeten identisch ist. Die Abtastung und Regeneration des demodulierten Signals $\frac{s_p(t)}{2}$ wird im Entscheider durchgeführt. Er besteht wie bei einem 2ASK- System aus einem Komparator und einem D-Flip-Flop. Abbildung 5.17 stellt den Entscheidungsvorgang und die Entscheider-Einrichtung dar. Die Referenzspannung am Komparator wird zu $U_s = 0V$ gewählt. Im Modulationsintervall werden somit alle Amplituden > 0 als logisch 1 und alle Amplituden < 0 als logisch 0 ausgewertet. Dies gilt auch für eventuell auftretende Geräuschspitzenspannungen. Der Komparator setzt das demodulierte Signal $\frac{s_p(t)}{2}$ in beispielsweise ein TTL-Signal $\frac{\acute{s}_p(t)}{2}$ um, wobei er die folgenden Signale an den Eingang des nachfolgenden D-Flip-Flops schaltet.

$$\frac{s_p(t)}{2} > 0 \Rightarrow \frac{\acute{s}_p(t)}{2} = 5V \quad (logisch\, 1) \tag{5.45}$$

$$\frac{s_p(t)}{2} = 0 \Rightarrow \quad \text{tritt nicht auf} \tag{5.46}$$

$$\frac{s_p(t)}{2} < 0 \Rightarrow \frac{\acute{s}_p(t)}{2} = 0V \quad (logisch\, 0) \tag{5.47}$$

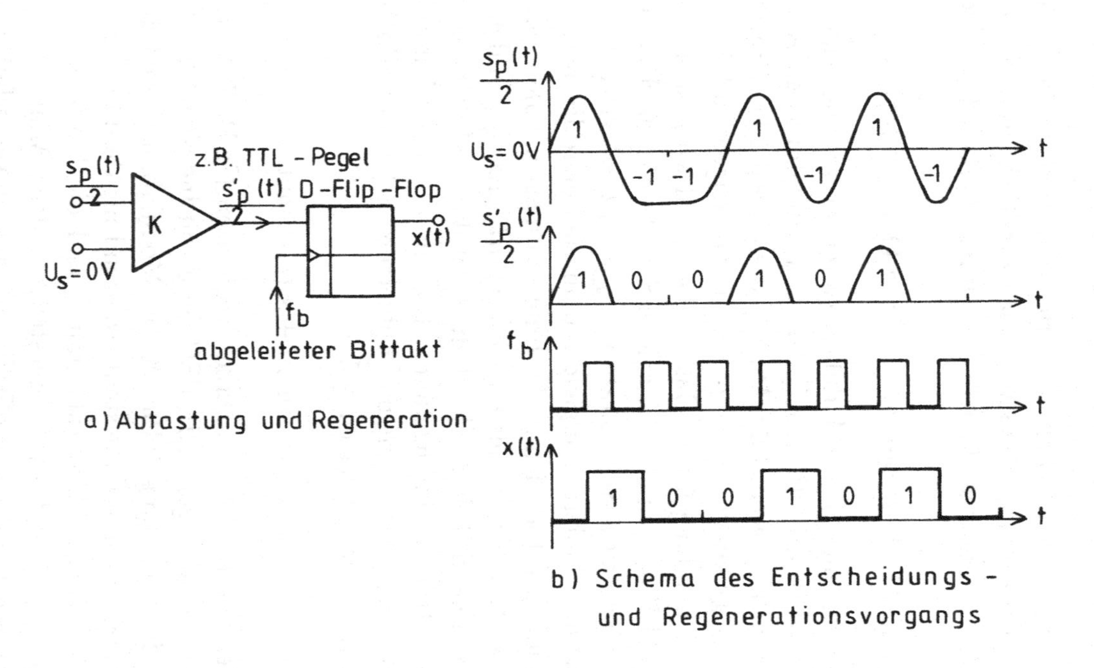

Abbildung 5.17: 2PSK-Entscheidungsvorgang

Die Umsetzung in Rechteckimpulse erfolgt im D-Flip-Flop durch Bitmittenabtastung. Verschiedene Methoden zur Rückgewinnung des Bittaktes aus dem Empfangssignal werden in Abschnitt 5.2.5 vorgestellt.

5.2.2 4PSK-Modem bei kohärenter Demodulation

Zur Realisierung eines 4PSK-Modulatorsystems verwendet man den bereits grundsätzlich diskutierten Quadraturmodulator nach Abbildung 5.3. Er besteht aus zwei 2PSK-Modulatoren die die Quadraturträger $\sin \omega_c t$ und $\cos \omega_c t$ benutzen und deren Ausgangssignale additiv überlagert werden, Abbildung 5.18*a*. Das Quellensignal wird zunächst durch Serien-Parallel-Umsetzung in die beiden Signale $x_p(t)$ und $x_q(t)$ umgesetzt. Dadurch wird die Symbolrate auf $v_s = v_b/2$ reduziert. Nach einer Pegelumsetzung (Codierer) in gleichanteilfreie binäre Rechteckimpulsfolgen $y_p(t)$ und $y_q(t)$ werden in der Impulsformerstufe die modulierenden Signale $s_p(t)$ und $s_q(t)$ der Impulsform $g(t)$ erzeugt. In den beiden Ringmodulatoren wird dann die Modulation durch Multiplikation mit den Quadraturträgern durchgeführt. Die anschließende Summierung, Bandpaßfilterung, Verstärkung und Entzerrung liefert das 4PSK-Signal in Quadraturform nach Gleichung 5.6

$$s(t) = s_p(t) \sin \omega_c t + s_q(t) \cos \omega_c t.$$

Als Summierer werden bei höheren Frequenzen (z.B. $70 MHz$) passive Zirkulatorschaltungen (z.B. PSC-Serie von Industrial Electronics) eingesetzt. In Abbildung 5.19*c* ist der Modulationsprozeß anschaulich bei weicher Tastung dargestellt, während in Abbildung 5.19*a* und Abbildung 5.19*b* das Zustandsdiagramm und die Parameter der Basisbandsignale $s_p(t)$ und $s_q(t)$ vorgestellt werden. Man erkennt auch hier, daß bei weicher Tastung mit Sinus-Impulsen keinesfalls eine konstante Signalhüllkurve entsteht. Dies gilt in ähnlichem Maße auf für Impulsformen, wie Nyquistimpulse oder Gaußimpulse. Die spektrale Leistungsdichte eines 4PSK-Signals gemessen am Ausgang der Ausgangsstufe nach Abbildung 5.18. sowie die beiden Augendiagramme und das 4PSK - Zustandsdiagramm gemessen am Ausgang der Impulsformerstufe sind in Abbildung 5.20 zu sehen. Die Augendiagramme erfüllen das erste Nyquistkriterium sehr gut, während das gemessene Zustandsdiagramm etwas vergrößerte Signalpunkte wegen dem immer

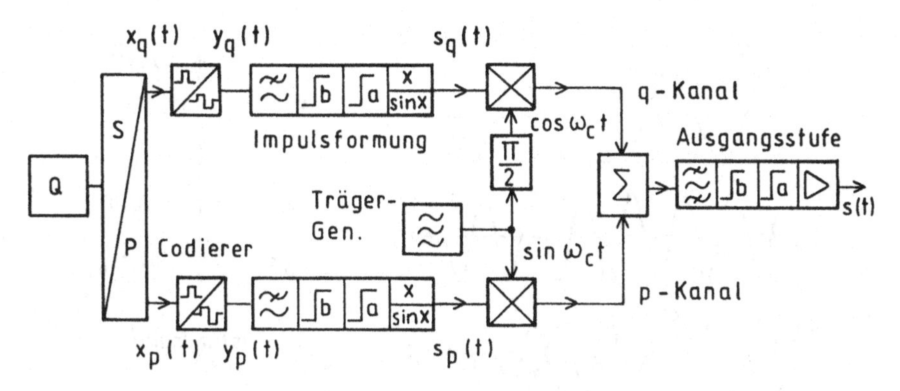

a) Modulatorsystem

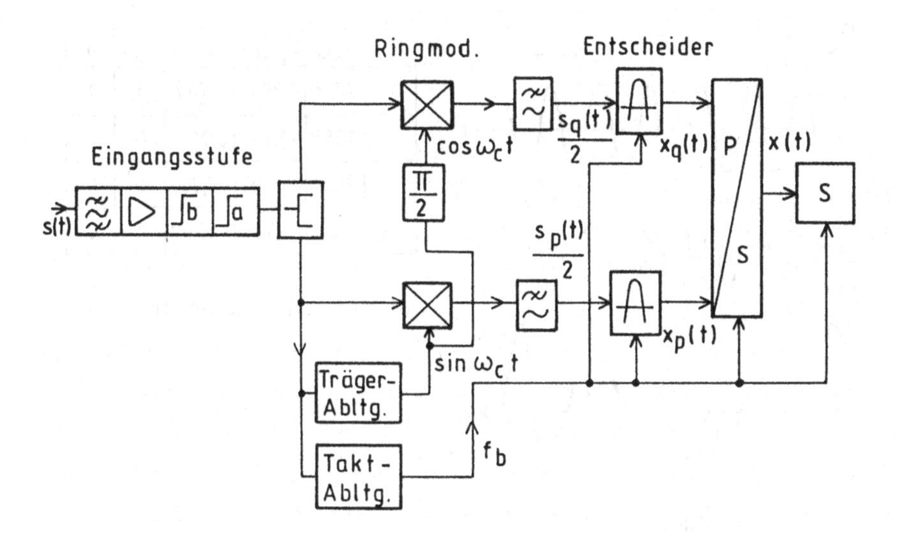

b) Demodulatorsystem

Abbildung 5.18: 4PSK-Modem-Blockschaltbild

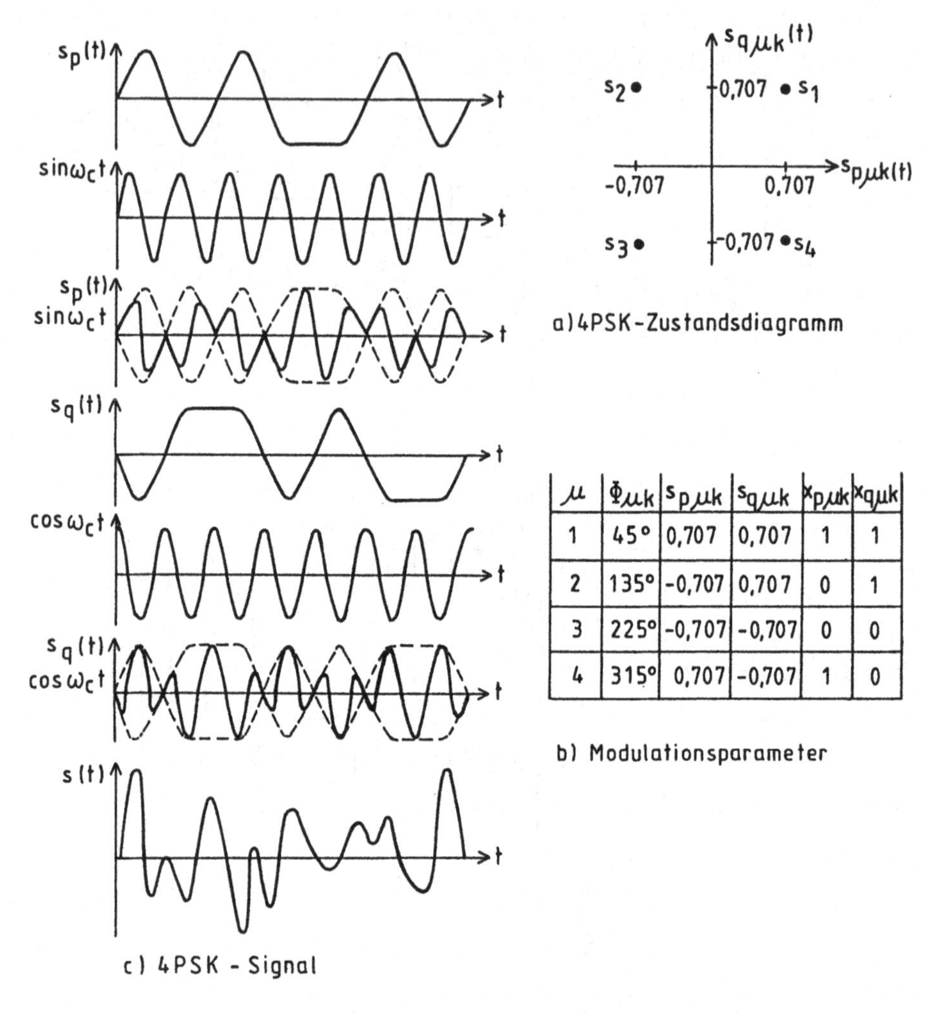

μ	$\Phi_{\mu k}$	$s_{p\mu k}$	$s_{q\mu k}$	$x_{p\mu k}$	$x_{q\mu k}$
1	45°	0,707	0,707	1	1
2	135°	-0,707	0,707	0	1
3	225°	-0,707	-0,707	0	0
4	315°	0,707	-0,707	1	0

Abbildung 5.19: Zustandsdiagramm, Modulationsparameter und 4PSK-Signal bei weicher Tastung

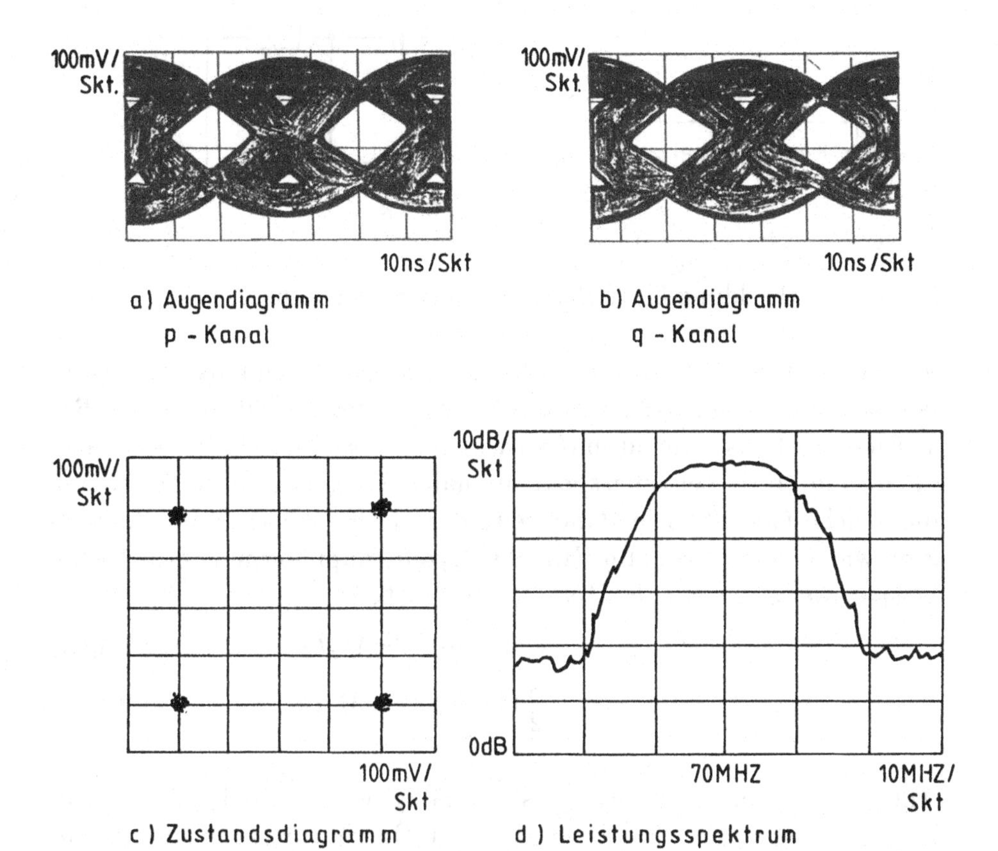

Abbildung 5.20: Augendiagramm, Zustandsdiagramm gemessen am Ausgang der Impulsformerstufe und Leistungsspektrum gemessen am Ausgang der Ausgangsstufe des 4PSK-Systems nach Abbildung 5.18, bei Nyquistimpulsformung, $r = 0,3$; $v_s = 30Mbit/s$; $f_c = 70MHz$

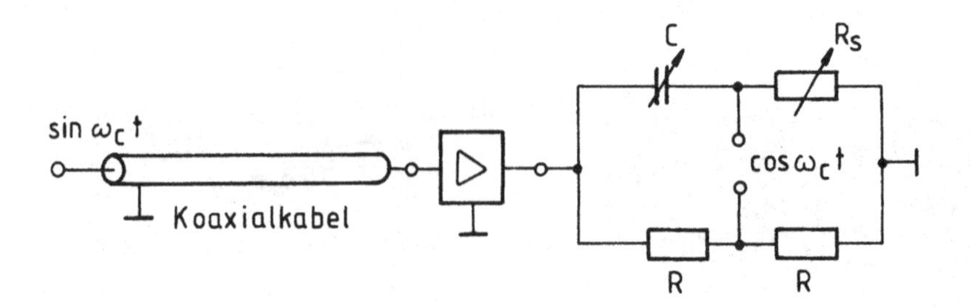

Abbildung 5.21: Passives Phasenschiebernetzwerk

vorhandenen Systemgeräusch aufweist. Die meist ebenfalls erscheinenden parasitären Spektrallinien des Symboltaktes des Bittaktes und Resträgers sind ausreichend unterdrückt und deshalb nicht zu erkennen. 4PSK-und 2PSK-Leistungsspektrum haben bei gleicher Impulsformung die gleiche Gestalt. Die Bandbreite der 4PSK ist jedoch nur halb so groß wie die der 2PSK. Im Falle der Nyquistimpulformung erhält man beispielsweise mit $v_b = 60Mbit/s$, und $r = 0,5$

$$B_{2PSK} = v_b(1+r) = 90MHz \tag{5.48}$$

$$B_{4PSK} = \frac{v_b}{2}(1+r) = 45MHz. \tag{5.49}$$

Allerdings ist die 2PSK weniger störanfällig, wie in Abschnitt 5.1.3 bereits gezeigt wurde. Zu Erzeugung der Quadraturträger $\sin \omega_c t$ und $\cos \omega_c t$ kann man beispielsweise bei einer Trägerfrequenz von $140MHz$ ein Leitungsstück zur Phasengrobeinstellung verbunden mit einem nachgeschalteten Brückenglied zur Phasenfeineinstellung verwenden. Abbildung 5.21 stellt einen solchen Aufbau dar. Auf dem Halbleitermarkt sind jedoch auch Bausteine erhältlich die Ringmodulator und $\pi/2$ - Phasenschieber in integrierter Form enthalten.

Im Quadraturdemodulator nach Abbildung 5.18b wird das Empfangssignal $s(t)$ zunächst in der Eingangsstufe vom Außerbandgeräusch befreit, verstärkt und entzerrt. Die Aufteilung des Empfangssignals auf die beiden Ringmodulatoren wird dann in einem passiven Leistungsteiler durchgeführt bei z.B. einer ZF von $70MHz$. Er besteht aus dem gleichen Bauteil wie der sendeseitige Summierer, wird jedoch in umgekehrter Richtung betrieben. In den beiden Ringmodulatoren erfolgt die

Demodulation durch Multiplikation des Empfangsignals $s(t)$ mit den beiden aus dem Empfangssignal abgeleiteten Quadraturträgern. Nach der Unterdrückung der bei diesem Vorgang entstehenden Frequenzkomponenten der doppelten Trägerfrequenz und höherer Ordnung in den Demodulatortiefpässen, erscheinen am Entscheidereingang die Signale $\frac{s_p(t)}{2}$ und $\frac{s_q(t)}{2}$ [42, 43, 44].

Abtastung und Regeneration der demodulierten Signale, die beide gleichanteilfreie Binärsignale sind, wird auf die gleiche Art und Weise durchgeführt wie für 2PSK - Systeme erläutert. Der Entscheidungs- und Regenerationsvorgang muß lediglich im kophasalen Signalzug und im Quadratur-Signalzug mit der aus dem Empfangssignal abgeleiteten Symbotaktfrequenz $f_s = f_b/2$ durchgeführt werden. Das regenerierte Ursprungssignal entsteht dann durch Parall-Serien-Umsetzung.

Methoden zur Träger-und Taktrückgewinnung werden in den Abschnitten 5.2.4 und 5.2.5 vorgestellt.

Für nicht zu hohe Bitraten (64 kbit/s bis 8,448 Mbit/s) sind bereits vollständig digitalisierte 4PSK Modems auf dem Markt. Bei dem in [45] vorgestellten Modem sind Impulsformung, Modulation, Demodulation sowie Takt-und Trägersynchronisation in 4 digitalen Bausteinen (ASIC's) untergebracht. Nur zur Übertragung wird eine Digital-Analog-Umsetzung vorgenommen.

5.2.3 mPSK-Systeme ($m \geq 8$) bei kohärenter Demodulation

Auch zur Realisierung von höherstufigen PSK-Systemen mit $m \geq 8$ kann der Quadraturmodulator zur Anwendung kommen. Die zu übertragenden $m = 2^n$ Bitmuster (Symbole) die am Ausgang des Serien-Parallelumsetzers nach Abbildung 5.22 erscheinen , steuern 2 Multiplexer (mit Analogeingang [30]) die mit den Amplitudenstufen $\cos\Phi_{\mu k}$ und $\sin\Phi_{\mu k}$ der beiden Basisbandsignale $s_p(t)$ und $s_q(t)$ nach Gleichung 5.7 und Gleichung 5.8 beschaltet sind. Sowohl $s_p(t)$ als auch $s_q(t)$ können bei mPSK-Systemen jeweils nur $m/2$ verschiedene Amplitudenzustände annehmen. Jedem Bitmuster ist ein Quadraturamplitudenpaar $\cos\Phi_{\mu k}$ und $\sin\Phi_{\mu k}$ (Rechteckform) fest zugeordnet. Die Impulsformung wird in der darauffolgenden Stufe durchgeführt. Danach folgt die beschriebene Quadraturmodulation. Selbstverständlich kann

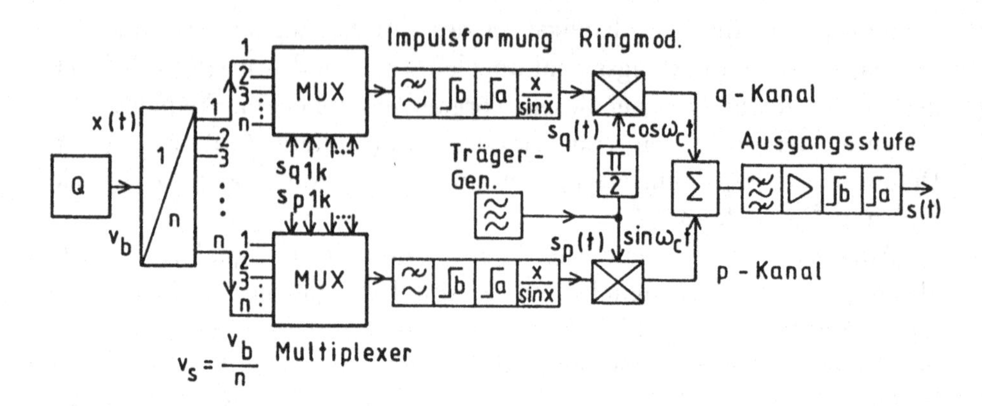

Abbildung 5.22: Quadraturmodulator zur Erzeugung beliebiger mPSK-Systeme

mit dieser Methode auch die 4PSK realisiert werden. In Abbildung 5.23 ist beispielsweise das Zustandsdiagramm eines 8PSK -Systems, das auf dem Einheitskreis definiert ist, dargestellt. Die Basisbandsignale $s_p(t)$ und $s_q(t)$ nehmen bei der 8PSK in stochastischer Folge jeweils 4 verschiedene Amplitudenzustände im Modulationsintervall an, wie aus Abbildung 5.23a hervorgeht. Bei höherstufigen PSK-Systemen können auf entsprechende Art und Weise $\cos\Phi_{\mu k}$ und $\sin\Phi_{\mu k}$ aus dem jeweiligen Zustandsdiagramm ermittelt werden.

Der Schaltmodulator zur unmittelbaren Durchschaltung von m verschiedenen Sinusträgern der Form

$$s_{c\mu k}(t) = \sin(\omega_c t + \Phi_{\mu k}) \qquad (\mu = 1, 2, \ldots, m) \tag{5.50}$$

im jeweiligen Modulationsintervall stellt ebenfalls eine Alternative zur Erzeugung höherstufiger PSK-Systeme dar. In Abbildung 5.24 ist ein solcher Schaltmodulator prinzipiell dargestellt [43]. Als Schaltmatrix benutzt man einen Multiplexer mit Analogeingang [30], der durch die $m = 2^n$ zu übertragenden Bitmuster in informationsabhängiger Folge addressiert wird. Nach Abbildung 5.24 wird jeweils im Modulationsintervall ein Schwingungspaket der Phase $\Phi_{\mu k}$ durchgeschaltet, wobei jedem der m Bitmuster am Ausgang des Serien-Parallel-Umsetzers ein fester Phasenzustand zugeordnet ist. Die Impulsformung wird in der Ausgangsstufe durchgeführt.

μ	$\Phi_{\mu k}$	$\cos\Phi_{\mu k}$	$\sin\Phi_{\mu k}$	Tribit (Symb.)
1	22,5°	0,924	0,383	000
2	67,5°	0,383	0,924	001
3	112,5°	-0,383	0,924	010
4	157,5°	-0,924	0,383	011
5	202,5°	-0,924	-0,383	111
6	247,5°	-0,383	-0,924	110
7	292,5°	0,383	-0,924	101
8	337,5°	0,924	-0,383	100

a) Modulationsparameter

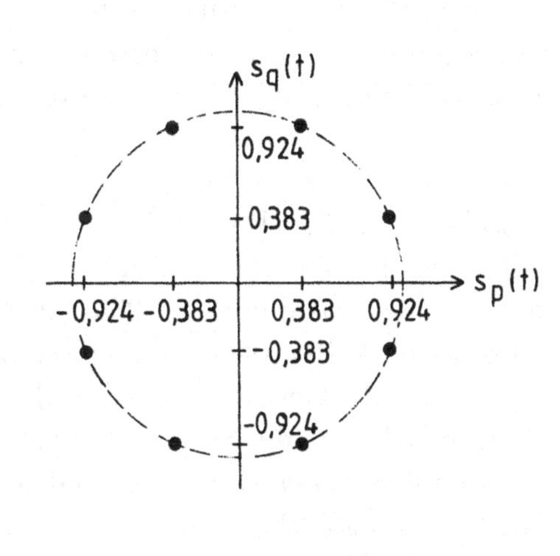

b) Zustandsdiagramm

Abbildung 5.23: Quadraturkomponenten (Amplitudenstufen) und Zustandsdiagramm bei der 8PSK

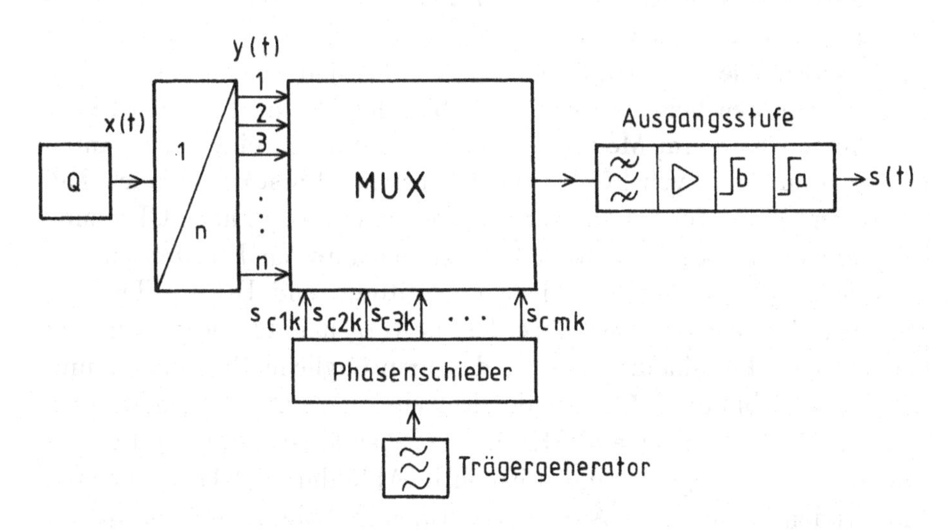

Abbildung 5.24: Realisierung von mPSK-Systemen mit dem Schaltmodulator

Abbildung 5.25 stellt das Zustands-und Augendiagramm gemessen am Ausgang der Impulsformerstufe sowie die spektrale Leistungsdichte gemessen am Ausgang der Ausgangsstufe bei einem 8PSK-System gemäß Abbildung 5.22 dar. Sowohl im kophasalen als auch im Quadraturkanal eines 8PSK-Signals erscheint das Augendiagramm nach Abbildung 5.25*a*. Da jeweils ein vierstufiges Basisbandsignal vorliegt entstehen 3 Augen. Die Amplitudenstufen sind nicht äquidistant, wie der Tabelle in Abbildung 5.23*a* entnommen werden kann, das mittlere Auge ist deshalb größer. Das Leistungsspektrum nach Abbildung 4.25*c* hat die gleiche Gestalt wie bei 2PSK und 4PSK-Systemen. Bei gleicher Bitrate v_b belegt die 8PSK nur 1/3 der Bandbreite der 2PSK und 2/3 der Bandbreite der 4PSK, siehe Gleichung 4.19 bzw. Gleichung B_{mPSK} vor Gleichung 5.21.

Der mPSK-Demodulator für Systeme mit $m > 2$ ist in der Praxis fast immer ein Quadraturdemodulator wie er für 4PSK-Systeme schon beschrieben wurde. Bei mPSK-Systemen mit mehr als 4 Signalzuständen liegt der Unterschied zum 4PSK-Quadraturdemodulator nur im Entscheider. Alle anderen Baugruppen sind von gleicher Art. Der Quadraturdemodulator transformiert die im Modulationsintervall empfangene Phaseninformation in die Amplituden zweier $m/2$-stufiger Basisbandsignale. Die Amplituden dieser Basisbandsignale unterscheiden sich von den beispielsweise in Abbildung 5.23 im Falle der 8PSK berechneten bzw. im Modulator erzeugten nur um einen konstanten Faktor, wenn man von Störeinflüssen absieht. Im störungsfreien Fall liefert der Quadraturdemodulator $s_p(t)/2$ bzw. $s_q(t)/2$ nach Gleichung 5.7 und Gleichung 5.8 multipliziert mit einer reelen Konstanten. In Schwellenwert-Entscheidern aus Komparatoren und D-Flip-Flops sowie einem logischen Netzwerk werden die vorgenannten demodulierten mehrstufigen Basisbandsignale in das ursprüngliche Binärsignal umgesetzt. In Abbildung 5.26 ist der Entscheidungs-und Regenerationsvorgang für demodulierte 8PSK-Signale schematisiert dargestellt. Die beiden Basisbandsignale sind mit den in Abbildung 5.23*a* ermittelten Amplituden der jeweils 4 Amplitudenstufen in Abbildung 5.26*a* dargestellt. Zur Entscheidung benötigt man drei Referenzspannungen U_{sp1} bis U_{sp3} und U_{sq1} bis U_{sq3} (Schwellenwerte) die ebenfalls in die beiden vorgenannten Signalbilder eingetragen sind. Für jeden Schwellenwert ist ein Komparator und ein D-Flip-Flop erforderlich. Der Amplituden-

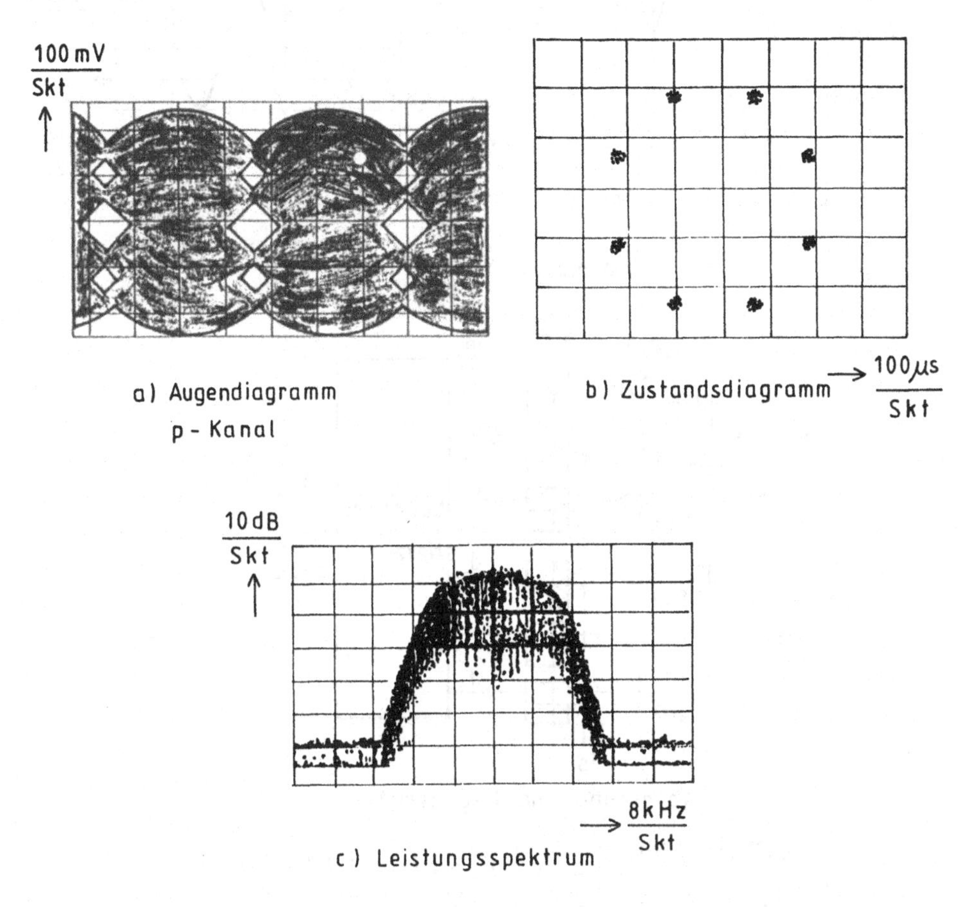

Abbildung 5.25: Meßwerte von Augendiagramm, Zustandsdiagramm und Leistungspektrum bei einem 8PSK-System mit Nyquistimpulsformung

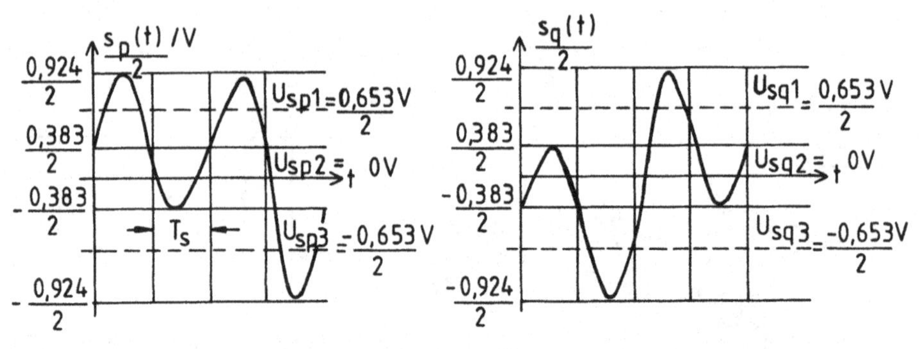

a) demodulierte Signale

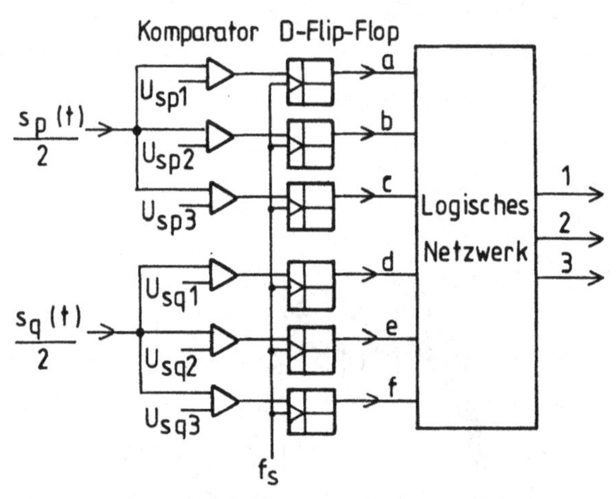

b) Abtastung und Regeneration

$\frac{s_p(t)}{2}$	$\frac{s_q(t)}{2}$	a	b	c	d	e	f	1	2	3
0,462	0,195	1	1	1	0	1	1	0	0	0
0,192	0,426	0	1	1	1	1	1	0	0	1
-0,192	0,426	0	0	1	1	1	1	0	1	0
-0,462	0,195	0	0	0	0	1	1	0	1	1
-0,462	-0,195	0	0	0	0	0	1	1	1	1
-0,192	-0,426	0	0	1	0	0	0	1	0	1
0,192	-0,426	0	1	1	0	0	0	1	1	0
0,462	-0,195	1	1	1	0	0	1	1	0	0

c) Wahrheitstafel

Abbildung 5.26: Entscheidungsprozeß bei der 8PSK

entscheider nach Abbildung 5.26b besteht somit aus 3 Komparatoren und 3 D-Flip-Flops, sowie einem logischen Netzwerk. Die Übernahme der Komparatorausgangssignale (z.B. in TTL-Technik) in die D-Flip-Flops erfolgt mit dem Symboltakt $f_s = \frac{f_b}{3}$. Aus dem logischen Verhalten des Amplitudentscheiders, ein Komparator gibt eine logische 1 ab, wenn im Modulationsintervall sein Schwellenwert überschritten wird, sonst liegt sein Ausgang auf logisch 0, und den jeweiligen Amplitudenpaaren nach Abbildung 5.26a, wird die Wahrheitstafel nach Abbildung 5.26c ermittelt.

Die Ableitung von Träger und Takt aus dem Empfangssignal wird in Abschnitt 5.2.4 bzw. Abschnitt 5.2.5 behandelt.

5.2.4 Trägerrückgewinnung zur kohärenten Demodulation

Zur kohärenten Demodulation ist ein zum Empfangsignal phasen-und frequenzrichtiger Träger erforderlich. Eine "echt" kohärente Demodulation ist nur möglich, wenn entweder ein mitübertragenes Pilotsignal oder der Resträger im Demodulator ausgewertet wird.

Auf pseudokohärente Verfahren die die Phasendifferenz-Codierung-Decodierung benutzen und somit im abgeleiteten Träger Phasensprünge der Form $\zeta\frac{2\pi}{m}$ ($\zeta = 1, 2, 3, \ldots$) zulassen, wird in Abschnitt 5.3.3 noch näher eingegangen. Die Trägerableitung aus dem Resträger ist nur dann durchführbar wenn auf eine vollständige Trägerunterdrückung im Modulator verzichtet wird. Zum Beispiel wird bei Unsymmetrien im Diodenquartett der Ringmodulatoren oder der Übertrager die Trägerunterdrückung reduziert. Die Übertragung eines Trägerpilotsignals mit abgesenktem Pegel ober - oder unterhalb des mPSK-Spektrums ist möglich. Überträgt man beispielsweise das Pilotsignal am unteren Rand des mPSK-Spektrums bei $0,5f_c$ dann kann der Sinusträger nach der Vorselektion in einem Schwingkreisfilter wie in Abbildung 4.22 dargestellt durch Frequenzverdopplung, siehe Abbildung 4.27, erzeugt werden. Die Selektion des Pilotsignals gelingt in der Praxis auch dann noch, wenn dessen Spektrallinie um mehr als $30dB$ gegenüber dem Nutzsignal abgesenkt wird. Obwohl die Gruppenlaufzeit der Frequenzgruppe Pilotsignal-Nutzsignal frequenzabhängig ist, kann ein kohärenter Träger nach der vorgenannten Methode gewonnen werden. Das

Sinussignal bei der Frequenz $0,5 f_c$ hat streng genommen eine andere Laufzeit als der Träger f_c. Bei der Auswertung im Demodulator äußert sich dieser Laufzeitunterschied nur durch einen konstanten Phasenunterschied der durch ein Phasenschieberglied ausgeglichen werden kann.

In der Praxis wird die "echt" kohärente Demodulation selten eingesetzt, da die vorgenannten zwei Methoden oft die Forderungen bezüglich Störanfälligkeit und Aufwand nicht erfüllen. Meistens erzeugt man mPSK-Systeme in Verbindung mit einer Phasendifferenz-Codierung-Decodierung. Man ergänzt die mPSK-Systeme vor der Modulation durch einen Phasendifferenz-Codierer und nach der Demodulation und Entscheidung durch einen Phasendifferenz-Decodierer. Da wegen der Phasendifferenz-Codierung die Nachricht in der Phasendifferenz aufeinanderfolgender Phasenzustände liegt, darf die Phase des abgeleiteten Trägers Sprünge der Form $\zeta \frac{2\pi}{m}$ aufweisen. Bitverfälschungen infolge der genannten Phasensprünge werden im Phasendifferenz-Decodierer korrigiert.

5.2.5 Bittaktableitung bei mPSK-Systemen

Zur Abtastung der demodulierten Signale in der Entscheidereinrichtung wird die Symboltaktfrequenz $f_s = \frac{f_b}{n}$ benötigt. Im binären Fall ist $f_s = f_b$. Da in einem digitalen System Bittaktfrequenz und stochastisches Nachrichtensignal synchron zueinander sein müssen, ist die Ableitung des Bittaktes oder Symboltaktes aus dem Empfangssignal unerläßlich. Zur Taktableitung ist es notwendig bereits im Modulator die binären Basisbandsignale zu verwürfeln, wie in Abschnitt 4.3.1.2 kurz erläutert. Die Symboltaktfrequenz bzw. Bittaktfrequenz ist in der Hüllkurve der frequenzbandbegrenzten mPSK-Signale in Form einer parasitären Amplitudenmodulation enthalten. In Abbildung 5.27 ist eine Schaltung zur Rückgewinnung des Bittaktes aus einem 8PSK-Signal dargestellt. Die Schaltung in Abbildung 5.27 ist für ein mPSK-System ($m \neq 8$) ebenfalls anwendbar. Im Hüllkurvendetektor wird das Taktsignal detektiert und in einem aktiven Schwingkreisfilter 2. Ordnung von Geräusch-und Störkomponenten weitgehend befreit, begrenzt (Schmitt-Trigger) und auf den Referenzeingang R eines digitalen Phasendetekters (MC12040 von Motorola) gegeben. Die Ausgangssignale $\bar{U}, D$ und $U, \bar{D}$ des Phasendetektors werden in einem Summier-

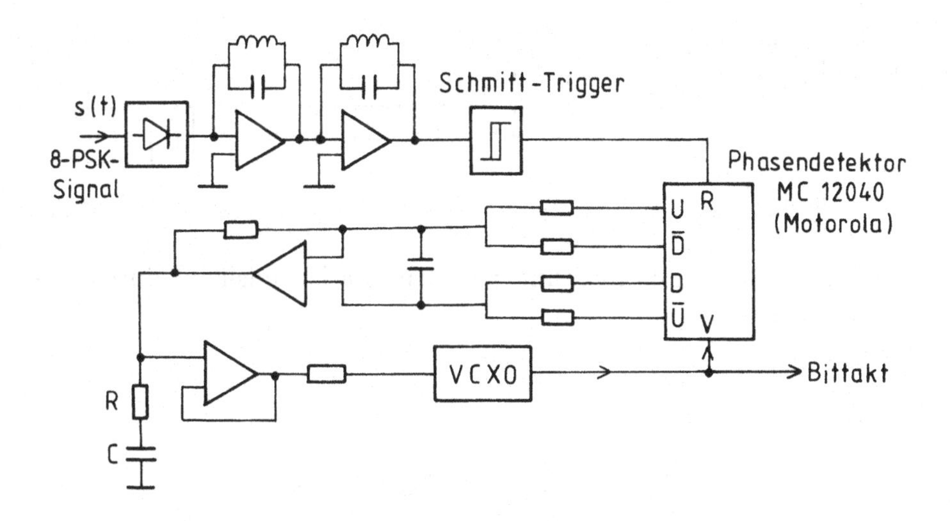

Abbildung 5.27: Bittaktableitung aus einem 8PSK-Signal

glied zusammengefaßt im Schleifenfilter (Tiefpaß-RC-Glied) von hohen Frequenzkomponeten befreit und zur Nachführung einem quarzstabilen spannungsgesteuerten Oszillator (VCXO) zugeführt. Das VCXO-Ausgangssignal ist der gewünschte Bittakt, der zum Phasenvergleich auch dem Phasendetekor zugleitet wird. Damit ist die Regelschleife geschlossen [46].

Die Ableitung des Symbotaktes erfolgt in der Praxis meist aus den demodulierten Signalen $s_p(t)$ und $s_q(t)$. Bei der 2PSK nur aus $s_p(t)$. Allerdings setzt dies voraus, daß die Trägerableitung und damit die Demodulation bereits durchgeführt ist. Fällt die Trägerableitung aus, so ist auch die Taktableitung nicht funktionsfähig. Abbildung 5.28 stellt den Aufbau einer Taktableitung zur Taktselektion aus den demodulierten Signalen eine mPSK-Systems dar [47, 48]. Bei mPSK-Systemen mit $m > 2$ werden die beiden demodulierten Signale zunächst zur Betragsbildung in Doppelweggleichrichtern gleichgerichtet. Aus den demodulierten Signalen $\acute{s}_p = \frac{s_p(t)}{2}$ und $\acute{s}_q = \frac{s_q(t)}{2}$

$$\frac{s_p(t)}{2} = \frac{1}{2}\sum_k \cos\Phi_{\mu k} g(t - kT_s) \tag{5.51}$$

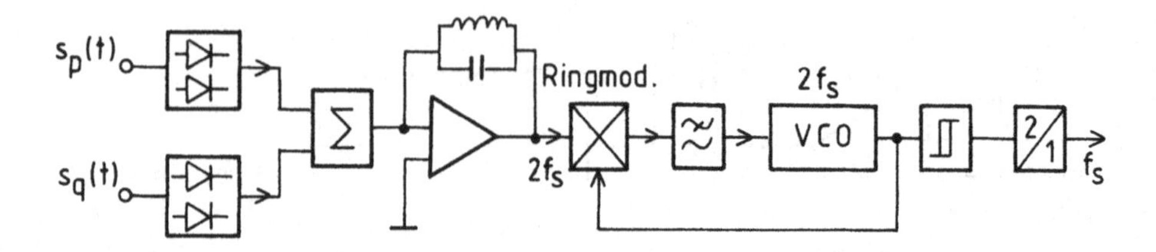

Abbildung 5.28: Taktableitung aus dem Basisbandsignal durch Betragsbildung

$$\frac{s_q(t)}{2} = \frac{1}{2}\sum_k \sin\Phi_{\mu k} g(t - kT_s) \qquad (5.52)$$
$$(\mu = 1, 2, 3, \ldots, m)$$

erhält man durch Doppelweggleichrichtung zunächst

$$\left|\frac{s_p(t)}{2}\right| = \frac{1}{2}\sum_k |\sin\Phi_{\mu k}| g(t - kT_s) \qquad (5.53)$$
$$\left|\frac{s_q(t)}{2}\right| = \frac{1}{2}\sum_k |\cos\Phi_{\mu k}| g(t - kT_s). \qquad (5.54)$$

Die anschließende Summierung liefert

$$\left|\frac{s_p(t)}{2} + \frac{s_q(t)}{2}\right| = \frac{1}{2}\sum_k (|\cos\Phi_{\mu k}| + |\sin\Phi_{\mu k}|) g(t - kT_s). \qquad (5.55)$$

Die vorgenannten 3 Gleichungen sind in Abbildung 5.29 für den Fall der 4PSK qualitativ dargestellt. Im 4PSK-Summensignal nach Abbildung 5.29 erscheint eine Komponente der Bittaktfrequenz (=doppelte Symboltaktfrequenz). Allerdings führt die Doppelweggleichrichtung (Betragsbildung) nur dann zum Ziel, wenn die demodulierten Signale bandbegrenzte Signale sind (z.B. Nyquistimpulse, Gaußimpulse, etc.). Die Taktableitung muß somit aus dem Entscheidereingangssignal erfolgen. Auf die Taktableitung aus dem Entscheiderausgangssignal wird

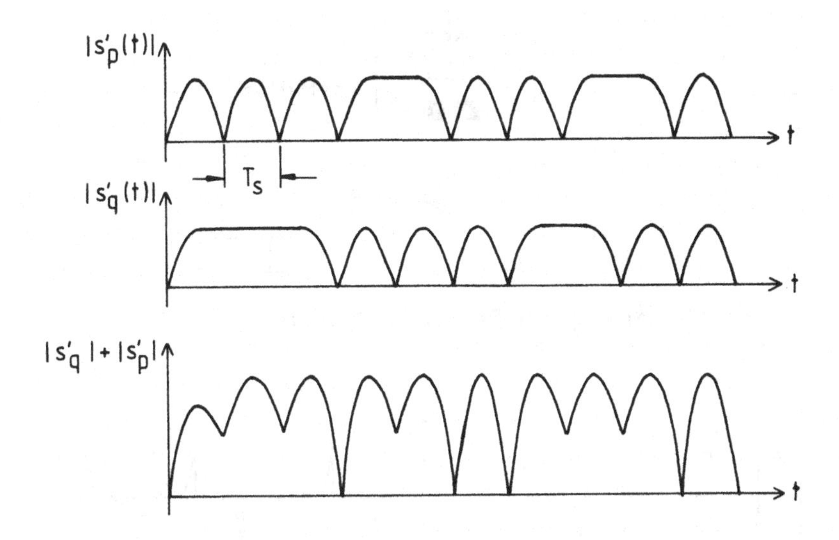

Abbildung 5.29: Signalformen bei der Taktableitung durch Betragsbildung im demodulierten 4PSK-Signal

nachfolgend genauer eingegangen. Bei einem beliebigen mPSK-Signal ($m > 2$), wird durch die Betragsbildung nach Abbildung 5.29 eine spektrale Komponente der doppelten Symboltaktfrequenz erzeugt, die mit einem Schwingkreisfilter selektiert wird. Das Filterausgangssignal wird dem Phasenvergleicher (Ringmodulator), einer Phasenregelschleife zugeleitet. Als Referenzsignal dient das Ausgangssignal eines VCO (oder VCXO=quarzstabiler VCO), eine Sinusschwingung der doppelten Symboltaktfrequenz. Der Tiefpaßantei des Ringmodulatorausgangssignals wird zur VCO-Nachführung benutzt. Ein Schmitt-Trigger formt aus dem VCO-Ausgangssignal das rechteckförmige Taktsignal Signal der doppelten Symboltaktfrequenz. Durch Frequenzteilung um den Faktor 2 erhält man den Symboltakt und durch Frequenzvervielfachung um den Faktor n nach dem in Abbildung 4.27 gezeigten Prinzip den Bittakt. Anstelle des Symboltaktes der doppelten Frequenz kann auch der Bittakt direkt aus dem vorgenannten Summensignal selektiert werden, obwohl dieser mit geringerer Amplitude im Summensignal vorliegt. Der Symboltakt kann dann durch Frequenzteilung erzielt werden.

Leitet man die Symboltaktfrequenz aus dem Entscheiderausgangssignal ab muß der Taktableitungsbaugruppe ein Differenzierer vor-

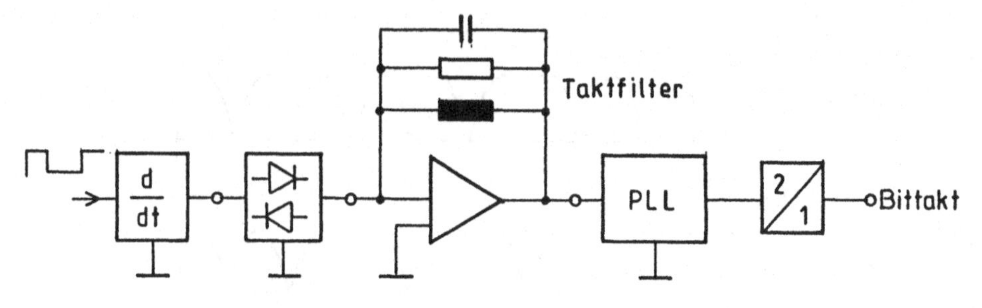

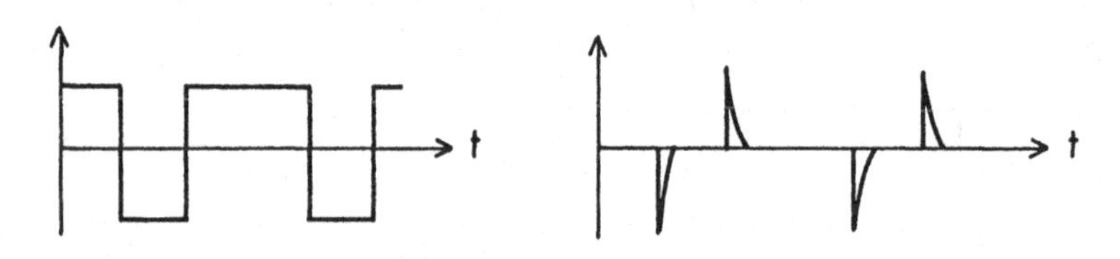

Abbildung 5.30: Bittaktableitung nach der Entscheidung und Regeneration

geschaltet werden der auf die Impulsvorder-und Rückflanke reagiert, siehe Abbildung 5.30. Das Entscheiderausgangssignal wird diffferenziert und gleichgerichtet (Betragsbildung). Danach gewinnt man in einem Schwingkreisfilter und einer nachgeschalteten Phasenregelschleife die Sinusschwingung bzw. Rechteckschwinung der Symboltaktfrequenz oder Bittaktfrequenz.

Eine weitere Alternative zur Bittaktgewinnung aus den modulierten mPSK-Signal ist die sogenannte *Delay-Methode* bei der das um τ_v verzögerte mPSK-Signal mit dem unverzögerten mPSK-Signal in einem Ringmodulator vor der Bittaktselektion multipliziert wird. Diese Version ist in Abbildung 5.31 dargestellt. Durch die Multiplikation entsteht eine Komponente bei der Symboltaktfrequenz die mit Schwingkreisfilter und Phasenregelschleife, wie bereits erläutert, selektiert wird. Die Amplitude der Taktschwingung wird maximal, wenn man

$$\omega_c \tau_v = \varrho\pi \tag{5.56}$$

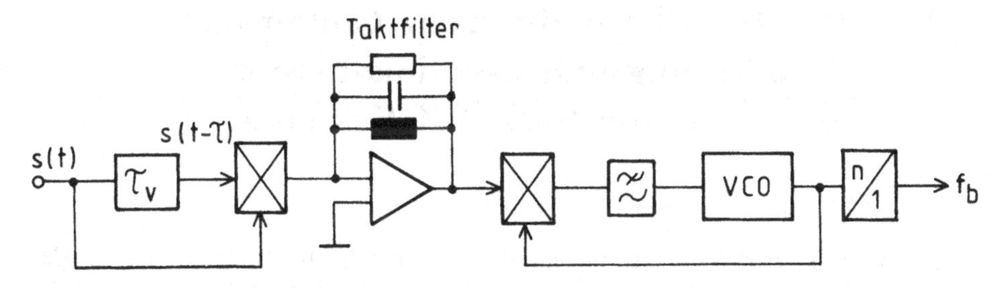

Abbildung 5.31: Taktableitung nach der Delay-Methode

annimmt (ϱ ganzzahlig). Die Amplitude der entstehenden Taktschwingung hängt unmittelbar von der Verzögerung τ_v ab. Bei 4PSK-Systemen ist die Amplitude der Taktschwingung dann maximal, wenn $\tau_v = \frac{T_s}{2}$ gewählt wird. Wenn zur Modulation bandbegrenzte Nyquistimpulse verwendet werden, so erhält man eine maximale Taktamplitude bei $\tau = 0$. Bildet man zur Erläuterung des letztgenannten Falles

$$s^2(t) = \sum_k \sin^2(\omega_c t + \Phi_{\mu k}) g^2(t - kT_s) \qquad (\mu = 1, 2, \ldots, m) \tag{5.57}$$

$$s^2(t) = \sum_k \frac{g^2(t - kT - s)}{2} - \frac{g^2(t - kT_s)}{2} \cos(2\omega_c t + \Phi_{\mu k}) \tag{5.58}$$

und unterdrückt die Komponente der doppelten Trägerfrequenz, so kann aus dem ersten Summanden der vorstehenden Gleichung die Symboltaktfrequenz gewonnen werden [47].

Neben den erläuterten oft verwendeten Verfahren zur Taktableitung gibt es eine Vielzahl anderer. Verwendet man Nyquistimpulse als Elementarimpulse mit dem "Roll-Off-Faktor" $r = 1$, so kann die Taktableitung mit einem Nulldurchgangsdiskriminator unmittelbar aus dem demodulierten Signal erreicht werden. Die Funktionsweise eines Nulldurchgangsdiskriminators ist in Abschnitt 11.3.2 erklärt.

Taktregelverfahren mit Entscheidungsrückkopplung nutzen die mittlere Taktabweichung zwischen einem demodulierten Signal am Eingang eines Entzerrers und dessen Ausgangssignal zur Nachregelung [27].

Die Taktsynchronisation kann auch rückkopplungsfrei mit Hilfe eines Maximum-Likelihood-Schätzverfahrens durchgeführt werden [49].

5.3 PSK bei Phasendifferenz-Codierung-Decodierung und pseudokohärenter Demodulation (mDPSK-Systeme)

Erzeugt man mPSK-Systeme nach der in Abschnitt 5.1 vorgestellten Methode der Produktmodulation, dann wird die Spektrallinie des Trägers unterdrückt. Das Empfangssignal enthält somit unmittelbar keine Information über Phase und Frequenz des sendeseitig verwendeten Trägers. Wie in Abschnitt 5.2.4 dargestellt kann "echt" kohärente Demodulation nur dann durchgeführt werden, wenn der Restträger aus dem Empfangssignal zur Trägerableitung verwendet wird, oder ein Pilotsignal am oberen oder unteren Rand des Signalspektrum mitübertragen wird. Beide Methoden haben nur geringe praktische Bedeutung.

Zur Trägerrückgewinnung bei mDPSK-Systemen wird das Empfangssignal im Demodulator einem nichtlinearen Prozeß unterworfen, wodurch eine Spektrallinie bei der Trägerfrequenz oder Vielfachen davon entsteht. Ein Nachteil dieser Methode ist der Verlust der Phaseninformation. Betrachtet man das $2PSK$-Signal nach Abbildung 5.14 so werden beispielsweise bei einer Quadrierung alle negativen Signalanteile des 2PSK-Signals positiv. Die Phasenumtastung geht dadurch verloren. Allerdings erzeugt man hierdurch wunschgemäß eine Frequenzkomponente der doppelten Trägerfrequenz. Selektiert man nun aus dem quadrierten Signal $s^2(t)$ die Komponente der doppelten Trägerfrequenz und gewinnt den Träger durch Frequenzteilung um den Faktor 2, so enthält dieser bei der 2PSK Phasenunsicherheiten der Form $\zeta\pi$. Neben der Frequenzvervielfachung sind weitere nichtlineare Methoden zur Trägerrückgewinnung nämlich die sogenannte *Costas-Loop-Schaltung* die *Remodulation* sowie *Schätzverfahren* von Bedeutung. Sie alle gewinnen lediglich einen pseudokohärenten Träger durch nichtlineare Verarbeitung des Empfangssignals wieder und sind deshalb nur in Verbindung mit der Phasendifferenz-Codierung anzuwenden. Allgemein erhält man infolge einer nichtlinearen Behandlung des mPSK-Empfangssignals Phasenunsicherheiten $\zeta\frac{2\pi}{m}$. Die Phasenunsicherheiten lassen sich in mDPSK-Systemen kompensieren da sendeseitig am binären Basisbansignal eine Phasendifferenz-

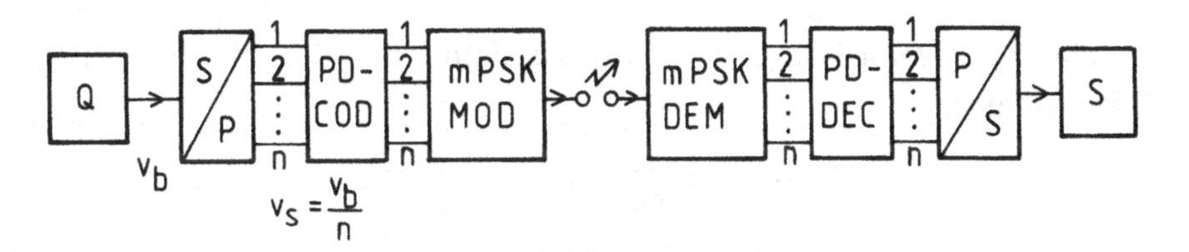

Abbildung 5.32: mDPSK-System

Codierung und empfangsseitig nach der Demodulation und Entscheidung eine Phasendifferenz-Decodierung vorgenommen wird. Wegen der Phasendifferenz-Codierung wird als Phasenzustand die Differenz zweier aufeinanderfolgender absoluter Phasenzustände übertragen. Das mDPSK-Signal lautet somit

$$s(t) = \sum_k \sin(\omega_c t + \Delta\Phi_{\mu k})\, g(t - kT_s) \qquad (\mu = 1, 2, \ldots, m) \quad (5.59)$$

mit $\Delta\Phi_{\mu k}$, der Phasendifferenz. Abbildung 5.32. zeigt die Anordnung von Phasendifferenz-Codierer und Phasendifferenz-Decodierer in einem mDPSK-Modem. In Funkübertragungssystemen sind in der Regel Frequenzumsetzungen erforderlich. Die Umsetzungen vom Zwischenfrequenzbereich (z.B. 70 MHz) in den radiofrequenten Bereich (z.B. 14 GHz) sind mit einem bestimmten Frequenzversatz aufgrund der Drift der Oszillatoren verbunden, siehe Abschnitt 12.5. Um eine richtige Demodulation zu gewährleisten muß diese Drift durch Frequenznachregelung kompensiert werden. Da die Drift der Oszillatoren langsam ist (einige kHz bei Umsetzungen von 70 MHz auf 6 GHz im Jahr) kann die Frequenznachregelung (AFC ... Automatic Frequency Control) schmalbandig ausgeführt werden. Eine Trägerableitung ist deshalb fast immer durch eine AFC-Schaltung zu ergänzen [43, 44, 47,].

Die Taktableitung erfolgt bei mDPSK-Systemen wie für mPSK-Systeme in Abschnitt 5.2.5 dargestellt.

5.3.1 Phasendifferenz-Codierung-Decodierung

Nach Abbildung 5.32 wird das zu übertragende Basisbandsignal der Bitrate v_b durch Serien-Parallel-Umsetzung in die Symbolrate $v_s =$

Tabelle 5.1: Zuordnung der Binärzustände bei der 2DPSK zu den Trägerphasen

Bit	$\Delta\Phi_{\mu k}$	$\Phi_{\mu k}$	$\Phi_{\mu(k-1)}$
1	0	0	0
0	π	π	π

v_b/m umgesetzt. Am Eingang des Differenz-Codierers erscheinen somit n parallele Bitströme der Symbolrate v_s. Jedes der dabei möglichen $m = 2^n$ Bitmuster wird nun nicht unmittelbar einem Trägerphasenzustand zugeordnet, sondern zunächst phasendifferenzcodiert. Ordnet man die m Bitmuster die am Ausgang des Differenzcodierers erscheinen einem Trägerphasenzustand im Modulator zu, so repräsentiert dieser die Differenz zweier aufeinandefolgender absoluter Trägerphasenzustände

$$\Delta\Phi_{\mu k} = \Phi_{\mu k} - \Phi_{\mu(k-1)} \tag{5.60}$$

Hierbei bezeichnet $\Phi_{\mu k}$ den gerade vorliegenden absoluten Trägerphasenzustand und $\Phi_{\mu(k-1)}$ den um die Symboldauer T_s zurückliegenden Trägerphasenzustand.

Im Falle der 2DPSK wäre die in Tabelle 5.1 gezeigte Zuordnung zwischen den Binärzuständen und den drei Phasenzuständen $\Delta\Phi_{\mu k}$, $\Phi_{\mu k}$ und $\Phi_{\mu(k-1)}$ möglich. Mit Tabelle 5.1 und Gleichung 5.60 läßt sich eine Wahrheitstafel entwickeln nach der der Phasendifferenz-Codierer-Decodierer realisiert werden kann, siehe Tabelle 5.2. Die Tabelle 5.2 ermittelt man zunächst durch Berechnung von $\Delta\Phi_{\mu k}$ aus den möglichen Kombinationen von $\Phi_{\mu k}$ und $\Phi_{\mu(k-1)}$. Danach ordnet man mit Tabelle 5.1 das Binärzeichen A_i der Phase $\Phi_{\mu k}$, B_i der Phasendifferenz $\Delta\Phi_{\mu k}$ und B_{i-1} der Phase $\Phi_{\mu(k-1)}$ zu. Aus der Wahrheitstafel folgt dann unmittelbar die logische Verknüpfung

$$B_i = \overline{A_i \oplus B_{i-1}}. \tag{5.61}$$

und die Schaltung des Phasendifferenz-Codierers, siehe Abbildung 5.33. $\oplus$ bezeichnet die modulo-2-Verknüpfung (EX-OR). Im Phasendifferenz-Decodierer, der auf der Empfangsseite am Ausgang des Entscheiders

Tabelle 5.2: Wahrheitstafel eines Differenz-Codierer-Decodierers für 2DPSK-Systeme

$\Phi_{\mu k}$	$\Phi_{\mu(k-1)}$	$\Delta\Phi_{\mu k}$	B_i	A_i	B_{i-1}
0	π	π	0	1	0
π	0	π	0	0	1
π	π	0	1	0	0
0	0	0	1	1	1

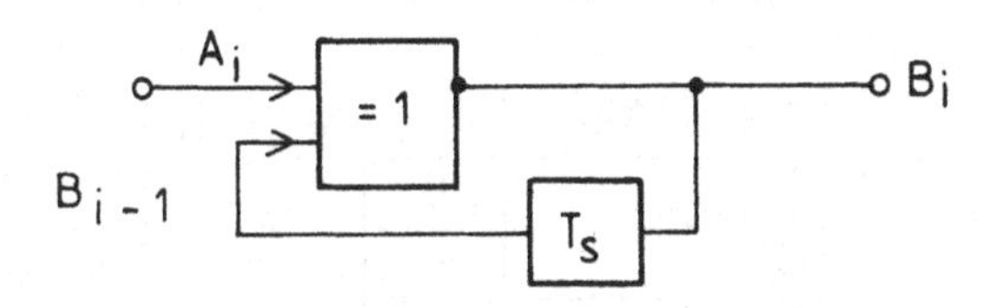

Abbildung 5.33: Differenz-Codierer eines 2DPSK-Systems

einzufügen ist, muß die Binärfolge A_i die dem Phasenszustand $\Phi_{\mu k}$ zugeordnet ist ermittelt werden.

$$\Phi_{\mu k} = \Delta\Phi_{\mu k} + \Phi_{\mu(k-1)}. \tag{5.62}$$

Am Entscheiderausgang erscheint im Modulationsintervall $kT_s \leq t \leq (k+1)T_s$ das der Phasendifferenz $\Delta\Phi_{\mu k}$ zugeordnete Bit B_i. Das im vorhergegangenen Modulationsintervall demodulierte Bit B_{i-1} das der Phase $\Phi_{\mu(k-1)}$ entspricht, liegt abgespeichert in einem Flip-Flop vor. Aus der Wahrtheitstafel nach Tabelle 5.2 folgt die logische Verknüpfung zur Ermittlung von A_i das zu dem absoluten Phasenzustand $\Phi_{\mu k}$ gehört.

$$A_i = \overline{B_i \oplus B_{i-1}} \tag{5.63}$$

Die vorstehende Gleichung kann ebenfalls einfach realisiert werden, siehe Abbildung 5.34. Der Phasendifferenz-Decodierer besteht lediglich aus einem EX-OR-Glied und einem Flip-Flop.

Der Aufbau eines 4DPSK-Systems kann nun auf entsprechende Art und Weise ermittelt werden. Hierzu wird für die Phasen $\Phi_{\mu k}$, $\Phi_{\mu(k-1)}$

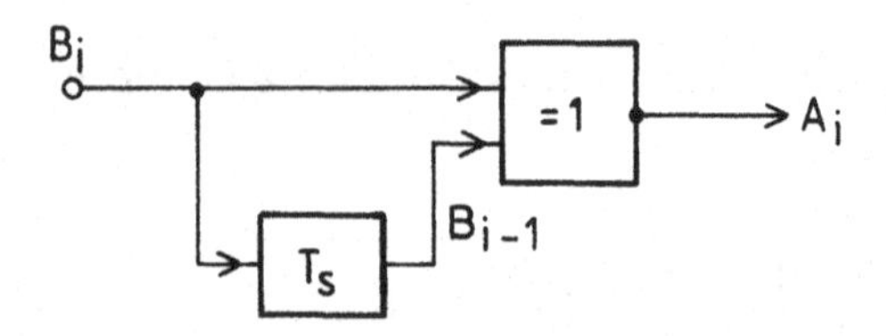

Abbildung 5.34: 2DPSK-Phasendifferenz-Decodierer

Tabelle 5.3: Zuordnung der 4DPSK-Phasenzustände zur Dibitfolge

Dibit	$\Delta\Phi_{\mu k}$	$\Phi_{\mu k}$	$\Phi_{\mu(k-1)}$
00	0	0	0
01	$\frac{\pi}{2}$	$\frac{\pi}{2}$	$\frac{\pi}{2}$
10	π	π	π
11	$-\frac{\pi}{2}$	$-\frac{\pi}{2}$	$-\frac{\pi}{2}$

und $\Delta\Phi_{\mu k}$ die Zuordnung der Bitmuster (Dibits) nach Tabelle 5.3 festgelegt. Die Wahrheitstafel zur Realisierung des 4DPSK-Differenz-Codierers-Decodierers kann nun mit Gleichung 5.60 und Tabelle 5.3 entwickelt werden. Sie ist in Tabelle 5.4 dargestellt. In Tabelle 5.4 repräsentieren A_i und B_i $\Phi_{\mu k}$ und zu $\Phi_{\mu(k-1)}$, gehören C_{i-1} und D_{i-1}, C_i und D_i sind $\Delta\Phi_{\mu k}$ zugeordnet. In Abbildung 5.35 ist die Zuordnung weiter verdeutlicht. Übertragen wird wie bereits erwähnt der Phasendifferenzustand $\Delta\Phi_{\mu k}$. Aus der Wahrheitstafel Tabelle 5.4 erzielt man mit Hilfe der De Morganschen Regeln und zwei Karnough-Diagrammen die logischen Gleichungen für C_i und D_i.

$$
\begin{aligned}
C_i &= (A_i \cdot \bar{C}_{i-1} \cdot \bar{D}_{i-1}) + (\bar{B}_i \cdot C_{i-1} \cdot \bar{D}_{i-1}) + \\
&\quad +(B_i \cdot \bar{C}_{i-1} \cdot D_{i-1}) + (\bar{A}_i \cdot C_{i-1} \cdot D_{i-1}) && (5.64) \\
D_i &= (B_i \cdot \bar{C}_{i-1} \cdot \bar{D}_{i-1}) + (\bar{A}_i \cdot C_{i-1} \cdot D_{i-1}) + \\
&\quad +(\bar{A}_i \cdot \bar{C}_{i-1} \cdot D_{i-1}) + (\bar{B}_i \cdot C_{i-1} \cdot D_{i-1}) && (5.65)
\end{aligned}
$$

Tabelle 5.4: Wahrheitstafel für einen 4DPSK-Differenz-Codierer-Decodierer

$\Phi_{\mu k}$	$\Phi_{\mu(k-1)}$	$\Delta\Phi_{\mu k}$	C_i	D_i	A_i	B_i	C_{i-1}	D_{i-1}
0	0	0	0	0	0	0	0	0
$\frac{\pi}{2}$	$\frac{\pi}{2}$	0	0	0	0	1	0	1
π	π	0	0	0	1	0	1	0
$-\frac{\pi}{2}$	$-\frac{\pi}{2}$	0	0	0	1	1	1	1
$\frac{\pi}{2}$	0	$\frac{\pi}{2}$	0	1	0	1	0	0
π	$\frac{\pi}{2}$	$\frac{\pi}{2}$	0	1	1	0	0	1
$-\frac{\pi}{2}$	π	$\frac{\pi}{2}$	0	1	1	1	1	0
0	$-\frac{\pi}{2}$	$\frac{\pi}{2}$	0	1	0	0	1	1
π	0	π	1	0	1	0	0	0
$-\frac{\pi}{2}$	$\frac{\pi}{2}$	π	1	0	1	1	0	1
0	π	π	1	0	0	0	1	0
$\frac{\pi}{2}$	$-\frac{\pi}{2}$	π	1	0	0	1	1	1
$-\frac{\pi}{2}$	0	$-\frac{\pi}{2}$	1	1	1	1	0	0
0	$\frac{\pi}{2}$	$-\frac{\pi}{2}$	1	1	0	0	0	1
$\frac{\pi}{2}$	π	$-\frac{\pi}{2}$	1	1	0	1	1	0
π	$-\frac{\pi}{2}$	$-\frac{\pi}{2}$	1	1	1	0	1	1

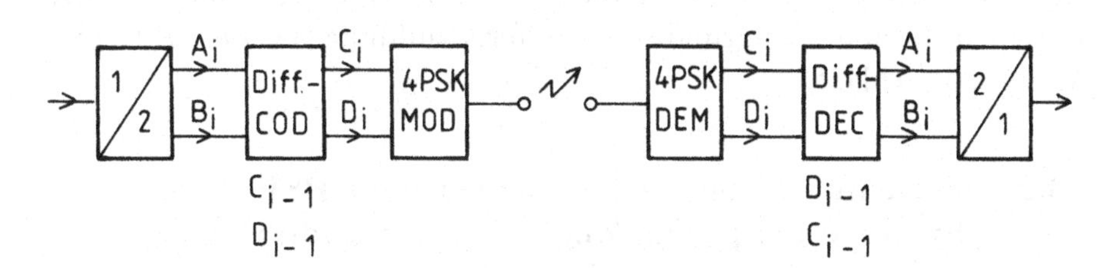

Abbildung 5.35: Zuordnung der Binärmuster bei der Differenz-Codierung-Decodierung

Die vorstehenden logischen Gleichungen können mit logischen Bausteinen (Flip-Flops), UND, ODER, ...) oder auch mit Hilfe von Signalprozessoren realisiert werden.

Im 4DPSK-Demodulatorsystem wird im störungsfreien Fall der Phasendifferenzzustand $\Delta\Phi_{\mu k}$ empfangen. Hieraus entsteht im Modulationsintervall nach der Demodulation im Entscheider das Dibit C_i, D_i. Der Differenzdecodierer bestimmt hieraus mit dem Dibit C_{i-1}, D_{i-1} das Dibit A_i, B_i das dem absoluten Phasenzusstand $\Phi_{\mu k}$ zugeordnet ist. Die Decodiervorschrift ist ebenfalls durch die Wahrheitstafel Tabelle 5.4 festgelegt.

$$\begin{aligned} A_i &= (C_i \cdot \bar{C}_{i-1} \cdot \bar{D}_{i-1}) + (D_i \cdot C_{i-1} \cdot \bar{D}_{i-1}) + \\ &\quad +(\bar{D}_i \cdot \bar{C}_{i-1} \cdot D_{i-1}) + (\bar{C}_i \cdot C_{i-1} \cdot D_{i-1}) \end{aligned} \tag{5.66}$$

$$\begin{aligned} B_i &= (D_i \cdot \bar{C}_{i-1} \bar{D}_{i-1}) + (\bar{C}_i \cdot C_{i-1} \cdot \bar{D}_{i-1}) + \\ &\quad +(C_i \cdot \bar{C}_{i-1} \cdot D_{i-1}) + (\bar{D}_i \cdot C_{i-1} \cdot D_{i-1}) \end{aligned} \tag{5.67}$$

Mit den vorstehenden Gleichungen läßt sich der Differenz-Decodierer realisieren [50].

Für mDPSK-Systeme mit mehr als 4 Signalzuständen sind entsprechende Wahrheitstafeln mit Hilfe von Gleichung 5.60 und geeigneter Zuordnung der im Modulationsintervall gesendeten Bitmuster zu den Phasenzuständen ermittelbar.

mDPSK-Systeme unterscheiden sich in ihrem Spektralverlauf bei gleicher Impulsformung nicht von der spektralen Form der mPSK-Systeme. Ein geringfügiger Unterschied zu den mPSK-Systemen besteht aufgrund der Differenzbildung in der Bitfehler-Wahrscheinlichkeit.

5.3.2 Bitfehler-Wahrscheinlichkeit der mDPSK-Systeme bei pseudokohärenter Demodulation und additivem Rauschen

Die Symbolfehler-Wahrscheinlichkeit wie sie in Abschnitt 5.1.3 für mPSK-Systeme abgeleitet wurde, gilt ohne Einschränkung auch für mDPSK-Systeme. Der erwähnte geringe Unterschied liegt in der

Bitfehler-Wahrscheinlichkeit. Bei Phasendifferenz-Codierung und pseudokohärenter Demodulation wird wie im vorigen Abschnitt diskutiert, die Phasendifferenz nach Gleichung 5.60 übertragen. Dieser Phasendifferenz ordnet der Entscheider des Demodulatorsystem im Modulationsintervall ein Bitmuster (Symbol) der Länge $n_{\Delta\Phi}$ zu. Der Phasendifferenz-Decodierer ermittelt aus dem Bitmuster $n_{\Delta\Phi}$ und dem vorhergegangenen Bitmuster $n_{\Phi-1}$ das zu dem um die Symboldauer T_s zurückliegenden Phasenzustand $\Phi_{\mu(k-1)}$ gehört das aktuelle dem Phasenzustand $\Phi_{\mu k}$ zugeordnete Bitmuster n_{Φ}. Bei additivem Geräusch auf der Übertragungsstrecke können in den Bitmustern $n_{\Delta\Phi}$, n_{Φ} und $n_{\Phi-1}$ Bitfehler auftreten. Da die Anzahl der Fehlerereignisse in einem Symbol als klein vorausgesetzt werden kann, kann näherungsweise ein Bernoulli-Verteilung der Bitfehler angenommen werden. Die Wahrscheinlichkeit, daß in einem Bitmuster der Länge n bit ϵ_f bit verfälscht sind, ist somit

$$P_n(\epsilon_f) = \binom{n}{\epsilon_f} p_b^{\epsilon_f} (1 - p_b)^{n-\epsilon_f}. \tag{5.68}$$

Hierbei ist p_b die Bitfehler-Wahrscheinlichkeit. Setzt man in Gleichung 5.68 $\epsilon_f = 0$, dann erhält man die Wahrscheinlichkeit, daß im Symbol der Länge n bit kein Bitfehler auftritt

$$P_n(0) = (1 - p_b)^n. \tag{5.69}$$

Die Symbolfehler-Wahrscheinlichkeit ist dann

$$P_s = 1 - P_n(0) = 1 - (1 - p_b)^n \tag{5.70}$$

und für die Bitfehler-Wahrscheinlichkeit findet man durch Umstellung

$$p_b = 1 - \sqrt[n]{1 - P_s}. \tag{5.71}$$

Infolge der Phasensummenbildung im Demodulator

$$\Phi_{\mu k} = \Delta\Phi_{\mu k} + \Phi_{\mu(k-1)} \tag{5.72}$$

die im Differenz-Decodierer nach der Demodulation und Entscheidung durchgeführt wird, gilt für die mit der aktuellen Phase $\Phi_{\mu k}$ verbundenen Fehler-Wahrscheinlichkeit

$$P_{s\Phi}(\epsilon_f) = P_{s\Delta\Phi}(\epsilon_f) + P_{s\Phi-1}(\epsilon_f) \tag{5.73}$$

$P_{s\Delta\Phi}$ ist gleich der Symbolfehler-Wahrscheinlichkeit P_s. Dies wird näherungsweise für eine Abschätzung auch für $P_{s\Phi-1}$ angenommen. $P_{s\Phi}$ ist dann näherungsweise die Symbolfehler-Wahrscheinlichkeit P_{sD} des phasendifferenzcodierten Signals bei kohärenter Demodulation. Somit kann gesetzt werden

$$P_{sD} \approx 2P_s \qquad (5.74)$$

Gleichung 5.71 liefert mit der vorstehenden Gleichung die Bitfehler-Wahrscheinlichkeit des phasendifferenzcodierten Signals

$$p_{bD} = 1 - \sqrt[n]{1 - 2P_s}. \qquad (5.75)$$

und durch einsetzen von Gleichung 5.70 den gesuchten Zusammenhang zwischen p_b der Bitfehler-Wahrscheinlichkeit der mPSK und p_{bD} der Bitfehler-Wahrscheinlichkeit der mDPSK bei kohärenter Demodulation

$$p_{bD} \approx 1 - \sqrt[n]{2(1 - p_b)^n - 1}. \qquad (5.76)$$

Im Falle der 4DPSK resultiert dies in eine Verdopplung der Bitfehler -Wahrscheinlichkeit. Um diesen relativ geringen Verlust auszugleichen benötigt ein 4DPSK-System ein um etwa 0,3 dB höheres Signal-Geräusch- Verhältnis als ein entsprechendes 4PSK-System um jeweils gleiche Bitfehler-Wahrscheinlichkeit zu erreichen.

5.3.3 Trägerrückgewinnung bei *m*DPSK-Systemen und pseudokohärenter Demodulation

Zur Trägerableitung in mDPSK-Systemen muß im Demodulatorsystem ein nichtlinearer Prozeß realisiert werden um eine Spektrallinie der Trägerfrequenz, oder einem ganzzahligen Vielfachen davon, zu erzeugen. In den folgenden Abschnitten werden die in der Praxis wichtigsten Methoden diskutiert. Zur Abschätzung der Geräuschbelastung wird dem Empfangssignal additives Schmalbandrauschen nach Gleichung 12.4 überlagert.

5.3.3.1 Trägerableitung durch Frequenzvervielfachung

Das am Demodulatoreingang erscheinende mDPSK-Signal sei durch additives Geräusch gestört. Das Geräusch wird im Bandpaß der Ein-

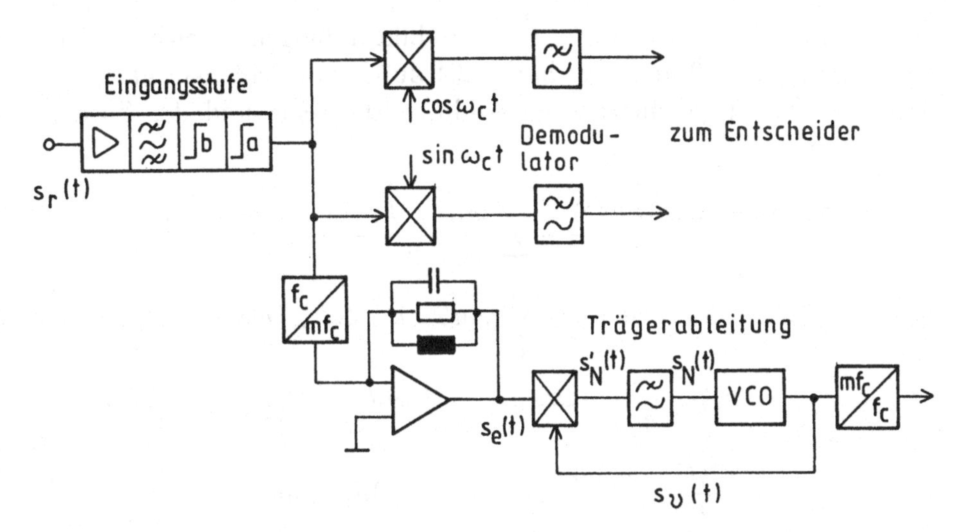

Abbildung 5.36: Trägerableitung durch Frequenzvervielfachung in einem mDPSK-System ohne AFC

gangsstufe nach Abbildung 5.36 frequenzbandbegrenzt. Der Demodulationsprozeß ist deshalb nur noch durch Schmalbandgeräusch belastet. Das geräuschbehaftete Empfangssignal

$$s_r(t) = s(t) + n(t) \tag{5.77}$$

mit $n(t)$ nach Gleichung 12.4 wird zur Trägerrückgewinnung zunächst im Frequenzvervielfacher in die m-te Potenz erhoben.

$$s_r^m(t) = (s(t) + n(t))^m \tag{5.78}$$

Durch diese Potenzbildung wird im mDPSK-Signal die Umtastung beseitigt, wodurch die Phaseninformation verloren geht. Zur Erläuterung des Prinzips werde die Trägerableitung aus einem 2DPSK-System ($m = 2$) betrachtet. In Abbildung 5.36 besteht der Demodulator dann nur aus einem Signalzug. Im Falle der 2DPSK erhält man für die letztgenannte Gleichung

$$s_r^2(t) = (s(t) + n(t))^2 = s^2(t) + 2s(t)n(t) + n^2(t) \tag{5.79}$$

Führt man die Quadierungen und Produktbildung in Gleichung 5.79 mit Gleichung 5.59 und Gleichung 12.4 durch so erhält man nach Anwendung der trigonometrischen Additionstheoreme und der Zusammenfassung

$$\begin{aligned} s_r(t)^2 \; = \; & \sum_k \frac{g^2(t-kT_s)}{2} - \sum_k \frac{g^2(t-kT_s)}{2} \cos(2\omega_c t + \\ & +2\Delta\Phi_{\mu k}) + n_c(t) \sum_k (\sin 2\omega_c t + \Delta\Phi_{\mu k})\, g(t-kT_s) - \\ & -n_s(t) \sum_k (\cos\Delta\Phi_{\mu k} - \cos(2\omega_c t + \Delta\Phi_{\mu k}))\, g(t-kT_s) + \\ & + \frac{n_c^2(t)}{2} + \frac{n_c^2(t)}{2} \cos 2\omega_c t - n_c(t) n_s(t) \sin 2\omega_c t + \\ & + \frac{n_s^2(t)}{2} - \frac{n_s^2(t)}{2} \cos 2\omega_c t. \end{aligned} \tag{5.80}$$

Am Ausgang des aktiven Schwingkreisfilters nach Abbildung 5.36 erscheinen nur noch die Komponenten der doppelten Trägerfrequenz.

$$\begin{aligned} s_e(t) \; = \; & -\sum_k \frac{g^2(t-kT_s)}{2} \cos(2\omega_c t + 2\Delta\Phi_{\mu k}) + \\ & +n_c(t) \sum_k \sin(2\omega_c t + \Delta\Phi_{\mu k})\, g(t-kT_s) + n_s(t) \\ & \sum_k \cos(2\omega_c t + \Delta\Phi_{\mu k})\, g(t-kT_s + \frac{n_c^2(t) - n_s^2(t)}{2} \\ & \cos 2\omega_c t - n_c(t) n_s(t) \sin 2\omega_c t. \end{aligned} \tag{5.81}$$

Der eigentliche Träger wird im VCO der Phasenregelschleife erzeugt. Das Nachführsignal für den VCO gewinnt man aus dem Produkt

$$\acute{s}_N(t) = s_e(t) s_v(t) \tag{5.82}$$

mit

$$s_v(t) = \sin 2\omega_c t \tag{5.83}$$

dem VCO-Ausgangssignal. Nach dem Tiefpaß der Phasenregelschleife erscheint als VCO-Eingangssignal

$$\begin{aligned} s_N(t) &= \sum_k \frac{g^2(t-kT_s)}{4} \sin 2\Delta\Phi_{\mu k} + \\ &+ \frac{n_c(t)}{2} \sum_k \cos \Delta\Phi_{\mu k}\, g(t-kT_s) - \frac{n_s(t)}{2} \\ & \sum_k \sin \Delta\Phi_{\mu k}\, g(t-kT_s) - \frac{n_c(t) n_s(t)}{2} \end{aligned} \tag{5.84}$$

das aus dem eigentlichen VCO-Nachführsignal und 3 additiven Geräuschkomponenten besteht. Tritt kein Phasenfehler auf, so ist in Gleichung 5.84 wegen $\Delta\Phi_{1k} = 0$ und $\Delta\Phi_{2k} = \pi$ sowohl $\sin \Delta\Phi_{\mu k} = 0$ als auch $\sin 2\Delta\Phi_{\mu k} = 0$ ($\mu = 1; 2$). Am VCO-Eingang liegen dann nur noch Geräuschkomponenten. Im geräuschfreien Fall ist das VCO-Eingangssignal $s_N(t)$ gleich Null, wenn kein Phasenfehler vorliegt.

Sind die Geräuschanteile am VCO-Eingang sehr hoch, so rastet die Phasenregelschleife nicht ein. Die Bandbreite

$$B_{3dB} = \frac{\omega_c}{Q} \tag{5.85}$$

des aktiven Schwingkreisfilters in Abbildung 5.36 ist so zu wählen, daß ein günstiger Kompromiß zwischen Bandbreite, Einrastverhalten der Phasenregelschleife und Geräuschunterdrückung erreicht wird. Nach [47] soll die Schwingkreisgüte Q zwischen $Q = 20$ und $Q = 50$ liegen [43, 44, 47, 51].

Für mDPSK-Systeme mit $m \geq 2$ kann die Trägerableitung durch entsprechende Frequenzvervielfachung um den Faktor m erfolgen.

Stellt man das Zustandsdiagramm eines mPSK- oder mDPSK-Systems auf dem Oszilloskop oder einem speziell hierfür verfügbaren Meßgerät (z.B. Vector-Analyzer von H&P) dar, so rotiert das Zustandsdiagramm mit der Differenzfrequenz zwischen der Trägerfrequenz des Empfangssignals und der Frequenz des abgeleiteten Trägers, falls beide nicht übereinstimmen. Die Phasenregelschleife ist in diesem Fall im nicht eingerasteten Zustand. Erst wenn die Phasenregelschleife in Abbildung 5.36 eine phasensstarre Kopplung zwischen Empfangssignal

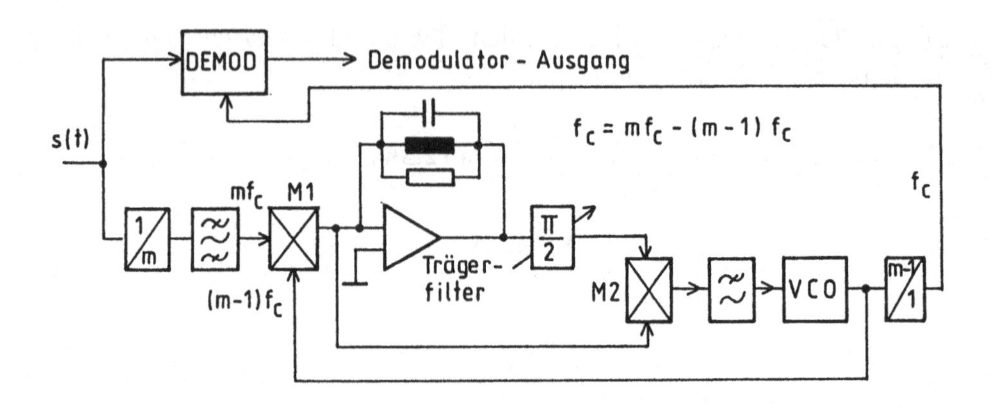

Abbildung 5.37: Trägerableitung mit Frequenznachregelung für mDPSK-Systeme

und abgeleitetem Träger erreicht hat, erhält man ein stehendes Bild des Zustandsdiagramms. Die Ausregelung eines Frequenzfehlers mit einer Phasenregelschleife erfolgt durch Integration der Frequenz über der Zeit. Wie bereits erwähnt ist die Funktionsfähigkeit einer Trägerableitung nach dem Prinzip der Frequenzvervielfachung ohne Frequenznachregelung bei einem empfangsseitigen Frequenzversatz abhängig von der Bandbreite des Trägerschwingkreisfilters. Wählt man dieses Filter sehr schmalbandig so fällt bereits bei einem geringen Frequenzversatz im Empfangssignal die Trägerableitung aus. Macht man das Filter breitbandig, so kann zwar der Träger aus einem mit einem gewissen Frequenzversatz behafteten Empfangssignal abgeleitet werden, wenn die Phasenregelschleife einrastet, jedoch erhöht sich das Geräusch und der zurückgewonnene Träger ist jitterbehaftet. Abhilfe schafft hier eine Frequenznachregelung (AFC ... Automatic Frequency Control). Eine typische Trägerableitung für mDPSK-Systeme nach der Methode der Frequenzvervielfachung die eine AFC-Schleife enthält ist in Abbildung 5.37 dargestellt. Ein Frequenzfehler wird nach Abbildung 5.37 durch Vergleich des Trägerfilter-Eingangssignals mit dem um $\pi/2$ phasenverschobenen Ausgangssignal im Multiplizierer (Ringmodulator) M_2 erkannt, da ein Frequenzfehler im Empfangssignal am Eingang des Trägerfilters im Trägerfilterausgangssignal eine Phasenverschiebung hervorruft [47]. Der Tiefpaßanteil des Ausgangssignals des Multiplizierers M_2 dient zur

Nachregelung des VC0. Stimmt die Mittenfrequenz (Trägerfrequenz) des Empfangssignals am Eingang des Trägerfilters mit der Frequenz des Ausgangssignals des Trägerfilters überein, so wird der VCO nicht nachgeführt. Liegt dagegen eine Frequenzabweichung vor, so wird der VCO mit dem Nachführsignal $s_N(t)$ auf die Mittenfrequenz des Empfangssignals eingestellt. Stimmen VCO-Frequenz und Mittenfrequenz des Empfangssignals überein, so entstehen bei der Produktdemodulation keine Verzerrungen. Dies läßt sich für den Fall der 2DPSK einfach zeigen. Empfangen werde das Signal

$$s(t) = y_N(t)\sin(\omega_c + \Delta f_v)t\, g(t - kT_s) \tag{5.86}$$

mit $y_N(t)$ dem binären Basisbandsignal und dem Frequenzversatz Δf_v. Die Trägerableitung mit Frequenznachregelung liefert den Träger

$$s_{ce}(t) = \sin(\omega_c + \Delta f_v)t. \tag{5.87}$$

Durch Produktdemodulation $s(t)s_ce(t)$, dargestellt durch das Produkt der beiden vorstehenden Gleichungen, findet man dann das Basisbandsignal $\frac{y_N(t)}{2}g(t - kT_s)$, wie mit den Additionstheoremen der Trigonometrie gezeigt werden kann. Da sowohl das Empfangssignal als auch der abgeleitete Träger den gleichen Frequenzversatz aufweisen entsteht kein Demodulationsfehler.

5.3.3.2 Trägerableitung mit dem Costas-Loop

Der Costas-Loop wird prinzipiell mit Hilfe der Quadraturdemodulation realisiert [52]. Im Falle der 2DPSK muß der Demodulator zum Quadraturdemodulator ergänzt werden, wie in Abbildung 5.38 gezeigt. In der Costas-Schleife wird der Träger

$$s_I(t) = \sin\omega_c t \tag{5.88}$$

im VCO erzeugt. Durch Phasenverschiebung um $\pi/2$ erhält man hieraus den in Quadratur stehenden Träger

$$s_Q(t) = \cos\omega_c t. \tag{5.89}$$

Mit den beiden Trägern erfolgt bei eingerasteter Phasenregelschleife die kohärente Demodulation in den beiden Ringmodulatoren M_1 und M_2.

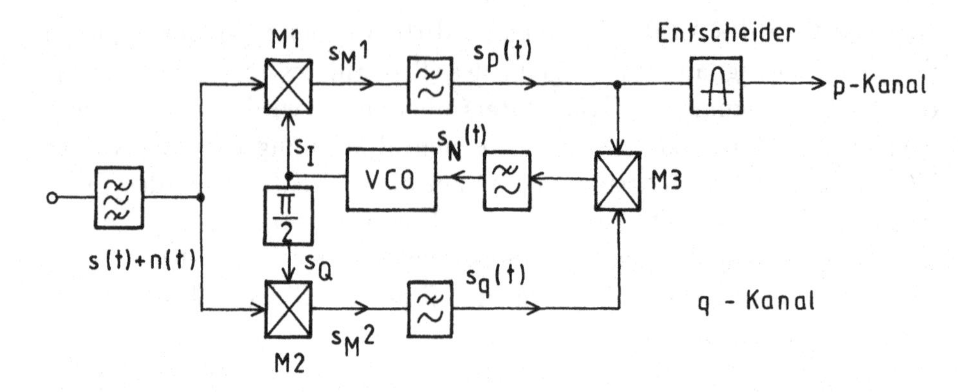

Abbildung 5.38: Trägerableitung der 2DPSK mit dem Costas-Loop

An den Ausgängen der Ringmodulatoren erscheinen mit Gleichung 5.59 und Gleichung 12.4 die Produkte

$$s_{M1}(t) = (s(t) + n(t))s_I(t) = s(t)s_I(t) + n(t)s_I(t) \qquad (5.90)$$

$$s_{M2}(t) = (s(t) + n(t))s_Q(t) = s(t)s_Q(t) + n(t)s_Q(t) \qquad (5.91)$$

Setzt man die Gleichungen 5.59, Gleichung 12.4 und die beiden Quadraturträger in die vorgenannten Gleichungen ein, so erhält man

$$\begin{aligned} s_{M1}(t) &= \frac{1}{2}\sum_k [\cos\Delta\Phi_{\mu k} - \cos(2\omega_c t + \\ &\quad +\Delta\Phi_{\mu k})]\, g(t - kT_s) + \frac{n_c(t)}{2} \\ &\quad \sin 2\omega_c t - \frac{n_s(t)}{2} + \frac{n_s(t)}{2}\cos 2\omega_c t \end{aligned} \qquad (5.92)$$

$$s_{M2}(t) = \frac{1}{2}\sum_k [\sin(2\omega_c t + \Delta\Phi_{\mu k}) +$$

$$+\sin\Delta\Phi_{\mu k}]\,g(t-kT_s)+\frac{n_c(t)}{2}+$$
$$+\frac{n_c(t)}{2}\cos 2\omega_c t-\frac{n_s(t)}{2}\sin 2\omega_c t \tag{5.93}$$

An den Ausgängen der Tiefpässe erscheinen die Basisbandsignale

$$s_p(t)=\frac{1}{2}\sum_k \cos\Delta\Phi_{\mu k}\,g(t-kT_s)-\frac{n_s(t)}{2} \tag{5.94}$$

$$s_q(t)=\frac{1}{2}\sum_k \sin\Delta\Phi_{\mu k}\,g(t-kT_s)+\frac{n_c(t)}{2}. \tag{5.95}$$

Zur Ermittlung des VCO-Nachführsignals $s_N(t)$ das die Information eines eventuellen Frequenz-oder Phasenfehlers zwischen dem Empfangssignal (Mittenfrequenz des Empfangssignals gleich Trägerfrequenz) und dem abgeleiteten Träger (VCO-Ausgangssignal) enthält, werden im Basisbandmultiplizierer M_3 (kein Ringmodulator) die Signale $s_p(t)$ und $s_q(t)$ gemäß den vorgenannten Gleichungen miteinander multipliziert. Liegt kein Frequenz-oder Phasenfehler vor so findet man

$$\begin{aligned} s_N(t) &= s_p(t)s_q(t) \\ s_N(t) &= \frac{1}{8}\sum_k \sin 2\Delta\Phi_{\mu k}\,g^2(t-kT_s)+\frac{n_c(t)}{4} \\ &\quad \sum_k \cos\Delta\Phi_{\mu k}\,g(t-kT_s)-\frac{n_s(t)}{4} \\ &\quad \sum_k \sin\Delta\Phi_{\mu k}\,g(t-kT_s)-\frac{n_c(t)n_s(t)}{4} \end{aligned} \tag{5.96}$$

für das VCO-Nachführsignal. Der Tiefpaß am VCO-Eingang gemäß Abbildung 5.38 ist das Schleifenfilter der Phasenregelschleife, das parasitäre Frequenzkomponenten höherer Ordnung unterdrückt. Aus Gleichung 5.96 wird deutlich, daß bei einem Phasenfehler das Geräusch höher ist als bei phasenrichtiger Trägerlage. Im letzgenannten Falle liegt nur Geräusch am VCO-Nachführeingang.

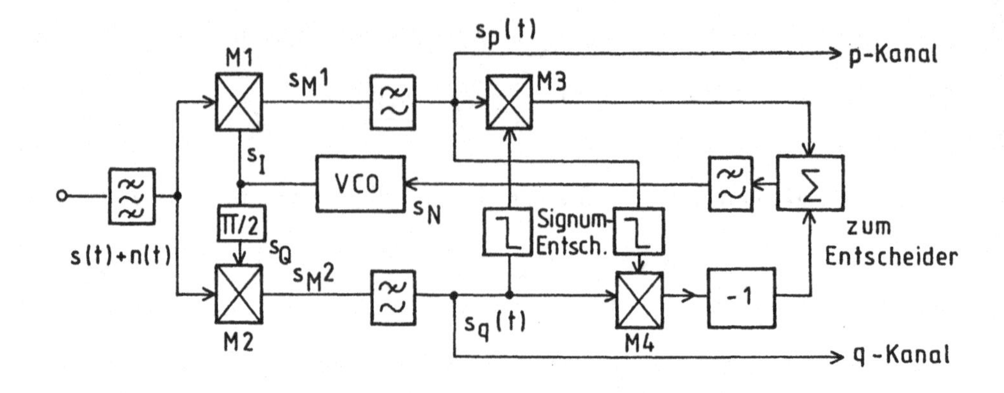

Abbildung 5.39: Costas-Loop für 4DPSK-Systeme

Im geräuschfreien Fall wird $s_N(t)$ bei der 2DPSK wegen $\Delta\Phi_{\mu k} \in \{0, \pi\}$ gleich Null, falls kein Phasenfehler vorliegt. Zu bemerken ist, daß das VCO-Nachführsignal nach Gleichung 5.96 bis auf einen konstanten Faktor mit dem VCO-Nachführsignal bei der Trägerableitung durch Frequenzvervielfachung nach Gleichung 5.84 übereinstimmt. Offensichtlich sind beide Methoden bezüglich der Geräuschunterdrückung gleichwertig, wenn die Trägerableitung durch Frequenzvervielfachung eine AFC-Schleife enthält. Wie bereits erwähnt ist der Multiplizierer M_3 in Abbildung 5.38 kein Ringmodulator sondern ein Basisbandmultiplzierer. Außerdem ist zu beachten, daß die beiden Tiefpässe an den Ausgängen der Ringmodulatoren M_1 und M_2 exakt gleiche Impulsantworten und gleiches Gruppenlaufzeitverhalten aufweisen, da sonst bei der Multiplikation in M_3 Fehler entstehen.

Die Costas-Schleife für 2DPSK-Systeme die bereits die Strukur eines Quadraturdemodulators besitzt kann zur Anwendung auf 4DPSK - Systeme verallgemeinert werden. Eine solche Trägerableitung ist in Abbildung 5.39 dargestellt. Nach Abbildung 5.39 wird das Nachführsignal $s_N(t)$ mit Hilfe der Multiplizierer M_3 und M_4 der Entscheidereinrichtungen zur Ermittlung der Signum-Funktionen, einem π - Phasendrehglied und einem Summierer ermittelt. Im Falle der 4DPSK bestehen die beiden Entscheider zur Ermittlung der Signumfunktionen $sign[s_p(t)]$ und $sign[s_q(t)]$ aus 2 Schmitt-Triggern. $s_p(t)$ und $s_q(t)$ sind Binärsignale. In den Basisbandmultiplizierern M_3 und M_4 werden die Signumfunktionen mit $s_p(t)$ und $s_q(t)$ nach Gleichung 5.94 und Gleichung 5.95 über Kreuz multipliziert und summiert. Das VCO-Nachführsignal lautet somit

$$\begin{aligned} s_N(t) &= sign[s_q(t)]s_p(t) - sign[s_p(t)]s_q(t) \\ s_N(t) &= \frac{sign[s_q(t)]}{2}\sum_k \cos\Delta\Phi_{\mu k}\, g(t-kT_s) - \\ &\quad \frac{sign[s_p(t)]}{2}\sum_k \sin\Delta\Phi_{\mu k}\, g(t-kT_s) - \\ &\quad sign[s_q(t)]\frac{n_s(t)}{2} - sign[s_p(t)]\frac{n_c(t)}{2} \end{aligned} \tag{5.97}$$

Setzt man in die vorstehende Gleichung die bei einem 4DPSK-System im Modulationsintervall auftretenden Trägerphasen $\frac{\pi}{4}$, $\frac{3\pi}{4}$, $\frac{5\pi}{4}$ und $\frac{7\pi}{4}$ ein und ermittelt die entsprechenden Signumfunktionen, so verschwindet $s_N(t)$ bis auf den Geräuschanteil. Treten Phasenfehler auf so ist $s_N(t) \neq 0$ und der VCO wird nachgeregelt.

Auf DPSK-Systeme mit $m > 4$ ist diese Methode nicht unmittelbar übertragbar, da die demodulierten Signale $s_p(t)$ und $s_q(t)$ keine Binärsignale sondern mehrstufige Basisbandsignale sind. Die Erweiterung der Costas-Schaltung auf mDPSK-Systeme mit $m > 4$ ist mit relativ hohem Bauteileaufwand verbunden jedoch grundsätzlich möglich [51].

5.3.3.3 Trägerrückgewinnung durch Remodulation

Im sogenannten Remodulator wird das Empfangssignal mit dem bereits demodulierten Signal multipliziert [47]. In Abbildung 5.40 ist der Remodulator für 2DPSK-Systeme zunächst ohne Phasenregeschleife dargestellt. Der Remodulator bildet zunächst (nach dem Einschalten) nach Abbildung 5.40 das Produkt

$$s_M(t) = (s(t) + n(t))s_I(t) = s(t)s_I(t) + s_I(t)n(t) \tag{5.98}$$

mit $s_I(t) = \sin\omega_c t$. Dieses Produkt führt nach der Tiefpaßfilterung auf das demodulierte Signal $s_p(t)$ nach Gleichung 5.94. Nun ermittelt man

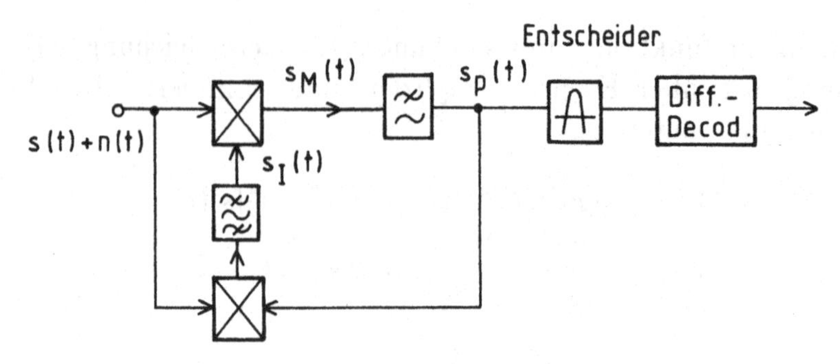

Abbildung 5.40: Trägerrückgewinnung durch Remodulation bei der 2DPSK (ohne PLL)

zur Trägerrückgewinnung $s_I(t)$ aus dem Produkt

$$s_I(t) = (s(t) + n(t))s_p(t) = s(t)s_p(t) + n(t)s_p(t). \tag{5.99}$$

Führt man mit Gleichung 12.4, Gleichung 5.59 und Gleichung 5.94 die Produkt und Summenbildung in der vorstehenden Gleichung durch, so erhält man am Ausgang des Bandpasses ein Signal das die Trägerkomponente enthält in der Form

$$\begin{aligned}
s_I(t) \quad = \quad & \sin\omega_c t\, g^2(t-kT_s) + \sum_k \sin(\omega_c t + 2\Delta\Phi_{\mu k}) - \\
& -g(t-kT_s)\frac{n_s(t)}{2}\sum_k \sin(\omega_c t + \Delta\Phi_{\mu k}) + \\
& +g(t-kT_s)\frac{n_c(t)}{4}\sum_k \cos(\omega_c t - \Delta\Phi_{\mu k}) + \\
& +g(t-kT_s)\frac{n_c(t)}{4}\sum_k \cos(\omega_c t + \Delta\Phi_{\mu k}) - \\
& -g(t-kT_s)\frac{n_s(t)}{4}\sum_k \sin(\omega_c t + \Delta\Phi_{\mu k}) - \\
& -g(t-kT_s)\frac{n_s(t)}{4}\sum_k \sin(\omega_c t - \Delta\Phi_{\mu k}) - \\
& -\frac{n_c(t)n_s(t)}{2}\cos\omega_c t + \frac{n_s^2(t)}{2}\sin\omega_c t.
\end{aligned} \tag{5.100}$$

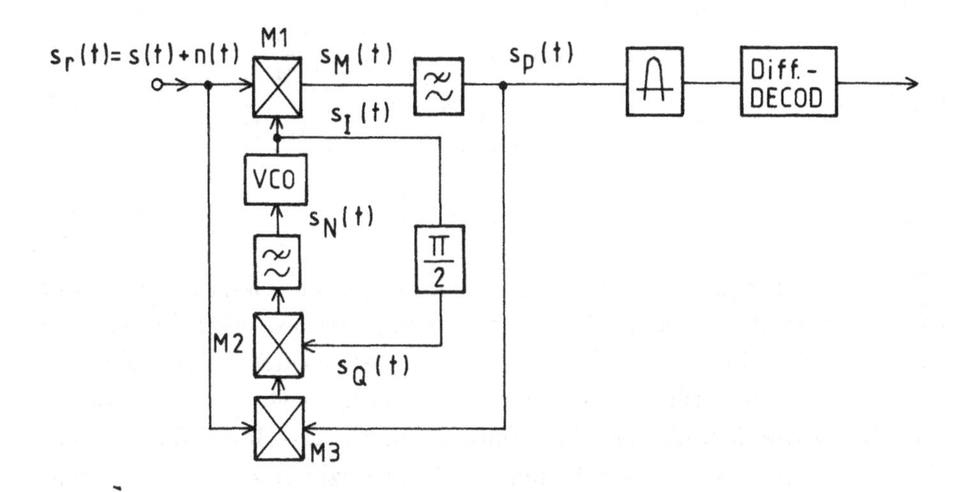

Abbildung 5.41: 2DPSK-Trägerableitung durch Remodulation mit AFC

Durch die Produktbildung entsteht eine Komponente bei der Trägerfrequenz der allerdings erhebliche Rauschkomponenten und das 2DPSK-Signal der doppelten Phase überlagert sind.

Ersetzt man nun in Abbildung 5.40 den Bandpaß durch eine Phasenregelschleife so erhält man eine Remodulatorschaltung mit AFC, Abbildung 5.41. Der abgeleitete Träger wird nach Abbildung 5.41 im VCO der Phasenregelschleife erzeugt. Das VCO-Nachführsignal $s_N(t)$ folgt aus dem Produkt

$$s_N(t) = s_r(t)s_p(t)s_Q(t) = s(t)s_p(t)s_Q(t) + n(t)s_p(t)s_Q(t) \qquad (5.101)$$

mit Gleichung 5.59, Gleichung 5.94, Gleichung 11.4 und $s_Q(t) = \cos\omega_c t$. Ermittelt man die Produkte in den Ringmodulatoren M_1, M_2 und M_3 nach der vorgenannten Gleichung mit Hilfe der trigonometrischen Additionstheoreme und faßt zusammen, so erscheint gemäß Abbildung 5.41 am Ausgang des Schleifentiefpasses das VCO-Nachführsignal

$$s_N(t) \quad = \quad \frac{1}{8}\sum_k \sin 2\Delta\Phi_{\mu k}\, g^2(t-kT_s) + \frac{n_c^2(t)}{4}$$

$$\sum_k \cos \Delta\Phi_{\mu k}\, g(t-kT_s) - \frac{n_s(t)}{4}$$
$$\sum_k \sin \Delta\Phi_{\mu k}\, g(t-kT_s) - \frac{n_s(t)n_c(t)}{4}. \tag{5.102}$$

Das Nachführsignal ist das gleiche wie im Falle der Trägerableitung mit der Costasschleife nach Gleichung 5.96 und bis auf einen konstanten Faktor auch gleich dem VCO-Nachführsignal bei der Trägerableitung durch Frequenzvervielfachung, siehe Gleichung 5.84. Bei der Trägerableitung durch Remodulation benötigt man keine Basisbandmultiplizierer wie bei der Costas-Schleife. Die Multiplizierer sind Ringmodulatoren.

Die 3 betrachteten Methoden zur Trägerrückgewinnung bei additivem Geräusch erweisen sich hinsichtlich der Trägerselektion und Geräuschunterdrückung im Nachführsignal als gleichwertig. Bei 4DPSK-Systemen ist die Remodulation zur Trägerableitung ebenfalls anwendbar. Das Blockschaltbild einer solchen Schaltung mit AFC ist in Abbildung 5.42 dargestellt. Aus Gründen der Übersichtlichkeit wird nur der rauschfreie Fall betrachtet. Die demodulierten Signale lauten dann

$$s_p(t) = \frac{1}{2}\sum_k \cos \Delta\Phi_{\mu k}\, g(t-kT_s) \tag{5.103}$$

$$s_q(t) = \frac{1}{2}\sum_k \sin \Delta\Phi_{\mu k}\, g(t-kT_s). \tag{5.104}$$

Im Falle der 4DPSK sind $s_p(t)$ und $s_q(t)$ Binärsignale. In Signum-Entscheidereinrichtungen (Schmitt-Trigger) gemäß Abbildung 5.42 werden die Signumfunktionen von $s_p(t)$ und $s_q(t)$ ermittelt. Am Remodulatorausgang entsteht so mit den Ringmodulatoren M_3 und M_4, dem $\frac{\pi}{2}$ - Phasenschieber und dem Summierer das Signal

$$s_L(t) = sign[s_p(t)]\acute{s}(t) + sign[s_q(t)]s(t). \tag{5.105}$$

Im Ringmodulator M_5 bildet man zum Vergleich das Produkt

$$s_I(t)s_L(t) = \sin \omega_c t s_L(t) \tag{5.106}$$

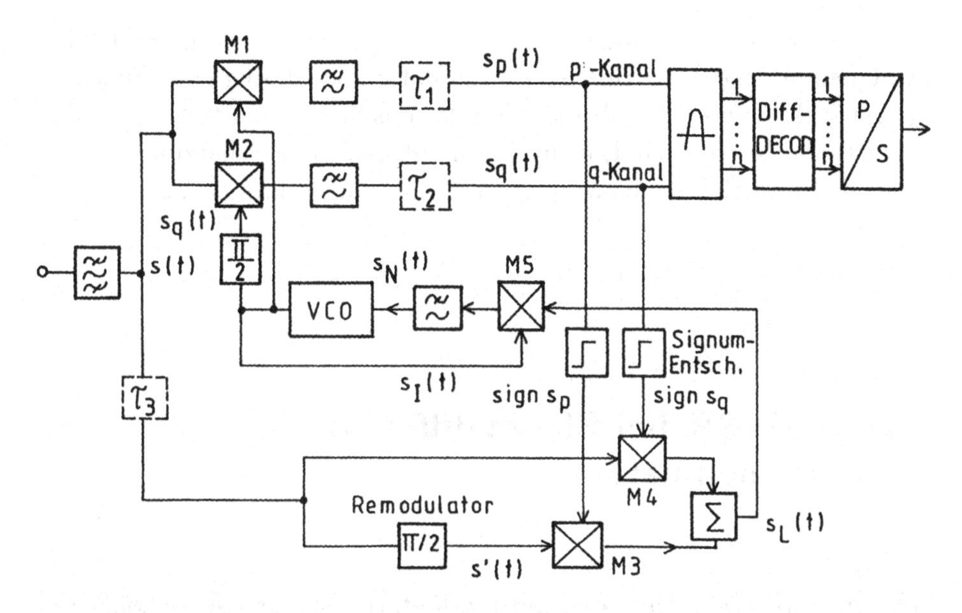

Abbildung 5.42: 4DPSK-Trägerableitung durch Remodulation mit AFC

dessen Tiefpaßanteil das Nachführsignal

$$s_N(t) = -\frac{sign[s_p(t)]}{2}s_q(t) + \frac{sign[s_q(t)]}{2}s_p(t) \qquad (5.107)$$

wie beim Costas-Loop liefert [47]. Die in Abbildung 5.42 gestrichelt gezeichneten Verzögerungsglieder τ_1 und τ_2 beseitigen Laufzeitunterschiede der Signale.

Eine weitere Methode zur Trägerrückgewinnung in mDPSK-Systemen benutzt das Prinzip der Modulationsschätzung und Entscheidungsrückkopplung. Da alle im Modulationsintervall auftretenden Signalzustände bekannt sind, kann durch entprechende Schätzung des jeweiligen Phasenfehlers eine Trägerregelung vorgenommen werden [51, 27].

5.4 mDPSK bei Phasendifferenz-Demodulation

Wie im vorhergehenden Abschnitt erläutert, ist zur pseudokohärenten Demodulation sendeseitig vor der Modulation eine Phasendifferenz-Codierung und empfangsseitig eine Phasendifferenz-Decodierung erforderlich. Führt man nun sendeseitig eine Phasendifferenz-Codierung und empfangsseitig eine Phasendifferenz-Demodulation durch, so kann auf eine empfangsseitige Phasendifferenz-Decodierung und die Trägerrückgewinnung verzichtet werden [53, 27]. Die Phasendifferenz-Demodulation beseitigt die im Phasendifferenz-Codierer erzeugte Phasendifferenzbildung

$$\Delta\Phi_{\mu k} = \Phi_{\mu k} - \Phi_{\mu(k-1)} \qquad (\mu = 1, 2, \ldots, m)$$

unmittelbar. Das übertragene Bitmuster der Länge n bit wird ohne weitere Decodierung wiedergewonnen. Hierzu ist kein kohärenter Träger notwendig. Der Demodulationsvorgang soll zunächst am Beispiel

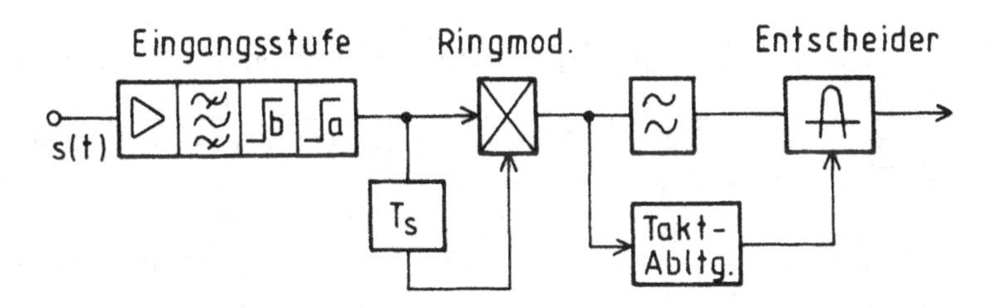

Abbildung 5.43: Zweiphasendifferenz-Demodulator

der 2DPSK diskutiert werden. Das 2DPSK-Modulatorsystem besteht aus einem 2PSK-Modulator dem ein Phasendifferenz-Codierer vorgeschaltet ist, siehe Abbildung 5.32 In Abbildung 5.43 ist ein 2DPSK-Differenzdemodulator prinzipiell dargestellt. Zur Beschreibung des Demodulationsvorgangs werde der μ-te Signalzustand im k-ten Modulationintervall betrachtet.

$$s_{\mu k}(t) = \sin(\omega_c t + \Delta\Phi_{\mu k)})\, g(t - kT_s) \tag{5.108}$$

Das Empfangssignal $s_{\mu k}(t)$ gelangt nach Abbildung 5.43 über die Eingangsstufe zum Ringmodulator. Am zweiten Eingang des Ringmodulators erscheint das um die Symboldauer T_s verzögerte Signal im $(k-1)$-ten Modulationsintervall.

$$s_{\mu(k-1)}(t) = \sin(\omega_c t + \Delta\Phi_{\mu(k-1)})\, g[t - (k-1)T_s]. \tag{5.109}$$

Das Produkt der beiden Signale und eine anschließende Tiefpaßfilterung liefert das gesuchte Basisbandsignal $(g(t - kT_s) = g[t - (k-1)T_s])$.

$$\begin{aligned} s_{\mu k}(t) s_{\mu(k-1)}(t) &= \frac{g^2(t - kT_s)}{2}[\cos(\Delta\Phi_{\mu k} - \Delta\Phi_{\mu(k-1)}) - \\ &\quad - \cos(2\omega_c t + \Delta\Phi_{\mu k} + \Delta\Phi_{\mu(k-1)})]. \end{aligned} \tag{5.110}$$

Am Ausgang des Tiefpaßfilters erscheint das demodulierte Signal

$$s_{p\mu k}(t) = \frac{1}{2}\cos(\Delta\Phi_{\mu k} - \Delta\Phi_{\mu(k-1)})\, g^2(t - kT_s). \tag{5.111}$$

Setzt man in Gleichung 5.111 die bei der 2DPSK auftretenden Phasendifferenzen 0 und π ein, so ermittelt man die in Tabelle 5.5 dargestellten Ergebnisse. Die Phasendifferenz-Codierung ist dabei wie in

Tabelle 5.5: Tabelle zur 2DPSK-Phasendifferenz-Demodulation

A_i	B_{i-1}	B_i	$\Delta\Phi_{\mu k}$	$\Delta\Phi_{\mu(k-1)}$	$s_{p\mu k}(t)/g^2(t-kT_s)$	A_i
1	1	1	0	0	$\frac{1}{2}$	1
0	0	1	0	π	$-\frac{1}{2}$	0
1	0	0	π	π	$\frac{1}{2}$	1
0	1	0	π	0	$-\frac{1}{2}$	0

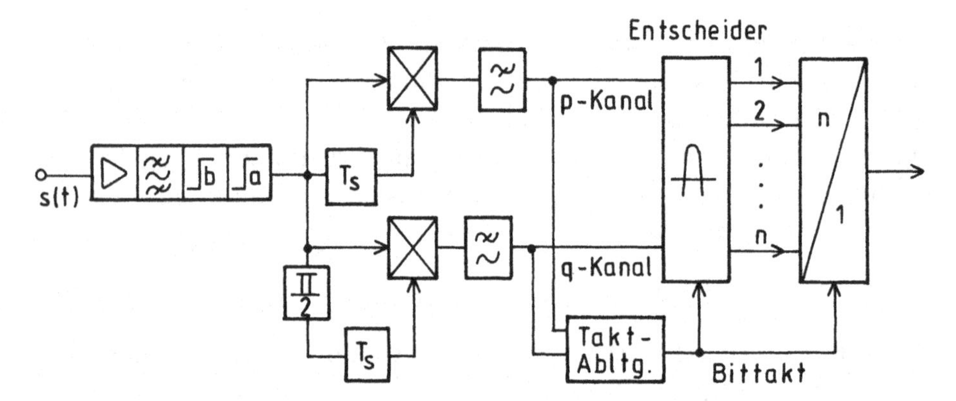

Abbildung 5.44: Phasendifferenz-Demodulator für mDPSK-Systeme ($m > 2$)

Abschnitt 5.3.1 dargestellt durchzuführen. Die ersten 3 Spalten der Tabelle 5.5 zeigen die Parameter der Zweiphasendifferenz-Modulation und die restlichen Spalten stellen die Parameter der Zweiphasendifferenz-Demodulation dar.

Zur mDPSK-Differenz-Demodulation ($m > 2$) wird der Quadratur-Demodulator verwendet. Die Phasendifferenz-Demodulation wird dabei im p-und q-Kanal durchgeführt, siehe Abbildung 5.44. Im p-Kanal nach Abbildung 5.44 erscheint im k-ten Modulationsintervall am Tiefpaßausgang das Signal $s_{p\mu k}(t)$ wie im Falle der Zweiphasendifferenz-Demodulation, siehe Gleichung 5.111. Im q-Kanal erhält man entsprechend der Phasenverschiebung um $\pi/2$ für das Produkt aus Empfangssignal und dem um T_s verzögerten Empfangssignal nach der Tiefpaßfilterung das Signal $s_{q\mu k}(t)$. Am Entscheidereingang des Quadraturdemodulators liegen somit die beiden demodulierten Signale

$$s_{p\mu k}(t) = \frac{1}{2}\cos(\Delta\Phi_{\mu k} - \Delta\Phi_{\mu(k-1)})\, g^2(t - kT_s) \quad (5.112)$$

$$s_{q\mu k}(t) = \frac{1}{2}\sin(\Delta\Phi_{\mu k} - \Delta\Phi_{\mu(k-1)})\, g^2(t - kT_s) \quad (5.113)$$

Setzt man in die beiden vorstehenden Gleichung die jeweiligen Werte für $\Delta\Phi_{\mu k}$ bzw. $\Delta\Phi_{\mu(k-1)}$ nach Tabelle 5.4 ein, so läßt sich, wie für die Phasendifferenz-Demodulation der 2DPSK in Tabelle 5.5 demonstriert zur Verdeutlichung der Demodulation eine entsprechende Tabelle entwickeln.

Zeitsignal und spektrale Leistungsdichte bzw. Spektralfunktion haben bei mDPSK-Systemen unabhängig von der Demodulationsart die gleiche Gestalt wie bei mPSK-Systemen.

Zur Taktrückgewinnung können die in Abschnitt 5.2.5 dargestellten Verfahren zur Anwendung kommen.

Die Einrichtungen zur Entscheidung und Regeneration sind ebenfalls wie bei den mPSK-Systemen aufzubauen.

5.4.1 Symbolfehler-Wahrscheinlichkeit der *m*DPSK-Systeme bei Phasendifferenz-Demodulation und additivem Geräusch

Wegen der Verknüpfung aufeinanderfolgender Phasenzustände in mDPSK-Systemen benötigt man zur Erzielung einer bestimmten Bitfehler-Wahrscheinlichkeit ein höheres Signal-Geräusch-Verhältnis C/N als bei vergleichbaren mPSK-Systemen. Bei pseudokohärenter Demodulation mit einem geräuschfreien Träger ist die Degradation nur geringfügig, siehe Abschnitt 5.3.2.

Zur Phasendifferenz-Demodulation bei der ein Phasenvergleich aufeinanderfolgender Signalzustände nämlich $s_{\mu k}(t)$ und $s_{\mu(k-1)}(t)$ durchgeführt wird, wird ein höheres Signal-Geräusch-Verhältnis als bei vergleichbaren mPSK-Systemen benötigt. Setzt man eine Übertragung ohne Symbolinterferenz und sonstige Störeinflüsse voraus, so entsteht ein Phasenfehler $\Delta\alpha$ nur aufgrund des immer vorhandenen additiv überlagerten thermischen Geräuschs. Die so veränderte Phasendifferenz lautet im Modulationsintervall somit

$$\begin{aligned} \Delta\tilde{\Phi}_{\mu k} &= \Delta\Phi_{\mu k} + \Delta\alpha & (5.114) \\ &= \Delta\Phi_{\mu k} + (\alpha_1 - \alpha_2) & (5.115) \end{aligned}$$

wobei α_1 und α_2 die durch additives Geräusch verursachten Fehlerwinkel in $\Phi_{\mu k}$ und $\Phi_{\mu(k-1)}$ darstellen. Die geräuschbedingten Fehlerwinkel folgen einem Zufallsprozeß der bei gaußverteilten Geräuschamplituden durch

$$f(\alpha) = \frac{e^{-\rho}}{2\pi} + \frac{1}{2}\sqrt{\frac{\rho}{\pi}} \cos\alpha e^{-\rho\sin^2\alpha}[1 + erf(\sqrt{\rho}\cos\alpha)] \qquad (5.116)$$

mit

$$\rho = 10^{\frac{C/N}{10}} \qquad (5.117)$$

(C/N in dB) beschrieben werden kann [14]. Bei der Demodulation tritt ein Symbolfehler (1 Symbol = n bit) dann auf, wenn gilt

$$|\Delta\Phi_{\mu k} - \Delta\tilde{\Phi}_{\mu k}| > \frac{\pi}{m} \qquad (5.118)$$

Setzt man Gleichung 5.118 in Gleichung 5.114 ein so folgt

$$|\Delta\Phi_{\mu k} - \Delta\Phi_{\mu k} - \Delta\alpha| = |\alpha_1 - \alpha_2| > \frac{\pi}{m} \qquad (5.119)$$

als Bedingung für einen Symbolfehler. Die Wahrscheinlichkeit für einen Symbolfehler ist dann mit Gleichung 5.116

$$P_s = 2\int_{\delta=-\frac{\pi}{2}+\frac{\pi}{m}}^{\frac{\pi}{2}} \int_{\gamma=-\frac{\pi}{2}}^{\delta-\frac{\pi}{m}} f(\delta)f(\gamma)d\gamma d\delta \qquad (5.120)$$

Für große ρ kann Gleichung 5.116 ohne wesentlichen Verlust an Genauigkeit (C/N-Verlust ca. $0,1dB$) durch

$$\begin{aligned} f(\alpha) &\approx \frac{e^{-\rho}}{2\pi} + \sqrt{\frac{\rho}{\pi}} \cos\alpha e^{-\rho\sin^2\alpha} \quad \text{für} \quad |\alpha| \le \frac{\pi}{2} & (5.121) \\ f(\alpha) &\approx 0 \quad \text{für} \quad |\alpha| > \frac{\pi}{2} & (5.122) \end{aligned}$$

genähert werden. Gleichung 5.120 folgt damit zu

$$
\begin{aligned}
P_s(\rho) \approx\ & 2\int_{-\frac{\pi}{2}+\frac{\pi}{m}}^{\frac{\pi}{2}}\int_{-\frac{\pi}{2}}^{\delta-\frac{\pi}{m}}\left(\frac{e^{-\rho}}{2\pi}+\sqrt{\frac{\rho}{\pi}}\cos\delta e^{-\rho\sin^2\delta}\right) \\
& \left(\frac{e^{-\rho}}{2\pi}+\sqrt{\frac{\rho}{\pi}}\cos\gamma e^{-\rho\sin^2\gamma}\right) d\delta d\gamma .
\end{aligned}
\tag{5.123}
$$

Multipliziert man den Integranden in der vorgenannten Gleichung aus, so können von den 4 Teilintegralen drei vernachlässigt werden, weil sie nur geringe Beiträge liefern. Es verbleibt

$$
P_s(\rho) \approx \sqrt{\frac{\rho}{\pi}}\int_{-\frac{\pi}{2}+\frac{\pi}{m}}^{\frac{\pi}{2}} \cos\delta e^{-\rho\sin^2\delta}\left[erf\left(\sqrt{\rho}\sin\left(\delta-\frac{\pi}{m}\right)\right)+erf\sqrt{\rho}\right] d\rho
\tag{5.124}
$$

wenn man

$$
\int_{-\frac{\pi}{2}}^{\delta-\frac{\pi}{m}}\sqrt{\frac{\rho}{\pi}}\cos\gamma e^{-\rho\sin^2\gamma}d\delta = \frac{1}{2}\left[erf\left(\sqrt{\rho}\sin\left(\delta-\frac{\pi}{m}\right)\right)+erf(\sqrt{\rho}\right]
\tag{5.125}
$$

in Gleichung 5.123 einsetzt als endgültige Lösung [54]. Eine Untersuchung des Integranden von Gleichung 5.124 zeigt, daß dieser ein ausgeprägtes Maximum bei $\delta = \frac{\pi}{2m}$ hat. Das Integral in Gleichung 5.124 kann deshalb numerisch mit nur wenigen Stützstellen (4 bis 5) in der Umgebung von $\delta = \frac{2\pi}{m}$ berechnet werden, wobei das gaußsche Fehlerintegral durch Gleichung 2.75 genähert oder Tabellen entnommen werden kann. Bei der numerischen Berechnung ist die Bedingung

$$
erf(-x) = -erf(x) \tag{5.126}
$$

zu beachten. In Abbildung 5.45 ist der Verlauf der Symbolfehler-Wahrscheinlichkeit über C/N für einige mDPSK-Systeme bei Phasendifferenz-Demodulation dargestellt. Vergleicht man beispielsweise den C/N - Bedarf der 4PSK mit dem der 4DPSK bei Phasendifferenz-Demodulation, so stellt man mit Abbildung 5.10 und Abbildung 5.45 fest, daß die 4DPSK einen um ca. 3 dB höheren C/N - Wert benötigt als die 4PSK bei kohärenter Demodulation um eine Symbolfehler-Wahrscheinlichkeit von 10^{-7} zu erreichen.

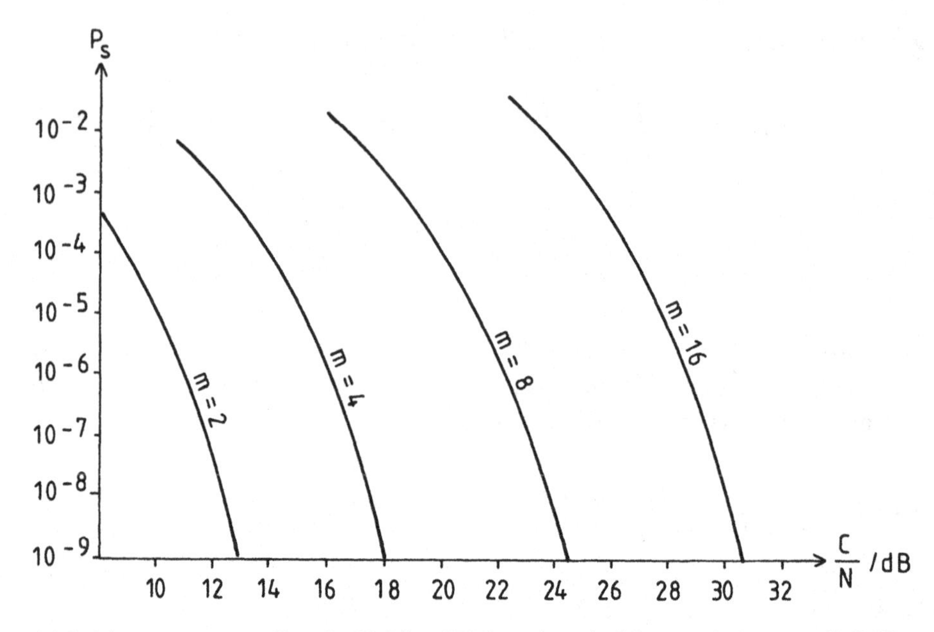

Abbildung 5.45: Symbolfehler-Wahrscheinlichkeit einiger mDPSK-Systeme bei Phasendifferenz-Demodulation

5.5 Offset-PSK und PSK-Systeme mit minimalen Phasensprüngen

Bei PSK-Systemen ist die Signalhüllkurve nur dann weitgehend konstant, wenn einerseits die Tastung mit Rechteckimpulsen erfolgt und andererseits zwischen der Bitrate des zu übertragenden Basisbandsignals und der Trägerfrequenz ein geeigneter zahlenmäßiger Zusammenhang besteht [55]. In der Praxis ist diese Forderung nur selten erfüllbar. Infolge der immer erforderlichen Bandbegrenzung geht die Hüllkurvenkonstanz bei PSK-Systemen verloren. Bei diesen Systemen treten besonders tiefe Amplitudeneinbrüche bei Phasensprüngen um π auf. Die durch die Bandbegrenzung erzeugten linearen Verzerrungen haben eine zusätzliche Amplitudenmodulation beim PSK-Signal zur Folge, die bei der Übertragung über Einrichtungen mit nichtlinearer Kennlinie (z.B. Leistungsverstärker) zu einer parasitären Phasen-Modulation führen

(AM/PM-Conversion) und den sogenannten *Spectrum-Spreading-Effect* verursachen, siehe Abschnitt 12.2.

Offset-PSK-Systeme haben auch bei Bandbegrenzung eine konstantere Hüllkurve als PSK-Systeme, wobei besonders die Offset-4PSK Bedeutung erlangt hat. Mit den ebenfalls betrachteten Φ_{min}-PSK-Systemen sind praktisch konstante Signalhüllkurven erzielbar, wenn die Modulation mit Rechteckimpulsen oder schwach bandbegrenzten Rechteckimpulsen erfolgt.

Zur Erläuterung des Hüllkurvenverlaufs bei bandbegrenzten PSK-Systemen werde zunächst ein 4-PSK-Signal betrachtet, das mit einer stochastischen Folge von Sinusimpulsen moduliert ist. Allgemein läßt sich der μ-te Signalzustand im k-ten Modulationsintervall eines mPSK-Signals durch Gleichung 5.9 beschreiben. Er lautet mit Gleichung 5.7 und Gleichung 5.8

$$s_{\mu k}(t) = \cos\Phi_{\mu k}\, g(t-kT_s)\sin\omega_c t + \sin\Phi_{\mu k}\, g(t-kT_s)\cos\omega_c t$$

$(\mu = 1, 2, 3, \ldots, m)$. Im Modulationintervall gilt dann für die Hüllkurve

$$|s_{\mu k}(t)| = \sqrt{\cos^2\Phi_{\mu k}\, g^2(t-kT_s) + \sin^2\Phi_{\mu k}\, g^2(t-kT_s)} = g(t-kT_s). \tag{5.127}$$

Die Hüllkurve eines mPSK-Signals nimmt im Modulationsintervall $kT_s \leq t \leq (k+1)T_s$ die Gestalt eines Elementar-Basisbandimpulses an. Für die im Modulationsintervall vorliegende Phase erhält man mit Gleichung 5.9

$$\Phi_{\mu k} = \arctan\frac{\sin\Phi_{\mu k}\, g(t-kT_s)}{\cos\Phi_{\mu k}\, g(t-kT_s)} \tag{5.128}$$

Somit kann Gleichung 5.9 auch in der Form

$$s_{\mu k}(t) = g(t-kT_s)\sin(\omega_c t + \Phi_{\mu k}) \tag{5.129}$$

geschrieben werden. Der Signalverlauf eines 4PSK-Signals bei der Modulation mit Sinusimpulsen der Form

$$g(t) = \sin\frac{\pi t}{T_s} \tag{5.130}$$

ist in Abbildung 5.46 dargestellt. Die Inkonstanz der Hüllkurve ist in der Darstellung deutlich erkennbar. Die Signalhüllkurve fällt am Anfang und Ende eines Modulationsintervalls bis auf ungefähr 2/5 der Maximalamplitude ab.

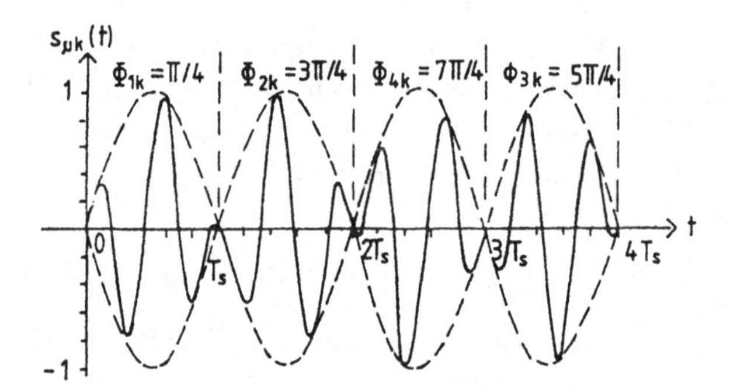

Abbildung 5.46: Signalverlauf der 4PSK bei der Tastung mit Sinusimpulsen (Trägerkreisfrequenz $\omega_c = \frac{4\pi}{T_s}$)

5.5.1 Offset-mPSK-Systeme

Fügt man im q-Kanal eines 4PSK-Modulators gemäß Abbildung 5.18 nach der Serien-Parallelumsetzung eine Verzögerung um $T_s/2 = T_b$ ein und benutzt zur Impulsformung schwach bandbegrenzende Tiefpässe oder moduliert mit Rechteckimpulsen, so erhält man am Modulatorausgang ein Offset-4PSK-Signal der Form

$$s_{\mu k}(t) = \cos\Phi_{\mu k}\,\gamma(t - kT_s)\sin\omega_c t + \sin\Phi_{\mu k}\,\gamma\left[t - \left(k + \frac{1}{2}\right)T_s\right]\cos\omega_c t \tag{5.131}$$

($\mu = 1, 2, 3, \ldots, m$) im Modulationsintervall $kT_s \leq t \leq (k+1)T_s$. $\gamma(t)$ beschreibt die Rechteckimpulsform oder die Impulsform der schwach bandbegrenzten Basisbandsignale. Trotz der Verzögerung um $T_s/2$ bleibt das Zustandsdiagramm der Offset-4PSK wie bei der 4PSK erhalten, jedoch treten Phasensprünge um π nicht mehr auf. Durch die Verzögerung um $T_s/2$ werden π - Phasensprünge in zwei $\pi/2$ - Phasensprünge aufgeteilt. Wie in Abbildung 5.47 erkennbar, treten Signalübergänge der Form $(00) \leftrightarrow (11)$ bzw. $(10) \leftrightarrow (01)$ und damit π - Phasensprünge nicht mehr auf. Im Offset-4PSK-Signal nach Abbildung 5.47c erscheinen zwar immer noch Amplitudenschwankungen bis auf das $1/\sqrt{2}$ - fache der Maximalamplitude, jedoch wird die Tiefe der Einbrüche verglichen mit dem 4PSK-Signal nach Abbildung 5.46 erheblich verringert. Eine absolut konstante Hüllkurve liefert die Offset-4PSK, wenn man als Elementarimpulse die Sinusimpulsform nach Gleichung 5.130 benutzt, die ebenfalls im Modulationsintervall definiert ist. Man erhält dann wegen der Verzögerung um $T_s/2$ im Modulationsintervall die Signale

$$s_{p\mu k}(t) = \cos\Phi_{\mu k}\sin\frac{\pi t}{T_s} \tag{5.132}$$

und

$$s_{q\mu k}(t) = \sin\Phi_{\mu k}\cos\frac{\pi t}{T_s} \tag{5.133}$$

die die Quadraturträger modulieren. In Abbildung 5.48 sind die beiden vorgenannten Gleichungen sowie das Offset-4PSK-Signal das im k-ten Modulationsintervall durch

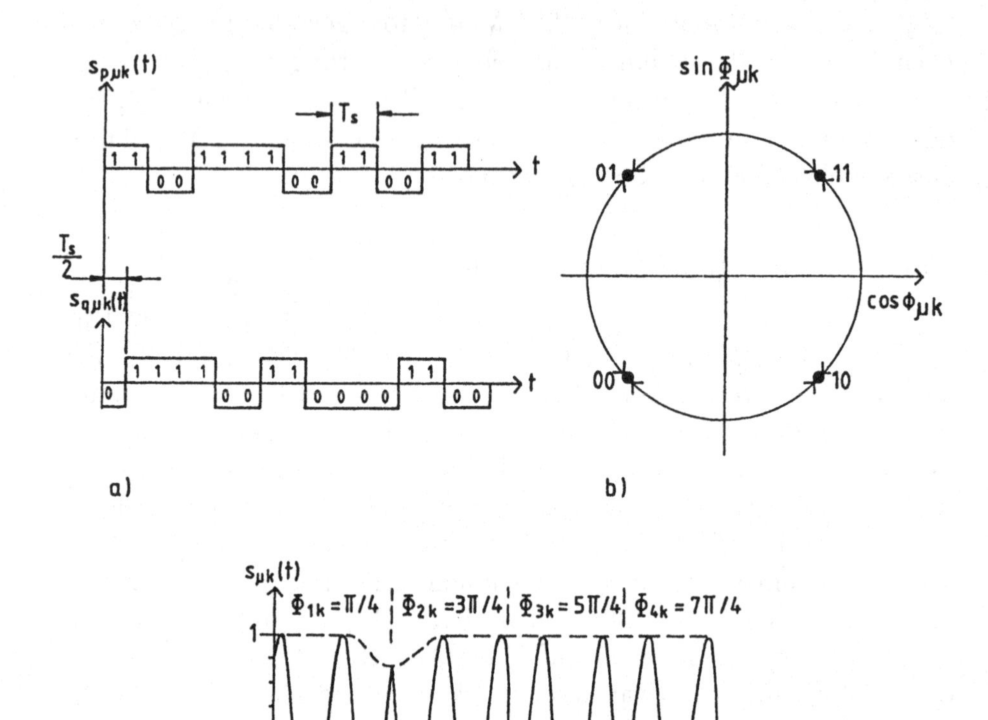

Abbildung 5.47: Signalformen der Offset-4PSK bei der Modulation mit Rechteckimpulsen

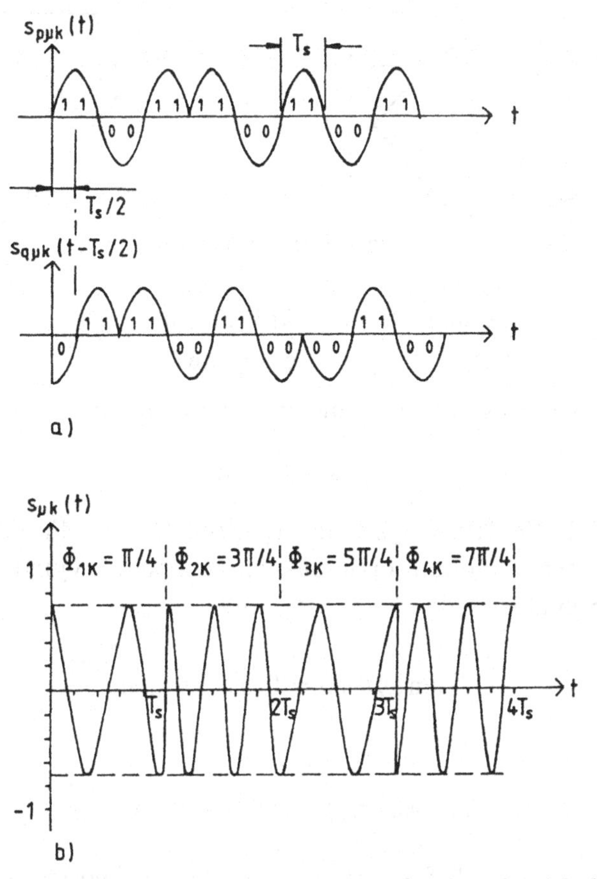

Abbildung 5.48: Signalformen der Offset-4PSK bei der Modulation mit Sinusimpulsen

$$s_{\mu k}(t) = \cos \Phi_{\mu k} \sin \frac{\pi t}{T_s} \cos \omega_c t + \sin \Phi_{\mu k} \cos \frac{\pi t}{T_s} cos \omega_c t \qquad (5.134)$$

definiert ist, graphisch dargestellt. Aus Abbildung 5.48 ist erkennbar, daß π - Phasensprünge nicht auftreten. Außerdem sind keine Amplitudeneinbrüche erkennbar. Die Signalhüllkurve ist absolut konstant. Die Offset-4PSK ist der MSK (Minimum-Shift-Keying) der binären Frequenzumtastung mit kontinuierlicher Phase bei einem Modulationsindex von $\eta = 0,5$ äquivalent. In Abschnitt 11.1.1 wird dieses Verfahren genauer behandelt. Die kohärente Quadratur-Demodulation die wie in

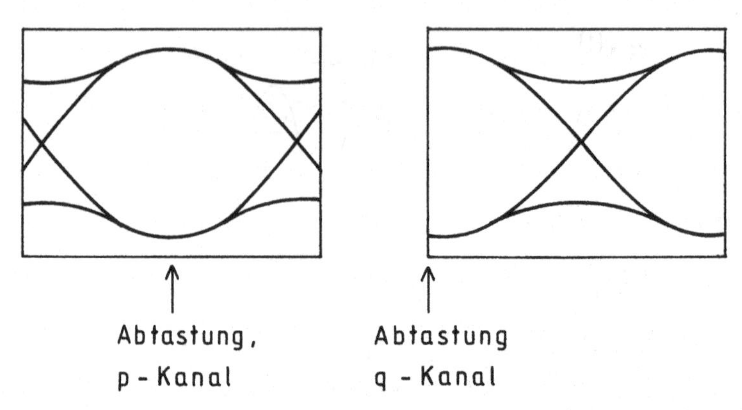

Abbildung 5.49: Augendiagramme nach der Demodulation eines Offset-4PSK-Systems

Abbildung 5.18 für 4PSK-Systeme dargestellt durchgeführt wird, liefert am Ausgang der Demodulatortiefpässe in den beiden Quadraturkanälen die beiden Signale

$$(s_{\mu k}(t) \sin \omega_c t)_{TP} = 0,5 \cos \Phi_{\mu k} \sin \frac{\pi t}{T_s} \tag{5.135}$$

und

$$(s_{\mu k}(t) \cos \omega_c t)_{TP} = 0,5 \sin \Phi_{\mu k} \cos \frac{\pi t}{T_s} \tag{5.136}$$

(TP bezeichnet den Tiefpaßanteil). Die Augendiagramme der beiden demodulierten Signale im Idealfall sowie die Abtastzeitpunkte im Entscheider sind in Abbildung 5.49 dargestellt. Offset-4PSK und 4PSK haben bei gleicher Impulsformung identische Leistungsspektren.

Die Symbolfehler-Wahrscheinlichkeit der Offset-4PSK bleibt ebenfalls die gleiche wie bei der 4PSK mit kohärenter Demodulation. Die in Abschnitt 5.1.3 abgeleiteten Ergebnisse sind damit für die Offset-4PSK ebenfalls gültig.

Ein Offset-mPSK-System mit $m \geq 4$ erhält man allgemein, wenn man am Ausgang des Serien-Parallel-Umsetzers im q-Kanal nach Abbildung 5.22 das Signal 1 unverzögert läßt, das Signal 2 um T_s/n, das Signal 3 um $2T_s/n$ und das Signal n um $(n-1)T_s/n$ verzögert. Im Modulatorausgangssignal treten dann keine Phasensprünge um π mehr auf. Offset-mPSK-Systeme können in Übereinstimmung mit Gleichung

5.131 im Modulationsintervall durch

$$s_{\mu k}(t) = \cos\Phi_{\mu k}\,\gamma\left(t - \frac{kT_s}{n}\right)\sin\omega_c t + \sin\Phi_{\mu k}\,\gamma\left(t - \frac{kT_s}{n}\right)\cos\omega_c t \tag{5.137}$$

beschreiben werden. Abbildung 5.50b zeigt die verzögerten Basisbandsignale und Abbildung 5.50a das Modulatorausgangssignal eines Offset-8PSK-Systems. Die Signalhüllkurve hat geringere Amplitudeneinbrüche da Phasensprünge um π nicht mehr auftreten. Mit Abbildung 5.23 und Abbildung 5.50b, kann man verschiedene Signalübergänge überprüfen. Die Anwendung der Sinusimpulsform führt, wie im Falle der Offset-4PSK gezeigt, bei Offset-mPSK-Systemen mit $m \geq 4$ nicht auf eine konstante Hüllkurve. Offset-mPSK-Systeme belegen bei beliebigem m die Bandbreite der mPSK, und erreichen ebenfalls deren Symbolfehler-Wahrscheinlichkeit bei kohärenter Demodulation, siehe Abschnitt 5.1.3 [56].

5.5.2 Φ_{min}-mPSK-Systeme

Mit einem einfachen redundanten Codierverfahren können in mPSK-Systemen mit ($m \geq 4$) die Phasensprünge auf ihren Minimalwert π/m reduziert und damit die Hüllkurvenkonstanz erhöht werden. Wie in der Überschrift erwähnt, werden nachfolgend diese Systeme als Φ_{min}-mPSK-Systeme , also mPSK-Systeme mit minimalen Phasensprüngen, bezeichnet. Betrachtet werde zunächst die Symbolfolge

$$(A_4) = \begin{pmatrix} 0 & 0 & 1 & 0 & 0 & 1 & 0 & 1\ldots \\ 0 & 0 & 1 & 0 & 1 & 0 & 0 & 1\ldots \end{pmatrix} \tag{5.138}$$

wie sie am Ausgang des Serien-Parallel-Umsetzers eines 4PSK-Modulatorsystems gemäß Abbildung 5.18 erscheinen könnte. In der Folge treten π-Phasensprünge bei den Signalübergängen (00) $\leftrightarrow$ (11) und (01) $\leftrightarrow$ (10) auf, wie Abbildung 5.47 entnommen werden kann. Diese Phasensprünge werden vermieden, wenn man hinter jedes Symbol der Folge (A_4) ein redundantes Symbol so einfügt, daß nur $\pi/2$ -Phasensprünge auftreten können. Bei Symbolpaaren bei denen bereits in der Folge (A_4) kein π-Phasensprung erscheint, setzt man als redundantes Symbol eines der beiden Symbole selbst. Man codiert die Folge

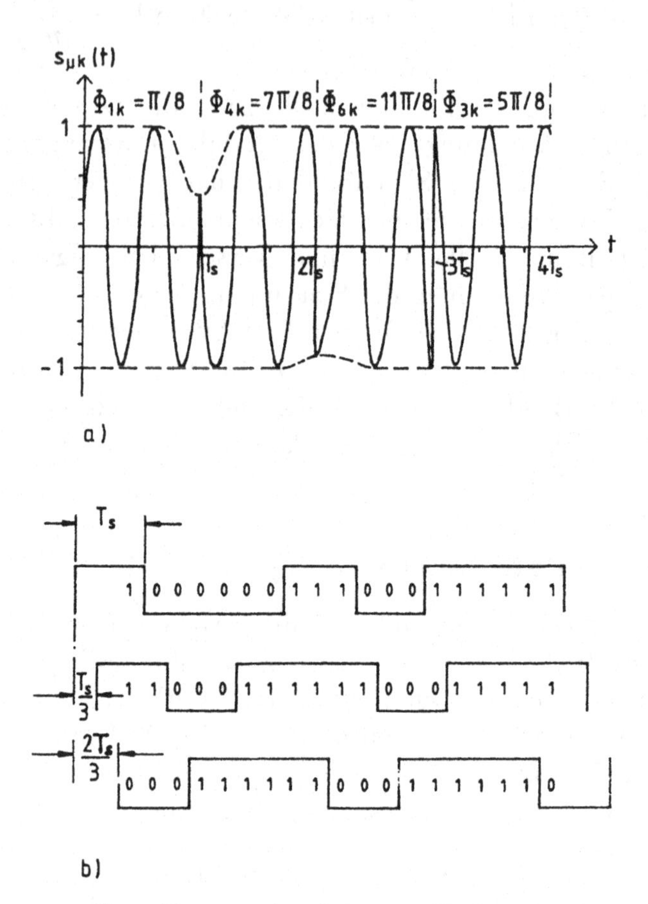

Abbildung 5.50: Signalformen der Offset-8PSK bei der Modulation mit Rechteckimpulsen

Tabelle 5.6: Codetabelle für eine Φ_{min} - 4PSK-System

x_1	x_2	x_3	x_4	y_1	y_2	y_3	y_4	y_5	y_6
0	0	0	1	0	0	0	1	0	1
0	0	1	1	0	0	1	0	1	1
0	0	1	0	0	0	1	0	1	0
0	0	0	0	0	0	0	0	0	0
1	1	0	0	1	1	0	1	0	0
1	1	0	1	1	1	0	1	0	1
1	1	1	0	1	1	1	0	1	0
1	1	1	1	1	1	1	1	1	1
1	0	1	1	1	0	1	1	1	1
1	0	0	1	1	0	0	0	0	1
1	0	1	0	1	0	0	0	1	0
1	0	0	0	1	0	0	0	0	0
0	1	0	0	0	1	0	0	0	0
0	1	1	1	0	1	1	1	1	1
0	1	0	1	0	1	0	1	0	1
0	1	1	0	0	1	0	0	1	0

(A_4) beispielsweise um in die Folge

$$(B_4) = \begin{pmatrix} 0 & |0| & 0 & |1| & 1 & |0| & 0 & |0| & 0 & |0| & 1 & |0| & 0 & |1| & 1\ldots \\ 0 & |0| & 0 & |0| & 1 & |1| & 0 & |1| & 1 & |0| & 0 & |0| & 0 & |0| & 1\ldots. \end{pmatrix} \tag{5.139}$$

In der Folge (B_4) sind die redundanten Symbole durch Betragstriche gekennzeichnet. Nach der Modulation verursacht die Folge (B_4) nur noch Phasensprünge um $\pi/2$. Für die Φ_{min}-4PSK die der Offset-4PSK äquivalent ist, läßt sich die in Tabelle 5.6 dargestellte Codezuordnung mit Hilfe von Abbildung 5.19*ab* finden. In der Codetabelle bezeichnet x_1, x_2 ein um T_s verzögertes Symbol der Folge (A_4) und x_3, x_4 ein unverzögertes, während y_1, y_2 und y_5, y_6 mit x_1, x_2 und x_3, x_4 übereinstimmen, stellt y_3, y_4 das redundante Symbol der codierten Folge (B_4) dar. Ein mit Tabelle 5.6 realisierbarer Codierer ist in Abbildung 5.51 wiedergegeben. Er wäre im Modulator nach Abbildung 5.18 am

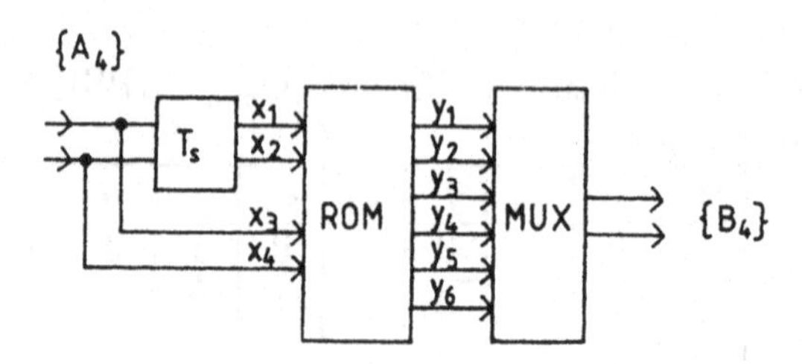

Abbildung 5.51: Φ_{min}-4PSK-Codierer

Ausgang des Serien-Parallel-Umsetzers einzufügen. Im Codierer bilden die verzögerte und unverzögerte Symbolfolge die Adreßfolge für einen ROM-Speicher der alle möglichen Symbolkonfigurationen der Symbolfolge (B_4) enthält. Aus den je drei Symbolpaaren am ROM-Ausgang entsteht durch Multiplexbildung die Folge (B_4). Eine Decodierung ist nicht erforderlich, da bei der Abtastung mit dem Symboltakt die redundanten Symbole unterdrückt werden. Auf entsprechende Art und Weise kann ein Φ_{min}-mPSK-System entwickelt werden. Zur Codierung sind hierzu hinter jedes Symbol (=n bit) der uncodierten Symbolfolge redundante Symbole einzufügen, die so auszuwählen sind, daß nur π/m - Phasensprünge auftreten können. Abbildung 5.52 zeigt den Signalverlauf eines Φ_{min}-8PSK-Signals im Vergleich zu einem 8PSK-Signal bei der Tastung mit Rechteckimpulsen. Während die Hüllkurve des 8PSK-Signals vielfältige Hüllkurveneinbrüche aufweist, ist die Hüllkurve des Φ_{min}-8PSK-Signals praktisch konstant. Die Symbolrate nach der Codierung ermittelt man allgemein zu

$$v_{cod} = \frac{m}{2} v_s = \frac{m}{2T_s} = \frac{m v_b}{2n} \tag{5.140}$$

während der Signalverlauf im Modulationsintervall durch Gleichung 5.137 beschrieben wird. Eine Decodierung ist allgemein nicht erforderlich, weil die redundanten Symbole bei der Abtastung mit dem Symboltakt $f_s = f_b/n$ (fb ist der Bittakt) unterdrückt werden.

In der codierten und uncodierten Symbolfolge tritt jedes Symbol mit der Wahrscheinlichkeit $1/m$ auf, wenn man geeignete redundante

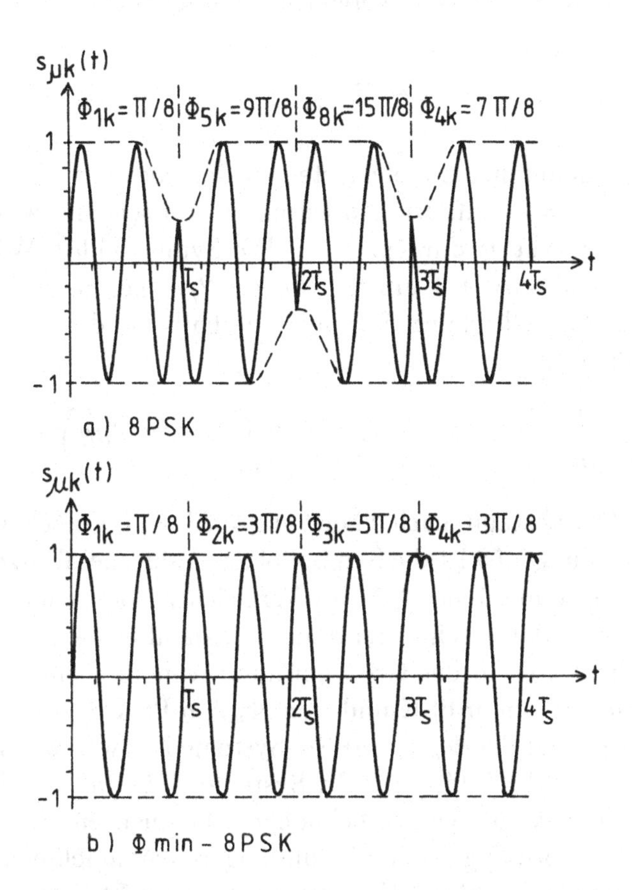

Abbildung 5.52: 8PSK-Signal und Φ_{min}-8PSK-Signal bei der Modulation mit Rechteckimpulsen

Symbole auswählt. Für die mittlere effektive Leistung C des Φ_{min}-mPSK-Signals gilt deshalb in Abhängigkeit des minimalen Abstands zur Entscheidungsgrenze A_m, vergleiche Abschnitt 5.1.3

$$C = \frac{A_m^2}{2\sin^2\frac{\pi}{m}} \tag{5.141}$$

Die nichtredundanten Symbole treten in der codierten Folge nur im Abstand $\frac{m}{2}T_{scod} = T_s$ auf. Die Abtastung im Entscheider wird deshalb mit dem Symbotakt f_s durchgeführt. Die Symbolfehler- Wahrscheinlichkeit ist für alle $m \geq 4$ um den Faktor $2/m$ geringer als im Falle der $mPSK$. Mit Gleichung 5.37 folgt deshalb für die Symbolfehler-Wahrscheinlichkeit

$$P_{sm} = \frac{2}{m}\left(\frac{1}{2} - \frac{1}{2}erf(z) + \frac{1}{\pi}e^{-z^2}\int_0^{\epsilon} e^{-z^2\tan^2\beta}d\beta\right) \tag{5.142}$$

mit z dem Störabstand nach Gleichung 5.33 und ϵ nach Gleichung 5.36. In Abbildung 5.53 ist die Symbolfehler-Wahrscheinlichkeit einiger Φ_{min}-mPSK-Systeme über C/N im Vergleich zu den entsprechenden mPSK-Systemen dargestellt. Bei in der Praxis üblichen Symbolfehler-Wahrscheinlichkeiten in der Größenordnung von 10^{-7} sind die Unterschiede zwischen den mPSK-und den Φ_{min}-mPSK-Systemen gering. Der Spektralverlauf der Φ_{min} - mPSK-Systeme ist zwar von seiner Gestalt her wie bei den Offset-mPSK-Systemen, für $m > 4$ liegen die Nullstellen im Spektrum jedoch bei höheren Frequenzen. Aus Gründen der spektralen Formung ist die Codierung so vorzunehmen, daß die Signalmuster weitgehend mit den bei der Offset-mPSK erscheinenden übereinstimmen [56].

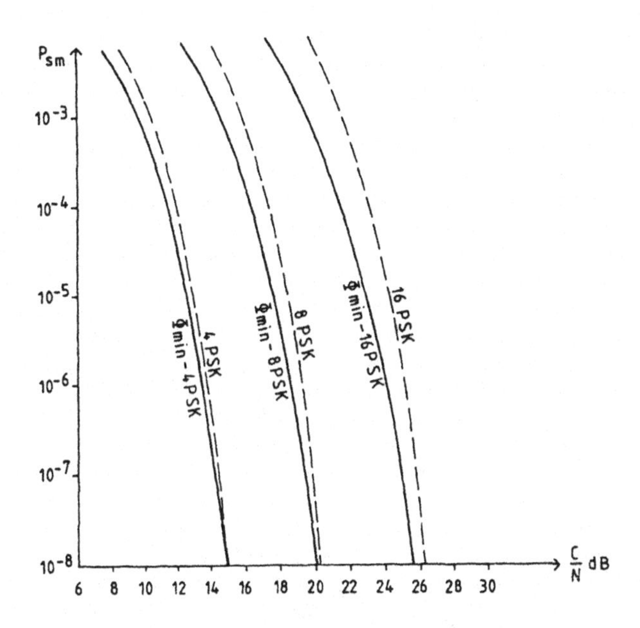

Abbildung 5.53: Symbolfehler-Wahrscheinlichkeit einiger Φ_{min}-mPSK-Systeme

6 Amplituden-Phasen-Tastung mit m Signalzuständen ($m = 2^n, n = 1, 2, 3, \ldots$) (Amplitude Phase Keying ... APK)

Für die digitale Phasen-Amplituden-Tastung gibt es kein bekanntes analoges zeitkontinuierliches Verfahren das zum Vergleich herangezogen werden könnte. Von der Erzeugung her besteht eine enge Verwandtschaft zu den PSK-Systemen. Im Modulationsintervall $kT_s \leq t \leq (k+1)T_s$ wird jedes n-bit-Symbol durch eine Trägerschwingung bestimmter Phase und Amplitude übertragen. Der Unterschied zur PSK besteht in der im Modulationsintervall nicht konstanten Amplitude. Zur Darstellung der zu übertragenden Symbole im Zustandsdiagramm steht nicht nur die Kreiskontur mit dem nutzbaren Bereich 2π zur Verfügung, sondern die gesamte Ebene der 4 Quadranten des kartesischen Koordinatensystems. Die übliche Anzahl der Phasen-Amplituden-Zustände wird als Potenz zur Basis 2, aus den bereits bei den ASK-und PSK-Systemen erläuterten Gründen, dargestellt [57, 58, 59, 60]. Ausnahmen von dieser Regel werden in Kapitel 7 behandelt. APK-Systeme werden kohärent demoduliert. Inkohärente Demodulation oder Demodulation durch Quadrierung des Empfangssignals ist dann möglich, wenn als Basisbandsignale Pseudosisgnale (z.B. pseudoternäre Basisbandsignale) verwendet werden.

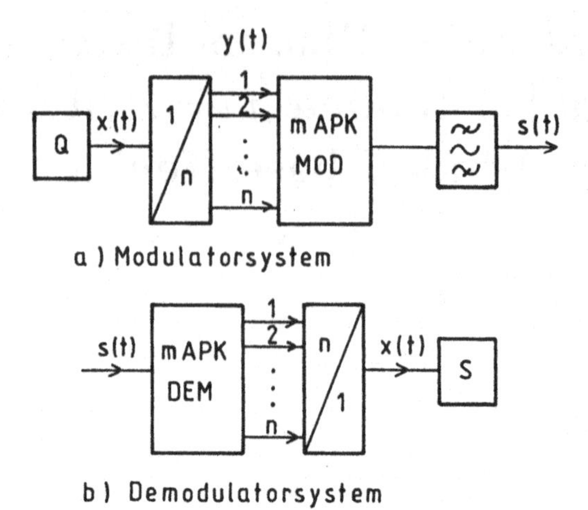

Abbildung 6.1: mAPK-Modulator-Demodulator-Modell

6.1 mAPK-Systeme bei kohärenter Demodulation

Der Modulations-und Demodulationsvorgang kann bei der Amplituden-Phasen-Tastung ähnlich wie bei mPSK-Systemen formuliert werden. Das prinzipielle mAPK-Modulator-Demodulator-Modell ist somit auch dem mPSK-Modell ähnlich. In Abbildung 6.1 ist ein solches Modell dargestellt. Ein Quellensignal $x(t)$ nach Abbildung 6.1 wird im Modulatorsystem zunächst in n parallele Binärsignale $y(t)$ umgesetzt. Die hierbei erscheinenden m Nachrichtenbitmuster (Symbole) werden im mAPK-Modulator m Amplituden-Phasen-Zuständen eines Sinusträgers jeweils im Modulationsintervall $kT_s \leq t \leq (k+1)T_s$ zugeordnet, wobei die Impulsformung vor der Modulation im Basisband mit Tiefpässen oder nach der Modulation mit Bandpässen erfolgen kann. Die Symbolrate ist

$$v_s = \frac{v_b}{n} = \frac{v_b}{\log_2 m} = \frac{1}{T_s} = \frac{1}{nT_b}$$

wie im Falle der mPSK-Systeme auch.

Das mAPK-Modulatorausgangssignal lautet somit ähnlich wie für

mPSK-Systeme definiert

$$s(t) = \sum_k \hat{s}_{\mu k} \sin(\omega_c t + \tilde{\Phi}_{\mu k})\, g(t - kT_s) \qquad (\mu = 1, 2, \ldots, m). \quad (6.1)$$

Zu beachten ist, daß in Gleichung 6.1 die Amplitude $\hat{s}_{\mu k}$ im Gegensatz zur mPSK nicht konstant ist sondern im Modulationsintervall verschiedene Werte annehmen kann. Gleichung 6.1 kann in Quadraturform dargestellt werden.

$$s(t) = \sum_k \hat{s}_{\mu k}(\cos \tilde{\Phi}_{\mu k} \sin \omega_c t + \sin \tilde{\Phi}_{\mu k} \cos \omega_c t)\, g(t - kT_s) \qquad (6.2)$$

Zusammengefaßt liefert die vorstehende Gleichung

$$s(t) = \tilde{s}_p(t) \sin \omega_c t + \tilde{s}_q(t) \cos \omega_c t. \qquad (6.3)$$

Der μ - te Signalzustand im k-ten Modulationsintervall lautet mit Gleichung 6.2

$$s_{\mu k}(t) = \tilde{s}_{p\mu k}(t) \sin \omega_c t + \tilde{s}_{q\mu k}(t) \cos \omega_c t \qquad (6.4)$$

mit

$$\tilde{s}_{p\mu k}(t) = \hat{s}_{\mu k} \cos \tilde{\Phi}_{\mu k}\, g(t - kT_s) \qquad (6.5)$$

und

$$\tilde{s}_{q\mu k}(t) = \hat{s}_{\mu k} \sin \tilde{\Phi}_{\mu k}\, g(t - kT_s). \qquad (6.6)$$

Die Realisierung der Gleichung 6.2 führt ebenfalls wie im Falle der mPSK auf den Quadraturmodulator nach Abbildung 5.3. $\tilde{s}_p(t)$ und $\tilde{s}_q(t)$ sind in den Codierern erzeugte mehrstufige Basisbandsignale die nach einer Impulsformung in Tiefpässen mit den Quadraturträgern $\sin \omega_c t$ und $\cos \omega_c t$ multipliziert werden. Durch Summmation der beiden modulierten Signale entsteht das mAPK -Signal.

Die Demodulation von mAPK-Signalen erfolgt in Quadraturdemodulatoren wie sie für mPSK-Systeme benutzt werden, siehe Abbildung 5.5. Es wird eine kohärente Demodulation durchgeführt bei der Träger und Takt aus dem Empfangssignal abgeleitet werden müssen.

In Abbildung 6.2 ist das Zustandsdiagramm, die Tabelle der Modulationsparameter sowie das Prinzip-Blockschaltbild eines 16APK-Quadratur-Modulator-Demodulator-Systems dargestellt. Aus Gründen der Anschaulichkeit sind die Phasenwinkel in der Tabelle der Modulationsparameter in Grad und nicht wie bisher in Radiant angegeben. Im Modulatorsystem nach Abbildung 6.2 wird das Ursprungssignal der Bitrate v_b zunächst in 4 parallele Bitströme der Symbolrate $v_s = v_b/4$ umgesetzt. An den Codiererausgängen erscheinen zwei vierstufige Basisbandsignale die nach einer Impulsformung die beiden Quadraturträger modulieren. Nach der Aufsummierung und Unterdrückung der Außerband-Mischprodukte, die als parasitäre Komponenten bei der Modulation entstehen in einem Bandpaß, erhält man ein 16APK-Signal am Modulatorausgang [61, 62].

Am Demodulatoreingang erscheint im störungsfreien Fall nach Abbildung 6.2 das 16APK-Signal $s(t)$. Bildung der Produkte $s(t)\sin\omega_c t$ und $s(t)\cos\omega_c t$ sowie anschließende Tiefpaßfilterung liefert am Entscheidereingang die demodulierten Signale

$$\frac{\tilde{s}_p(t)}{2} = \frac{1}{2}\sum_k \hat{s}_{\mu k}\cos\tilde{\Phi}_{\mu k}\, g(t-kT_s) \qquad (\mu = 1, 2, \ldots, m) \tag{6.7}$$

und

$$\frac{\tilde{s}_q(t)}{2} = \frac{1}{2}\sum_k \hat{s}_{\mu k}\sin\tilde{\Phi}_{\mu k}\, g(t-kT_s) \tag{6.8}$$

die im Entscheider abgetastet, regeneriert und in 4 parallele Bitströme $y(t)$ umgesetzt werden. Durch Multiplexbildung erhält man das ursprünglich gesendete Signal $x(t)$.

Auf weitere Details zur Realisierung von 16APK-Modems wird in Abschnitt 6.2 eingegangen.

Mit den Gleichungen 6.1 und 6.2 sind APK-Systeme mit beliebigen Zustandsdiagrammen beschreibbar. Beispielsweise auch APK-Systeme mit den in Abbildung 6.3 dargestellten Zustandsdiagrammen [59, 60]. Besonders günstig sind APK-Systeme die aufgrund geschickter Anordnung der Signalpunkte in den Zustandsdiagrammen eine möglichst geringe mittlere effektive Signalleistung aufweisen. Beispielsweise läßt sich zeigen, daß die Anordnung nach Abbildung 6.3*d* eine geringere

a) 16 APK - Zustandsdiagramm

μ	$\hat{s}_{\mu k}$	$\tilde{\Phi}_{\mu k}$	$\tilde{s}_{p\mu k}$	$\tilde{s}_{q\mu k}$	binäre Zuordnung
1	$\sqrt{2}$	45°	1	1	0 0 0 0
2	$1/3\sqrt{10}$	71,57°	1/3	1	0 0 0 1
3	$1/3\sqrt{10}$	108,43°	-1/3	1	0 0 1 0
4	$\sqrt{2}$	135°	-1	1	0 0 1 1
5	$1/3\sqrt{10}$	161,57°	-1	1/3	0 1 0 0
6	$1/3\sqrt{2}$	135°	-1/3	1/3	0 1 0 1
7	$1/3\sqrt{2}$	45°	1/3	1/3	0 1 1 0
8	$1/3\sqrt{10}$	18,43°	1	1/3	0 1 1 1
9	$1/3\sqrt{10}$	-161,57°	-1	-1/3	1 0 0 0
10	$1/3\sqrt{2}$	-135°	-1/3	-1/3	1 0 0 1
11	$1/3\sqrt{2}$	-45°	1/3	-1/3	1 0 1 0
12	$1/3\sqrt{10}$	-18,43°	1	-1/3	1 0 1 1
13	$\sqrt{2}$	-135°	-1	-1	1 1 0 0
14	$1/3\sqrt{10}$	-108,43°	-1/3	-1	1 1 0 1
15	$1/3\sqrt{10}$	-71,57°	1/3	-1	1 1 1 0
16	$\sqrt{2}$	-45°	1	-1	1 1 1 1

b) Tabelle der Modulationsparameter

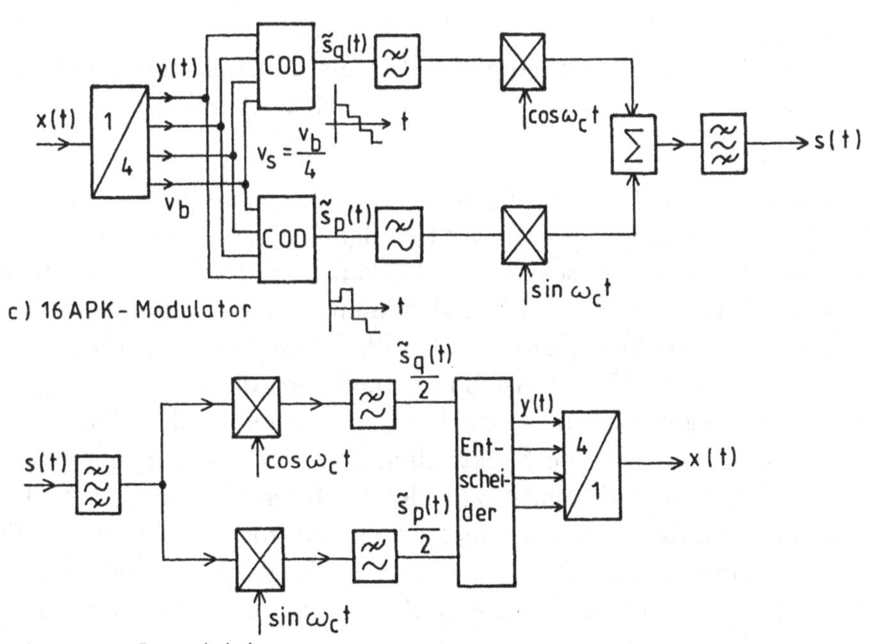

c) 16 APK - Modulator

d) 16 APK - Demodulator

Abbildung 6.2: 16APK-Modulations-und Demodulationsprinzip

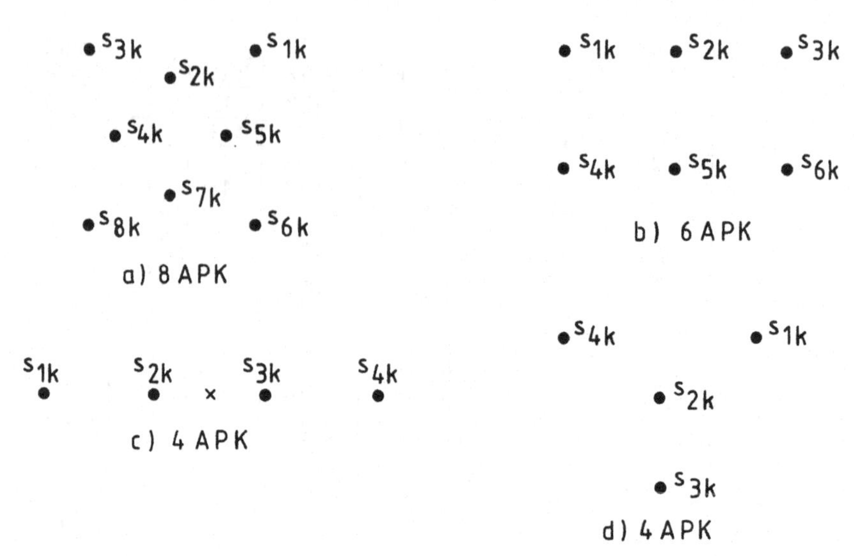

Abbildung 6.3: Zustandsdiagramme einiger spezieller APK-Systeme

mittlere effektive Signalleistung besitzt, als die Anordnung nach Abbildung 6.3*c*. In Abschnitt 6.1.1 werden solche Betrachtungen durchgeführt.

Die spektrale Leistungsdichte (Leistungssignale) bzw. Spektralfunktion (Energiesignale) von mAPK-Signalen kann nach den in Abschnitt 5.1.1 bzw. Abschnitt 5.1.2 erläuterten Methoden abgeleitet werden. Bei entsprechender Impulsformung haben bis auf einen konstanten Faktor mAPK-Signale und mPSK-Signale den gleichen Spektralverlauf. So beschreibt Abbildung 5.6*b* auch die Gestalt der spektralen Leistungsdichte eines mAPK-Signals, wenn mit Rechteckimpulsen moduliert wird. Die Spektralfunktion eines Schwingungspakets definiert im Modulationsintervall oder im Intervall $-\infty \leq t \leq +\infty$ (z.B. Bei Nyquist-Impulsformung) ist bis auf konstante Faktoren für mAPK-mASK-und mPSK-Systeme ebenfalls gleich. Abbildung 4.5 stellt bei Nyquist-Impulsformung auch die Spektralfunktion von mPSK und mAPK dar.

Die Bandbreite eines mAPK-Signals ist bei Nyquistimpulsformung durch Gleichung 4.19 definiert.

6.1.1 Symbolfehler-Wahrscheinlichkeit der *m*APK-Systeme bei additivem Geräusch

Die Symbolfehler-Wahrscheinlichkeit kann bei mAPK-Systemen nach der in [29] dargestellten und in [36] auf mPSK- und mAPK-Systeme verallgemeinerten Methode abgeleitet werden. Die Ableitung führt zu den folgenden Ergebnissen die [36] entnommen sind. Für mAPK-Systeme mit geradem n, $(m = 2^n, n = 2, 4, 6, \ldots)$ und Zustandsdiagrammen wie sie in Abbildung 6.4 dargestellt sind, ergibt sich eine geschlossene Lösung für die Symbolfehler-Wahrscheinlichkeit.

$$P_{smAPK} = \frac{2^n - 1}{2^n} - \frac{2^{\frac{n}{2}} - 1}{2^{n-1}} erf(z) - \frac{(2^{\frac{n}{2}} - 1)^2}{2^n} erf^2(z) \tag{6.9}$$

Hierbei ist die mittlere Signalleistung

$$C = \frac{A_m^2}{2} \sum_{i=1}^{n} (-1)^i 2^i \tag{6.10}$$

und die maximale Signalleistung

$$\hat{C} = 2(2^{\frac{n}{2}} - 1)^2 A_m^2 \tag{6.11}$$

in Abhängigkeit von A_m dem minimalen Signalabstand zur zugehörigen Entscheidungsgrenze. Für den Störabstand z folgt

$$z = \frac{1}{\sqrt{\sum_{i=1}^{n} (-1)^i 2^i}} \sqrt{\frac{C}{N}} \tag{6.12}$$

und

$$\hat{z} = \frac{1}{2(2^{\frac{n}{2}} - 1)} \sqrt{\frac{\hat{C}}{N}}. \tag{6.13}$$

Im Falle der 4PSK $(n = 2)$ gilt Gleichung 6.9 ebenfalls. Man erhält Gleichung 5.39.

Für APK-Systeme mit ungeradem n, $(n = 1, 3, 5, \ldots)$ wie z.B. 8APK, 32APK u.s.w. und als Spezialfall die 2PSK mit den in Abbildung 6.5 dargestellten Zustandsdiagrammen läßt sich ebenfalls eine geschlossene Lösung für die Symbolfehler-Wahrscheinlichkeit angeben. Mit Abbildung 6.5 ermittelt man bei ungeradem n allgemein

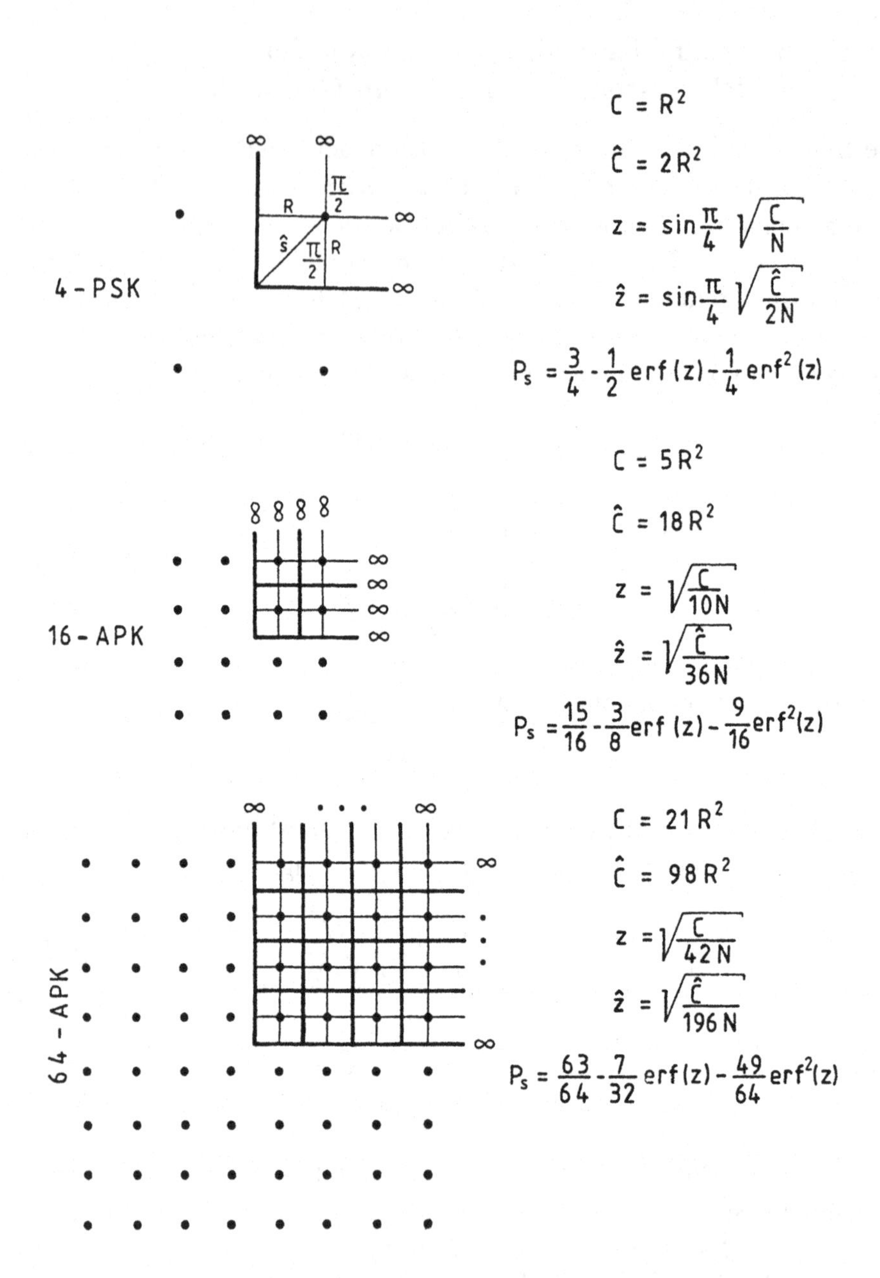

Abbildung 6.4: Zustandsdiagramme einiger APK-Systeme bei geradem n (die 4PSK kann als spezielles APK-System aufgefaßt werden)

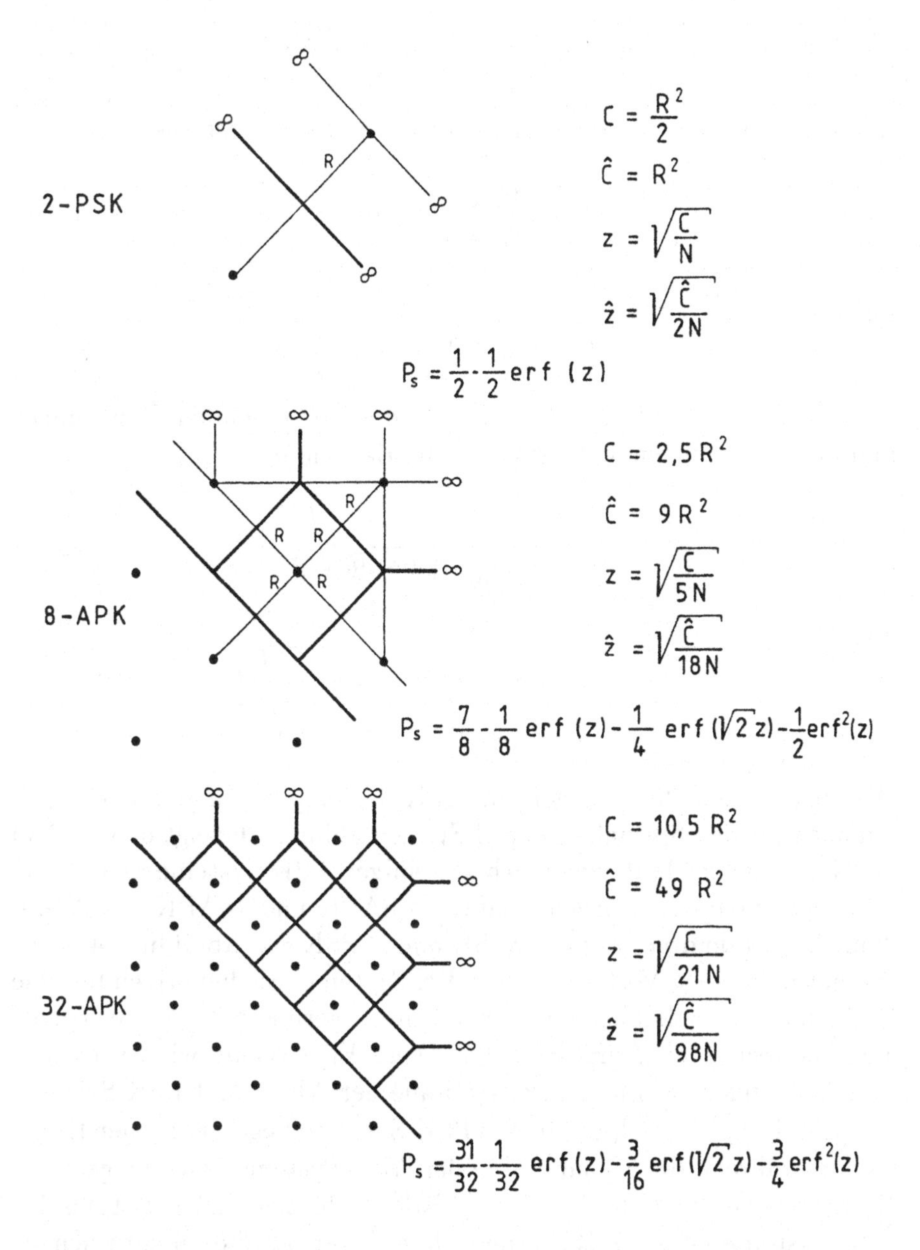

Abbildung 6.5: Zustandsdiagramme von 2PSK (Spezialfall), 8APK und 32APK (n ungerade)

$$P_{smAPK} = \frac{2^n-1}{2^n} - \frac{1}{2^n} erf(z) - \frac{2^{\frac{n-1}{2}}-1}{2^{n-1}} erf(\sqrt{2}z) - \frac{2^{\frac{n-1}{2}}-1}{2^{\frac{n-1}{2}}} erf^2(z) \tag{6.14}$$

mit der mittleren effektiven und maximalen Signalleistung

$$C = \frac{A_m^2}{2} \sum_{i=0}^{n} (-1)^{(i+1)} 2^i \tag{6.15}$$

und

$$\hat{C} = \left(2^{1+\sum_{i=1}^{n-1}(-1)^i(i+1)} - 1\right)^2 A_m^2. \tag{6.16}$$

Für die Störabstände erhält man mit den vorstehenden Gleichungen und den Gleichungen 4.26 und 4.37 die Beziehungen

$$z = \frac{1}{\sqrt{\sum_{i=0}^{n}(-1)^{(i+1)}2^i}} \sqrt{\frac{C}{N}} \tag{6.17}$$

und

$$\hat{z} = \frac{1}{\sqrt{2}\left(2^{1+\sum_{i=1}^{n-1}(-1)^i(i+1)} - 1\right)} \sqrt{\frac{\hat{C}}{N}}. \tag{6.18}$$

Die abgeleiteten Beziehungen für APK-Systeme bei ungeradem n gelten auch für den Spezialfall der 2PSK. Abbildung 6.6 zeigt den Verlauf der Symbolfehler-Wahrscheinlichkeit einiger APK-Systeme über C/N. Vergleicht man den Kurvenverlauf von 8APK und 16APK aus Abbildung 6.6 mit dem Verlauf von 8PSK und 16PSK aus Abbildung 4.10, so erkennt man einen Vorteil für die APK-Systeme. Sie benötigen für eine bestimmte Symbolfehler-Wahrscheinlichkeit geringere C/N - Werte als die entsprechenden PSK-Systeme. Diese Eigenschaft wird verständlich, wenn man die Zustandsdiagramme der APK -und PSK-Systeme betrachtet. Die Signalpunkte der PSK-Systeme liegen auf einer Kreiskontur, während die Signalpunkte der APK-Systeme über die gesamte "Phasenebene" verteilt sind. Die mittlere effektive Signalleistung der APK-Systeme ist zum Teil erheblich geringer als die entsprechender PSK-Systeme. Dieser Vorteil der APK-Systeme kommt jedoch praktisch nur zur Wirkung, wenn die Leistungsverstärkung der Signale linear erfolgt. Bei nichtlinearer Verstärkung ergeben sich aufgrund der

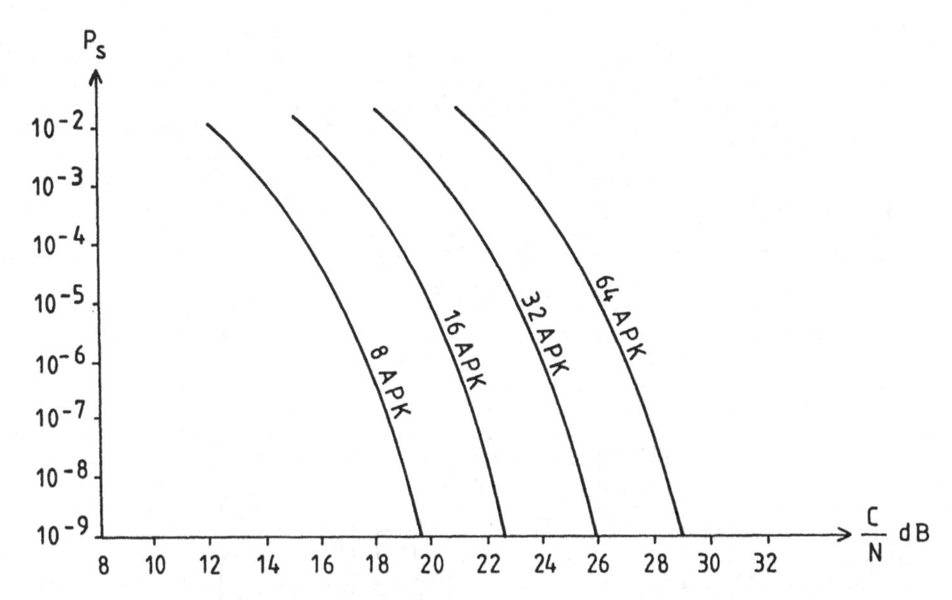

Abbildung 6.6: Symbolfehler-Wahrscheinlichkeit einiger APK-Systeme

höheren maximalen Signalleistung der APK-Systeme nichtlineare Verzerrungen, die wegen der konstanteren Hüllkurve bei PSK-Systemen nicht in gleichem Maße auftreten, siehe Abschnitt 12.3. Zur Darstellung der Symbolfehler-Wahrscheinlichkeit in Abhängigkeit von E_b/N_0 anstelle von C/N bei Nyquistimpulsformung kann Gleichung 5.41 verwendet werden.

6.2 APK-Modem-Realisierung

Die im vorhergehenden Abschnitt bereits diskutierte Quadratur-Modulation ist das bekannteste Verfahren zur Realisierung von APK-Modulator-Systemen. In Abbildung 6.7 ist dieses Realisierungsprinzip für den Fall der 16APK praxisgerechter dargestellt. Beliebige andere

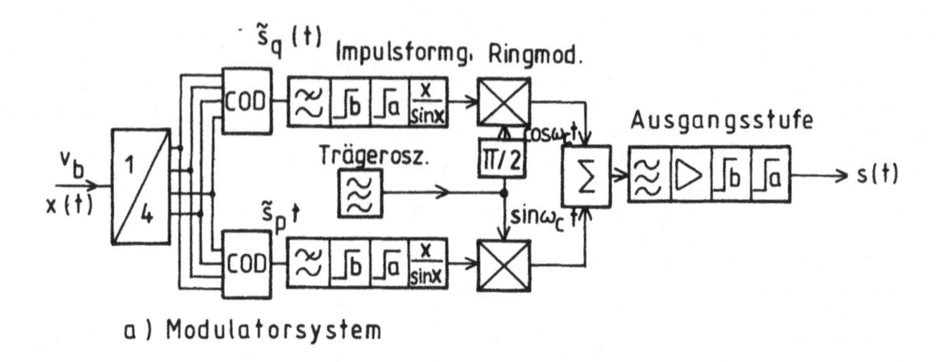

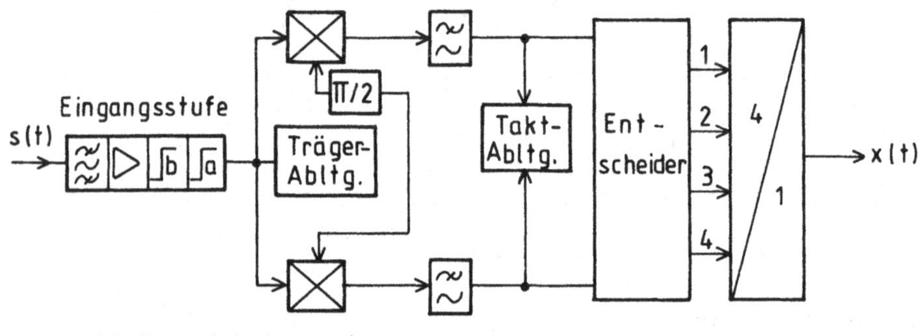

Abbildung 6.7: 16APK-Modem-Blockschaltbild

APK-Systeme können nach der gleichen Methode bei entsprechender Auslegung der sendeseitigen Codierer erzeugt werden. Die Realisierung der Codierer kann beispielsweise nach dem in Abbildung 4.13 dargestellten Prinzip erfolgen. Impulsformung und Modulation werden auf die gleiche Weise wie bei den mPSK-Systemen durchgeführt. Abbildung 6.8 stellt die 4-stufigen Basisbandsignale des 16APK-Systems vor der Impulsformung dar und in Abbildung 6.9 ist der Zeitverlauf eines 16-APK-Signals zusammen mit der spektralen Leistungsdichte gemessen am Ausgang der Ausgangsstufe nach Abbildung 6.7 zu sehen. Abbildung 6.9a sieht einem Analogsignal ähnlicher als einem Digitalsignal. Die meßtechnische Untersuchung des Zeitsignals bringt wenig Aufschluß über die Signalqualität. Aussagefähiger ist das gemessene Leistungsspektrum, das eventuelle Störkomponenten und die Bandbe-

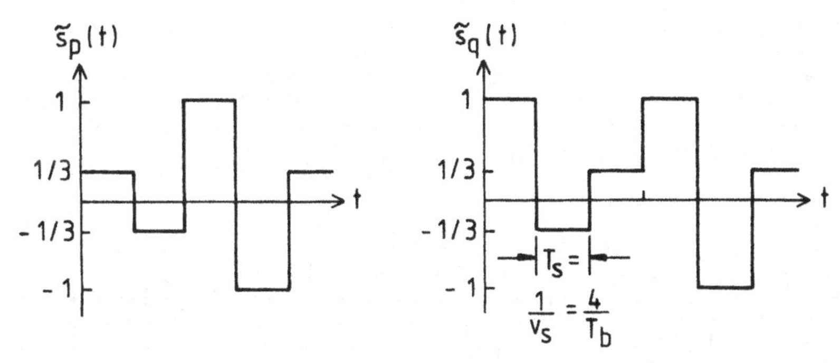

Abbildung 6.8: Basisbandsignale bei einem 16APK-System

grenzung offensichtlich macht. Das Leistungsspektrum nach Abbildung 6.9*b* läßt eine sehr gute Bandbegrenzung erkennen. Außer dem geringen Grundgeräusch sind keine Störkomponenten vorhanden.

Die Demodulation der APK-Systeme wird wie bei PSK-Systemen mit $m \geq 4$ durchgeführt, siehe Abschnitt 5.2. Nach der Unterdrückung der Außerband-Störkomponenten und des Außerband-Geräuschs in der Eingangstufe des Demodulators wird mit den aus dem Empfangssignal abgeleiteten Quadraturträgern in 2 Ringmodulatoren demoduliert. Die anschließende Tiefpaßfilterung liefert zwei 4-stufige Basisbandsignale in Nyquistimpulsform. Abbildung 6.10 stellt das Augendiagramm sowie das Zustandsdiagramm dieser Signale gemessen am Ausgang der Demodulator-Tiefpässe dar. Wegen des 4-stufigen Basisbandsignals entstehen 3 Augen. In Abbildung 6.10*b* ist die Einhaltung des 1. Nyquistkriteriums deutlich erkennbar. In Augenmitte tritt praktisch keine Nachbarzeichenbeeinflussung auf. Die Anzahl der Amplitudenstufen die aus einem mAPK-Signal nach der Quadraturdemodulation in den Basisbandsignalen entstehen, können aus den Zustandsdiagrammen durch abzählen der Signalpunkte in p-und q-Richtung ermittelt werden. Dies gilt auch für mPSK-Zustandsdiagramme. Beispielsweise wird die 64APK mit dem Zustandsdiagramm nach Abbildung 6.4 in zwei 8-stufige Basibandsignale demoduliert. Zur Wiederherstellung binärer Signale in den Entscheidereinrichtungen werden auch die von den PSK-Systemen her bekannten Methoden eingesetzt. Die Entscheidung und Regeneration an zwei 4 -stufigen Basisbandsignalen ist beispielsweise in Abbildung 5.26 demonstriert.

Entsprechendes gilt für die Träger-und Taktrückgewinnung im

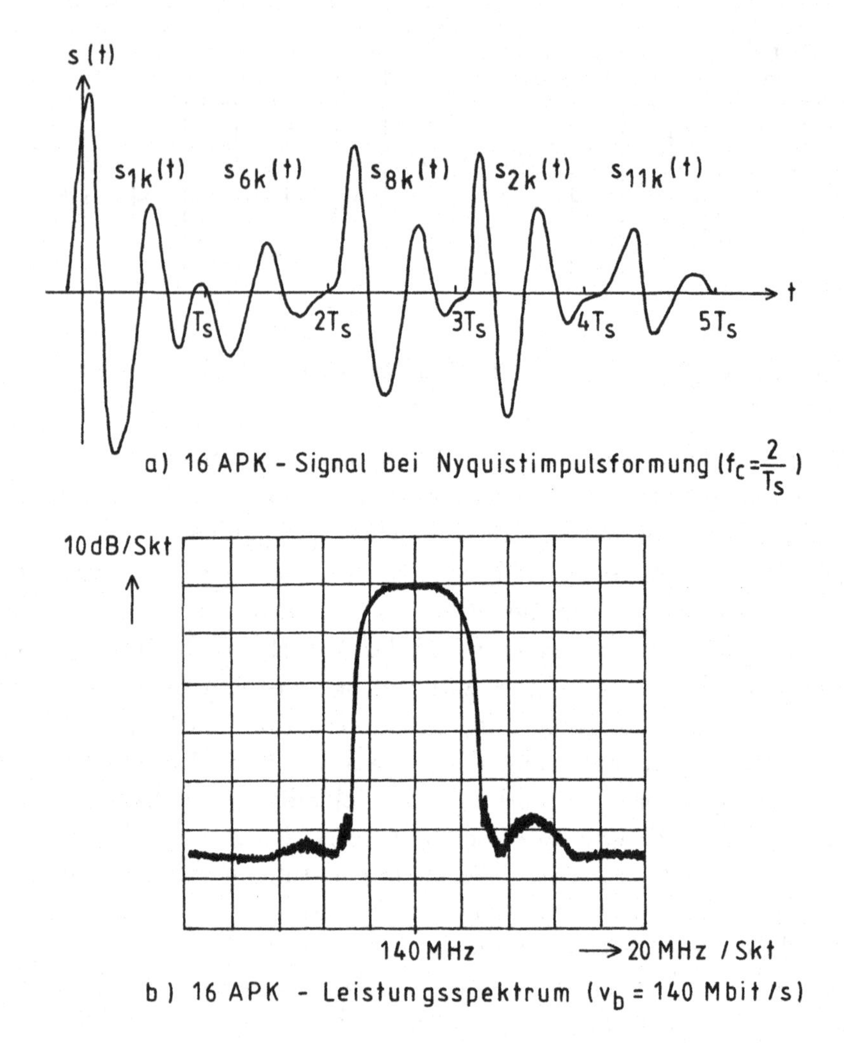

Abbildung 6.9: Zeitverlauf und gemessene spektrale Leistungsdichte eines 16APK-Signals bei Nyquistimpulsformung ($r = 0,5$)

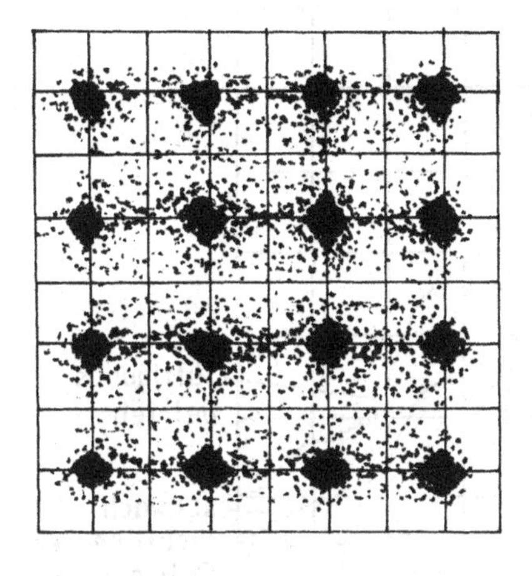

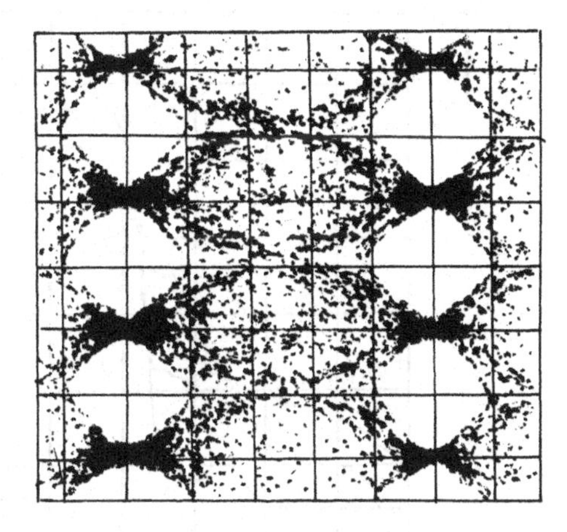

a) Zustandsdiagramm b) Augendiagramm

Abbildung 6.10: Zustands-und Augendiagramm eines 16APK-Signals gemessen am Entscheidereingang bei Nyquistimpulsformung ($r = 0,5$)

Demodulator-System. Auch hier kommen meist die für PSK-Systeme entwickelten Methoden zur Anwendung, siehe Abschnitt 5.2.4 Abschnitt 5.3.3 und Abschnitt 5.2.5. Spezielle Verfahren zur Trägerableitung in APK-Systemen enthält [64].

APK-Systeme sind wegen ihrer nichtkonstanten Hüllkurve nur linear verstärkbar, d.h. die Leistungsverstärker müssen im linearen Bereich ihrer Kennlinie betrieben werden. Nichtlineare Verstärkerkennlinien führen im Signal zu Intermodulationseffekten und der sogenannten AM-PM-Conversion -siehe hierzu auch Abschnitt 12.3.1 - die die Symbolfehler-Wahrscheinlichkeit drastisch erhöhen können. Die Veränderung des Verlaufs der spektralen Leistungsdichte eines 16APK-Signals bei Nyquistimpulsformung infolge des *Spectrum-Spreading*-Effekts, der durch die vorgenannte nichtlineare Beeinflussung entsteht, ist in Abbildung 6.11 dargestellt. Die unterste Kurve stellt das unverzerrte Signalspektrum dar. Neben der spektralen Spreizung entstehen zusätzlich rauschartige Effekte, die ebenfalls die Symbolfehler-Wahrscheinlichkeit erhöhen.

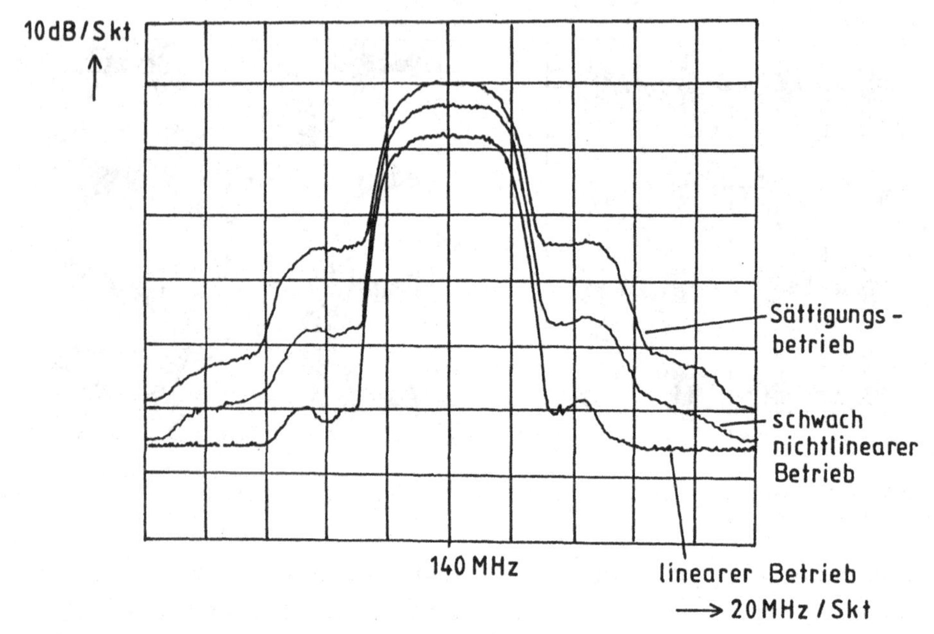

Abbildung 6.11: Leistungsspektrum eines 16APK-Signals bei Verstärkerarbeitspunkten im nichtlinearen Kennlinienbereich (Nyquistimpulsformung $r = 0,5$)

6.2.1 Weitere Methoden zur Realisierung von mAPK-Modems

16APK-Modems werden oft auch durch Überlagerung von zwei 4PSK-Systemen realisiert. Diese Methode ist in Abbildung 6.12 verdeutlicht. Nach der Darstellung in Abbildung 6.12 erzeugt man in den beiden 4PSK-Modulatorsystemen die Signale $s_I(t)$ und $s_{II}(t)$. Die Basisbandsignale $s_{pI}(t)$ und $s_{qI}(t)$ haben dabei eine doppelt so große Binäramplitude wie die Basisbandsignale $s_{pII}(t)$ und $s_{qII}(t)$. Die additive überlagerung der beiden 4PSK - Signale $s_I(t)$ und $s_{II}(t)$ liefert das 16APK-Signal [63, 65].

Eine weitere Möglichkeit zur Realisierung von mAPK-Systemen bietet der bereits für mASK-und mPSK-Systeme konzipierte Schaltmodulator, siehe z.B. Abbildung 5.24. Anstelle der Trägersignale $s_{c1k}, s_{c2k}, s_{c3k}, \ldots, s_{cmk}$ mit m verschiedenen Nullphasen und konstanter Amplitude sind im Falle eines mAPK-Systems m Träger geeigneter Amplitude und Phase aufzuschalten. Die Impulsformung erfolgt hier-

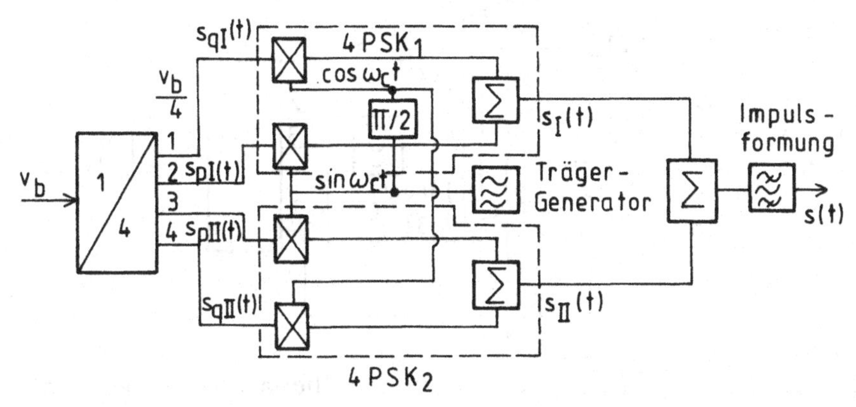

a) 16 APK - Modulator

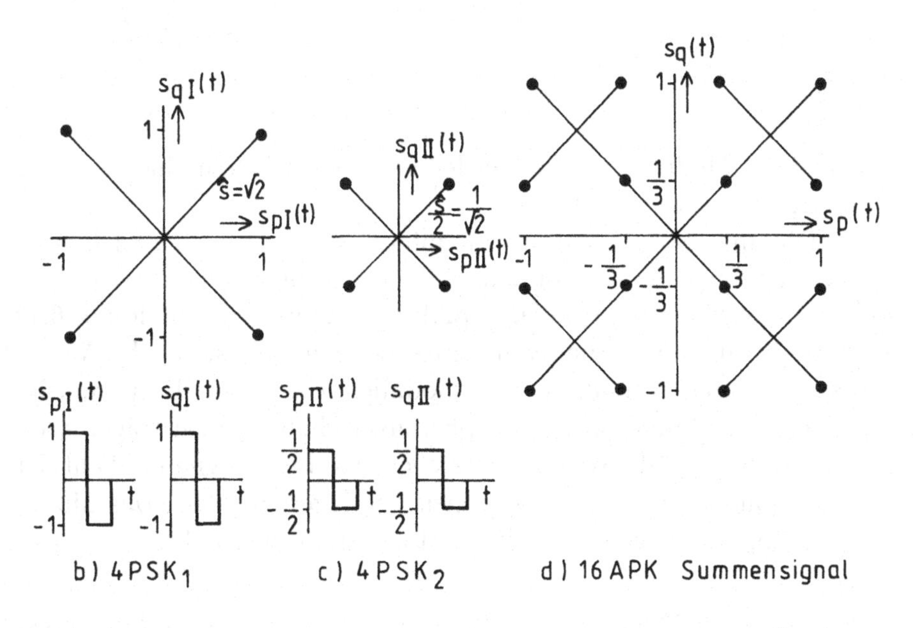

Abbildung 6.12: Realisierung eines 16APK-Modems durch Überlagerung von zwei 4PSK-Systemen

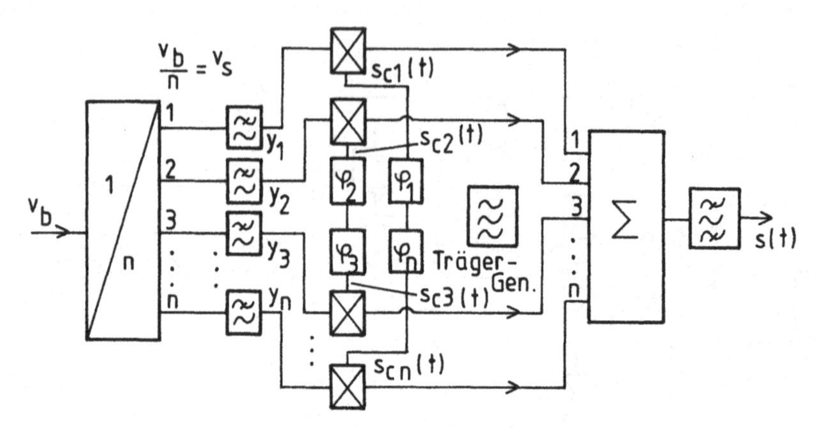

Abbildung 6.13: APK-Verfahren durch Überlagerung von 2PSK-Systemen

bei nach der Modulation, die hier lediglich einen Durchschaltevorgang im Modulationsintervall darstellt.

Weicht man vom Quadraturmodulationsverfahren ab und überlagert n Träger bestimmter Nullphase die jeweils binär moduliert werden additiv, so erhält man ebenfalls mAPK-Systeme. In Abbildung 6.13 ist diese Art der Erzeugung von APK-Signalen dargestellt. Im Modulatorsystem nach Abbildung 6.13 modulieren n binäre Basisbandsignale nach einer Impulsformung n phasenverschobene Sinusträger $s_{ci}(t)$ so, daß n binäre PSK-Systeme entstehen, die bei geeigneter Wahl der Trägernullphasen zu mAPK-Systemen überlagert werden. Das Modulatorausgangssignal lautet somit im Modulationsintervall

$$s_{\mu k}(t) = \hat{s} \sum_{i=1}^{n} \sin(\omega_c t + \varphi_i)\, y_i(t) \qquad (\mu = 1, 2, \ldots, m) \tag{6.19}$$

mit n Binärsignalen der Form

$$y_i(t) = \sum_k \hat{y}_{\nu k}\, g(t - kT_s) \qquad (\nu = 1, 2) \tag{6.20}$$

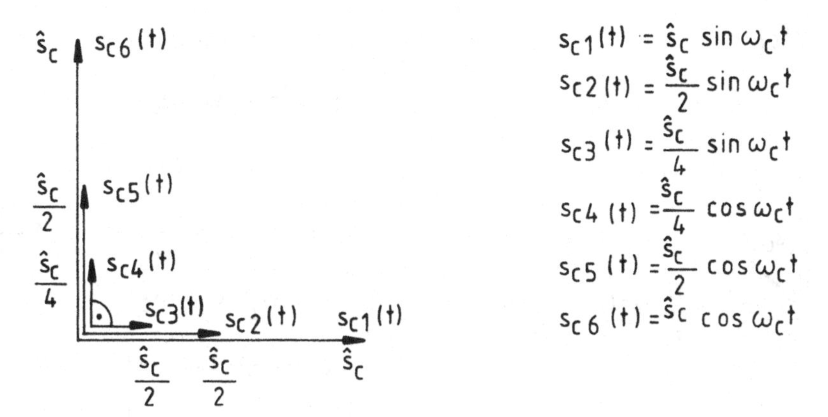

Abbildung 6.14: Trägeranordnung für ein 64APK-System

($\nu \in \{+1, -1\}$. Mit der APK-Modulation durch Überlagerung von 2PSK-Systemen sind die in Abbildung 6.4 und Abbildung 6.5 dargestellten Zustandsdiagramme neben beliebig vielen anderen ebenfalls realisierbar. Zur Erzeugung von mAPK-Signalen mit Zustandsdiagrammen nach Abbildung 6.4 wählt man jeweils $n/2$ Träger in Quadratur zueinander, wobei die Amplituden der Quadraturträger jeweils eine fallende geometrische Folge mit $n/2$ Gliedern bilden.

$$\hat{s}\left(1, 1/2, 1/4, 1/8, \ldots, (1/2)^{\frac{n}{2}-1}\right)$$

Abbildung 6.14 ist ein Beispiel für ein 6-Trägersystem ($n = 6, m = 64$). APK-Signale mit Zustandsdiagrammen nach Abbildung 6.5 erhält man, wenn man $n - 1$ Träger wie beschrieben in Quadratur anordnet und den verbleibenden Träger als Winkelhalbierende der Quadraturträger mit der Amplitude

$$\hat{s}\left(\frac{1}{2}\right)^{\frac{n-3}{2}} \cos\frac{\pi}{4}$$

einfügt. Abbildung 6.15 stellt ein 7-Träger-System dar ($n = 7, m = 128$) [36]. Der Vorteil der zuletzt erläuterten Methode zur Erzeugung von mAPK-Systemen, liegt in der Durchführung der Modulation mit Basisbandbinärsignalen und der Impulsformung im Basisband. Bei APK-Systemen mit mehr als 16 Signalzuständen ist die Erzeugung von mehrstufigen (z.B. 8-stufigen) Basisbandsignalen schwierig.

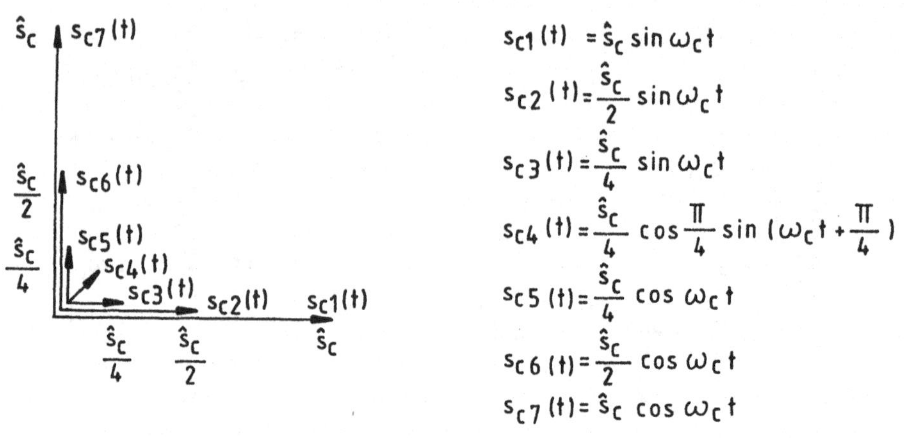

Abbildung 6.15: Trägeranordnung für ein 128APK-System

Grundsätzlich sind durch geeignete Überlagerung von APK-Systemen und PSK-Systemen höherstufige APK-Systeme erzeugbar. So ergibt z.B. die Überlagerung eines 4PSK-Systems und eines 16APK-Systems ein entsprechendes 64APK-System [66]. Überlagert man einem 64APK-System ein weiteres 4PSK-System so führt dies auf ein 256APK-System, das auch durch die Überlagerung von zwei 16APK-Systemen realisiert werden kann. Ein 64APK-System kann auch durch die Modulation der Quadraturträger mit zwei 8-stufigen Basisbandsignalen erzeugt werden. Auf die gleiche Art und Weise entsteht ein 256APK-System wenn die Quadraturmodulation mit zwei 16-stufigen Basisbandsignalen durchgeführt wird [67].

7 Kanalcodierung und Modulation

In digitalen Übertragungssystemen hängt die Bitfehler - Wahrscheinlichkeit vom Verhältnis Signalleistung/Rauschleistung (C/N) am Empfängereingang ab. Besonders in Datenübertragungssystemen wird häufig eine sehr geringe Bitfehler-Wahrscheinlichkeit gefordert. Oft liegt die geforderte Bitfehler-Häufigkeit (=Bitfehlerquote), (englisch: Bit Error Ratio ...BER), die meßtechnisch ermittelt wird, in der Größenordnung von $BER = 10^{-8} \dots 10^{-10}$. Die Erhöhung der Sendeleistung zur Verbesserung des Signal-Geräusch-Verhältnisses am Empfängereingang und damit eine Reduzierung der Bitfehlerquote ist nur begrenzt möglich, da die sendeseitigen Leistungsverstärker nicht beliebig hohe Ausgangsleistungen abgeben können.

Eine Verringerung der Bitfehler-Wahrscheinlichkeit wird auch erzielt, wenn man vor der Übertragung das in der Regel binäre Nachrichtensignal so umcodiert, daß im Empfänger in einem Bitmuster der Länge n bit eine gewisse Anzahl von Bitfehlern erkannt und korrigiert werden kann. Da die Fehlerkorrektur im Empfänger durchgeführt wird, wird diese Art der Codierung in der Praxis oft *FEC-Codierung* (FEC ...Foreward Error Correction) genannt. Die Codierung erfolgt dabei in Form einer *Blockcodierung* oder *Faltungscodierung.* Durch die Block- oder Faltungscodierung wird Redundanz in das Übertragungssignal eingefügt. Die Bitrate nach der Codierung ist damit immer höher als vor der Codierung, was einer Bandbreiteerhöhung gleichkommt.

Man unterscheidet zwei grundsätzliche Arten der Verknüpfung von Kanalcodierung und Modulation.

Bei der klassischen Art sind Codierung und Decodierung unabhängig von Modulation und Demodulation. Die Signalcodes der Modulationsverfahren, in Form von Symbolen der Länge n bit, werden nicht einer besonderen Aufbereitung unterworfen. Die Codierung erfolgt vor der Modulation und die Decodierung nach der Demodulation, wobei kein Zusammenhang zwischen dem Modulations-und Codierverfahren besteht.

Verbindet man Modulation und Codierung sowie Demodulation und Decodierung zu einer Einheit, so ergeben sich Vorteile gegenüber der vorgenannten klassischen Art. Beispielsweise verknüpft man bei der sogenannten *Trelliscodierten Modulation* (Trellis ... Codespalier, spezieller Codebaum) spezielle Faltungscodes mit den Signalcodes von mPSK- und mAPK-Verfahren ($m \geq 4$) zur *codierten Modulation.* Diese Art der codierten Modulation wird in jüngster Zeit häufig angewendet.

In den folgenden Abschnitte wird lediglich ein Einblick in einige Methoden der Kanalcodierung gegeben.

Zunächst werden die wichtigsten Blockcodes kurz beschrieben. Danach wird auf die Faltungscodierung und Trelliscodierte Modulation eingegangen [68, 69, 70, 71].

7.1 Blockcodierung und Modulation

Die eingangs erwähnte klassische Art der Codierung die unabhängig von der Modulation ist, erfolgt meist mit Blockcodes. Sie soll in diesem Abschnitt kurz betrachtet werden. Da in solchen Systemen die Modulationsverfahren, wie in den vorhergehenden Kapiteln beschrieben, unverändert eingesetzt werden, wird nur auf die wichtigsten Blockcodierverfahren eingegangen.

Ein Blockcodierer ordnet jeder Folge von Nachrichtenbitmustern $\tilde{i}_0, \tilde{i}_1, \tilde{i}_2, \ldots, \tilde{i}_{m_c}$ mit je k_c Binärzeichen eine Codewortfolge $\tilde{c}_0, \tilde{c}_1, \tilde{c}_2, \ldots, \tilde{c}_{m_c}$ ($m_c = 2^{k_c}$) mit je n_c Binärzeichen zu. Die Anzahl der redundanten Binärzeichen im Codewort ist $n_c - k_c$. Das Verhältnis

$$R_c = k_c/n_c \tag{7.1}$$

wird als Coderate bezeichnet. Abbildung 7.1 zeigt die Anordnung von

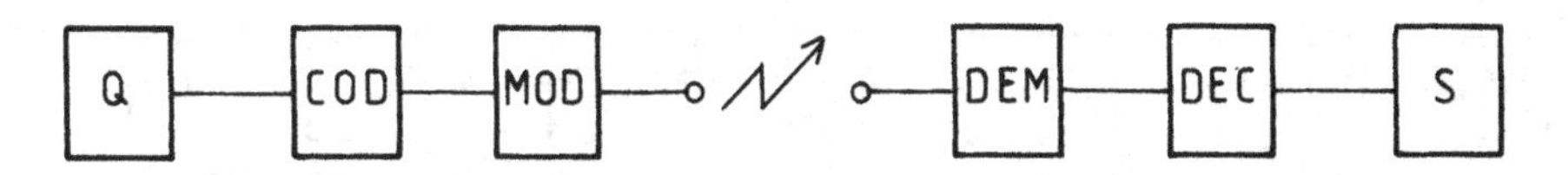

Abbildung 7.1: Anordnung von Codierer und Decodierer in einem digital modulierten System

Codierer und Decodierer im Übertragungssystem. Infolge der in die Nachrichtenbitfolge eingefügten Redundanz gilt für die Bitrate des codierten Signals

$$v_c = \frac{n_c}{k_c} v_b \tag{7.2}$$

$$= \frac{1}{R_c} v_b. \tag{7.3}$$

Die Codewortfolge werde mit der Bitfehler-Wahrscheinlichkeit p über einen gedächtnislosen Kanal der durch additives weißes Rauschen beeinflußt wird übertragen. Ein Bit eines Codewortes $\tilde{c}_j$ werde richtig mit der Wahrscheinlichkeit $1-p$ empfangen (symmetrischer Binärkanal). Das gesamte Codewort erscheint dann mit der Wahrscheinlichkeit $(1-p)^\nu$ richtig und mit der Wahrscheinlichkeit $1-(1-p)^\nu$ falsch am Empfängereingang. Die Wahrscheinlichkeit von ν falschen und $n-\nu$ richtigen Binärzeichen im Codewort ist dann

$$p^\nu (1-p)^{n-\nu}.$$

Da in einem Codewort der Länge n bit ν falsche und $n-\nu$ richtige Binärzeichen an beliebiger Stelle im Codewort auftreten können, gibt es $\binom{n}{\nu}$ Permutationen. Für die Wahrscheinlichkeit, daß in einem Codewort der Länge n bit ν bit verfälscht sind, gilt somit

$$B_n(\nu) = \binom{n}{\nu} p^\nu (1-p)^{n-\nu} \tag{7.4}$$

die Binomial-Verteilung. Vorausgesezt wird bei dieser Betrachtung, daß die Binärzeichen im Codewort statistisch voneinander unabhängig sind.

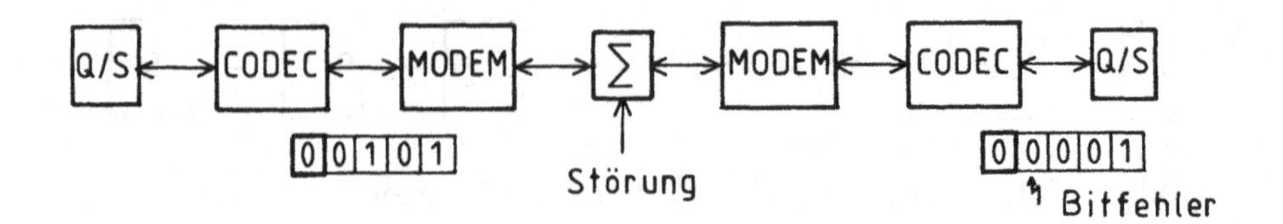

Abbildung 7.2: Codewort-Übertragung

Abbildung 7.2 zeigt prinzipiell ein System zur Codewort- Übertragung. Es besteht aus Quelle und Senke, Codierer-Decodierer (Codec) und Modulator-Demodulatorsystem (Modem). Nach Abbildung 7.2 wird jedes Codewort im Empfänger auf Bitfehler überprüft und nicht quittiert, falls solche vorliegen. Wird das Codewort richtig empfangen, so sendet der Empfänger eine Quittung zum Sender. Quittiert der Empfänger den Empfang der Nachricht nicht, wird die Aussendung wiederholt. Methoden zur Überprüfung des Codewortes auf Bitfehler werden im nächsten Abschnitt angegeben. Die Wahrscheinlichkeit, daß l Codeworte (gesendetes Codewort und $l-1$ Wiederholungen) ν Bitfehler an beliebiger Stelle im Codewort enthalten, wird dann durch

$$B_n(\nu) = \binom{n}{\nu} p^{l\nu}(1-p)^{l(n-\nu)} \tag{7.5}$$

beschrieben [71].

7.1.1 Parity-Codes

Die einfachste Form der Fehlerentdeckung in einem Codewort ist die Wortparitätsprüfung. Hierbei wird einem Nachrichtenbitmuster ein redundantes Paritätsbit hinzugefügt. In Abbildung 7.2 ist dies am Beispiel eines Codeworts aus 5 Binärzeichen (4 Nachrichtenbits und 1 Paritätsbit) gezeigt. Das empfangene Codewort enthält einen Bitfehler der durch Paritätsprüfung, modulo-2-Addition der Binärzeichen des Codeworts, festgestellt wird. Im Sender liegt gerade Parität vor im Empfänger ungerade. Treten mehrere Bitfehler im Codewort auf, dann kann die Fehlerentdeckung versagen.

Eine Fehlerentdeckung bei mehr als einem Bitfehler im Codewort ist möglich, wenn mehrere Codewörter durch untereinanderschreiben zu einem größeren Block zusammengefaßt und die Paritätsprüfung spaltenweise und nicht zeilenweise durchgeführt wird.

Führt man die Paritätsprüfung in einem Block der vorgenannten Art zeilen-und spaltenweise durch, so kann bei nur einem Bitfehler pro Spalte und Zeile die genaue Fehlerstelle erkannt und korrigiert werden. Diese Methode ist nachfolgend dargestellt.

Beispiel 7.1:
Der gesendete Block sei

$$\begin{matrix} 0 & 1 & 1 & 0 & 1 & 1 \\ 1 & 1 & 0 & 1 & 0 & 1 \\ 0 & 0 & 1 & 1 & 0 & 0 \\ 1 & 1 & 0 & 1 & 1 & 0 \\ 0 & 1 & 0 & 0 & 1 & 0 \\ 0 & 0 & 0 & 1 & 1 & \end{matrix}$$

Im vorstehenden Codeblock sind die Paritätsbitmuster in der letzten Spalte und letzten Zeile dargestellt. Die Paritätsprüfung durch modulo-2-Addition ergibt sowohl spalten-als auch zeilenweise 0. Der empfangene Codeblock besitze einen Bitfehler in der dritten Spalte und zweiten Zeile. Er ist im Codeblock durch kursive Darstellung gekennzeichnet.

$$\begin{matrix} 0 & 1 & 1 & 0 & 1 & 1 \\ 1 & 1 & \mathit{1} & 1 & 0 & 1 \\ 0 & 0 & 1 & 1 & 0 & 0 \\ 1 & 1 & 0 & 1 & 1 & 0 \\ 0 & 1 & 0 & 0 & 1 & 0 \\ 0 & 0 & 0 & 1 & 1 & \end{matrix}$$

Die im Decodierer festgestelllte Parität wird in der zweiten Zeile und dritten Spalte verletzt. Damit ist die Fehlerstelle im Block erkannt und kann korrigiert werden.

Führt die Verfälschung auf ein zugelassenes Codewort so kann der Bitfehler nicht ermittelt werden [68, 70, 71].

7.1.2 Lineare Blockcodes

Ein linearer Blockcode $\tilde{C}(n_c, k_c, d)$ mit Codewörtern der Länge n_c bit hat k_c Informationsbits pro Codewort und besitzt die Hammingdistanz d. Unter der Hammingdistanz versteht man den Mindest-Hammingabstand zwischen je zwei Codewörtern eines Codes. Der Hamming-Abstand ist hierbei die Anzahl der Binärstellen in denen sich zwei Codewörter unterscheiden. Mit dem Code $\tilde{C}$ können dann

$$t \leq \frac{d-1}{2} \tag{7.6}$$

detektiert und korrigiert werden. Sein Codevorrat $\tilde{C}_v$ besteht aus 2^{n_c} Codewörtern. Der Code $\tilde{C}$ ist Teilmenge des Codevorrats. Man bezeichnet solche Codes als (n_c, k_c)-Codes. Will man eine Nachricht $\tilde{i}$ bestehend aus k_c bit übertragen, so entsteht das zugehörige n_c bit-Codewort $\tilde{c}$ aus dem Produkt

$$\tilde{c} = \tilde{i} \cdot G \tag{7.7}$$

G ist die Basismatrix des Codes $\tilde{C}$ die man *Generatormatrix* nennt. Sie besteht aus Codewörtern die für eine bestimmte Hamming-Distanz des Codes $\tilde{C}$ ausgesucht werden. Durch Matrizenmultiplikation der Nachricht (Zeilenmatrix) und der Generatormatrix entstehen alle Codewörter. Die Generatormatrix ist eine $(n \times k)$ - Matrix vom Rang k.

Als Teilmenge des Codevorrats gibt es nun einen weiteren Code $\tilde{C}_0$ der zum Code $\tilde{C}$ orthogonal ist. Die Codewörter der beiden Codes sind dann paarweise orthogonal zueinander.

$$\tilde{c}_\kappa \cdot \tilde{c}_{\kappa 0} = 0 \tag{7.8}$$

Für den Code $\tilde{C}_0$ läßt sich ebenfalls eine Basismatrix finden. Sie heißt *Prüfmatrix* H des Codes $\tilde{C}$, hat den Rang $n-k$ und ist eine $n \times (n-k)$ -Matrix. Die Prüfmatrix H liefert die Möglichkeit zu überprüfen ob ein Codewort $\tilde{c}$ zum Code $\tilde{C}$ gehört. Dies erfolgt im Decodierer durch Codeprüfung nach dem Gesetz

$$\tilde{c} \cdot H^T = H^T \cdot \tilde{c} = 0 \tag{7.9}$$

mit $\tilde{c} \in \tilde{C}$. In der vorstehenden Gleichung ist H^T die transponierte Prüfmatrix. Tritt bei der Übertragung eines Codeworts $\tilde{c} \in \tilde{C}$ eine Bitverfälschung auf, so wird das Codewort

$$\tilde{r} = \tilde{c} + \tilde{e} \tag{7.10}$$

empfangen. Ist hierbei $\tilde{e}$ nicht in $\tilde{C}$ enthalten , so kann der Fehler erkannt werden, weil gilt

$$\tilde{s} = \tilde{r} \cdot H^T = (\tilde{c} + \tilde{e}) \cdot H^T = \tilde{c} \cdot H^T + \tilde{e} \cdot H^T \neq 0 \tag{7.11}$$

$\tilde{s}$ heißt *Syndrom* und stellt die Dualzahl der Fehlerstelle im empfangenen Codewort dar. Damit kann eine Korrektur bei einem Einzelfehler vollzogen werden.

Beim linearen *Hamming-Code* besteht die Prüfmatrix $\tilde{h}$ aus $2^{\tilde{h}} - 1$ Spalten ($\tilde{h}$ ganzahlig positiv). Dies sind alle $2^{\tilde{h}}$ Bitmuster ohne das Nullbitmuster (Nullvektor). Hamming-Codes lassen sich mit den Parametern

$$n_c = 2^{\tilde{h}} - 1 \tag{7.12}$$

$$k_c = n_c - \tilde{h} \tag{7.13}$$

$$d = 3 \tag{7.14}$$

erzeugen. Damit ist $t = \frac{3-1}{2} = 1$ Bitfehler korrigierbar.
Beispiel 7.2:
(7,4)-Hamming-Code ($n_c = 7, k_c = 4, d = 3$) . Zu übertragen sei die Nachricht $\tilde{i} = (1110)$ (von $2^4 = 16$) verschiedenen). Mit der Generatormatrix

$$\mathbf{G} = \begin{pmatrix} 1 & 0 & 0 & 0 & 0 & 1 & 1 \\ 0 & 1 & 0 & 0 & 1 & 0 & 1 \\ 0 & 0 & 1 & 0 & 1 & 1 & 0 \\ 0 & 0 & 0 & 1 & 1 & 1 & 1 \end{pmatrix}$$

erhält man das Codewort

$$\tilde{c} = \tilde{i} \cdot \mathbf{G} = (1110000) \tag{7.15}$$

Hierzu gehört die Prüfmatrix

$$\mathbf{H} = \begin{pmatrix} 0 & 1 & 1 & 1 & 1 & 0 & 0 \\ 1 & 0 & 1 & 1 & 0 & 1 & 0 \\ 1 & 1 & 0 & 1 & 0 & 0 & 1 \end{pmatrix}$$

die aus 3 Zeilen und 7 Spalten besteht. Mit dem Codewort $\tilde{c}$ und der Prüfmatrix folgt

$$\tilde{s} = \tilde{c} \cdot H^T = (000) \tag{7.16}$$

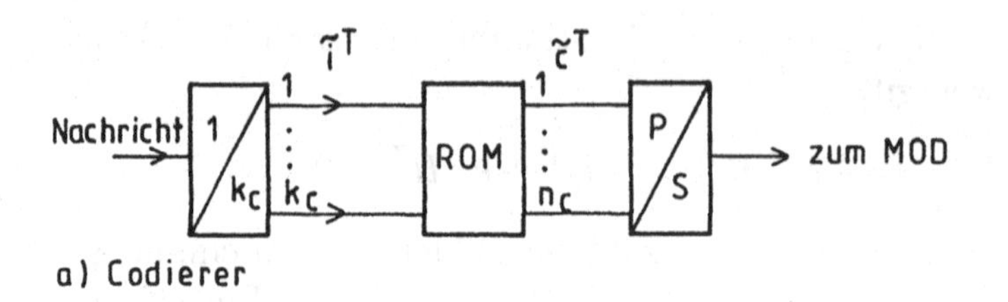

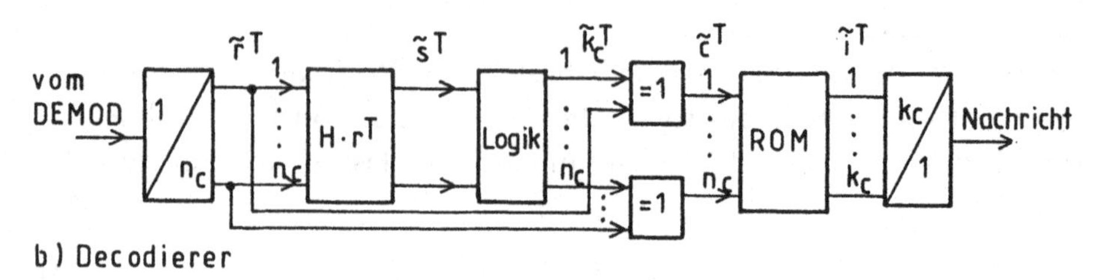

Abbildung 7.3: Realisierungsprinzip für lineare Blockcodes

Wird das Codewort bei der Übertragung verfälscht in

$$\tilde{r} = (1110010) \tag{7.17}$$

so erhält man das Syndrom

$$\tilde{s} = \tilde{r} \cdot H^T = (110). \tag{7.18}$$

Da (110) eine 6 in binärer Schreibweise darstellt, liegt der Bitfehler an der 6. Stelle im Codewort. Damit kann eine Korrektur erfolgen [68, 70, 71].

Abbildung 7.3 stellt ein mögliches Realisierungsprinzip für lineare Blockcodes dar. Das in serieller Form vorliegende Nachrichtensignal, das beispielsweise ein Datensignal oder ein digitales Sprachsignal sein kann, wird zunächst in einem Serien-Parallel-Umsetzer in 2^{k_c} Nachrichtenbitmuster der Länge k_c bit umgesetzt. Die Nachrichtenbitmuster sind die Adressen für einen ROM-Speicher der alle gültigen 2^{k_c} Codeworte enthält. Adressenabhängig werden die Codeworte ausgelesen in serielle Signale umgesetzt und dem Modulator zugeleitet. Im Decodierer werden synchron mit dem Empfangssignal (der Bittakt wird aus dem Empfangssignal abgeleitet) die verschiedenen Codeworte $\tilde{r}$ die verfälscht sein können, empfangen und parallel dargestellt (= transponierte Form $\tilde{r}^T$). Die Prüfmatrix ist in einem ROM-Speicher fest abgespeichert. In einer Multiplizierer-Anordnung ermittelt man mit der Prüfmatrix H und $\tilde{r}^T$ das Syndrom $\tilde{s}^T$ und daraus durch logische Verknüpfung das Korrekturbitmuster $\tilde{K}^T$. Die Korrektur erfolgt dann in einer Gruppe von EX-OR-Gliedern (modulo-2 -Addierer). Zur Decodierung dient ein weiterer ROM-Speicher der alle 2^{k_c} Informationsbitmuster enthält und durch die EX-OR-Ausgangssignale adressiert wird. Die Serien-Parallel-Umsetzung der ROM-Ausgangssignale liefert das ursprüngliche Nachrichtensignal.

7.1.3 Zyklische Blockcodes

Eine zyklische Verschiebung der Codeworte $\tilde{c}_1, \tilde{c}_2, \tilde{c}_3, \ldots$ um ν Stellen in einem rückgekoppelten Schieberegister liefert die Bitmuster $\tilde{c}_{\nu+1}, \tilde{c}_{\nu+2}, \tilde{c}_{\nu+3}, \ldots$. Stellt nun jedes dieser durch zyklische Verschiebung entstandene Bitmuster wiederum ein Codewort dar, so hat man einen *zyklischen Code* $\tilde{C}$ erzeugt. Zyklische Codes werden in der Praxis den Linearcodes vorgezogen, da sie in rückgekoppelten Schieberegistern einfacher realisierbar sind. Zur einfachen mathematischen Behandlung beschreibt man die bei der Codierung-Decodierung auftretenden Codeworte durch normierte Polynome vom Grade $\leq (n_c - 1)$. Die Polynomkoeffizienten sind die Binärzeichen des Codeworts. Z. B. beschreibt man das Codewort $\tilde{c} = (1001101)$ durch das Polynom $c(x) = x^6 + x^3 + x^2 + 1$. Wegen $n_c = 7$ beginnt das Polynom mit x^6. Bei einer binären Null im Codewort wird das zugehörige Polynomglied ebenfalls Null. Zur mathematischen Bestimmung von Codeworten der Länge n_c bit durch zyklische Verschiebung kommt die modulo $(x^{n_c} - 1)$-Rechnung zur Anwendung. Sie gehört zur Rechnung mit Restklassen (Zahlentheorie) [71, 75].

Das zu codierende Nachrichtenbitmuster $\tilde{i} = (i_0, i_1, i_2, \ldots, i_{k_c-1})$ wird durch das Polynom

$$\tilde{i}(x) = i_{k_c-1} x^{k_c-1} + i_{k_c-2} x^{k_c-2} + \cdots + i_1 x + i_0 \tag{7.19}$$

dargestellt. Entspechend erscheint die Generatormatrix G als *Generatorpolynom* $g(x)$. Für das Codepolynom gilt dann der Zusammenhang

$$\tilde{c}(x) = \tilde{i}(x) g(x) \tag{7.20}$$

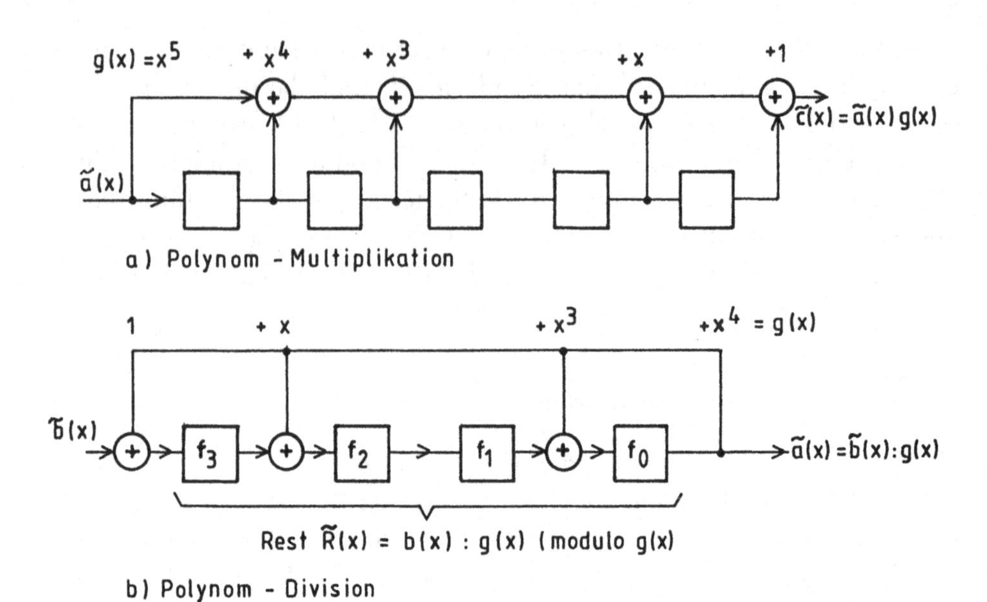

Abbildung 7.4: Polynom-Multiplikation und Division ($\oplus$ bedeutet Addition modulo-2)

mit $grad\,\tilde{i}(x) < k_c$ und $grad\,g(x) = n_c - k_c$. Die Codeprüfung im Decodierer kann mit dem Generatorpolynom durchgeführt werden. Ist nämlich $\tilde{c} \in \tilde{C}$ dann ist $\tilde{c}(x)$ teilbar durch $g(x)$ ohne Rest. Bei zyklischen Blockcodes beruhen Codier-und Prüfvorschrift auf Polynom-Multiplikationen und Divisionen, die mit Schieberegisterschaltungen realisiert werden können, siehe Abbildung 7.4. Multiplikation und Division werden in angezapften Schieberegister- Schaltungen durchgeführt. Polynomkoeffizienten die eine binäre 1 darstellen bezeichnen eine Schieberegisteranzapfung. In Abbildung 7.4 ist die Multiplikation mit dem Generatorpolynom $g(x) = x^5+x^4+x^3+x+1$ und die Division durch das Generatorpolynom $g(x) = x^4 + x^3 + x + 1$ dargestellt. Bei der Division modulo g(x) ist das Ergebnis der Divisionsrest $\tilde{R}(x)$. Im Decodierer der im wesentlichen aus einer Divisionsschaltung besteht, ist $\tilde{R}(x) = \tilde{s}(x)$ das Syndrom, siehe das folgende Beispiel 7.3.

Mit dem Generatorpolynom $g(x)$ und dem Nachrichtenpolynom $\tilde{i}(x)$ findet man das zugehörige Codewort $\tilde{c}(x)$ durch Multiplikation.

$$\tilde{c}(x) = \tilde{i}(x)g(x) \tag{7.21}$$

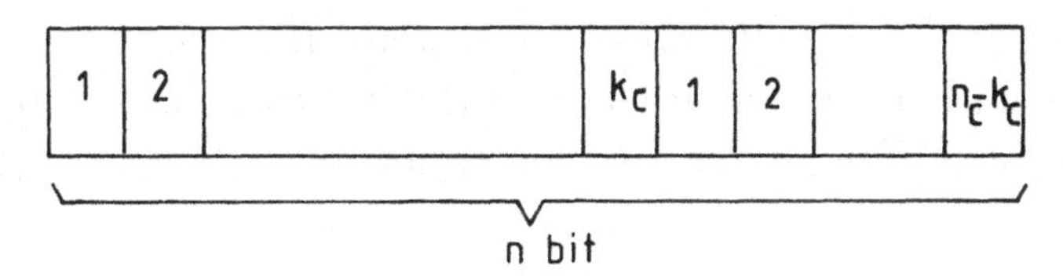

Abbildung 7.5: Systematischer Aufbau eines (n_c, k_c)-Blockcodes

In der Praxis kommt jedoch meist die Beziehung

$$\frac{x^{(n_c-k_c)}\tilde{i}(x)}{g(x)} = q(x) + \frac{\tilde{R}(x)}{g(x)} x^{(n_c-k_c)}\tilde{i}(x) + \tilde{R}(x) = q(x)g(x) = \tilde{c}(x) \tag{7.22}$$

mit $grad\, q(x) = grad\, \tilde{i}(x) < k_c$ und $grad\, \tilde{R}(x) \leq n_c - k_c - 1$ zur Anwendung, die auf eine systematische Aufteilung eines Codeworts $\tilde{c}$ in k_c Nachrichtenbinärzeichen und $n_c - k_c$ redundante Binärzeichen führt. Das Polynom $x^{(n_c-k_c)}\tilde{i}(x)$ stellt im Gesamtpolynom des Codeworts $\tilde{c}(x)$ k_c Nachrichtenbits dar, die mit der Nachricht $\tilde{i}(x)$ identisch sind. $\tilde{R}(x)$ beschreibt das redundante Prüfbitmuster im Codewort. In dieser Darstellung besteht das Codewort aus k_c Nachrichtenbits am Blockanfang und $n_c - k_c$ Prüfbits am Blockende, siehe die schematische Darstellung in Abbildung 7.5.

Beispiel 7.3:
Betrachtet werde ein (7,4)-Code mit dem Generatorpolynom $g(x) = x^3 + x + 1$. Zu übertragen sei die Nachricht $\tilde{i} = (1010)$. Das zugehörige Nachrichtenpolynom lautet dann $\tilde{i}(x) = x^3 + x$.

Der Nachrichtenteil des Codeworts wird mit Gleichung 7.22 durch

$$x^{(n_c-k_c)}\tilde{i}(x) = x^{7-4}(x^3 + x) = x^6 + x^4 \tag{7.23}$$

beschrieben. Das Prüfbitmuster $\tilde{R}(x)$ erhält man durch Division modulo $g(x)$.

$$\frac{x^6 + x^4}{x^3 + x + 1} = x^3 + 1 = q(x) \quad Rest \quad R(x) = x + 1 \tag{7.24}$$

Das Codepolynom lautet somit

$$\tilde{c}(x) = x^6 + x^4 + x + 1 \tag{7.25}$$

mit dem Codewort $\tilde{c} = (1010011)$. Die ersten 4 Binärzeichen stellen das Nachrichtenbitmuster und die letzten 3 Binärzeichen das Prüfbitmuster dar. Die Codeprüfung durch Division ergibt

$$\tilde{i}(x) = \frac{\tilde{c}(x)}{g(x)} = x^3 + 1. \qquad (7.26)$$

ohne Rest. Damit ist $\tilde{c}(x)$ ein Codewort.

Wird das verfälschte Codewort mit einem Bitfehler an der zweiten Stelle im Codewort $\tilde{c}_f = (1110011)$ empfangen, so ergibt die Codeprüfung mit dem Polynom $c_f(x)$

$$\frac{x^6 + x^5 + x^4 + x + 1}{x^3 + x + 1} = x^3 + x^2 + x + 1 \quad Rest \quad x \qquad (7.27)$$

Aufgrund des Bitfehlers ist die Teilbarkeit nicht gewährleistet. Es verbleibt ein Rest. Der Rest $\tilde{R}(x)$ stellt das Syndrom dar, mit dessen Hilfe der Bitfehler korrigiert werden kann.

Bisher wurden lediglich Codierung, Decodierung und Fehlerentdeckung diskutiert. Die Fehlerkorrektur eines Bitfehlers mit einem zyklischen Hamming-Code wird im nächsten Beispiel behandelt.

Ist das Generatorpolynom eines Codes ein *primitives Polynom* vom Grade h_1 - dies ist ein irreduzibles Polynom das nicht als Produkt von Polynomen kleineren Grades erzeugt werden kann - so entsteht hieraus mit Gleichung 7.22 ein *zyklischer Hamming-Code* der Blocklänge $n_c = 2^{h_1} - 1$. Die Anzahl der Prüfbinärzeichen im Codewort ist $n_c - k_c$, wenn k_c Nachrichtenbinärzeichen vorliegen und seine Hammingdistanz ist allgemein $d = 3$. Damit ist $t = \frac{d-1}{2} = 1$ Bitfehler pro Codewort korrigierbar [68, 69, 70, 71].

Beispiel 7.4:
Als Generatorpolynom liege das im vorhergehenden Beispiel angewendete primitive Generatorpolynom $g(x) = x^3 + x + 1$ und das zu übertragende Nachrichtenpolynom $\tilde{i}(x) = x^3 + x$ vor (es wird nur eines von insgesamt 16 möglichen betrachtet). Mit $h_1 = grad\, g(x) = 3$ und $k_c = 4$ ist die Länge eines Codeworts $n_c = 2^{h_1} - 1 = 7$bit. Damit liegt ein $(7,4)$ - Hamming-Code vor. Das Codepolynom wurde bereits im vorhergehenden Beispiel zu

$$\tilde{c}(x) = x^6 + x^4 + x + 1$$

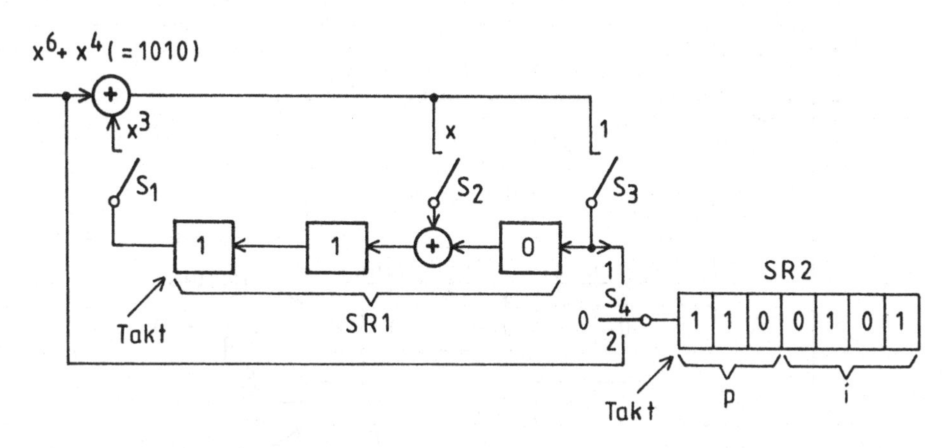

Abbildung 7.6: Hamming-Codierer ($\oplus$ bedeutet Addition modulo-2)

ermittelt. Das zugehörige Codewort lautet dann $\tilde{c} = (1010011)$. Wird im Empfänger $\tilde{c}(x)$ richtig empfangen, so ist im Decodierer $\tilde{c}(x)$ teilbar durch $g(x)$ ohne Rest. Wird dagegen $\tilde{c}(x)$ bei der Übertragung durch einen Bitfehler verfälscht, so hat der Quotient $\frac{\tilde{c}(x)}{g(x)}$ einen Rest der charakteristisch ist für die Lage des Bitfehlers im Codewort ist (Syndrom).

Durch Realisierung der Gleichung 7.24 erhält man die in Abbildung 7.6 dargestellte Divisionsschaltung als Schaltung des Codierers. Am Eingang des Codierers liegt das Nachrichtenbitmuster $\tilde{i} = (1010)$. Zunächst sind die Schalter S_1, S_2 und S_3 geschlossen. Der Schalter S_4 sei in Stellung 2. Das Nachrichtenbitmuster wird mit 4 Taktschritten in das Schieberegister SR_2 geschoben. Im Schieberegister SR_1 der Divisionschaltung steht nach diesen 4 Taktschritten das Prüfbitmuster $\tilde{R} = (011)$ als Divisionsergebenis modulo-$g(x)$. Nun werden die Schalter S_1, S_2 und S_3 geöffnet. Der Schalter S_4 wird in Stellung 1 gebracht. Mit 3 Taktschritten wird das Prüfbitmuster von Schieberegister SR_1 in das Schieberegister SR_2 übernommen. Im Schieberegister SR_2 steht nun das vollständige Codewort $\tilde{c} = (1010011)$. Nun stellt man Schalter S_4 auf Null und liest mit 7 Taktschritten das Codewort aus dem Register SR_2 zur Übertragung aus. Nach einem "Reset" wiederholt sich die Prozedur mit dem nächsten empfangenen Codewort.

Zur Decodierung, Abbildung 7.7, wird die gleiche Divisionschaltung wie im Codierer verwendet. Durch sie wird die Codeprüfung nach Glei-

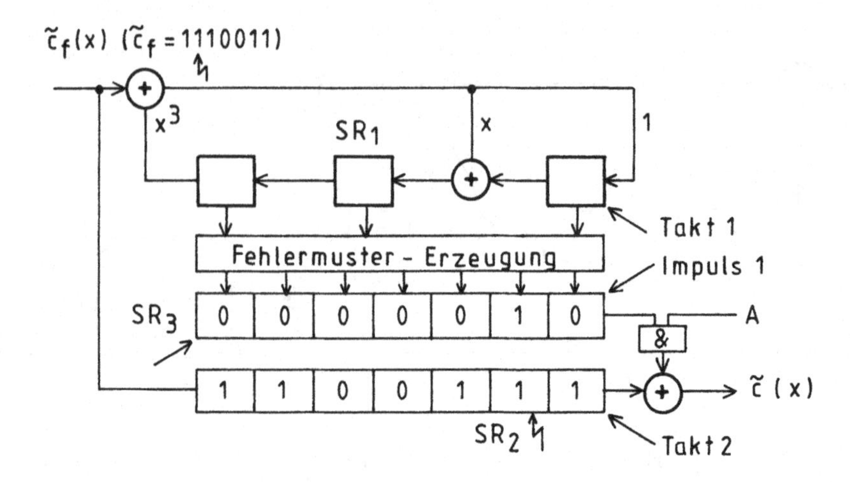

Abbildung 7.7: Hamming-Decodierer ($\oplus$ bedeutet Addition modulo-2)

chung 7.27 realisiert. Der Divisionsrest stellt das Syndrom dar, das nach entsprechender logischer Umsetzung in der Baugruppe "Fehlermuster-Erzeugung" das Korrektursignal liefert. Zur Decodierung werde nun das verfälschte Codewort $\tilde{c}_f = (1110011)$ empfangen. In Abbildung 7.7 liege zunächst der Anschluß A auf logisch 0. Takt 1 und Takt 2 seien aktiv, Impuls 1 sei gestoppt. Das verfälschte Codewort am Eingang steht dann nach 7 Taktschritten in Schieberegister SR_2 während in Schieberegister SR_1 das Syndrom erscheint. Am Ausgang der Fehlermuster-Erzeugung liegt das Korrekturbitmuster $\tilde{c}_k = (0100000)$. Nun wird Impuls 1 aktiviert und das Korrekturbitmuster in Schieberegister SR_3 parallel übernommen, A wird auf logische 1 gelegt, Takt 1 gestoppt und mit Takt 2 werden die beiden Register SR_2 und SR_3 ausgelesen. Die Korrektor erfolgt dann im modulo-2-Addierer. Am Codiererausgang erscheint das korrigierte Signal $\tilde{c} = (1010011)$.

7.1.4 Reed-Solomon-Codes

Ein Reed-Solomon-Code der Länge $n_c = 2^\nu - 1$ bit und k_c Nachrichtenbinärzeichen pro Codewort besteht aus Codeworten der Form

$$\tilde{a}(x) = \tilde{i}(x)g(x) \tag{7.28}$$

$$grad\, g(x) = n_c - k_c = 2t. \tag{7.29}$$

mit

$$t \leq \frac{d-1}{2}. \tag{7.30}$$

(d=Hammingdistanz). Jedes Codewort ist teilbar durch das Generatorpolynom

$$g(x) = \prod_{i=1}^{2t} (x - \tilde{\alpha}^i) \tag{7.31}$$

ohne Rest. $\tilde{\alpha}$ ist ein primitives Element aus $GF(2^\nu)$. $GF(2^\nu)$ bezeichnet ein *Galois-Feld*, dies ist ein Zahlenkörper der aus einer endlichen Menge von Zahlen besteht, die als Wurzelen eines primitiven Polynoms definiert sind (Zahlentheorie) [68, 75]. Ein primitives Element eines Zahlenkörpers $GF(2^\nu)$ ist als Nullstelle $\tilde{\alpha}$ eines primitiven Polynoms $p(x)$ nämlich $p(\tilde{\alpha}) = 0$ definiert, dies ist, wie erwähnt, ein irreduzibles Polynom, das nicht als Produkt von Polynomen kleineren Grades erzeugt werden kann ($\nu = grad\, p(x)$). Die Potenzen des Elements $\tilde{\alpha}$ modulo $p(\tilde{\alpha})$ gerechnet ergeben den Zahlenkörper $GF(2^\nu)$. Außerdem kann der Zahlenkörper durch Polynome $f(\tilde{\alpha})$ dargestellt werden, deren Koeffizienten binäre Größen sind. Beispielsweise läßt sich mit dem primitiven Polynom $p(x) = x^4 + x + 1$ mit $p(\tilde{\alpha})$ als Wurzel ein Zahlenkörper $GF(2^4)$, mit den Elementen (Zahlen) $\tilde{\alpha}^0 \ldots \tilde{\alpha}^{15}$ entwickeln. Den Elementen sind 16 Polynome $f(\tilde{\alpha})$ zugeordnet deren Koeffizienten 4 Bit-Worte darstellen. Mit den Elementen des Zahlenkörpers können dann die Koeffizienten $\tilde{\alpha}^i$ des Generatorpolynoms $g(x)$ vereinfacht sowie deren binäre Zuordnung hergestellt werden. Reed-Solomon-Codes werden mit dem *Berlekamp-Massey-Algorithmus* decodiert. Hierbei wird das empfangene gestörte Codepolynom $\tilde{r}(x)$ zunächst mit der diskreten Fourier-Transformation durch einsetzen der Elemente von $GF(2^\nu)$ in $\tilde{r}(x)$ tranformiert. Man ermittelt so die Koeffizienten des Syndrompolynoms, und daraus dann mit dem Berlekamp-Massey-Algorithmus ein Fehlerpolynom, dessen Wurzeln Elemente aus $GF(2^4)$ sind (z.B. $\tilde{\alpha}$, $\tilde{\alpha}^3$ und $\tilde{\alpha}^6$). Die Exponenten dieser Wurzeln geben die Stellen im Codewort an, in denen Bitfehler vorliegen. Mit dem *Forney-Algorithmus* folgt hieraus das zur Korrektur notwendige Fehlerstellenpolynom [68]. Reed-Solomon-Codes eignen sich besonders zur Korrektur bei bündelförmigen Bitfehlern.

7.1.5 BCH-Codes

BCH-Codes (Bose-Chaudhuri-Hocquenghem) bilden eine Gruppe von Blockcodes zu denen auch die Reed-Solomon-Codes gehören. Codierung und Decodierung ist wie bei den Reed-Solomon-Codes erwähnt durchzuführen. Das Generatorpolynom

$$g(x) = \prod_{i=1}^{t} g_i(x) = g_1(x)g_2(x)\dots g_t(x) \tag{7.32}$$

führt auf einen primitiven BCH-Code. $g_1(x)$ ist ein primitives Polynom von Grade ν. Die Blocklänge der Codeworte ist $n_c = 2^\nu - 1$ und die Mindestzahl der korrigierbaren Fehler ist $t \leq \frac{d-1}{2}$. Die maximal korrigierbare Fehlerzahl liegt bei $t_{max} = \frac{n_c-1}{2}$. Die Anzahl der Prüfbinärzeichen ist $n_c - k_c \leq \nu t$. Das Polynom $g_1(x)$ hat ν Wurzeln die im Zahlenkörper $GF(2^\nu)$ liegen. Ist $\tilde{\alpha}$ eine Wurzel von $g_1(x)$, so wählt man die folgenden Polynome $g_2(x), g_3(x), \dots, g_t(x)$ so, daß die Elemente $\tilde{\alpha}^3, \tilde{\alpha}^5, \dots, \tilde{\alpha}^{2t-1}$ aus $GF(2^\nu)$ jeweils ihre Wurzeln sind.

$$g_1(\tilde{\alpha}) = 0 \tag{7.33}$$

$$g_2(\tilde{\alpha}^3) = 0 \tag{7.34}$$

$$g_3(\tilde{\alpha}^5) = 0 \tag{7.35}$$

$$\vdots \tag{7.36}$$

$$g_t(\tilde{\alpha}^{2t-1}) = 0 \tag{7.37}$$

Um den Grad des Generatorpolynoms klein zu halten, wählt man für $g_2(x), g_3(x), \dots g_t(x)$ irreduzible Polynome kleinsten Grades.

Beispiel 7.5:

Geht man von dem primitiven Polynom $g_1(x) = x^4 + x + 1$ aus, so findet man das Generatorpolynom

$$g(x) = g_1(x)g_2(x)g_3(x) \tag{7.38}$$

$$g(x) = (x^4 + x + 1)(x^4 + x^3 + x^2 + 1)(x^2 + x + 1) \tag{7.39}$$

Damit sind $t = 3$ Bitfehler pro Codewort korrigierbar. Die Hammingdistanz ist $d \geq 7$, und die Codewortlänge wird $n = 2^4 - 1 = 16$ bit . Die Anzahl der Prüfbinärzeichen ist $n_c - k_c = \nu t \leq 4 \cdot 3 \leq 12$ bit.

Neben den primitiven BCH-Codes gibt es auch solche die nicht auf einem primitiven Polynom basieren. Ein Beispiel hierfür ist der *Golay-Code* mit $n_c = 23$, $k_c = 12$ und $d \geq 5$. Sein Generatorpolynom lautet

$$g(x) = x^{11} + x^9 + x^7 + x^6 + x^5 + x + 1 \qquad (7.40)$$

Der Golay-Code wird im Satellitenfunk (INTELSAT-und-EUTELSAT-System) in Verbindung mit der 4PSK eingesetzt [72, 73, 74].

BCH-Codes werden wie Reed-Solomon-Codes mit dem Berlekamp-Massey-Algorithmus decodiert. Die Decodierprozedur ist jedoch bei BCH-Codes einfacher, da die Koeffizienten des Generatorpolynoms und der Codepolynome nur logisch 0 oder logische 1 sein können. Bei Reed-Solomon-Codes sind diese Koeffizienten Elemente des Zahlenkörpers $GF(2^\nu)$ [68].

Analytische Lösungen für die Symbolfehler Wahrscheinlichkeit liegen, abgesehen von Lösungen für obere Schranken [74], für die BCH-Codes in Verbindung mit digitalen Modulationsverfahren wie z.B. die 4PSK nicht vor. Zu ihrer Bestimmung ist man auf Computersimulation oder Messung der Bitfehlerquote angewiesen. Obere Schranken der Bitfehlerquote über E_b/N_0 verschiedener BCH-Codes in Verbindung mit der 4PSK zeigt Abbildung 7.8. Erhebliche Codierungsgewinne gegenüber der uncodierten 4PSK werden nur mit den hochredundanten BCH-Codes erzielt.

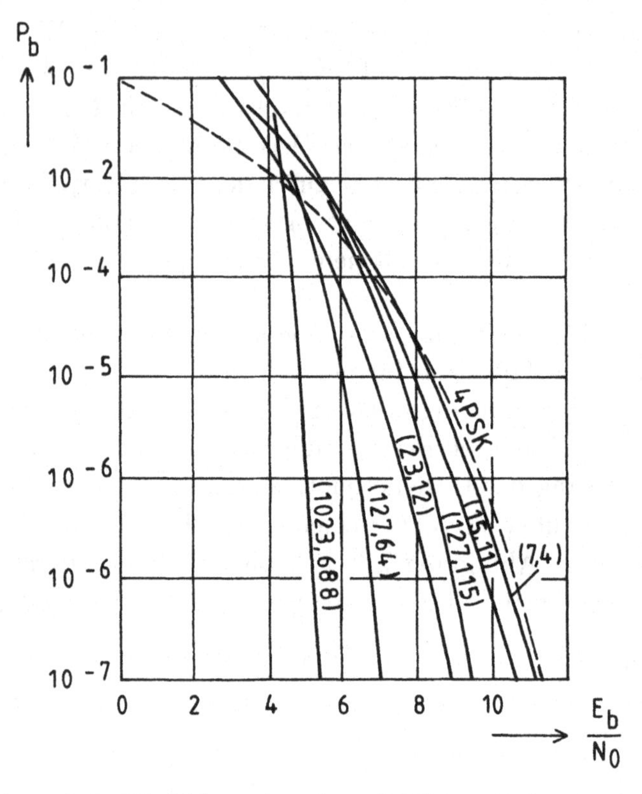

Abbildung 7.8: Bitfehlerquote der 4PSK mit BCH-Codierung [43]

7.2 Faltungscodierung und Modulation

Verwendet man die Faltungscodierung in Modem-Übertragungssystemen so ist die Anordnung der Codierer und Decodierer wie bei den Blockcodes gemäß Abbildung 7.1 vorzunehmen. Bei den in diesem Abschnitt durchgeführten Betrachtungen seien Modulation und Codierung voneinander unabhängig. Das bedeutet, daß die betrachteten Faltungscodierungen zusammen mit beliebigen digitalen Sinusträger-Modulationsarten verwendet werden können.

Faltungscodes lassen sich nicht durch eine Codevorschrift wie die Blockcodes definieren, wenn vorgegebene Eigenschaften erfüllt werden sollen. Beim Codeentwurf ist man auf bekannte Algorithmen oder Rechnersimulationen angewiesen. Im Gegensatz zu den Blockcodes hängen die Binärzeichen eines Codeworts nicht nur von den Binärzeichen des Nachrichtenbitmusters ab, sondern auch von den Binärzeichen vorhergegangener Codewörter. Mit der Faltung läßt sich allgemein die Antwort $a(kT_s)$ eines linearen kausalen Zweitors - bei Binärsignalen ist dies beispielsweise ein rückgekoppeltes Schieberegister - auf eine binäre Eingangsimpulsfolge $x(kT_s)$ beschreiben.

$$a(kT_s) = \sum_{k_0}^{K} x(kT_s - k_0T_s)g(k_0T_s) \tag{7.41}$$

Hierbei ist $g(k_0T_s)$ die Antwort des linearen Zweitors auf den Einheitsimpuls für den gilt

$$d(kT_s - k_0T_s) = 1 \quad \text{für} \quad k = k_0 \tag{7.42}$$

$$d(kT_s - k_0T_s) = 0 \quad \text{für} \quad k \neq k_0. \tag{7.43}$$

Bei binären Signalen kann $g(k_0T_s)$ nur logisch 0 oder logisch 1 sein. Die in Abbildung 7.9 angegebene Schaltung ist eine Multiplikationsschaltung wie sie in Abbildung 7.4 dargestellt ist. Die Eingangsfolge $x(kT_s)$ wird mit der Antwort $g(k_0T_s)$ die die Koeffizienten $g(0)$, $g(T_s)$ und $g(2T_s)$ besitzt gefaltet. Bei der Faltungscodierung werden solche

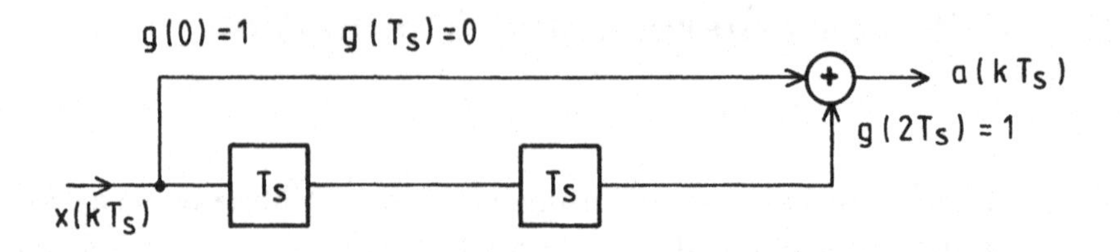

Abbildung 7.9: Faltungscodierer mit 2 Speichern

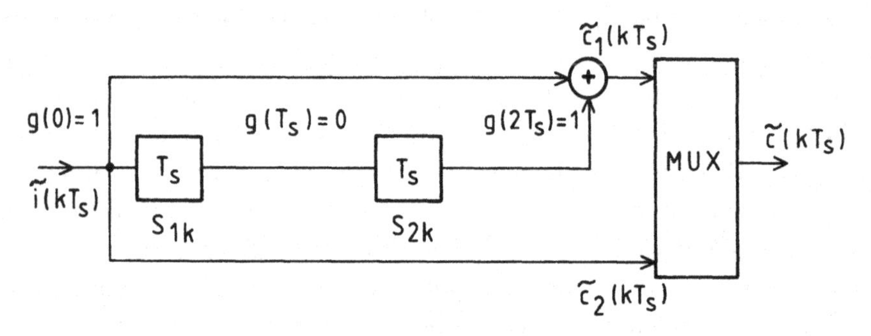

Abbildung 7.10: Durchführung der Faltungscodierung

Schaltungen benötigt um aus einem binären Nachrichtensignal $\tilde{i}(kT_s)$ redundante Binärzeichen zu gewinnen die durch Multiplexbildung in die Nachrichtenbitfolge eingefügt werden. In Abbildung 7.10 ist die Codierung und Multiplexbildung in systematischer Form dargestellt. Das codierte Ausgangssignal $\tilde{c}(kT_s)$ hat die doppelte Bitrate von $\tilde{i}(kT_s)$. In der Folge $\tilde{c}(kT_s)$ folgt einem Nachrichtenbinärzeichen $\tilde{i}(kT_s)$ jeweils ein redundantes Binärzeichen. Man nennt einen solchen Codierer *Rate*-1/2-*Faltungscodierer.* Der Faktor 1/2 ist die Coderate. Pro Taktschritt wird 1 bit in das Register geschoben und zusammen mit dem Binärzeichen im zweiten Speicher des Registers in 1 redundantes Bit verknüpft. Jedes Binärzeichen der Eingangsfolge beeinflußt 2 bit der Ausgangsfolge, die die doppelte Bitrate aufweist. Die Schieberegisterlänge (constraint length) ist in diesem Falle $L = 2$. Da mit jedem Taktschritt $k_c = 1$ Eingangsbinärzeichen $n_c = 2$ Ausgangsbinärzeichen zur Folge hat, nämlich

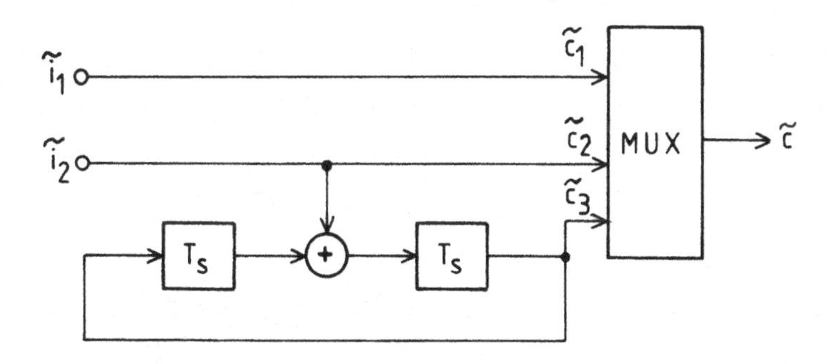

Abbildung 7.11: Rate-2/3-Faltungscodierer

ein Nachrichtenbit und ein redundantes Bit, ist die Coderate

$$R_c = \frac{k_c}{n_c} = \frac{1}{2}$$

wie durch Gleichung 7.1 definiert. Haben $k_c = 2$ Eingangsbinärzeichen, $n_c = 3$ Ausgangsbinärzeichen zur Folge, so ist die Coderate $R_c = 2/3$. Es liegt ein Rate 2/3-Faltungscodierer vor, Abbildung 7.11.

Beispiel 7.6:
Betrachtet werde der Faltungscodierer nach Abbildung 7.10. An seinem Eingang liege die Nachricht $i = (10111000)$. Die Codetabelle des Faltungscodierers für alle möglichen Eingangssignale $\tilde{i}(kT_s)$ und Speicherzustände S_1, und S_2 ist in Tabelle 7.1 dargestellt. Neben der Schaltung des Faltungscodierers und der Codetabelle gibt es weitere Darstellungsmöglichkeiten für das Verhalten von Faltungscodierern, nämlich Codebaum , Zustandsdiagramm und Trellisdiagramm (auch Netzdiagramm oder Codespalier genannt).

Bei der Darstellung mit dem Codebaum geht man von einem Ursprungsknoten aus, wobei man von dort ausgehend für jeden Taktschritt der Eingangsfolge einen Zweig hinzunimmt und neue Knoten bildet. An den Knoten trägt man dann jeweils den Zustand der Speicher ein, während man den Zweig von einem Knoten zum anderen mit den Codierer-Ausgangssymbolen kennzeichnet. Der Codierer nach Abbildung 7.10 hat 2 Speicher die die Zustände $a = (00)$, $b = (10)$, $c = (01)$ und $d = (11)$ annehmen können. Beginnt man bei dem Speicherzu-

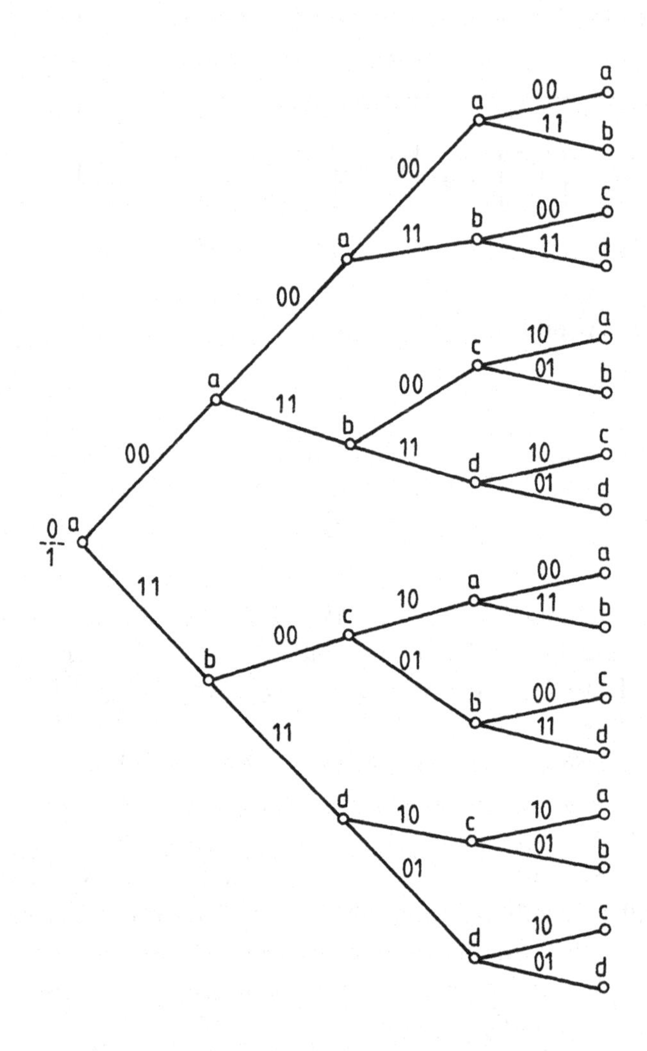

Abbildung 7.12: Codebaum nach Tabelle 7.1

Tabelle 7.1: Codetabelle der Faltungscodierers nach Abbildung 7.10

Takt	$\tilde{i}(kT_s)$	S_{1k}	S_{2k}	$S_{1(k+1)}$	$S_{2(k+1)}$	$\tilde{c}_1$	$\tilde{c}_2$
0	0	0	0	0	0	0	0
1	0	0	1	0	0	1	0
2	0	1	0	0	1	0	0
3	0	1	1	0	1	1	0
4	1	0	0	1	0	1	1
5	1	0	1	1	0	0	1
6	1	1	0	1	1	1	1
7	1	1	1	1	1	0	1

stand $a = (00)$, so ermittelt man den in Abbildung 7.12 dargestellten Codebaum. Die einzelenen Werte z.B. Eingangsbinärzeichen 1 beim Zustand $b = (10)$ das auf das das Ausgangssignal (11) führt, entnimmt man der Tabelle 7.1.

Legt man Knoten mit gleichen Zuständen die gleiche Abstände vom Ausgangszustand aufweisen zusammen, so kann man den Codebaum vereinfachen. Es entsteht das Trellis-Diagramm, das sich ebenfalls aus Knoten und Zweigen zusammensetzt. Jeder Knoten stellt einen der 2^L Speicherzustände des Codierers dar. Jeder Zweig repräsentiert einen zulässigen Übergang von einem Speicherzustand zum darauffolgenden. An den Zweigen werden die zugehörigen Codiererausgangssymbole wie beim Codebaum notiert. Das Trellisdiagramm nach Tabelle 7.1 das alle Speicherzustandsübergänge enthält ist in Abbildung 7.13*a* wiedergegeben, während in Abbildung 7.13*b* das Zustandsdiagramm des Faltungscodierers dargestellt ist. Aus Trellis-und Zustandsdiagramm entnimmt man beispielsweise, daß beim 3. Taktschritt der Zustand $c = (01)$ übergeht in den Zustand $a = (00)$ und dabei das Symbol (10) am Codierer-Ausgang abgegeben wird, oder ein Übergang nach $b = (10)$ erfolgt bei Abgabe einer (01) am Ausgang des Codierers [68, 69, 70, 71].

Die Decodierung von Faltungscodes erfolgt meist mit Hilfe eines Maximum-Likelihood-Detektors. Er ermittelt die wahrscheinlichste Codiererausgangsfolge die zur Empfangsfolge die geringste Hamming-Distanz besitzt. Zur Maximum-Likelihood-Detektion verwendet man

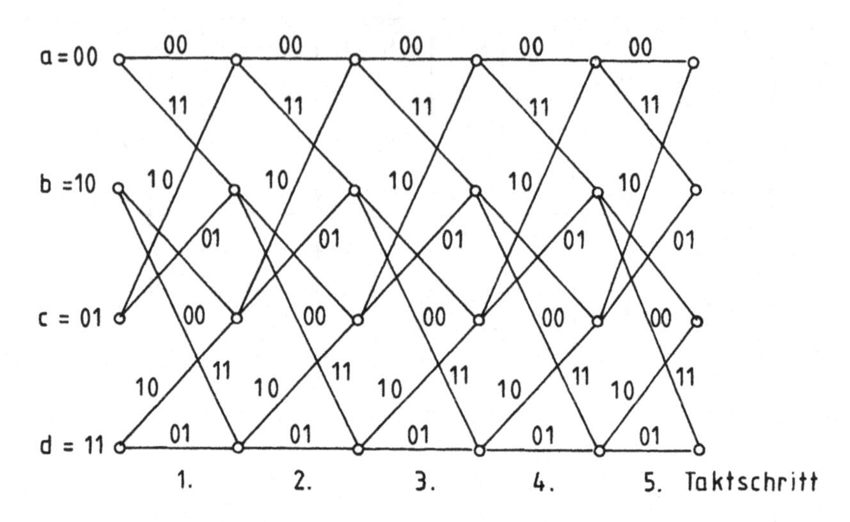

a) Trellisdiagramm

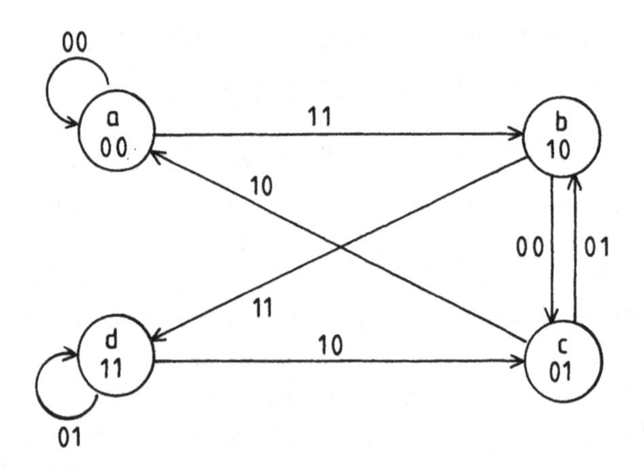

b) Zustandsdiagramm

Abbildung 7.13: Trellisdiagramm und Zustandsdiagramm nach Tabelle 7.1

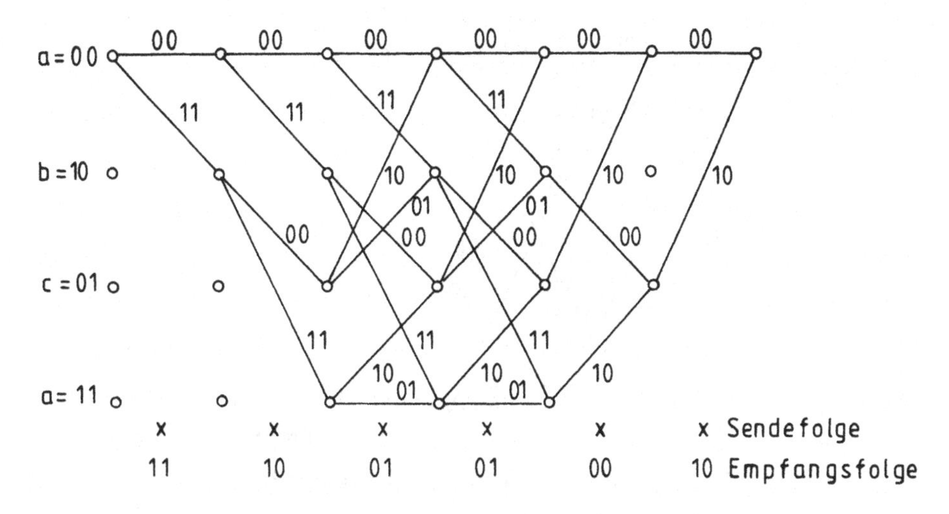

Abbildung 7.14: Trellisdiagramm und Empfangsfolge

das Trellisdiagramm. Die durch die Zweige gegebenen Pfade im Trellisdiagramm entsprechen Sendecodefolgen die am Codiererausgang erscheinen. Fallen zwei Pfade in einem Knoten (=Speicherzustand) zusammen, dann entscheidet man sich für die Sendecodefolge (Pfad) die die geringste Hammingdistanz zur empfangenen Folge hat. Man markiert alle Knoten im Trellisdiagramm mit den Hammingdistanzen und entscheidet sich am Schluß für den Pfad an dessen Knoten die kleinsten Hammingdistanzen erscheinen. Haben zwei Pfade die zum selben Zustand führen die gleiche Hammingdistanz, so ist die Auswahl beliebig.

Beispiel 7.7:
Decodierung des Faltungscodes nach Tabelle 7.1 unter der Annahme, daß in der Eingangsfolge $\tilde{i}(kT_s)$ die beiden letzten gesendeten Binärzeichen 00 waren, mit Hilfe des Trellisdiagramms nach Abbildung 7.13*a*. Hierzu werde angenommen am Eingang des Maximum-Likelihood-Decodierers erscheine die Empfangssymbolfolge $\tilde{c}_r = (111001010010)$ (Entscheiderausgangssignal). Gesucht ist die mit größter Wahrscheinlichkeit gesendete Folge $\tilde{x}_w(kT_s)$. Zur Decodierung wird ein Maximum-Likelihood-Verfahren verwendet das nach seinem Erfinder Viterbi-Algorithmus genannt wird [76, 77, 78]. Weiter wird angenommen der Codierer befinde sich anfangs im Speicherzustand $a = (00)$. Abbildung

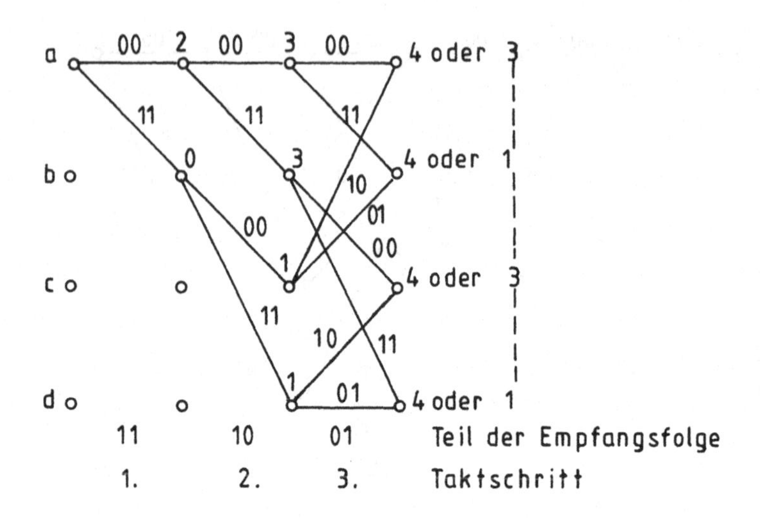

Abbildung 7.15: Trellissdiagramm nach drei Taktschritten

7.14 zeigt das modifizierte Trellisdiagramm, das entsteht, wenn die letzen beiden Binärzeichen der Sendefolge $\tilde{i}(kT_s)$ logisch 0 sind und beim Speicherzustand $a = (00)$ begonnen wird. In Abbildung 7.15 ist das Trellisdiagramm nach 3 Taktschritten dargestellt. An den Knoten stehen die Hammingdistanzen zwischen der Empfangsfolge die am Decodierereingang erscheint und der zugehörigen Codiererausgangsfolge deren Symbole jeweils dem entsprechenden Zweig zugeordnet sind. Die 4 Pfade zu den letzten 4 Speicherzuständen, die jeweils die kleinste Hammingdistanz aufweisen, werden ausgewählt, der Rest wird gestrichen. Im praktischen Fall ist das Netzdiagramm in einem Speicher abgelegt, gestrichene Pfade werden dann im Speicher gelöscht. Nach 4 Taktschritten hat das Trellisdiagramm die in Abbildung 7.16 dargestellte Form. Nun werden wiederum die Hammingdistanzen zwischen Sende-und Empfangsfolge für die verschiedenen Pfade ermittelt und die Pfade größter Hammingdistanz gestrichen. Nach 5 Taktschritten wird das Trellisdiagramm auf Abbildung 7.17 reduziert. Streicht man die Pfade größter Hammingdistanz zu den beiden letzten Knoten im Trellisdiagramm, so verbleibt nach dem 6. Taktschritt nur noch ein

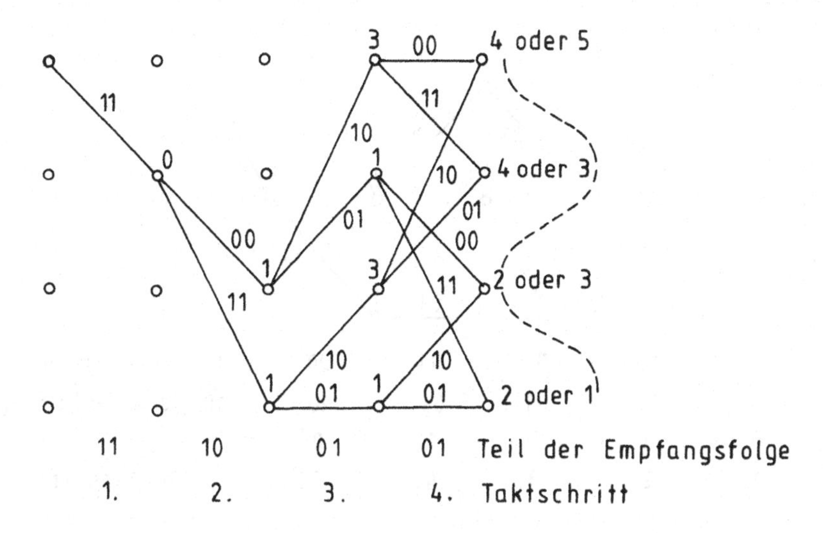

Abbildung 7.16: Trellisdiagramm nach vier Taktschritten

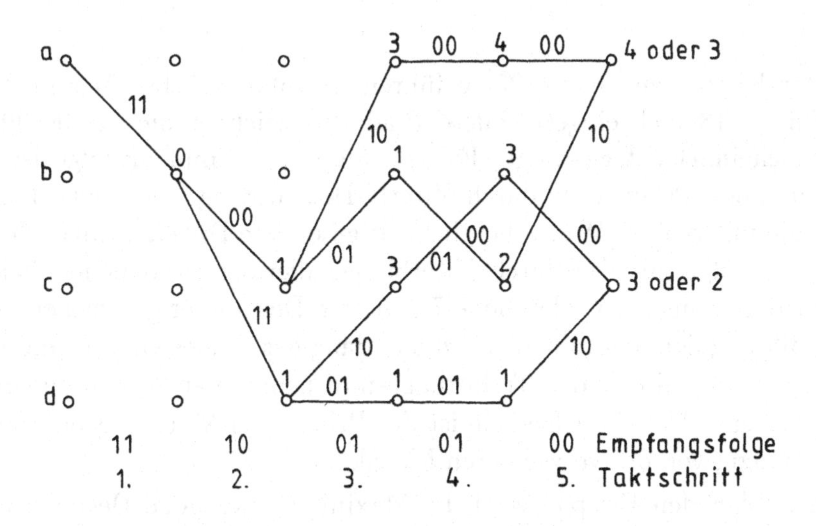

Abbildung 7.17: Trellisdiagramm nach fünf Taktschritten

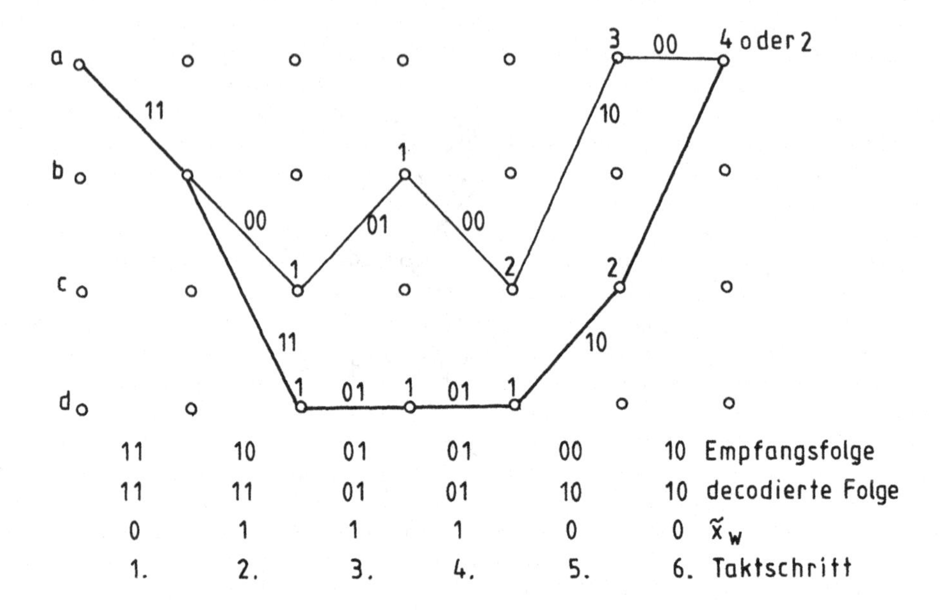

Abbildung 7.18: Trellisdiagramm nach 6 Taktschritten

letzter Knoten zu dem 2 Pfade führen, Abbildung 7.18. Der in Abbildung 7.18 dick eingezeichnete Pfad kennzeichnet die mit größter Wahrscheinlichkeit gesendete Folge. Neben der Empfangsfolge ist in Abbildung 7.18 auch die durch Viterbi-Decodierung gewonnene Folge und die mit größter Wahrscheinlichkeit gesendete Folge x_w angegeben. Letztere folgt mit der durch Viterbi-Decodierung gewonnenen Folge unmittelbar aus der Codetabelle 7.1, die im Decodierer gespeichert ist. Die Bildung der Hammingdistanzen entlang des Pfades einer Codierer-Ausgangsfolge durch das Trellisdiagramm nennt man in der linearen Algebra eine *Metrik.* Allgemein ist das Prinzip der Viterbi-Dcodierung unabhängig von der verwendeten Metrik.

Im folgenden Beispiel wird die Maximum-Likelihood-Decodierung bei Faltungscodierung und 2PSK-Übertragung in allgemeiner Form bei additivem gaußverteiltem Rauschen betrachtet, wobei eine spezielle

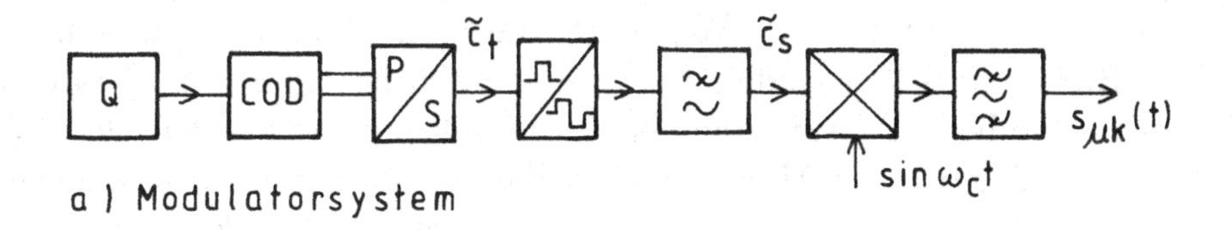

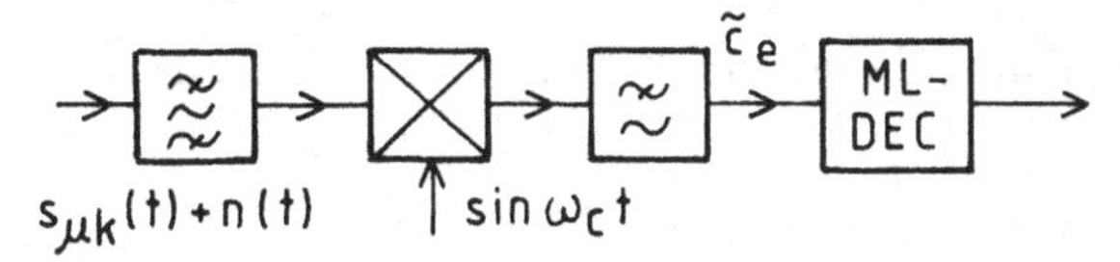

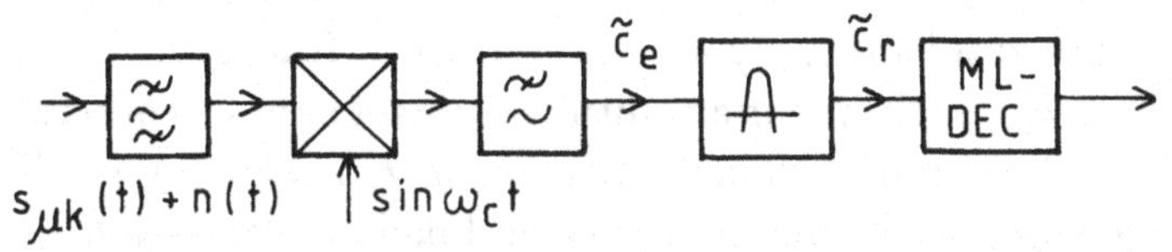

Abbildung 7.19: 2PSK-System mit Faltungscodierung und Maximum-Likelihood-Decodierung

Metrik nämlich die sogenannte Likelihood-Funktion zur Anwendung kommt.

Beispiel 7.8:

2PSK - Übertragung mit Faltungscodierung und Maximum-Likelihood-Decodierung bei additivem gaußverteiltem Geräusch. Abbildung 7.19 zeigt ein 2PSK-System mit einem Faltungscodierer nach Abbildung 7.10 und einem Maximum-Likelihood-Decodierer. Die 2PSK-Signale werden durch weißes Rauschen $n(t)$ gestört. Der sendeseitige Faltungscodierer gebe nach der Parallel-Serien-Umsetzung die Folge $\tilde{c}_t = (c_{t1}, c_{t2}, c_{t3}, \ldots c_{tj}, \ldots)$ ab. Nach der Umsetzung in bipolare im Tiefpaß geformte Signale laute die Folge $\tilde{c}_s = (c_{s1}, c_{s2}, \ldots, c_{sj}, \ldots)$, mit $c_{sj} \in \{1, -1\}$. Die 2PSK-Modulation stellt die Zuordnung,

$$c_{sj} = +1 \Leftrightarrow s_{1k}(t) = \sin \omega_c t \quad (7.44)$$

$$c_{sj} = -1 \Leftrightarrow s_{2k}(t) = -\sin \omega_c t \quad (7.45)$$

her, siehe Abschnitt 5.2.1. Wegen der Rate 1/2 - Faltungscodierung ist die Bitrate nach der Codierung v_c doppelt so hoch wie die Bitrate v_b vor der Codierung. Aufgrund der Rauschstörung hat bei *Soft-Decision* ein am Eingang des Maximum-Likelihood-Decodierers erscheinendes Binärzeichen c_{ej} (gesendet wurde c_{sj}) zum Abtastzeitpunkt nach Abbildung 7.18*b* eine beliebige reelle Amplitude (z.B. $-0,33$; $+0,48$; $+1,5$; $-2,1$; ...). Die bedingte Wahrscheinlichkeit bei gaußverteiltem Rauschen

$$p(c_{ej}|c_{sj}) = \frac{1}{\sqrt{2\pi N}} e^{-\frac{(c_{ej}-c_{sj})^2}{2N}} \tag{7.46}$$

gibt die Wahrscheinlichkeit an, daß bei Aussendung des Binärzeichens c_{sj} (amplituden und zeitdiskret) das durch gaußsches Rauschen beeinflusste Binärzeichen c_{ej} (nicht mehr amplitudendiskret) am Decodierer-Eingang erscheint. Gleichung 7.46 heißt *Likelihood-Funktion.* N ist die effektive Rauschleistung. Ein maximieren der Likelihoodfunktion liefert die maximale Wahrscheinlichkeit, daß c_{sj} gesendet wurde, wenn c_{ej} empfangen wird. Betrachtet man nun eine Codiererausgangsbitfolge der Länge J bit, so gilt für die zu maximierende Likelihood-Funktion

$$P(c_{ej}|c_{sj}) = \prod_{j=1}^{J} p(c_{ej}|c_{sj}) \tag{7.47}$$

In der Praxis maximiert man die logarithmierte Likelihood-Funktion. Sie lautet nach der Quadrierung

$$\ln p(c_{ej}|c_{sj}) = \ln \frac{1}{\sqrt{2\pi N}} - \frac{c_{ej}^2 - 2c_{ej}c_{sj} + c_{sj}^2}{2N} \tag{7.48}$$

Die beiden quadrierten Komponenten c_{ej}^2 und c_{sj}^2 sowie N in der vorstehenden Gleichung sind Konstanten. Für die logarithmische Likelihood-Funktion folgt deshalb

$$\ln p(c_{ej}|c_{sj}) = A_L \sum_{j=1}^{J} c_{ej}c_{sj} - B_L. \tag{7.49}$$

A_L und B_L sind Konstanten. Der Maximum-Likelihood-Detektor maximiert bei der 2PSK-Übertragung und additivem Geräusch die Summe der Produkte aus den Detektoreingangsbinärzeichen $\tilde{c}_e$ die reell sind und den im abgespeicherten Trellisdiagramm verfügbaren Codiererausgangsbinärzeichen c_{sj}, die nach einer Impulsformung wie im Modulatorsystem alle möglichen Folgen $\tilde{c}_s$ darstellen. Die Pfade (Codiererausgangsfolgen) im Trellisdiagramm mit maximaler Likelihood-Funktion werden abgespeichert die restlichen werden gelöscht. Nach jeweils J Taktschritten ist die mit der gleichlangen gesendeten Folge $\tilde{c}_s$ mit größter Wahrscheinlichkeit übereinstimmende Folge $\tilde{c}_{sdec}$ gefunden.

Wird die demodulierte Folge $\tilde{c}_e$, wie in Abbildung 7.18c dargestellt, zunächst in einem Entscheider regeneriert in logische Signale und danach einem Maximum-Likelihood-Detektor zugeführt, d.h. die Maximierung der Likelihood-Funktion mit dem Entscheiderausgangssignal $\tilde{c}_r$ durchgeführt, so spricht man von *Hard-Decision.*

Zur Maximum-Likelihood-Decodierung wird in der Praxis meist der bereits erläuterte Viterbi-Algorithmus angewendet, wobei allerdings nur im Falle des Hard-Decision als Metrik die Hamming-Distanz verwendet werden kann. Bei Soft-Decision benutzt man bei der Übertragung mit PSK-Systemen als Metrik meist die *euklidsche Distanz* die in Abschnitt 7.3 definiert wird.

Die Leistungsfähigkeit des Viterbi-Algorithmus bei 2PSK- Übertragung wird durch die erreichbare Bitfehler-Wahrscheinlichkeit bzw. Bitfehlerquote belegt. Die Bitfehler-Wahrscheinlichkeit über E_b/N_0 bei Rate 1/2 - Faltungscodierung, 2PSK - Übertragung und Viterbi-Decodierung ist in Abbildung 7.20 für verschiedene Schieberegisterlängen L (Constraint Length), jeweils getrennt für Soft-Decision und Hard-Decision dargestellt. Sie wird meist durch Computersimulation ermittelt. Unmittelbar anwendbare analytische Methoden zur Bestimmung der Symbolfehler-Wahrscheinlichkeit bzw. der Bitfehler-Wahrscheinlichkeit sind, bis auf die Bestimmung oberer Schranken für die Bitfehler-Wahrscheinlichkeit [76, 79], nicht bekannt geworden.

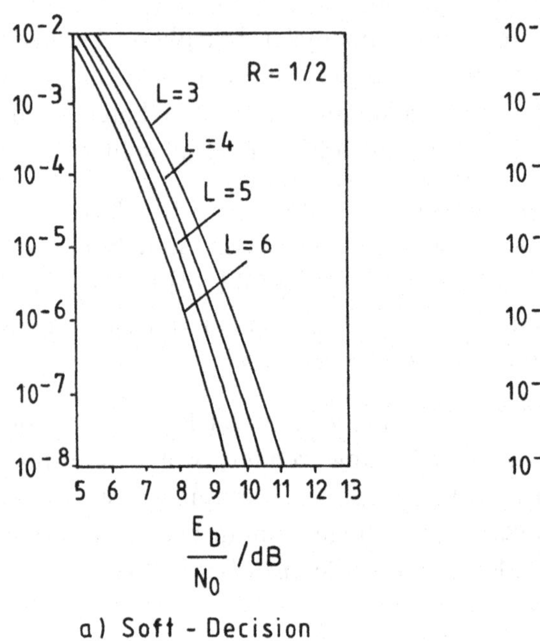

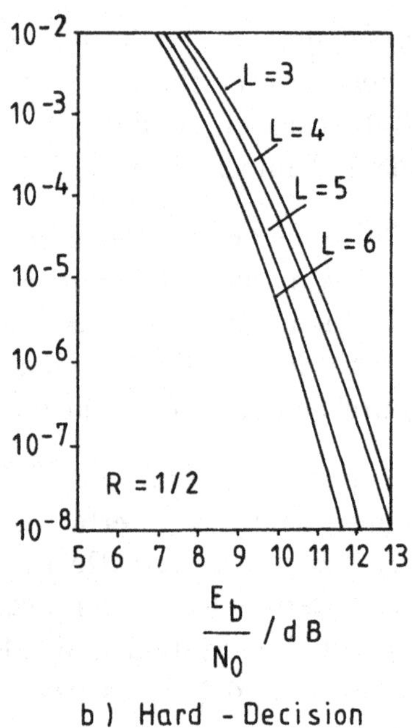

Abbildung 7.20: 2PSK-Bitfehlerwahrscheinlichkeit bei Faltungscodierung und Viterbi-Decodierung über E_b/N_0

7.3 Codierte Modulation

Die theoretische Beschreibung der codierten Modulation erfolgt im *euklidschen Raum.* Dies ist der dreidimensionale Anschauungsraum. Als brauchbare Metrik für solche Codes, die z.B. in einem PSK-Zustandsdiagramme angeordnet sind, gilt deshalb nicht die Hammingdistanz, sondern die *euklidsche Distanz* von Codefolgen, bzw. der *euklidsche Symbolabstand.* Da die Zustandsdiagramme der geeigneten Modulationsverfahren wie mPSK und mAPK ($m \geq 4$) im zweidimensionalen Raum beschrieben werden, erfolgt die Codebeschreibung in eben diesem Raum. Zur codierten Modulation können sowohl Blockcodes als auch Faltungscodes benutzt werden. Praktische Bedeutung haben bisher Faltungscodes in Verbindung mit der *Trelliscodierten Modulation* (TCM) erlangt. Nachfolgend wird deshalb nur auf dieses Verfahren eingegangen.

Bei mAPK, mPSK und mASK bilden die Signalpunkte $\hat{s}_{\mu k}$ einen Code (Signalcode) $S(2, m, \delta)$ über dem euklidschen Raum ($\mu = 1, 2, 3, \ldots, m$), ($-\infty \leq k \leq +\infty$). Der Code ist in $GF(2^n)$, ($n = 2, 3, 4, \ldots$) - der Begriff $GF(2^n)$ ist in Abschnitt 7.1.4 erläutert - definiert und besteht aus m Signalpunkten im Signalzustandsdiagramm die Codewörter der Länge n bit repräsentieren. δ_{ij} ist der euklidsche Symbolabstand zwischen zwei Signalpunkten z.B $s_{1k} = (x_1, y_1)$ und $s_{2k} = (x_2, y_2)$, der im Zustandsdiagramm definiert ist [68].

$$\delta_{1,2} = \sqrt{(x_1 - x_2)^2 + (y_1 - y_2)^2} \qquad (7.50)$$

Der Mindestsymbolabstand δ_{min} eines solchen Signalcodes ist dann gleich dem Minimum aller Symbolabstände zwischen beliebigen 2 Signalpunkten im Zustandsdiagramm. Der Code S kann in ℓ Untercodes $S_\ell(2, m_\ell, \delta_\ell)$ partitioniert (zerlegt) werden. Der Symbolabstand der Untercodes S_ℓ ist durch

$$\delta_{\ell min} = min\, \delta_\ell \qquad (7.51)$$

gegeben. Jeder Untercode kann wieder in Untercodes partitioniert werden. In der einschlägigen weiter unten genannten Literatur ist das Verfahren als *Mapping by Set Partitioning* bekannt geworden, wobei die

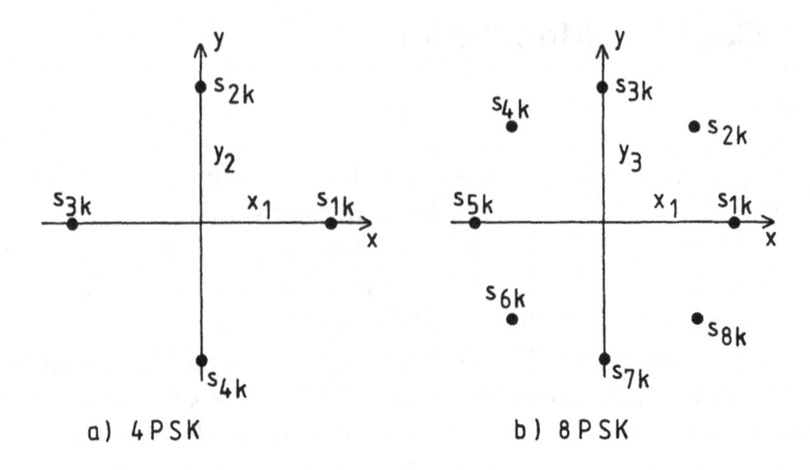

Abbildung 7.21: Einige PSK-Zustandsdiagramme definiert auf dem Einheitskreis

Partitionierung für eine binäre Nummerierung - jedes Codewort erhält eine binäre Nummmer - durchgeführt wird. Mit dieser Methode kann die minimale euklidsche Distanz die nachfolgend definiert wird, zwischen Codefolgen erhöht werden [80, 81]. Abbildung 7.21 zeigt einige PSK-Signalcodes die auf dem Einfheitskreis definiert sind. Die euklidschen Symbolabstände der PSK-Zustandsdiagramme nach Abbildung 7.20 kann man mit Gleichung 7.50 ermitteln. Man erhält für die 4PSK

$$\begin{aligned}
\delta_{1,2} &= \sqrt{(x_1 - x_2)^2 + (y_1 - y_2)^2} \qquad (7.52)\\
&= \sqrt{(1-0)^2 + (0-1)^2}\\
&= \sqrt{2}\\
\delta_{1,3} &= \sqrt{(x_1 - x_3)^2 + (y_1 - y_3)^2}\\
&= \sqrt{(1-(-1))^2 + 0}\\
&= 2\\
\delta_{2,4} &= \delta_{1,3}
\end{aligned}$$

Weiter ist $\delta_{3,4} = \delta_{1,2} = \delta_{1,4} = \delta_{2,3} = \sqrt{2}$. Somit findet man $\delta_{min} = \sqrt{2}$.

Allgemein berechnet man die Symbolabstände in mPSK-Systemen zu

$$\delta_{ij} = 2 \sin \frac{\Delta\alpha_s}{2}. \tag{7.53}$$

Hierbei ist $\Delta\alpha_s$ der Zentriwinkel des Kreissektors zwischen beliebigen zwei Signalpunkten im Zustandsdiagramm. Der euklidsche Symbolabstand δ_{ij} zwischen 2 Signalpunkten im Zustandsdiagramm von PSK- oder APK-Systemen ist eine feste Größe. Da die Signalpunkte, die jeweils n bit repräsentieren in stochastischer Folge auftreten, ist die Kenntnis des Symbolabstandes nicht hinreichend für die Auswahl von Symbolfolgen. Hinreichend dagegen ist die euklidsche Distanz zwischen Symbolfolgen. Sie stellt einen "mittleren" euklidischen Symbolabstand zwischen Symbolfolgen dar, wobei in jedem Taktschrittintervall eine bestimmtes δ_{ij} vorliegt. Es seien $s_{\mu k}^{(1)}$ und $s_{\mu k}^{(2)}$ zwei Symbolfolgen mit der Taktschrittfolge $k = 1, 2, 3, \ldots$. Die euklidsche Distanz dieser beiden Folgen ist dann durch

$$D_{1,2} = \sqrt{\sum_k |s_{\mu k}^{(1)} - s_{\mu k}^{(2)}|^2} \tag{7.54}$$

definiert. Allgemein ist die euklidsche Distanz zwischen zwei beliebigen Symbolfolgen durch

$$D_{ij} = \sqrt{\sum_k |s\mu k^{(i)} - s_{\mu k}^{(j)}|^2} \tag{7.55}$$

gegeben. In einem 4PSK-System können am Ausgang des Faltungscodierers beispielsweise die Symbolfolgen

$$\tilde{c}_{\mu k}^{(1)} = \left\{ \begin{array}{cccccccccc} 0 & 1 & 1 & 1 & 0 & 1 & 0 & 0 & 0 & 1\ldots \\ 1 & 0 & 1 & 1 & 0 & 0 & 1 & 0 & 0 & 1\ldots \end{array} \right\} \tag{7.56}$$

$$\tilde{c}_{\mu k}^{(2)} = \left\{ \begin{array}{cccccccccc} 1 & 1 & 0 & 0 & 1 & 0 & 0 & 0 & 1 & 1\ldots \\ 1 & 0 & 0 & 1 & 0 & 0 & 0 & 0 & 0 & 0\ldots \end{array} \right\} \tag{7.57}$$

auftreten. Die Symbolanordnung erfolgt sendeseitig im Faltungscodierer so, daß die freie euklidsche Distanz D_{free} zwischen Symbolfolgen, dies ist die kleinste euklidsche Distanz D_{min} maximal wird.

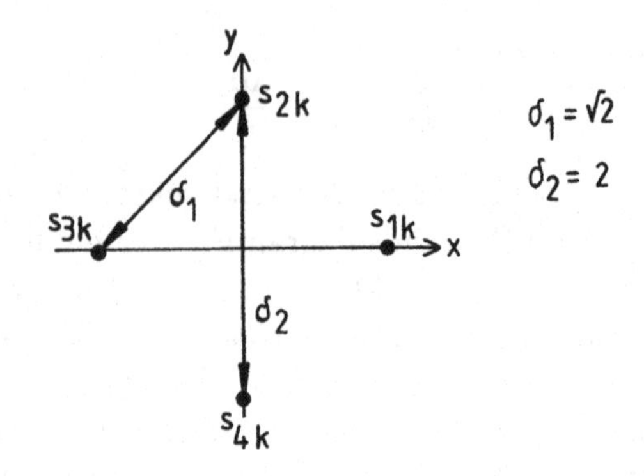

Abbildung 7.22: Symbolabstände bei der 4PSK

Beispiel 7.9:
Bestimmung der euklidschen Distanz $D_{min} = D_{free}$ von *drei* 4PSK-Folgen.

$$\tilde{s}_{\mu k}^{(1)} = (s_{11}^{(1)}, s_{32}^{(1)}, s_{43}^{(1)}, \ldots) \tag{7.58}$$

$$\tilde{s}_{\mu k}^{(2)} = (s_{21}^{(2)}, s_{42}^{(2)}, s_{23}^{(2)}, \ldots) \tag{7.59}$$

$$\tilde{s}_{\mu k}^{(3)} = (s_{41}^{(3)}, s_{22}^{(3)}, s_{43}^{(3)}, \ldots) \tag{7.60}$$

Die 4PSK-Symbolabstände sind Abbildung 7.22 zu entnehmen. Gleichung 7.54 liefert dann

$$\begin{aligned} D_{1,2} &= \sqrt{|s_{11}^{(1)} - s_{21}^{(2)}|^2 + |s_{32}^{(1)} - s_{4,2}^{(2)}|^2 + |s_{43}^{(1)} - s_{23}^{(2)}|^2} \qquad (7.61) \\ &= \sqrt{2\delta_1^2 + \delta_2^2} \\ &= 2{,}83 \end{aligned}$$

$$\begin{aligned} D_{2,3} &= \sqrt{|s_{21}^{(2)} - s_{41}^{(3)}|^2 + |s_{42}^{(2)} - s_{22}^{(3)}|^2 |s_{23}^{(2)} - s_{43}^{(3)}|^2} \qquad (7.62) \\ &= \sqrt{3\delta_1^2} \\ &= 3{,}46 \end{aligned}$$

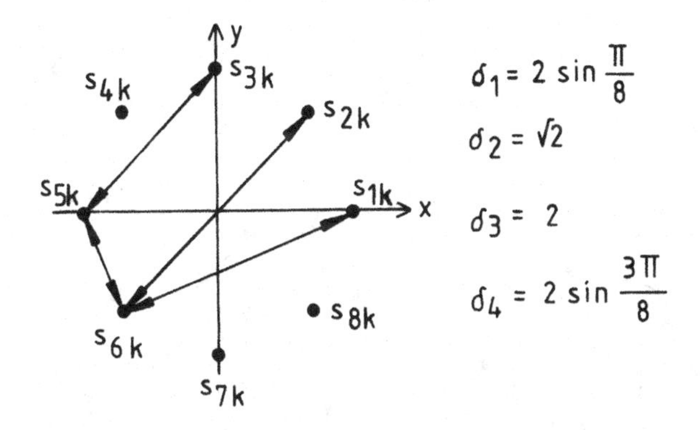

Abbildung 7.23: Symbolabstände bei der 8PSK

$$\begin{aligned} D_{1,3} &= \sqrt{|s_{11}^{(1)} - s_{41}^{(3)}|^2 + |s_{32}^{(1)} - s_{22}^{(3)}|^2 + |s_{43}^{(1)} - s_{43}^{(3)}|^2} \\ &= \sqrt{2\delta_0^2} \\ &= 2 \end{aligned} \tag{7.63}$$

Man erhält aus den vorgenannten Gleichungen $D_{min} = 2$ als minimale euklidsche Distanz der 3 Folgen. Da D_{free} bei der 4PSK gleich $\sqrt{2}$ ist, müssten weitere Folgen betrachtet werden. Maximales D_{free} erzielt man durch Computersimulation von Symbolfolgen bei Verwendung geigneter Faltungscodierer und Partitionierung der Signalcodes der Zustandsdiagramme.

7.3.1 Rate 2/3-8PSK

Die Durchführung der Partitionierung wird am Beispiel einer Rate 2/3-8PSK gezeigt. Das Zustandsdiagramm eines 8PSK-Systems mit eingezeichneten Symbolabständen ist in Abbildung 7.23 dargestellt. Das Prinzip der Partitionierung wurde bereits kurz erläutert. Für den Fall der 8PSK wird nun der Signalcode $S(2, 2^3, \delta)$ schrittweise in Untercodes so aufgeteilt, daß die Signalpunkte eines Untercodes jeweils maximalen euklidschen Symbolabstand haben. Zur Durchführung der Partitionierung benutzt man eine codebaumartige Anordnung der Unterco-

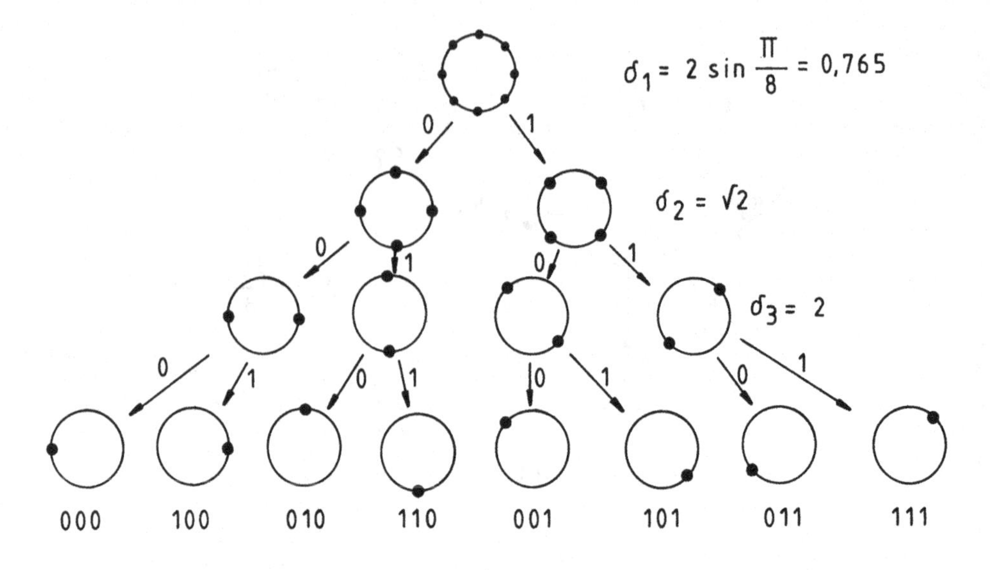

Abbildung 7.24: Partitionierung des 8PSK-Signalcodes

des, wobei die Symbolabstände der Untercodes immer größer werden. Die Menge der $m = 2^3 = 8$ Signalpunkte eines 8PSK - Systems wird zunächst in 2 Untercodes mit $2^2 = 4$ Signalpunkten zerlegt. Aus den beiden Untercodes entstehen 4 Untercodes mit 2 Signalpunkten. Im nächsten Schritt erhält man 8 Untercodes die nur noch aus einem Signalpunkt bestehen, Abbildung 7.24. Zur Nummerierung (Kennzeichnung) der 8 Untercodes die nur noch einen Signalpunkt haben, schreibt man an jede Verzweigung im Partitionierungscodebaum eine binäre 0 oder eine binäre 1. Dadurch erzielt man nach 3 Zerlegungsschritten eine binäre Kennziffer für jeden der 8 Untercodes die nur noch einen Signalpunkt besitzen. Die Kennziffer wird zur Übertragung dem jeweils verbleibenden Signalpunkt zugeordnet. Bei Berücksichtigung der Partitionierung kann, wie bereits erwähnt, ein maximales D_{free} erzielt werden.

Eine allgemeine Theorie zur Auswahl geeigneter Faltungscodierer die Symbolfolgen mit maximalem D_{free} abgeben ist nicht bekannt geworden. Bei der Computersimulation verwendet man Suchprogramme mit denen bei einer vorgegebenen Anzahl von Speichern im Codie-

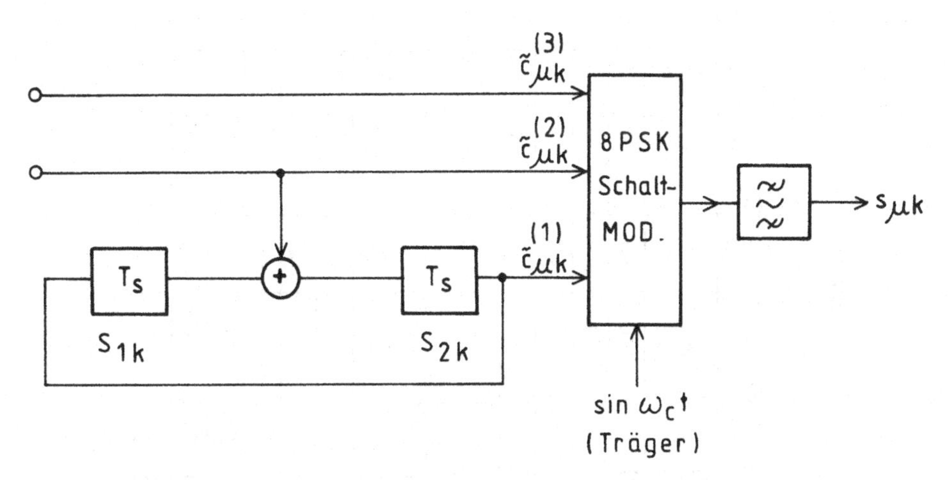

Abbildung 7.25: Rate 2/3-Faltungscodierer und 8PSK-Modulator

rer der größtmögliche Wert für D_{free} bestimmt wird. In Abbildung 7.25 ist ein Rate 2/3-Faltungscodierer in Verbindung mit einem 8PSK-Schaltmodulator dargestellt. Der Schaltmodulator wird so beschaltet, daß die durch Partitionierung gewonnene Zuordnung der Signalpunkte eingehalten wird. Der Faltungscodierer liefert abhängig von der binären Eingangsfolge $\tilde{c}_{\mu k}^{(2)}$ die redundante Binärfolge $\tilde{c}_{\mu k}^{(1)}$. Hierdurch entstehen 3 parallele Binärströme $\tilde{c}_{\mu k}^{(1)}$, $\tilde{c}_{\mu k}^{(2)}$ und $\tilde{c}_{\mu k}^{(3)}$ die $2^3 = 8$ verschiedene Signalzustände annehmen können ($\mu = 1, 2, 3, \ldots, 8$). Im Schaltmodulator erfolgt die Zuordnung der 8 Tribits zu den 8 Phasenzuständen. Anstelle des Schaltmodulators kann auch ein entsprechender Quadraturmodulator nach Abbildung 5.22 eingesetzt werden. Für die Codierer-Modulator-Anordnung läßt sich eine Codetabelle und das zugehörige Trellisdiagramm angeben, Tabelle 7.2. Abbildung 7.26 zeigt das mit Tabelle 7.2 konstruierte Trellisdiagramm für 3 Taktschritte mit 4 Codierer-Speicherzuständen, die durch Knoten dargestellt sind. An den Zweigen stehen die Symbolnummern der Codierer-bzw. Modulator-Ausgangssymbole. Bei der vorgestellten Rate 2/3-Codierung erreichtt man eine freie euklidsche Distanz von $D_{free} = 2$. Die trelliscodierte Rate 2/3 - 8PSK belegt die gleiche Bandbreite wie die uncodierte 4PSK. Wenn man in beiden Fällen Nyquistimpulsformung voraussetzt, ermit-

Tabelle 7.2: Codetabelle eines Rate 2/3 - Faltungscodierers

$\tilde{c}_{\mu k}^{(2)}$	$\tilde{c}_{\mu k}^{(3)}$	S_{1k}	S_{2k}	$S_{1(k+1)}$	$S_{2(k+1)}$	$\tilde{c}_{\mu k}^{(3)}$	$\tilde{c}_{\mu k}^{(2)}$	$\tilde{c}_{\mu k}^{(1)}$	$s_{\mu k}$	$Symb.Nr.$
0	0	0	0	0	0	0	0	0	s_{5k}	5
0	0	0	1	1	0	0	0	1	s_{4k}	4
0	0	1	0	0	1	0	0	0	s_{5k}	5
0	0	1	1	1	1	0	0	1	s_{4k}	4
0	1	0	0	0	1	0	1	0	s_{3k}	3
0	1	0	1	1	1	0	1	1	s_{6k}	6
0	1	1	0	0	0	0	1	0	s_{3k}	3
0	1	1	1	1	0	0	1	1	s_{6k}	6
1	0	0	0	0	0	1	0	0	s_{1k}	1
1	0	0	1	1	0	1	0	1	s_{8K}	8
1	0	1	0	0	1	1	0	0	s_{1k}	1
1	0	1	1	1	1	1	0	1	s_{8k}	8
1	1	0	0	0	1	1	1	0	s_{7k}	7
1	1	0	1	1	1	1	1	1	s_{2k}	2
1	1	1	0	0	0	1	1	0	s_{7k}	7
1	1	1	1	1	0	1	1	1	s_{2k}	2

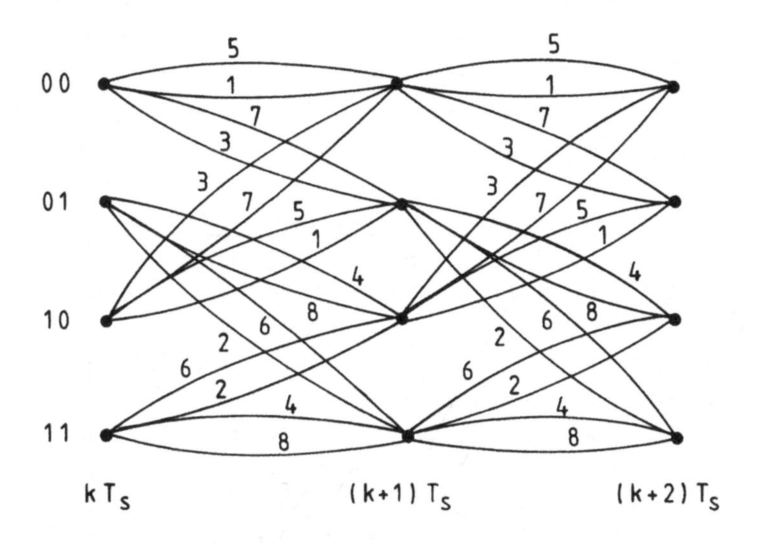

Abbildung 7.26: Trellisdiagramm bei Rate 2/3 - Codierung

telt man für die uncodierte 4PSK

$$B_{4PSK} = \frac{v_b}{2}(1+r). \tag{7.64}$$

Für die Rate 2/3-8PSK folgt

$$B_{cod} = \frac{v_b}{3}\frac{3}{2}(1+r). \tag{7.65}$$

Die Rate-2/3-8PSK benötigt bei einer Bitfehlerquote von z.B. 10^{-6} ein geringeres Signal-Geräusch-Verhältnis als die uncodierte 4PSK obwohl beide Signale gleiche Bandbreite besitzen, Abbildung 7.27 [80, 81]. Neben den theoretisch erreichbaren Kurvenzügen sind in Abbildung 7.27 auch praktisch erreichbare Kurvenzüge realisierter Modems eingezeichnet.

Der durch Trelliscodierte Modulation erreichbare asymptotische Codierungsgewinn in Dezibel ist durch

$$G = 20\lg\frac{D_{free,cod}}{D_{free,uncod}} \tag{7.66}$$

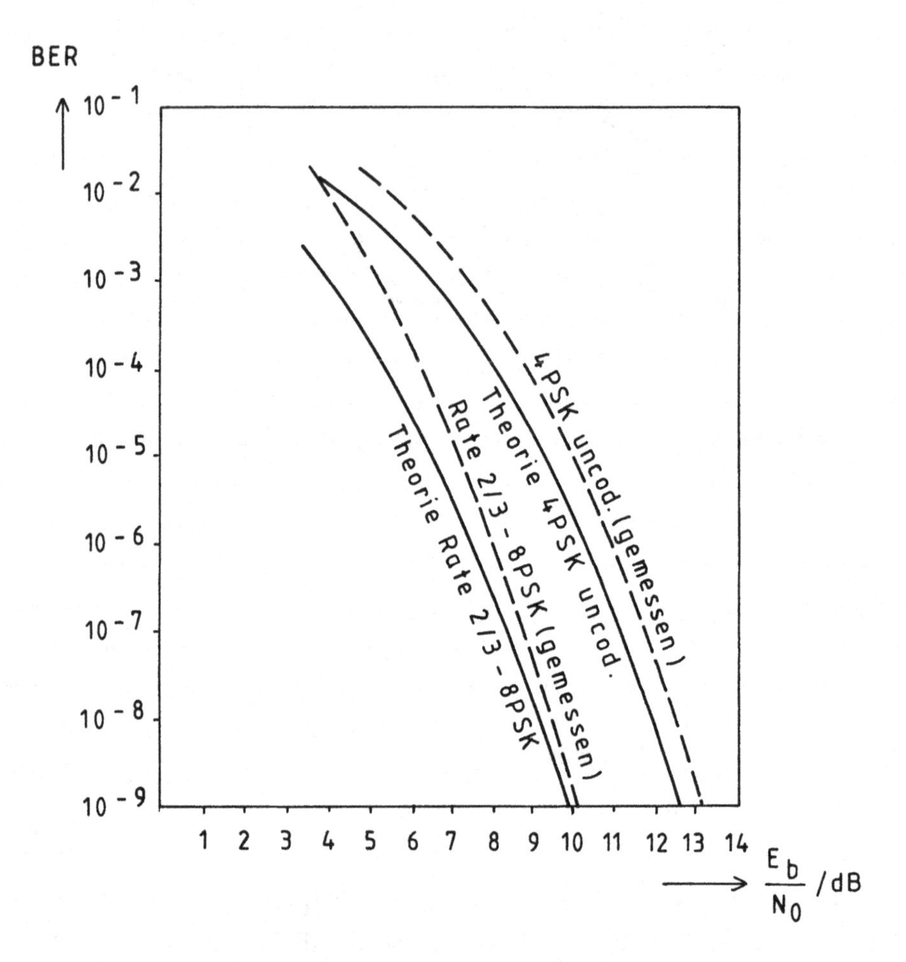

Abbildung 7.27: Bitfehlerquote der codierten Rate 2/3-8PSK über E_b/N_0

definiert. Vergleicht man die uncodierte 4PSK mit der Rate 2/3-8PSK so erhält man den asymptotischen Codierungsgewinn

$$\begin{aligned} G &= 20 \lg \frac{D_{free,2/3-8PSK}}{D_{free4PSK,uncod}} \\ &= 3dB. \end{aligned}$$

Die Decodierung von trellismodulierten Signalen, wie z.B. von Rate 2/3-8PSK-Signalen, wird meist durch Maximum- Likelihood-Detektion mit dem Viterbi-Algorithmus durchgeführt. Als Metrik verwendet man bei Hard-Decision, Abbildung 7.28*b*, die Hamming-Distanz zwischen den am Entscheiderausgang empfangenenen Symbolfolgen $\bar{c}_{\mu k}^{(1)}$, $\bar{c}_{\mu k}^{(2)}$, $\bar{c}_{\mu k}^{(3)}$ und den Codiererausgangssymbolfolgen im Trellisdiagramm $\tilde{c}_{\mu k}^{(1)}$, $\tilde{c}_{\mu k}^{(2)}$ und $\tilde{c}_{\mu k}^{(3)}$. Zur Verdeutlichung der Decodierung bei Soft-Decision ist der Rate 2/3-8PSK-Modulator in Abbildung 7.28*a* als Quadraturmodulator ausgeführt. Als Metrik wird die euklidsche Distanz verwendet. Zur Decodierung durch Soft-Decision müssen im Viterbi-Decodierer die abgespeicherten Codiererausgangsymbolfolgen (Trellisdiagramm) $\tilde{c}_{ps}$ und $\tilde{c}_{qs}$ vorliegen, damit die Metrik mit den demodulierten Symbolfolgen $\tilde{c}_{pe}$ und $\tilde{c}_{qe}$ bei gleicher Impulsform gebildet werden kann.

$$D^2 = Min \sum_k |\tilde{c}_{pe} - \tilde{c}_{ps}|^2 \tag{7.67}$$

$$D^2 = Min \sum_k |\tilde{c}_{qe} - \tilde{c}_{qs}|^2 \tag{7.68}$$

Dies erfolgt in der Praxis auf digitaler Basis nach einer entsprechenden Analog-Digital-Wandlung von $\tilde{c}_{pr}$ und $\tilde{c}_{qr}$ in $\tilde{c}_{pe}$ und $\tilde{c}_{qe}$, siehe Abbildung 7.28*c*. Der Viterbi-Decodierer führt dabei Taktschritt für Taktschritt, die folgenden Operationen aus:

a) Ermittlung der Metrik eines jeden Zweiges im Trellisdiagramm der an einem Knoten ankommt.
b) Addition der Zweigmetrik zur bereits vorher akkumulierten Zweigmetrik im Metrikspeicher.
c) Auswahl des Pfades mit der kleinsten Metrik.

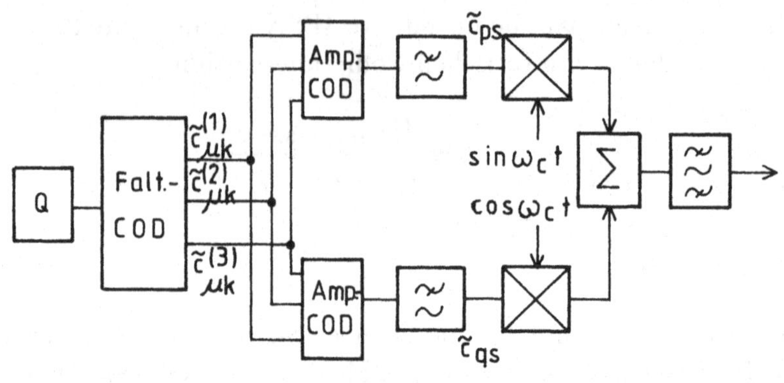

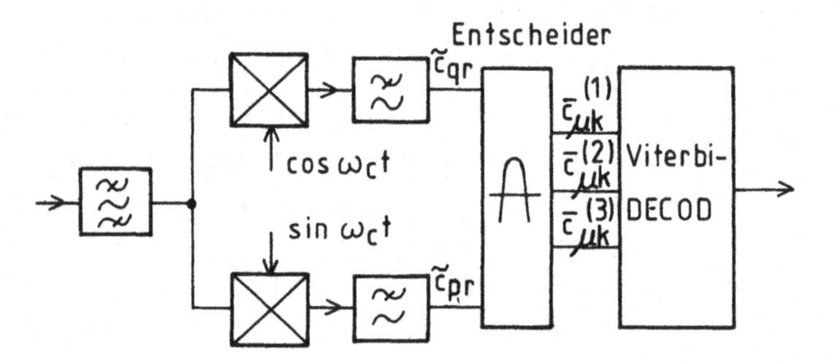

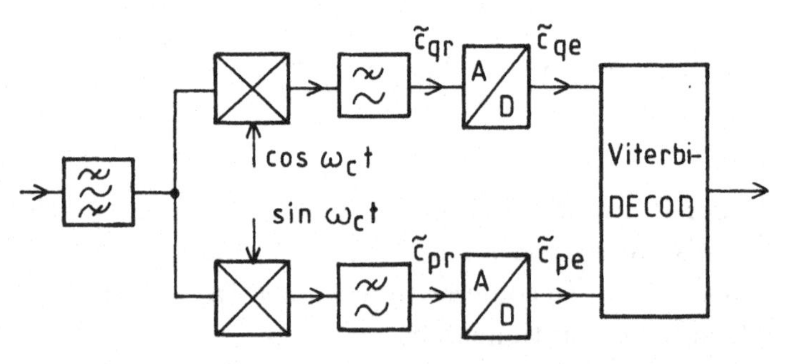

Abbildung 7.28: 8PSK-Quadratur-Modulator und Demodulator bei Hard-und Soft-Decision

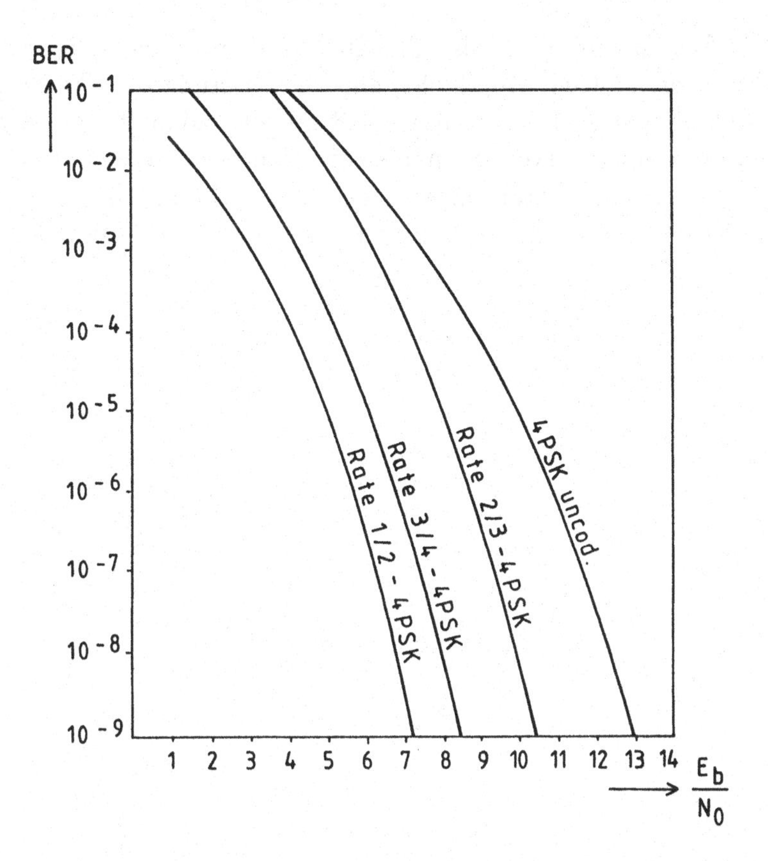

Abbildung 7.29: BER über E_b/N_0 bei der trelliscodierten 4PSK

Die drei Operationen werden fortgesetzt bis der Pfad kleinster Metriksumme durch das Trellisdiagramm gefunden ist. Er repräsentiert die mit größter Wahrscheinlichkeit gesendete Codiererausgangsfolge [84].

Der Codierungsgewinn der Soft-Decision-Decodierung gegenüber der Hard-Decision-Decodierung liegt bei $1-2$ dB.

Die Bitfehler-Wahrscheinlichkeit von TCM-Signalen wird meist durch Computersimulation [82, 83], oder durch Messung bestimmt. Allgemeine analytische Methoden, gibt es abgesehen von der Berechnung oberer Schranken, nicht. Aus den in Modem-Schleife gemessenen Kurven nach Abbildung 7.29 ist der Codierungsgewinnn gegenüber der uncodierten 4PSK bei trelliscodierter 4PSK mit verschiedenen Coderaten als Parameter ablesbar [85].

TCM-Systeme mit mehr als 8 Signalzuständen werden in [86, 87] untersucht, günstige Codiermethoden zur Verbesserung der Trägerableitung in TCM-Systemen findet man in [88, 89, 90] und in [92, 93] wird die Anwendung von Codierverfahren in Übertragungssystemen mit bündelartigen, zeitvarianten Störungen vorgestellt. [84] und [91] enthalten Implementierungstrategien zur Realisierung von Viterbi-Decodierern.

8 Codierung zur Beseitigung von Signalüberdeckungen

Mit den Modulationsverfahren nach Abbildung 5.22 und Abbildung 5.24 sind PSK-und APK-Systeme mit einer beliebigen Anzahl von Signalzuständen herstellbar. Ist die Anzahl der Signalpunkte ℓ im Zustandsdiagramm keine Potenz zur Basis 2, sondern gilt $\ell < 2^n$ mit $(n = 2, 3, 4, \ldots)$ so müssen sich bestimmte Signalpunkte überdecken, da wegen der binären Struktur der Quellensignale 2^n Basisbandsignalzustände zugeordnet werden müssen. Wählt man beispielsweise bei dem Verfahren nach Abbildung 6.13 drei Träger die in der Phase um jeweils $\pi/3$ gegeneinander verschoben sind und moduliert mit 3 binären Zufallssignalen, so erhält man ein 7APK-System mit einer optimalen Anordnung der Signalzustände im Zustandsdiagramm, siehe Abbildung 8.1. Das Modulatorausgangssignal im Modulationsintervalll wird durch Gleichung 6.19 beschrieben. Im Zustandsdiagramm haben alle Signal-

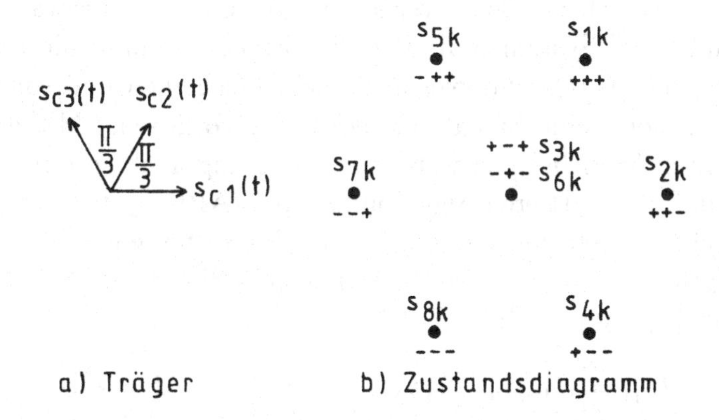

Abbildung 8.1: 7APK-Zustandsdiagramm und Trägeranordnung

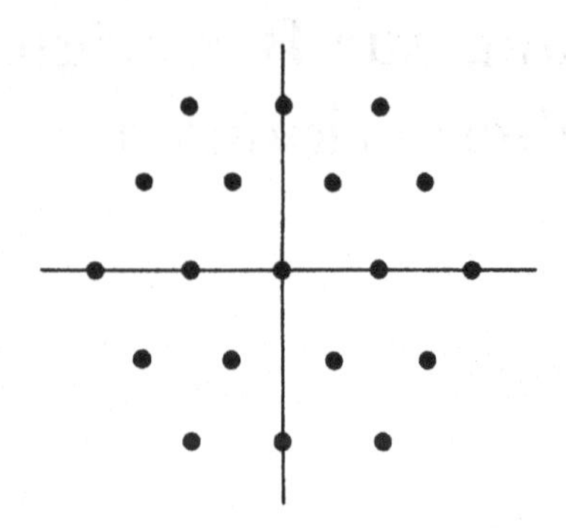

Abbildung 8.2: 19APK-Zustandsdiagramm

punkte gleichen Abstand von den jeweils benachbarten. Eine Eigenschaft die nur Optimalsysteme besitzen. Jeder Signalpunkt im Zustandsdiagramm nach Abbildung 8.1 repräsentiert $n = 3$ bit. Die Signalzustände (101) und (010), die beide dem mittleren Signalpunkt im Zustandsdiagramm zugeordnet sind, überdecken sich.

Überlagert man der 7APK auf geeignete Art und Weise sechs weitere 7APK - Systeme, so erhält man die ebenfalls optimale 19APK die in Abbildung 8.2 dargestellt ist. Ordnet man jedem Signalzustand $n = 5$ bit zu, so treten hier insgesamt 13 Signalüberdeckungen auf. Abbildung 8.2 zeigt das Zustandsdiagramm der 19APK. Mit dem nachfolgende dargestellten Codierverfahren können zur Übertragung mit ℓAPK-und ℓPSK-Systemen die Basisbandsignale so umcodiert werden, daß bestimmte n bit-Symbole nicht mehr erscheinen und somit nach der Modulation keine Signalüberdeckungen vorliegen. Mit dem Codierverfahren kann beispielsweise die Codierung auch so durchgeführt werden, daß die mittleren Signalpunkte im 7APK-System vollständig unterdrückt werden und aus der 7APK eine 6PSK entsteht. Zur Codierung gruppiert man die zu übertragende Binärfolge der Quelle in Bitmuster $\{b\}_i$ zu je N bit.

$$\{b\}_i = \{b_{1i}, b_{2i}, \ldots, b_{Ni}\} \qquad (i = 1 \ldots M = 2^N) \tag{8.1}$$

Insgesamt sind somit $M = 2^N$ Bitmuster zu übertragen. Aus einem

Codevorrat von $2^K = 2^{N+\theta}$, ($\theta = 1, 2, 3, 4, \ldots$) wählt man nun $M = 2^N$ Bitmuster aus, die die unerwünschten Symbole der Länge n bit nicht mehr enthalten. $K = N + \theta$ muß deshalb ein ganzahliges Vielfaches von n sein, da jedem Signalpunkt nach der Modulation nur n bit zugeordnet werden.

Zur Realisierung von 5PSK, 5APK, 6PSK, 6APK sowie 7PSK und 7APK, die jedem Signalpunkt $n = 3$ bit zuordnen, wählt man beispielsweise die Blocklänge N aus der Folge

$$N = 2, 5, 8, 11, \ldots. \tag{8.2}$$

Mit $\theta = 1$ ist dann

$$K = N + 1 = 3, 6, 9, 12, \ldots. \tag{8.3}$$

Jedes Glied der Folge K ist ein ganzahliges Vielfaches von $n = 3$. Dies führt auf die Coderaten

$$\frac{N}{K} = \frac{N}{N+1} = \frac{2}{3}, \frac{5}{6}, \frac{8}{9}, \frac{11}{12}, \ldots. \tag{8.4}$$

Die durch die Codierungsoperation eingefügte Redundanz beträgt

$$r = \frac{1}{N+\theta} 100\%. \tag{8.5}$$

Will man $n = 4$ bit je Signalpunkt übertragen, wie zum Beispiel bei 9APK, 9PSK, 10PSK, 10APK u.s.w. notwendig, so wählt man die Blocklänge N aus der Folge

$$N = 3, 7, 11, 15, \ldots.. \tag{8.6}$$

Für $\theta = 1$ sind dann die Glieder der Folge

$$K = N + 1 = 4, 8, 12, 16, \ldots \tag{8.7}$$

ganzahlige Vielfache von $n = 4$. Grundsätzlich wird man die redundante Größe θ möglichst klein und N möglichst groß wählen um Bandbreite zu sparen. Allerdings erhöht sich bei großen N der Aufwand in Codierer und Decodierer.

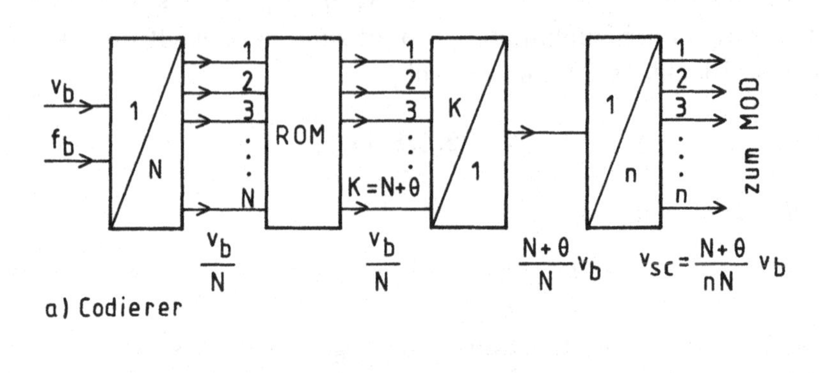

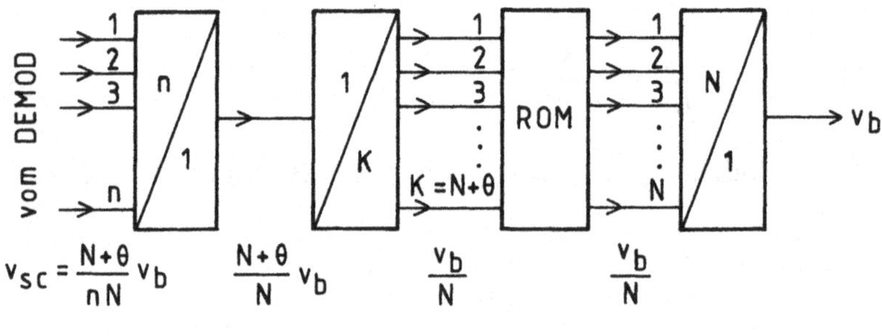

Abbildung 8.3: Codierer-Decodierer für ℓAPK- und ℓPSK-Systeme

In Abbildung 8.3 sind die Blockschaltbilder von Codierer und Decodierer dargestellt. Nach Abbildung 8.3 wird die Ursprungsbitfolge der Bitrate v_b in einem Serien-Parallel-Umsetzer in N parallele Bitströme der Rate v_b/N umgesetzt. In einem ROM-Speicher sind die aus dem Codevorrat von $2^{N+\theta}$ Bitmustern ausgewählten 2^N Bitmuster der Länge $K = N + \theta$ mit K als ganzzahliges Vielfaches von n, fest abgespeichert. Die Ausgangssignale des Serien-Parallel- Umsetzers adressieren den ROM-Speicher so, daß an dessen Ausgang die Bitmuster der Länge K bit mit der Rate v_b/N erscheinen. Der darauffolgende Umsetzerstufe (Umsetzung $(N+\theta)/1$ und $1/n$) gruppiert die Bitmuster der Länge K bit in Symbole der Länge n bit, die dem ℓAPK oder ℓPSK - Modulator zugeführt werden. Das codierte Signal hat damit die Symbolrate

$$v_{sc} = v_b \frac{N+\theta}{nN}. \tag{8.8}$$

Im Decodierer werden die vom ℓAPK-oder ℓPSK-Demodulator kommenden Symbole der Länge n bit in Bitmuster der Länge $K = N + \theta$ umgesetzt. Sie adressieren einen ROM-Speicher der alle Bitmuster der Länge N bit enthält. Seine Ausgangssignale werden in einem Parallel-Serien- Umsetzer in die ursprüngliche Bitfolge umgewandelt.

Zur Beurteilung der Leistungsfähigkeit werde die bereits weiter oben behandelte 7APK etwas näher beleuchtet. Setzt man eine Codierung mit der Coderate $\frac{N}{K} = 11/12$ voraus, so beträgt die Symbolrate nach der Codierung $v_{sc} = \frac{12}{11} v_s$. Die in das Signal eingefügte Redundanz beträgt $r = \frac{1}{12} 100\% = 8,3\%$. Pro Signalzustand werden 3 bit übertragen. Ein Vergleich kann somit mit der 8PSK erfolgen. Aufgrund der eingefügten Redundanz ist die Bandbreite der 7APK um $8,3\%$ höher als bei der 8PSK. Für die Symbolfehler-Wahrscheinlichkeit erhält man nach dem in Anhang A dargestellten Verfahren

$$P_{s7APK} = \frac{3}{7} - \frac{3}{7} erf(z) + \frac{18}{7\pi} e^{-z^2} \int_0^{\frac{\pi}{6}} e^{-z^2 \tan^2 \beta} d\beta. \tag{8.9}$$

Ihr Verlauf über C/N ist in Abbildung 8.4 im Vergleich zur 8PSK dargestellt. Der C/N-Gewinn der 7APK bei einer Symbolfehler-Wahrscheinlichkeit von 10^{-7} beträgt 3 dB, bei nur geringfügig höherer Bandbreite der 7APK. Die meßtechnisch in Modemschleife (=Modu-

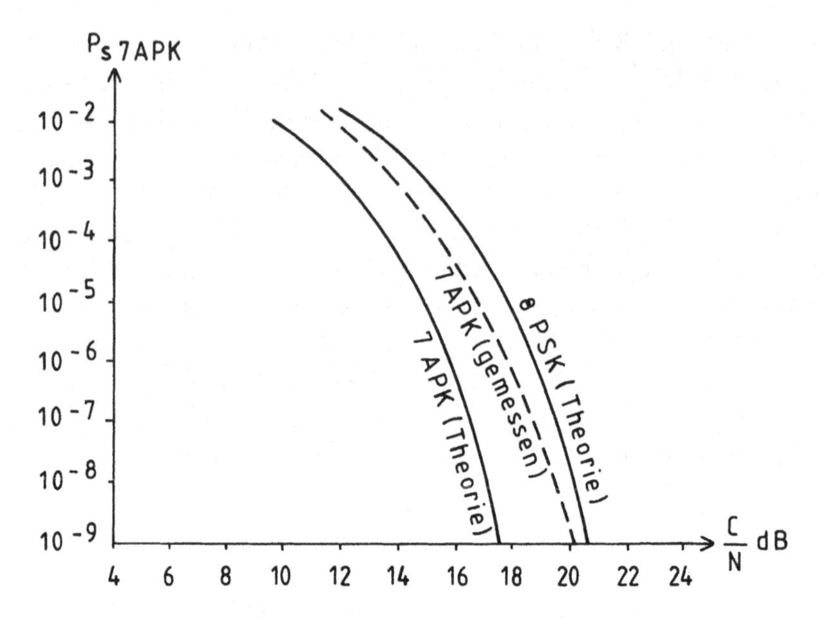

Abbildung 8.4: Symbolfehler-Wahrscheinlichkeit der 7APK im Vergleich zur 8PSK

latorausgang und Modulatoreingang über eine einstellbare Rauschquelle kurzgeschlossen) ermittelte Bitfehlerquote die ebenfalls in Abbildung 8.4 enthalten ist, wurde an dem in Abbildung 8.5 dargestellten Experimental-Modem bei additivem weißem Rauschen gemessen, dessen Modulator nach dem Konzept in Abbildung 5.23 errichtet wurde. Das Modem ist für eine Bitrate von 77,143 Mbit/s bei Rate 6/7 - Codierung, ein vom oben erläuterten allgemeinen Codierverfahren abweichendes Konzept das in [36] dargestellt ist, ausgelegt. Die Symbolrate ist somit nach der Codierung

$$v_{sc} = \frac{7}{6}\frac{1}{3} 77,143 Mbit/s = 30 Mbaud. \tag{8.10}$$

Zur Impulsformung werden 3 Nyquisttiefpässe ($r = 0,3$) verwendet. Die Signalbandbreite beträgt $39 MHz$. Abbildung 8.6 zeigt die spektrale Leistungsdichte am ZF-Ausgang (ZF=Zwischenfrequenz=Trägerfrequenz=60 MHz). Im Nyquist-Leistungsspektrum erscheinen der Resträger in Spektrummitte sowie Spektrallinien geringer Amplitude bei

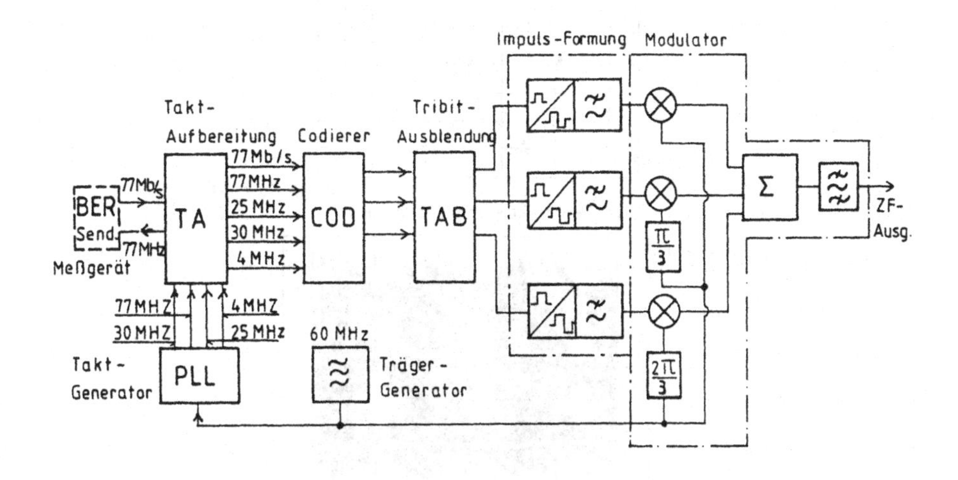

a) Modulatorsystem

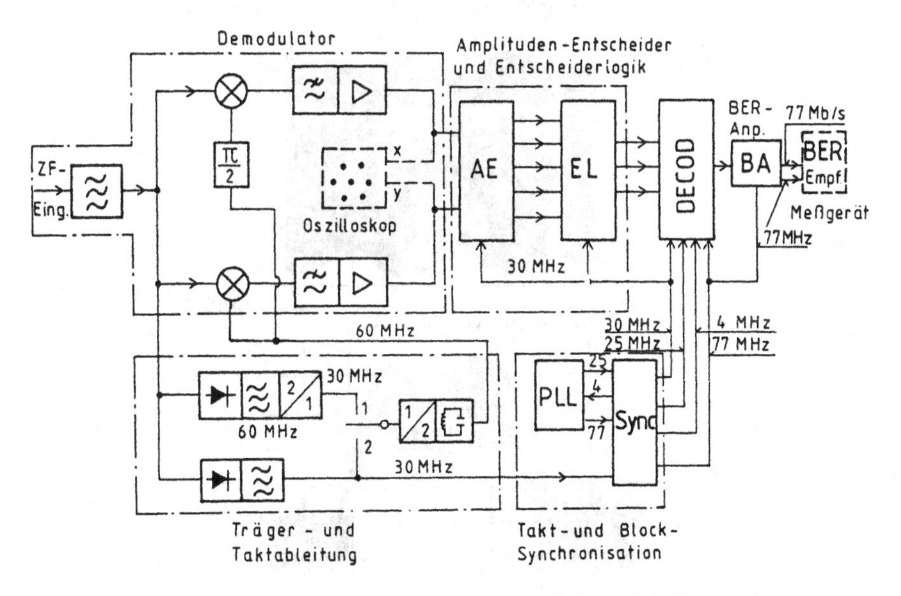

b) Demodulatorsystem

Abbildung 8.5: 7APK-Modem

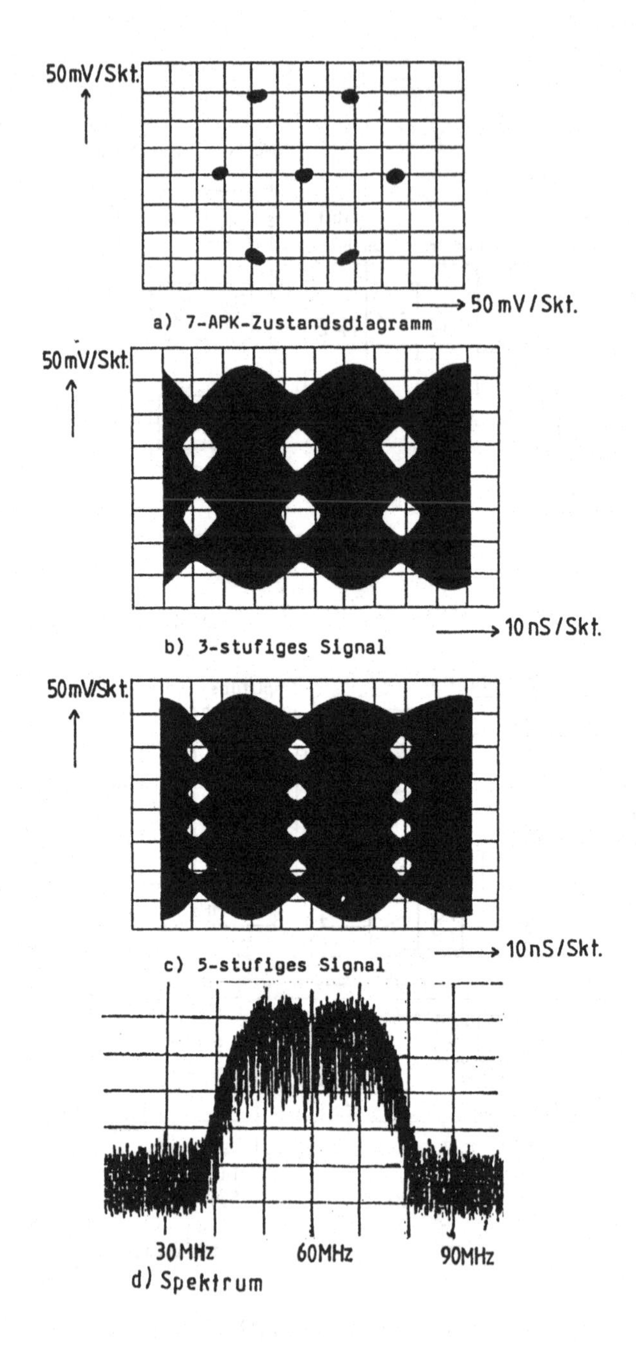

Abbildung 8.6: 7APK-Zustandsdiagramm, Leistungsspektrum und die-Augendiagramme am Demodulatorausgang

der Symbolrate und der dreifachen Symbolrate. Im p-Kanal und q-Kanal des Quadraturdemodulators nach Abbildung 8.5 ermittelt man mit dem Oszilloskop die in Abbildung 8.6 dargestellten Augendiagramme und das 7APK - Zustandsdiagramm. Da die demodulierten Basisbandsignale aus einem 3-stufigen und einem 5-stufigen Basisbandsignal bestehen, erhält man ein Augendiagramm mit 2 Augen und eines mit 4 Augen.

Ergebnisse der experimentellen Untersuchung des 7APK - Modems über eine Satellitenstrecke (EUTELSAT) sind in [36] dargestellt.

ℓPSK-und ℓAPK-Systeme werden kohärent demoduliert. Takt-und Trägerableitung können mit den bereits für PSK-und APK-Systeme diskutierten Methoden durchgeführt werden.

Der Spektralverlauf unterscheidet sich in seiner Gestalt praktisch nicht von dem der mPSK bzw. mAPK-Signale [36, 94].

9 Codierverfahren zur Reduzierung der effektiven Signalleistung in ASK-und APK-Systemen

Ordnet man die Amplituden $m = 2^n$-stufiger Basisbandsignale APK- oder PSK-Systemen zu deren Zustandsdiagramme den Signalzustand Null miteinschließen und bildet auf diesen den überwiegenden Teil der n bit-Wörter durch eine geeignete Codiervorschrift ab, so lassen sich hohe Leistungsgewinne gegenüber den konventionellen APK-und ASK-Systemen erzielen. Geeignete APK-bzw. ASK-Verfahren sind beispielsweise die 7APK und die 2ASK (mit Träger Null). Zur Codierung werden in das zu übertragende Quellensignal redundante Bitmuster eingefügt, die nach der Modulation auf den Signalpunkt Null abgebildet und damit leistungslos übertragen werden. Da $m = 2^n$ Basisbandbitmuster nach der Codierung als Binärsignale mit Hilfe der 2ASK oder als Tribitfolgen mit der 7APK übertragen werden, spricht man von $(m-2)$-ASK- bzw. $(m-7)-APK$-Zweiseitenband-Übertragung. Setzt man $(m-2)$-codierte Binärsignale in dreistufige AMI-Signale (AMI ... Alternating Mark Inversion) vor der Modulation um, so kann eine Einseitenband-Übertragung mit einem $(m-2)$-AMI-3APK-Systems durchgeführt werden.

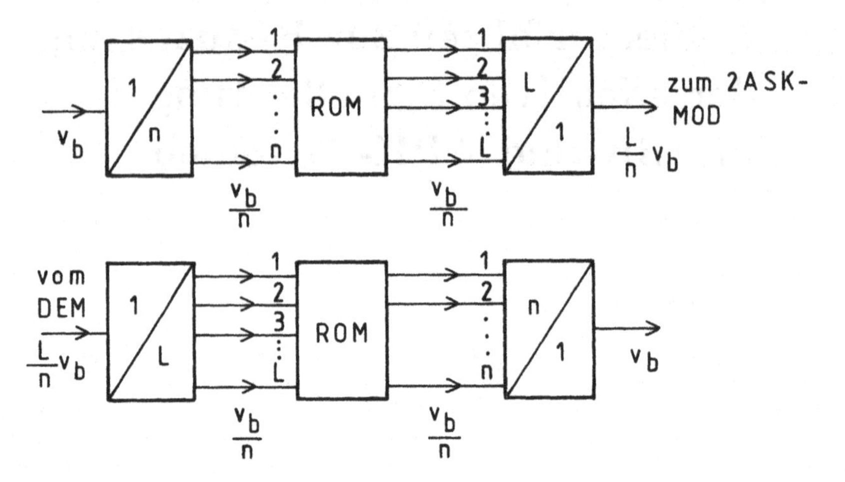

Abbildung 9.1: $(m-2)$-Codierer-Decodierer-System

9.1 $(m-2)$-ASK-Zweiseitenband-Übertragung

Bei der $(m-2)$ -Codierung wird für jedes n-bit-Symbol von insgesamt $m = 2^n$ ein Codewort erzeugt, das aus $L = m - 1$ Binärzeichen besteht, von denen nur eines den logischen Zustand 1 aufweist und der Rest logisch 0 ist. Das codierte Symbol wird bitseriell übertragen. Der Codierungsvorgang wird nun mit Hilfe des Blockschaltbildes Abbildung 9.1 erläutert. Zunächst gruppiert man nach Abbildung 9.1 die zu übertragende Bitfolge mit der Bitrate v_b in Symbole zu je n bit in einem Serien-Parallel- Umsetzer. Die hierbei entstehenden $m = 2^n$ Symbole adressieren einen ROM-Speicher der alle Codeworte der Länge L bit enthält. Durch Parallel-Serien-Umsetzung erhält man das codierte Signal mit der Bitrate

$$v_{sc} = \frac{L}{n}v_b = \frac{m-1}{n}v_b = \frac{2^n-1}{n} \tag{9.1}$$

und der Coderate

$$R = \frac{n}{L}. \tag{9.2}$$

In einer Folge von Codeworten tritt die logische Null mit der Wahrscheinlichkeit $L/m = (m-1)/m$ und die logische 1 mit der Wahr-

Tabelle 9.1: $(4-2)$-Code

$n=2$	$L=3$
0 0	0 0 0
0 1	1 0 0
1 0	0 1 0
1 1	0 0 1

Tabelle 9.2: $(8-2)$ - Code

$n=3$	$L=7$
0 0 0	0 0 0 0 0 0 0
0 0 1	1 0 0 0 0 0 0
0 1 0	0 1 0 0 0 0 0
0 1 1	0 0 1 0 0 0 0
1 0 0	0 0 0 1 0 0 0
1 0 1	0 0 0 0 1 0 0
1 1 0	0 0 0 0 0 1 0
1 1 1	0 0 0 0 0 0 1

scheinlichkeit $1/m$ auf. In Tabelle 9.1 und Tabelle 9.2 sind als Beispiel zwei $(m-2)$-Codes dargestellt.

(16-2)-Codes, (32-2)-Codes und andere sind nach der in den Tabellen 9.1 und 9.2 gezeigten Art und Weise ebenfalls einfach zu erzeugen.

Am Eingang des Decodierers erscheint das $(m-2)$-codierte Signal vom Entscheider des 2ASK-Modulators in serieller Form. Durch Serien-Parallel-Umsetzung erfolgt nun wiederum die Gruppierung in m Codeworte der Länge L bit je Codewort. Sie steuern das auslesen eines ROM-Speichers in dem alle m Symbole der Länge n bit enthalten sind. Durch Parallel-Serien-Umsetzung der ROM-Ausgangssignale erhält man das ursprüngliche Signal der Bitrate v_b. Nimmt man an, im Modulator werde Nyquistimpulsformung durchgeführt, dann ist die Signalbandbreite der $(m-2)$-ASK nach der Codierung

$$B_{cod} = v_{cod}(1+r) = \frac{L}{n} v_b(1+r) = \frac{m-1}{n} v_b(1+r) \qquad (9.3)$$

Durch die Codierung erhöht sich die Signalbandbreite der 2ASK um den Fakter L/n.

Die Bitfehler-Wahrscheinlichkeit kann nach der in Anhang A demonstrierten Methode ermittelt werden. Hierbei ist allerdings zu berücksichtigen, daß die binäre Null mit der Wahrscheinlichkeit $(m-1)/m$ und die binäre 1 mit der Wahrscheinlichkeit $1/m$ im codierten Signal erscheint. Für $(m-2)$-codierte ASK-Signale lautet die Bitfehler-Wahtrscheinlichkeit allgemein [95]

$$P_{s(m-2)ASK} = \frac{1}{2} - \frac{1}{2} erf\left(\sqrt{\frac{mC}{4N}}\right) \qquad (9.4)$$

Abbidlung 9.2*a* stellt den Aufbau eines $(16-2)$-ASK- Experimentalmodems dar. Die $(16-2)$-Codierung wird hierbei in modifizierter Form eingesetzt. Das 16. Symbol (1111) wurde zur Vermeidung aufeinanderfolgender Signale mit dem logischen Zustand 1 in das Codewort (010000001000000) verändert, Abbildung 9.2*b*. Der Modulator besteht aus einem 2ASK-Modulator wie er in Abschnitt 4.3 vorgestellt wird. Die Impulsformung erfolgt in Nyquistfiltern mit dem Roll-Off-Faktor $r = 0,3$. Die Nutzbitrate ist 8 Mbit/s und für die Bitrate nach der Codierung erhält man $v_{scd} = \frac{15}{4} v_b = 30$ Mbit/s. Dies entpricht einer Signalbandbreite von $B_{cod} = 39$ MHz. Die Bitfehler-Wahrscheinlichkeit der $(16-2)$-ASK nach Gleichung 9.4 lautet

$$P_{s(16-2)ASK} = \frac{1}{2}\left(1 - erf\left(\sqrt{\frac{4C}{N}}\right)\right) \qquad (9.5)$$

Ihr theoretischer Verlauf und ihr in Modemschleife bei additivem Geräusch gemessener Verlauf über C/N bei einer Bandbegrenzung auf 27 MHz und 36 MHz am Modulatorausgang ist in Abbildung 9.3 im Vergleich zum theoretischen Verlauf der uncodierten 2PSK dargestellt. Der Leistungsgewinn gegenüber der 2PSK bei einer Bitfehler-

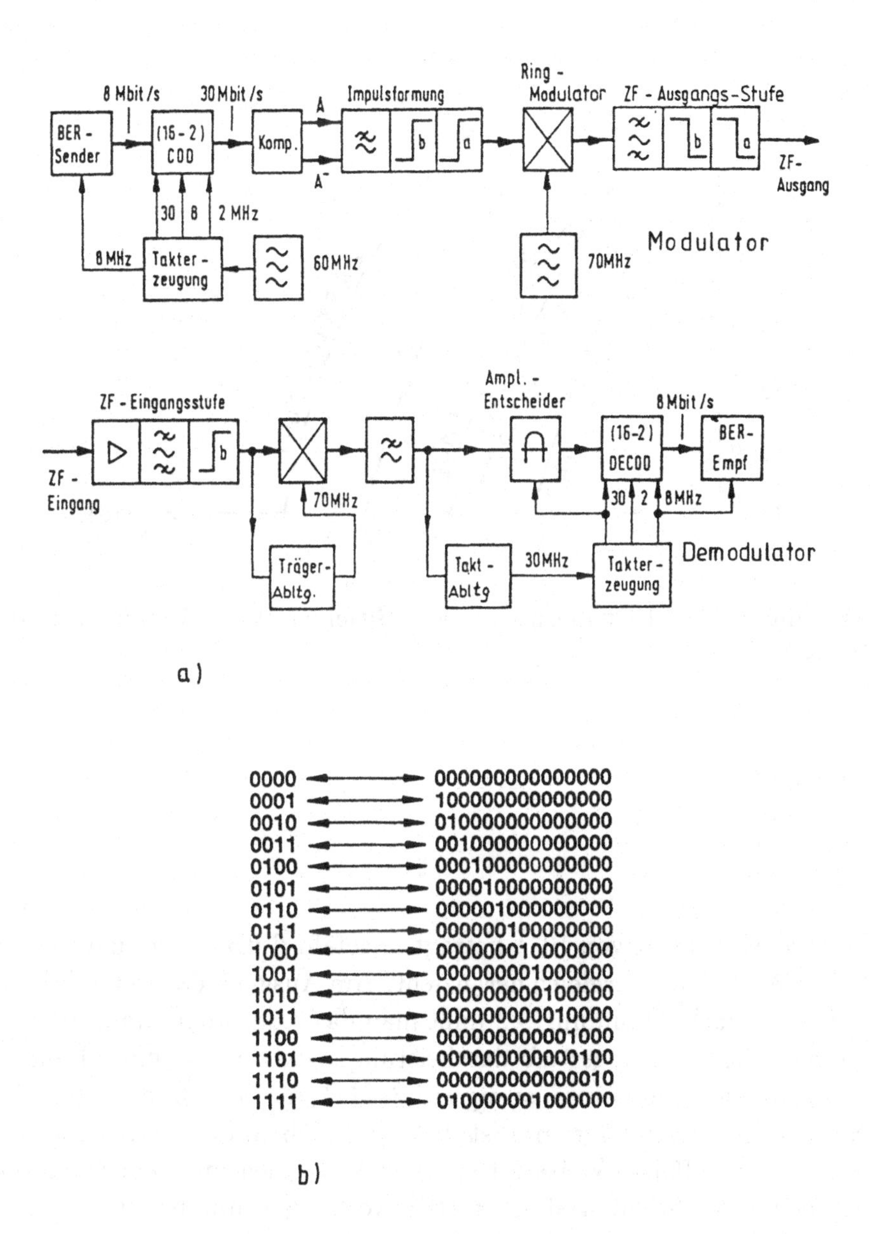

Abbildung 9.2: (16 – 2)-Code-und (16-2)-ASK-Modem

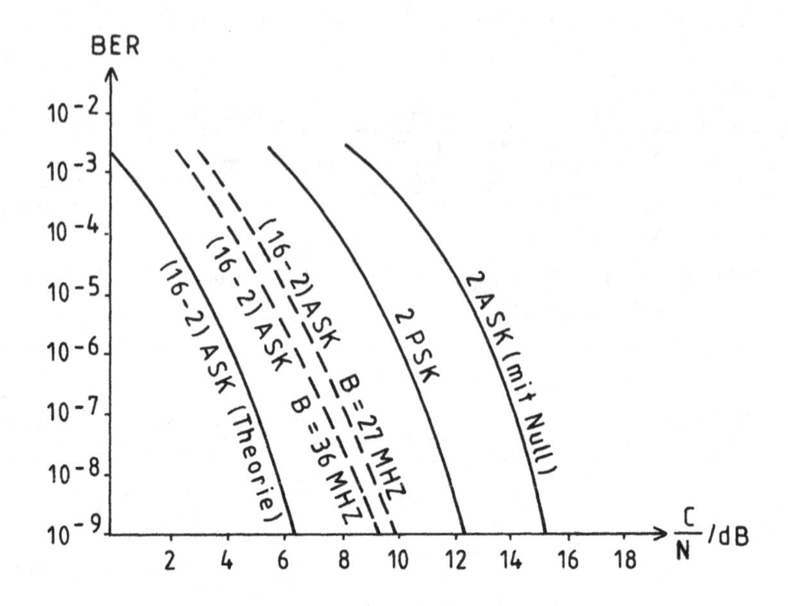

Abbildung 9.3: Bitfehlerquote und Bitfehler-Wahrscheinlichkeit der (16 – 2) - ASK

Wahrscheinlichkeit von 10^{-7} beträgt ungefähr 6 dB, wenn man theoretische Werte zum Vergleich heranzieht. Am Ausgang des Demodulatortiefpasses nach Abbildung 9.2 mißt man das Augendiagramm, und am Ausgang der Ausgangsstufe das Leistungsspektrum bei einer Bandbegrenzung am Modulatorausgang auf $27MHz$ nach Abbildung 9.4. Die Nullinie im Augendiagramm ist dick geschrieben, da die logische Null sehr häufig auftritt. Weitere Experimente wurden mit dem Satellitenmodell des Nachrichtensatelliten DFS-Kopernikus durchgeführt [36, 94, 95].

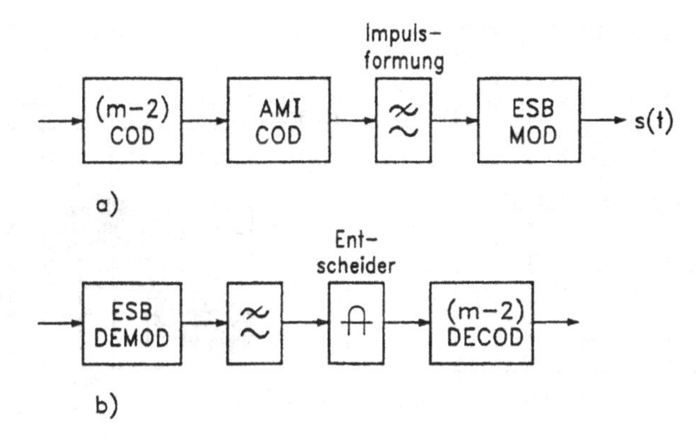

Abbildung 9.4: Augendiagramm und Modulatorausgangsspektrum der $(16-2)$ - ASK

9.2 $(m-2)$-AMI-3APK-Einseitenband-Übertragung

Fügt man am Ausgang des $(m-2)$-Codierers in Abbildung 9.1 einen AMI-Codierer ein, so erscheinen an dessen Ausgang ternäre Signale die keinen Gleichanteil besitzen. Bei der AMI-Codierung wird die logische 1 des Binärsignals alternierend als $+1$ oder -1 gesendet, während die logische 0 des Binärsignals auch im Pseudoternärsignal erhalten bleibt. Da das modulierende AMI-Signal nun 3 Signalzustände besitzt, liefert der in Abbildung 9.2 dargestellte Modulator ein 3APK - Signal in dessen Spektrum bei der Trägerfrequenz bis auf den Restträger keine Signalanteile vorliegen, da im Modulator der Träger unterdrückt wird. Wegen dieser Eigenschaft kann die Unterdrückung eines Seitenbandes im Modulator mit der *Filtermethode* der *Phasenmethode* oder der *Weaverschen Methode* durchgeführt werden. Durch die Unterdrückung eines Seitenbandes geht die Bandbreite des modulierten Signals gegenüber

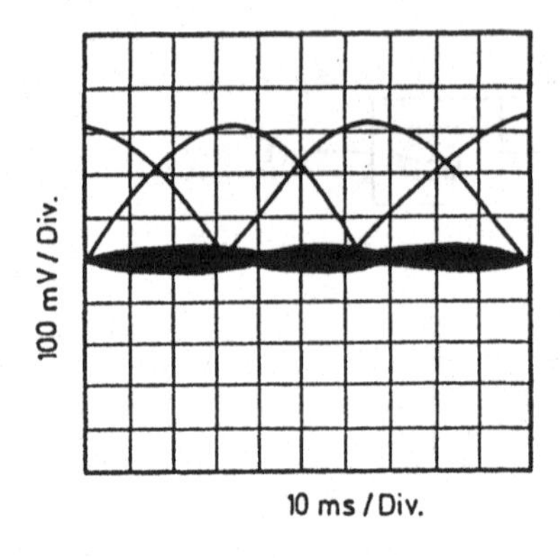

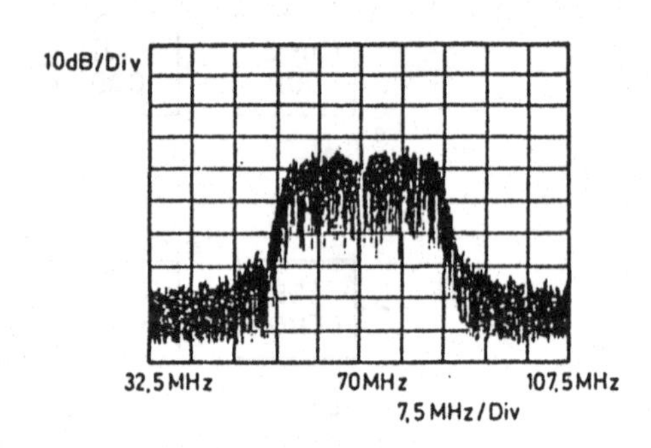

a) Augendiagramm b) Leistungsspektrum

Abbildung 9.5: $(m-2)$-AMI-3APK-Modem-Prinzip

$(m-2)$-ASK-Systemen um die Hälfte zurück.

$$B_{ESB} = \frac{v_{cod}}{2}(1+r) = \frac{L}{2n}v_b(1+r) \tag{9.6}$$

Das Einseitenbandsignal das am Ausgang des Einseitenband-Modulators nach Abbildung 9.5 erscheint kann durch

$$s(t) = y_N(t)\cos\omega_c t \pm \hat{y}_N(t)\sin\omega_c t \tag{9.7}$$

beschrieben werden (− für das obere und + für das untere Seitenband). Hierbei ist

$$y_N(t) = \sum_{k=-\infty}^{+\infty} a_{\nu k}\, g(t-kT_s) \qquad (\nu = 1,2,3) \tag{9.8}$$

mit $a_{\nu k} \in \{1, 0, -1\}$ das pseudoternäre Basisbandsignal. In Gleichung 9.7 bezeichnet $\hat{y}_N(t)$ die Hilbertransformierte von $y_N(t)$.

$$\hat{y}_N(t) = \frac{1}{\pi}\int_{-\infty}^{+\infty} \frac{y_N(t)}{t-\tau}\, d\tau \tag{9.9}$$

Die Demodulation eines $(m-2)$-AMI-3APK-Signals kann sowohl kohärent als auch durch Quadrierung des Empfangssignals erfolgen.

Bei kohärenter Demodulation mit dem phasen-und frequenzrichtigen Träger der aus dem Empfangssignal zurückgewonnen werden muß, bildet man das Produkt $s(t)cos\omega_c t$. Nach dem Demodulatortiefpaß gemäß Abbildung 9.5 verbleibt dann das demodulierte Signal $y_N(t)/2$ das dem Entscheider zugeführt wird.

Die Demodulation durch Quadrierung, bei der keine Trägerrückgewinnung aus dem Empfangssignal notwendig ist, ist möglich weil das modulierende Basisbandsignal nur pseudoternären Charakter hat und damit einem Binärsignal mit den Amplitudenstufen 1 und 0 äquivalent ist. Die negativen Signalanteile werden bei der Quadrierung im Demodulator zwar positiv, dies führt jedoch aus dem vorgenannten Grund zu keiner Signalverfälschung. Mit Gleichung 9.7 erhält man

$$s^2(t) = \frac{y_N^2(t)}{2} + \frac{\hat{y}_N^2(t)}{2} + \left(\frac{y_N^2(t)}{2} - \frac{\hat{y}_N^2(t)}{2}\right) \cos \omega_c t - y_N(t)\hat{y}_N(t) \sin 2\omega_c t \tag{9.10}$$

Am Ausgang des Demodulatortiefpasses liegt dann das Signal

$$\frac{y_N^2(t)}{2} + \frac{\hat{y}_N^2(t)}{2}.$$

Die Hilbertransformierte $\hat{y}_N(t)$ erscheint als Symbolinterferenz im demodulierten Signal. Gegenüber der kohärenten Demodulation bedeutet dies eine Degradation der Bitfehler-Wahrscheinlichkeit. Die Bitfehler-Wahrscheinlichkeit der $(m-2)$ - AMI - 3APK-ASysteme bei kohärenter Demodulation ermittelt man mit dem in Anhang A näher erläuterten Verfahren allgemein zu

$$P_{s3APK} = \frac{2m-1}{2m}\left(1 - erf\left(\sqrt{\frac{mC}{4N}}\right)\right) \tag{9.11}$$

Die bisher theoretisch behandelten Methoden werden nun an einem experimentellen (16 – 2)-AMI-3APK-Einseitenbandmodem von praktischer Seite beleuchtet. Zur Realisierung des Einseitenbandmodulators wird das *Weaversche Verfahren* eingesetzt, das im nächsten Abschnitt näher betrachtet wird. Die Bitrate des uncodierten Signals beträgt 2,048 Mbit/s. Dies führt nach der Codierung auf ein Signal der Bitrate 7,68 Mbit/s das zu übertragen ist. Als Elementarimpuls

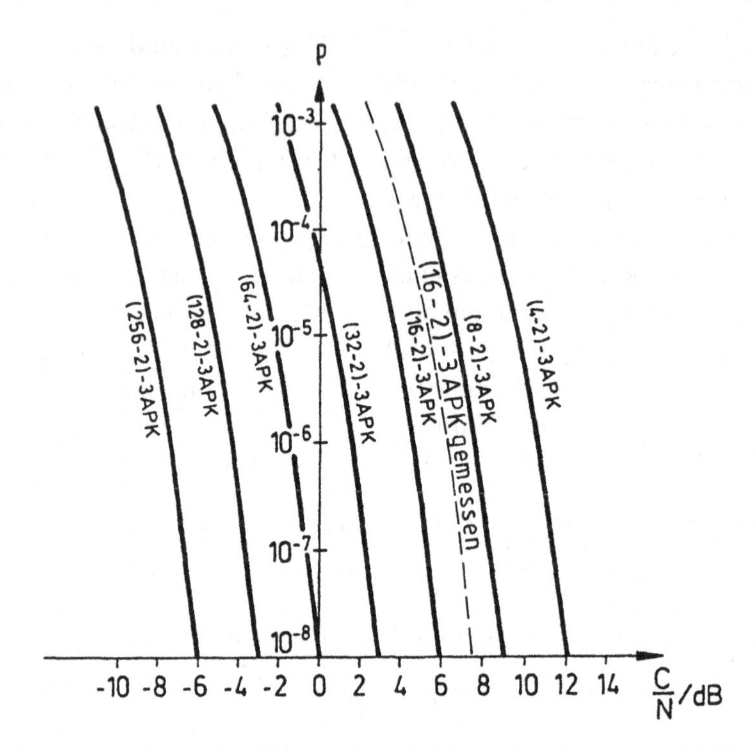

Abbildung 9.6: Bitfehler-Wahrscheinlichkeit der $(m-2)$- AMI-3APK-Systeme

wird die cos^2-Impulsform gewählt. Die Demodulation erfolgt kohärent wofür ein spezieller Phasendiskriminator zur Trägerableitung aufgebaut wurde. Abbildung 9.6 zeigt den theoretisch erreichbaren Verlauf der Bitfehler-Wahrscheinlichkeit der $(16-2)$-AMI-3APK-Systeme. Die Bitfehlerquote des realisierten $(16-2)$-3APK-Modems ist in Abbildung 9.6 gestrichelt eingezeichnet. Die bei additivem Geräusch in Modemschleife gemessene Kurve verläuft in etwa 1dB Abstand von der theoretischen Kurve. Das $(16-2)$-AMI-3 APK-Einseitenbandverfahren erweist sich als genau so leistungsfähig wie das Zweiseitenband-$(m-2)$-2ASK-Verfahren, obwohl seine Signalbandbreite nur halb so groß ist [96].

9.2.1 Einseitenband-Verfahren

Die Einseitenband-Modulation mit unterdrücktem Träger ist abweichend vom analogen Fall bei digitaler Übertragung meist keine Amplitudenmodulation. Digitale Basisbandsignale besitzen bei der Frequenz 0 hohe Energieanteile, siehe z.B. Abbildung 3.11 und Abbildung 3.12*b*. Damit eine ausreichende Unterdrückung eines Seitenbandes erfolgen kann, ist vor der Modulation eine Codierung zur Unterdrückung der Spektralanteile bei der Frequenz 0 notwendig. Bei der im vorhergehenden Abschnitt diskutierten Einseitenband-$(16-2)3APK$ wird dies durch eine AMI-Codierung erreicht, die den Gleichanteil im Basisbandsignal beseitigt. Wegen des pseudoternären Charakters des AMI-Signals resultiert nach der Modulation hieraus ein 3APK- System mit den Signalzuständen $\sin\omega_c t$, 0 und $-\sin\omega_c t$. Zur Unterdrückung der spektralen Energie bei der Frequenz 0 benutzt man meist die sogenannte *Partial-Response-Codierung* eine Methode die in Kapitel 10 näher betrachtet wird.

Bei der Filtermethode erfolgt die Unterdrückung eines Seitenbandes mit steilflankigen Bandpässen, Abbildung 9.7, oder einer voneinander entkoppelten Tiefpaß- Hochpaß-Kombination. In [97] wird eine ausreichende Einseitenband- Unterdrückung mit einem Tiefpaßfilter 7. Ordnung und einem Hochpaß 15. Ordnung erreicht, die mit einem Breitbandverstärker voneinander entkoppelt sind. Nach Abbildung 9.7 wird das Quellensignal $x(t)$ einer Codierung zur Unterdrückung des Gleichanteils im Signal unterworfen. Das hieraus resultierende Basisbandsignal $y_N(t)$ moduliert nach einer Impulsformung einen Sinusträger durch Produktmodulation. Mit einem steilflankigen Bandpaß wird ein Seitenband unterdrückt. Für das Einseitenbandsignal $s(t)$ läßt sich schreiben

$$s(t) = h(t) * (y_N(t)\sin\omega_c t) \qquad (9.12)$$

$h(t)$ ist die Impulsantwort des Bandpasses in Abbildung 9.7. Durch Auflösung des Faltungsprodukts und entsprechender Umstellung in die Quadraturform findet man Gleichung 9.7

$$s(t) = y_N(t) cos\omega_c t \pm \hat{y}_N(t)\sin\omega_c t$$

wobei für die Beschreibung des oberen Seitenbandes minus und für das untere Seitenband plus zu setzen ist.

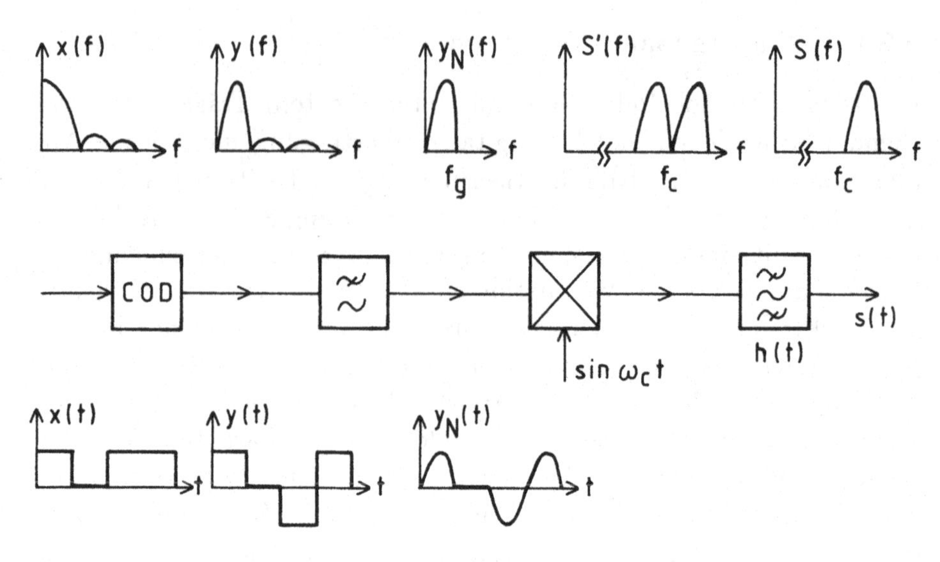

Abbildung 9.7: Prinzip-Schaltbild der Filter-Methode

In Abbildung 9.8 ist das Blockschema der Phasenmethode zur Einseitenbandbildung dargestellt. Aus Abbildung 9.8 ist abzulesen, daß ein Einseitenbandsignal nach Gleichung 9.7 vorliegt, wenn man das Basisbandsignal $y_N(t)$ dem Träger $\cos\omega_c t$ und die Hilberttransformierte des Basisbandsignals $\hat{y}_N(t)$ dem Träger $\sin\omega_c t$ durch Produktmodulation aufmoduliert und die Ergebnisse addiert werden. Die Hilbert-Transformation entspricht in seiner praktischen Realisierung einer Phasenverschiebung des breitbandigen Basisbandsignals $y_N(t)$ um $-\pi/2$. Bei dieser Methode sind zwar keine steilfankigen Bandpässe erforderlich, jedoch ist die breitbandige Phasenverschiebung nicht einfach zu realisieren. Bei nicht zu hoher Bandbreite des Basisbandsignals kann die Phasenverschiebung mit Hilfe eines digitalen Filters vollzogen werden. Mit solchen Filtern läßt sich bei konstanter Laufzeit aller Frequenzkomponenten des Basisbandsignals eine Phasendrehung um $-\pi/2$ erzielen [98].

Die Nachteile der Filtermethode, steilflankige Filter, und der Phasenmethode, breitbandige Phasenschieber, werden bei der Methode nach Weaver vermieden. In Abbildung 9.9 ist das Blockschema der

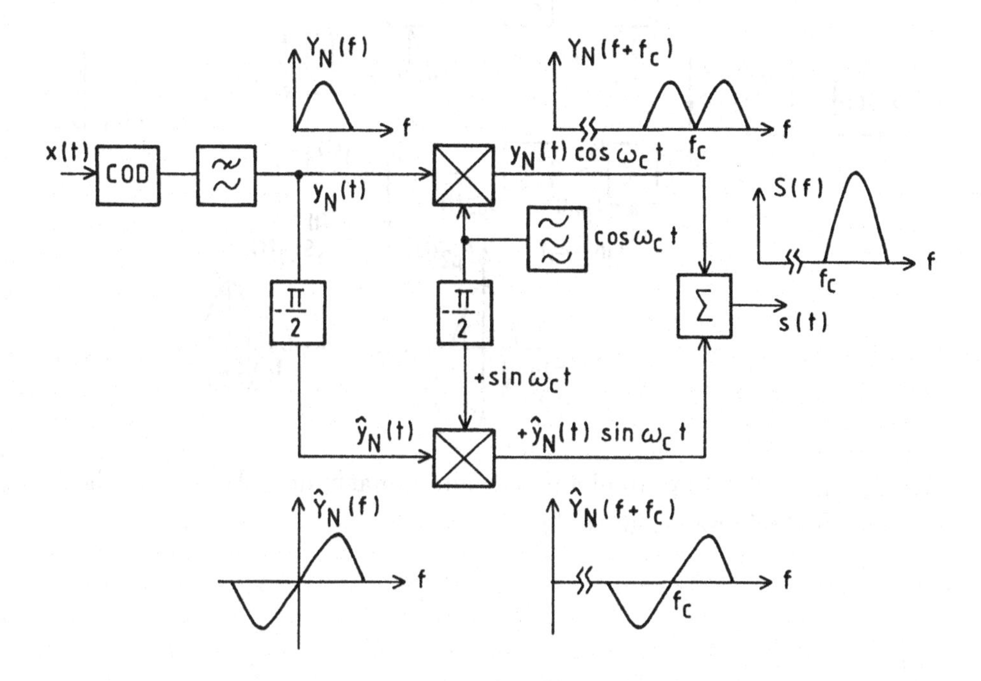

Abbildung 9.8: Einseitenband-Modulator für Digitalsignale nach der Phasenmethode (oberes Seitenband dargestellt)

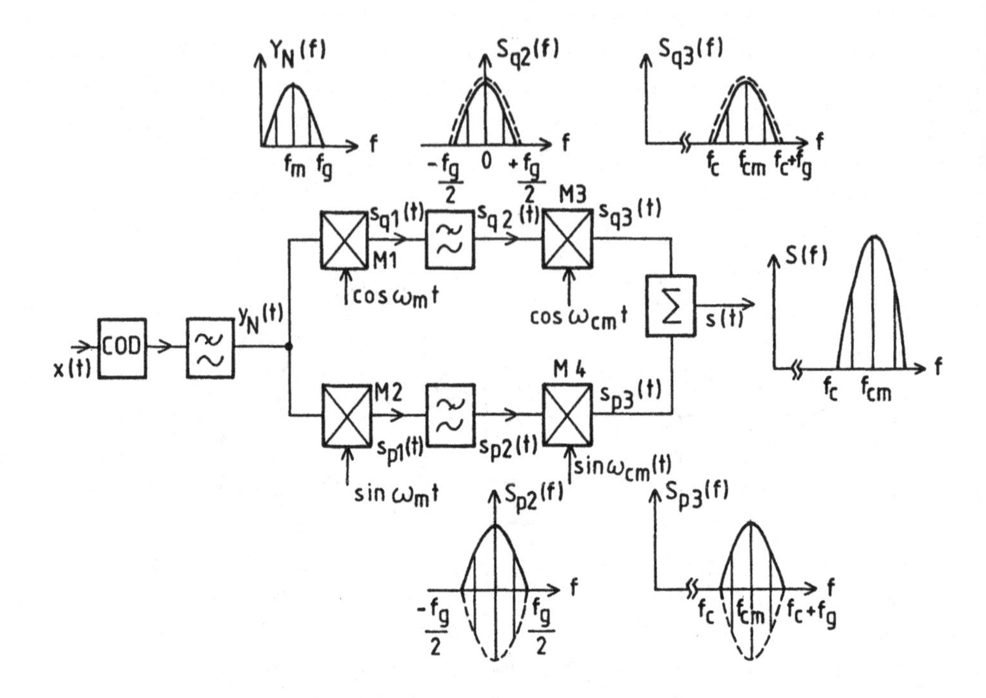

Abbildung 9.9: Einseitenband-Verfahren nach der Weaver-Methode (oberes Seitenband dargestellt)

Einseitenband-Erzeugung nach der letztgenannten Methode dargestellt. Das zu übertragende Basisbandsignal $y_N(t)$ sei bandbegrenzt auf die obere Frequenzgrenze f_g und besitze die Mittenfrequenz f_m. Das betrachtete Basisbandsignal sei ein periodisches Signal der Form

$$y_N(t) = \frac{2}{\pi} \sum_{\nu=1}^{N} \frac{1}{\nu} \sin \nu\omega_0 t. \tag{9.13}$$

Die Betrachtung eines periodischen anstelle eines stochastischen Signals ist im hier interessierenden Zusammenhang ohne Einschränkung der Allgemeinheit zulässig. Die höchste Frequenz des Basisbandsignals liegt bei

$$f_g = N f_0. \tag{9.14}$$

f_0 ist die Grundfrequenz der bei Nf_0 endenden genäherten Fourierreihe. Die Mittenfrequenz f_m des Basisbandsignals $y_N(t)$ ist die Frequenz der beiden Quadraturträger $\sin\omega_m t$ und $\cos\omega_m t$. In den Produktmodulatoren M_1 und M_2 ermittelt man die Produkte

$$s_{p1}(t) = y_N(t)\sin\omega_m t \tag{9.15}$$

und

$$s_{q1}(t) = y_N(t)\cos\omega_m t \tag{9.16}$$

aus denen mit Hilfe der trigonometrischen Additionstheoreme

$$s_{p1}(t) = \frac{1}{\pi}\sum_{\nu=1}^{\hat{N}} \frac{1}{\nu}[\cos(\nu\omega_0 - \omega_m)t - \cos(\nu\omega_0 + \omega_m)t] \tag{9.17}$$

$$s_{q1}(t) = \frac{1}{\pi}\sum_{\nu=1}^{\hat{N}} \frac{1}{\nu}[\sin(\nu\omega_0 - \omega_m)t + \sin(\nu\omega_0 + \omega_m)t] \tag{9.18}$$

folgt. Die beiden Tiefpässe in Abbildung 9.9 sind nur im Frequenzbereich $0 \leq f \leq \frac{f_g}{2}$ durchlässig. Wegen $\omega_m = \frac{\omega_g}{2}$ kann nur das untere Seitenband der vorstehenden Produkte passieren.

$$s_{p2}(t) = \frac{1}{\pi}\sum_{\nu=1}^{N} \frac{1}{\nu}\cos(\nu\omega_0 - \omega_m)t \tag{9.19}$$

$$s_{q2}(t) = \frac{1}{\pi}\sum_{\nu=1}^{N} \frac{1}{\nu}\sin(\nu\omega_0 - \omega_m)t \tag{9.20}$$

Die beiden vorstehenden Signale werden nun mit der Mittenkreisfrequenz des gewünschten Einseitenbandsignals, nämlich

$$\omega_{cm} = \omega_c - \frac{\omega_g}{2} \tag{9.21}$$

für das untere Seitenband oder

$$\omega_{cm} = \omega_c + \frac{\omega_g}{2} \tag{9.22}$$

für das obere Seitenband in M_3 und M_4 umgesetzt.

$$s_{p3}(t)\sin\omega_{cm}t = \frac{1}{2\pi}\sum_{\nu=1}^{\hat{N}}\frac{1}{\nu}[\sin(\nu\omega_0-\omega_m+\omega_{cm})t+\sin(-\nu\omega_0+\omega_m+\omega_{cm})t] \tag{9.23}$$

$$s_{q3}(t)\cos\omega_{cm}t = \frac{1}{2\pi}\sum_{\nu=1}^{\hat{N}}\frac{1}{\nu}[\sin(\nu\omega_0-\omega_m+\omega_{cm})t+\sin(-\nu\omega_0+\omega_m+\omega_{cm})t] \tag{9.24}$$

Die Summe der beiden Signale liefert

$$s(t) = \frac{1}{\pi}\sum_{\nu=1}\hat{N}\sin(\nu\omega_0-\omega_m+\omega_{cm})t \tag{9.25}$$

das gewünschte Einseitenbandsignal. Setzt man die Mittenkreisfrequenz nach Gleichung 9.21 des unteren Seitenbandes in $s(t)$ ein, so folgt wegen $\omega_m = \frac{\omega_g}{2}$

$$s_{us}(t) = \frac{1}{\pi}\sum_{\nu=1}^{N}\frac{1}{\nu}\sin(\nu\omega_0-\omega_g+\omega_c)t. \tag{9.26}$$

Verfährt man genauso mit Gleichung 9.22, so erhält man für das obere Seitenband

$$s_{os}(t) = \frac{1}{\pi}\sum_{\nu=1}^{N}\frac{1}{\nu}\sin(\nu\omega_0+\omega_c)t \tag{9.27}$$

In Abbildung 9.9 sind die Spektren des oberen Seitenbandes und des Einseitenbandsignals qualitativ dargestellt. Die in Abbildung 9.9 eingezeichneten Frequenzgrenzen sind den Argumenten der Sinus-Funktionen der beiden vorgenannten Gleichungen zu entnehmen. Das untere Seitenband liegt nach Gleichung 9.26 im Intervavll $(f_c - f_g) \leq f \leq f_c$ mit $f_g = Nf_0$ während das obere Seitenband gemäß Gleichung 9.27 im Intervall $f_c \leq f \leq (f_c + f_g)$ definiert ist [99, 100].

10 Partial-Response-Codierung, Übertragung mit Symbolinterferenz

Bisher wurde die Symbolinterferenz immer als ein unerwünschtes Phänomen behandelt. In diesem Abschnitt wird jedoch gezeigt, daß es bestimmte Codierverfahren gibt (Duobinär-Codierung, Polybinär-Codierung, Biternärcodierung, ...) die einen bestimmten Betrag der Symbolinterferenz benutzen um einen für die digitale Übertragung günstigen Effekt zu erzielen. Alle genannten Codierverfahren zählen zur Gruppe der *Partial-Response-Codierverfahren.* Partial-Response-Signale werden grundsätzlich auf die Nyquistbandbreite $f_N = \frac{1}{2T_s}$ bandbegrenzt, sie erlauben also eine besonders schmalbandige Übertragung mit der Bitrate $2f_N = \frac{1}{T_s}$. Besonders bei der digitalen Einseitenband-Übertragung werden sie oft eingesetzt. Um das grundsätzliche Verfahren einfach zu erklären wird zunächst die Duobinär-Codierung betrachtet und dann eine Verallgemeinerung durchgeführt.

10.1 Duobinär-Codierung

Angenommen die binäre Folge

$$a(t) = \sum_{k=-\infty}^{+\infty} a_{\nu k} \gamma(t - kT_s) \qquad (\nu = 1, 2) \tag{10.1}$$

mit $a_{\nu k} \in \{1, -1\}$ soll bei der Nyquistrate $2f_N = 1/T_s$ über einen idealen Kanal der Bandbreite f_N (Nyquistbandbreite) übertragen werden. Eine solche Übertragung ist nur ohne Symbolinterferenz möglich, wenn Filter mit Rechteck-Übertragungsfunktion (idealer Tiefpaß) verwendet werden. Derartige Filter sind nicht realisierbar. Jede reale Näherung eines idealen Tiefpasses wäre hoch empfindlich gegen Störungen (Taktgebung, Symbolinterferenz, etc.). Betrachtet werde deshalb ein Tiefpaßfilter mit cos-Übertragungsfunktion (Duobinärfilter), Abbildung 10.1*a*.

$$X(f) = G_R(f)G_T(f) \tag{10.2}$$

$$= 2T_s \cos \pi f T_s \quad \text{für} \quad 0 \leq f \leq \frac{1}{2T_s} \tag{10.3}$$

$$= 0 \quad \text{für} \quad f > \frac{1}{2T_s} \tag{10.4}$$

$G_R(f)$ und $G_T(f)$ bezeichnen die Übertragungsfunktion von Sende- und Empfangstiefpaß. Wegen der Bandbegrenzung auf die Nyquistfrequenz f_N muß Symbolinterferenz erwartet werden. Der Tiefpaß mit der Übertragungsfunktion $X(f)$ hat die Impulsantwort

$$y(t) = \frac{4}{\pi} \frac{\cos \frac{\pi t}{T_s}}{1 - \frac{t^2}{T_s^2}} \tag{10.5}$$

Die Übertragungsfunktion $X(f)$ und die Impulsantwort des Tiefpasses sind in Abbildung 10.1 dargestellt. Zu den Zeitpunkten T_s oder $-T_s$ ist der Signalwert der Impulsantwort gleich d, siehe Abbildung 10.1*b*. Am Ausgang des Duobinärfilters erscheint aufgrund der Symbolinterferenz eine Folge von Symbolen der Form

$$c_k = a_{\nu k} + a_{\nu(k-1)} \quad (c_k \in \{2d, 0, -2d\}) \quad (\nu = 1, 2) \tag{10.6}$$

wenn keinerlei Störungen berücksichtigt werden. Wenn $a_{\nu k}$ zu den Zeitpunkten kT_s die Werte $+d$ oder $-d$ annehmen kann, dann hat c_k zu diesen Zeitpunkten die Werte $+2d, -2d$ oder 0. Aus dem ursprünglich binären Signal ist wegen der erwünschten Symbolinterferenz (Duobinär-Codierung) ein ternäres Signal geworden. Die im Signal enthaltene Nachricht kann durch Subtraktion der jeweils vorhergegangenen

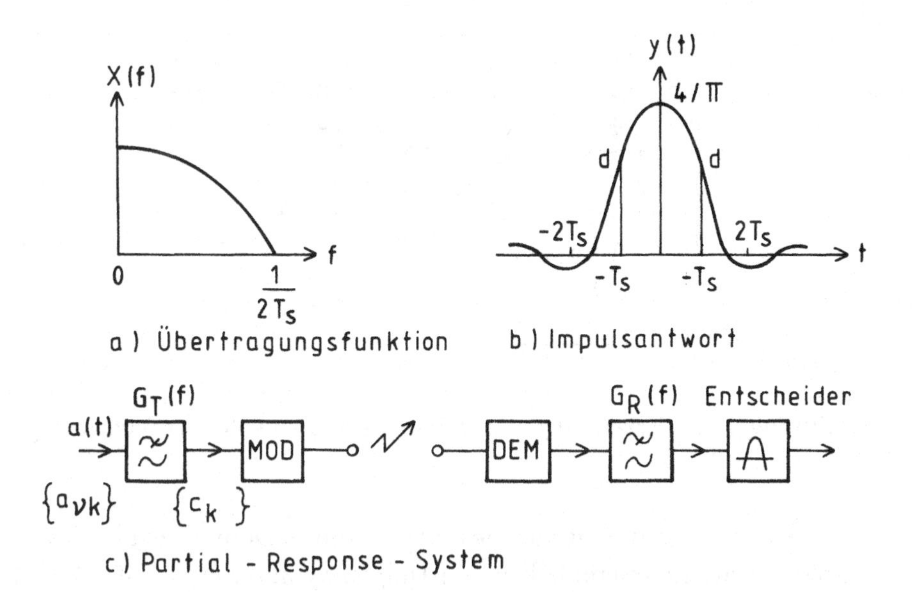

Abbildung 10.1: Übertragungsfunktion und Impulsantwort des Duobinärfilters sowie das prinzipielle Partial-Response-Übertragungssystem

Symbole decodiert werden. Bespielsweise erhält man $a_{\nu k}$, wenn man $a_{\nu(k-1)}$ vom empfangenen Symbol c_k subtrahiert. Ein Nachteil dieses Decodierverfahrens ist der, daß auftretende Fehler sich fortpflanzen. Wenn $a_{\nu(k-1)}$ fehlerbehaftet ist, dann wird auch $a_{\nu k}$ fehlerhaft decodiert. Die Fehlerfortpflanzung kann durch *Vorcodierung* im Sender beseitigt werden, siehe Abbildung 10.2. Dazu wird das Binärsignal, das nun aus einer Folge von Symbolen $a_{\nu k} \in \{1, 0\}$ besteht, in eine Folge von Symbolen $b_{\nu k} \in \{1, 0\}$ umcodiert. Bei der Duobinärcodierung, bei der zwei aufeinanderfolgende Symbole aufaddiert werden, erfolgt die Vorcodierung nach der Regel

$$b_{\nu k} = a_{\nu k} \oplus b_{\nu(k-1)} \qquad \text{modulo-2.} \tag{10.7}$$

Am Ausgang des Tiefpasses nach Abbildung 10.2, der der Bandbegrenzung auf f_N dient, erscheint somit eine Folge aus dreistufigen Symbolen der Form

$$c_k = b_{\nu k} - b_{\nu(k-1)}. \tag{10.8}$$

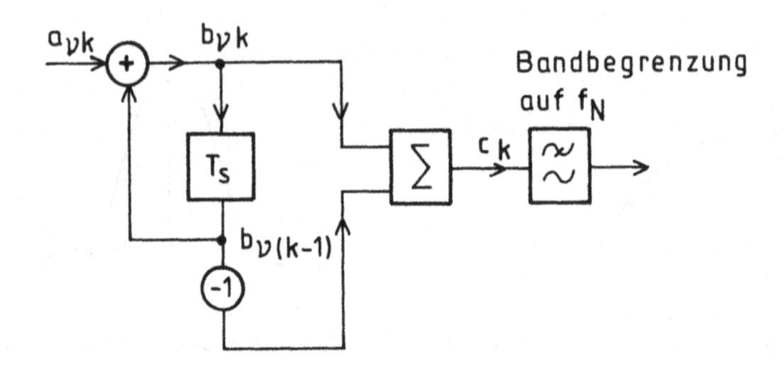

Abbildung 10.2: Erzeugung von Duobinärsignalen bei Vorcodierung

Im Empfänger entsteht aus dieser Folge durch Doppelweggleichrichtung wieder ein Binärsignal. Die dreistufigen Symbole $c_k \in \{2d, -2d, 0\}$ werden infolge der Gleichrichtung in Binärzeichen $c_{\nu k} \in \{0, 2d\}$ umgesetzt. Für das ursprüngliche Symbol liefert Gleichung 10.7

$$a_{\nu k} = b_{\nu k} \oplus b_{\nu(k-1)} \tag{10.9}$$

Vergleicht man Gleichung 10.8 mit der vorstehenden Gleichung so erkennt man eine Äquvalenz zwischen $a_{\nu k}$ und c_k nämlich

$$a_{\nu k} \equiv c_k \qquad \text{modulo-2} \tag{10.10}$$

Gerade Werte von c_k (Symbol 0) sind deshalb bei der Decodierung als logisch Null und ungerade Werte $(+2d; -2d)$ als logische 1 zu interpretieren. Diese Ergebnisse liefert der Doppelweggleichrichter unmittelbar [101, 102]. Zur Demodulation ist somit Taktschritt für Taktschritt nur c_k zu abzufragen, und wie beschrieben zu interpretieren.

10.2 Verallgemeinerung der Partial-Response-Codierung

Zur Verallgemeinerung der korrelativen Partial-Response-Codierung zu der auch die Duobinärcodierung gehört, kann man sich ein Symbol c_k aus n aufeinanderfolgenden mit k_j $(j = 1,2,3,\ldots,n)$ bewerteten Binärzeichen $a_{\nu(k-i}$ $(i = 1,2,3,\ldots,k-1)$ entstanden denken.

$$c_k = k_1 a_{\nu k} + k_2 a_{\nu(k-1)} + k_3 a_{\nu(k-2)} + \cdots + k_n a_{\nu 1} \tag{10.11}$$

Alle Bewertungskoeffizienten sind ganzzahlig. Der kleinste Bewertungskoeffizient ist $|k_i| = 1$. Die Benutzung einer derartigen Superposition führt auf mehr als zwei Empfangspegel bei binären Eingangssignalen. Eine entprechende Auswahl der Bewertungskoeffizienten liefert eine ganze Reihe spektraler Verteilungen mit speziellen Eigenschaften, z.B. Nullstelle bei der Frequenz gleich Null, Nullstelle bei der Nyquistbandbreite f_N, und andere. Jeder Partial-Response-Impuls wird aus einer Summe von bewerteten Funktionen der Form $\frac{\sin 2\pi f_N t}{2\pi f t}$ aufgebaut. Abbildung 10.3 zeigt die beiden Möglichkeiten der Codierung ohne und mit Vorcodierung. Bei der Codierung mit Vorcodierung bildet man zunächst

$$b_{\nu k} = a_{\nu k} \oplus b_{\nu(k-1)} \oplus b_{\nu(k-2)} \oplus \cdots \oplus b_{\nu 1}. \tag{10.12}$$

Für die Decodierung ist wichtig, daß mit der vorstehenden Gleichung auch gilt

$$a_{\nu k} = b_{\nu k} \oplus b_{\nu(k-1)} \oplus \cdots \oplus b_{\nu 1}. \tag{10.13}$$

Für die Sendefolge folgt dann

$$c_k = k_1 b_{\nu k} + k_2 b_{\nu(k-1)} + \cdots + k_n b_{\nu 1}. \tag{10.14}$$

Die Spektralfunktion eines Partial-Response-Impulses erhält man mit dem Fourierintegral und Gleichung 10.11 zu

$$\begin{aligned} \underline{H}(f) \;=\; & \int_0^{f_N} [k_1\delta(t) + k_2\delta(t - \frac{1}{2f_N}) + k_3\delta(t - \frac{2}{2f_N}) + \cdots + \\ & k_n\delta(t - \frac{n-1}{2f_N})]e^{-j2\pi f t}dt. \end{aligned} \tag{10.15}$$

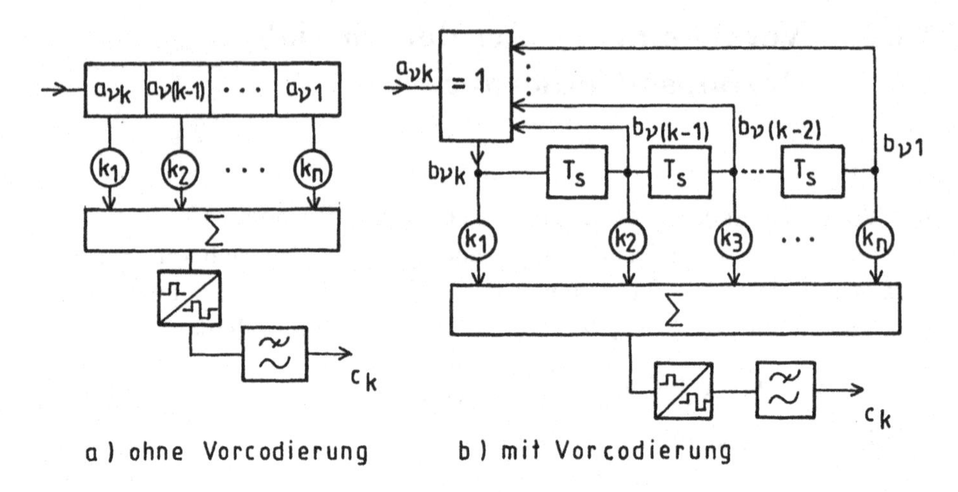

Abbildung 10.3: Partial-Response-Codierer

Da grundsätzlich alle Partial-Response-Signale auf die Nyquisbandbreite $0 \leq f \leq f_N$ bandbegrenzt d.h. mit der Nyquistrate $2f_N$ übertragen werden, kann in der vorstehenden Gleichung anstelle der Funktion $\frac{\sin \pi f t}{\pi f t}$ die Deltafunktion gesetzt werden. Anhand dieser Darstellung die allgemeingültig ist, sind nun spezielle Spektralfunktionen die von besonderem praktischem Interesse sind in Tabelle 10.1 zusammengefaßt [103, 104, 105, 106]. Mit zunehmender Stufenzahl wird die Konzentration der Spektralfunktion auf die Nyquistbandbreite, bei Bildung ausgeprägter Nullstellen bei der Frequenz Null und der Nyquistbandbreite, immer höher. Damit einher geht, wie zu erwarten, eine Erhöhung des erforderlichen Signal-Geräusch-Verhältnisses.

Aus Gleichung 10.13 ist erkennbar, daß $a_{\nu k}$ aus den gleichen Komponenten ermittelt wird wie das Sendesignal Gleichung 10.14. Allerdings bestimmt man c_k durch algebraische Addition und $a_{\nu k}$ durch modulo 2 - Addition. Zur Decodierung ist somit nur das jeweilige Empfangssymbol c_k zu betrachten, da die Äquivalenz

$$a_{\nu k} \equiv c_k \qquad \text{modulo-2} \tag{10.16}$$

vorliegt. Aufgrund der vorstehenden Äquivalenz ist ungeradzahligen Amplituden von c_k die binäre 1 und geradzahligen Werten die binäre 0

Tabelle 10.1: Einige wichtige Partial-Response-Codierverfahren

(Ordnung) Klasse	k_1	k_2	k_3	k_4	k_5	h(t)	H(f)	H(f) $(0 < f < f_N)$	Zahl der empf. Pegel
binär	1					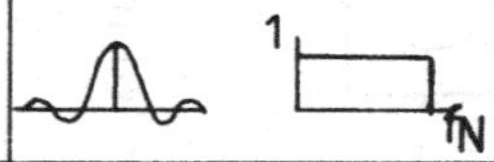	1, f_N	1	2
1	1	1					2, f_N	$2 \cos \frac{\pi f}{2 f_N}$	3
2	1	2	1				4, f_N	$4 \cos^2 \frac{\pi f}{2 f_N}$	5
3	2	1	-1				2, f_N	$2 + \cos \frac{\pi f}{f_N} - \cos \frac{2\pi f}{f_N} + j\left(\sin \frac{\pi f}{f_N} - \sin \frac{2\pi f}{f_N}\right)$	5
4	1	0	-1			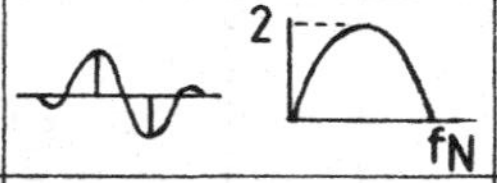	2, f_N	$2 \sin \pi \frac{f}{f_N}$	3
5	-1	0	2	0	-1	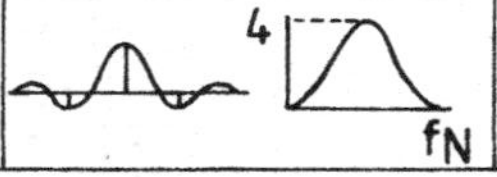	4, f_N	$4 \sin^2 \pi \frac{f}{f_N}$	5

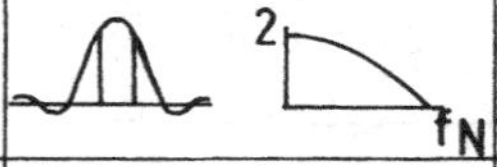

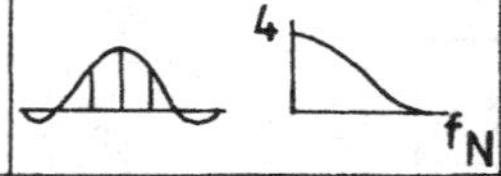

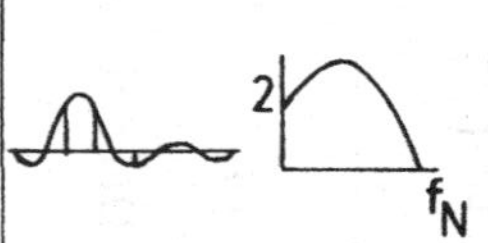

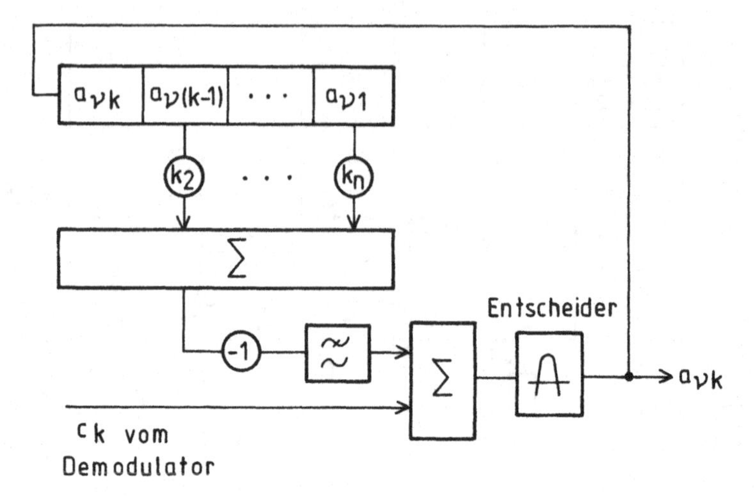

Abbildung 10.4: Decodierung von Partial-Response-Signalen (ohne Vorcodierung)

zuzuordnen. Die Decodierung kann somit in einer einfachen Entscheidereinrichtung durchgeführt werden. Bei dreistufigen Partial-Response-Signalen ist die Decodierung einfach durch Doppelweggleichrichtung (Betragsbildung) durchführbar, wie bereits beschrieben.

Wird im Sender keine Vorcodierung durchgeführt, so kann das empfangene Signal decodiert werden indem die Beiträge der $n-1$ vorher gesendeten Binärzeichen die in einem Schieberegister zu speichern sind, vom empfangenen Signal subtrahiert werden. Über die resultierende Differenz kann dann eine binäre Entscheidung getroffen werden. In Abbildung 10.4 ist das Decodierverfahren ohne Vorcodierung dargestellt. Damit eine korrekte Subtraktion der vorher gesendeten Binärzeichen erfolgen kann, wird das zu subtrahierende Signal wie im Sender auf die Nyquistbandbreite mit einem Tiefpaßfilter bandbegrenzt. Bei dieser Art der Decodierung tritt die bereits erwähnte Fehlerfortpflanzung auf.

10.2.1 Anwendung der Partial-Response-Codierung

Die Partial-Response-Codierung wird meist in Verbindung mit der Einseitenbandübertragung verwendet. Dabei kommen die in Abschnitt 9.2.1 dargestellten Methoden der Einseitenbandbildung zum

Einsatz. Besondere Bedeutung kommt der in Tabelle 10.1 aufgeführten Partial-Response-Codierung Klasse 4 zu, die beispielsweise auch zur Datenübertragung über analoge Trägerfrequenz-Verbindungen benutzt wird [107, 108, 109, 110]. Ein Partial-Response - Impuls der Klasse 4 hat einen sinusförmigen Spektralverlauf und Nullstellen bei der Frequenz Null sowie der Nyquistbandbreite f_N. Derartige spektrale Formen eignen sich besonders für die Einseitenbandübertragung, weil die Unterdrückung eines Seitenbandes nach den in Abschnitt 9.2.1 dargestellten drei Methoden besonders gut gelingt. Einseitenbandübertragung und Bandbegrenzung auf die Nyquistbandbreite erlauben somit eine ideal schmalbandige Übertragung. Eine pseudoternäre Folge aus stochastischen Partial-Response-Impulsen der Klasse 4 könnte mit der bereits aus Abschnitt 9.2 bekannten Einseitenband-3APK übertragen werden. Hierzu müsste in Abbildung 9.5 anstelle einer $(16-2)$-AMI-Codierung eine Partial-Response-Codierung zur Anwendung kommen.

Partial-Response-Signale können auch in Verbindung mit der Quadratur-Modulation eingesetzt werden. Ersetzt man die in Abbildung 6.7 dargestellten Codierer beispielsweise durch zwei Klasse 4-Partial-Response-Codierer, so erhält man nach der Modulation eine 9APK. Wählt man quinäre Partial-Response-Signale so führt dies auf eine 25APK. Abbildung 10.5 zeigt die entsprechenden Zustandsdiagramme. Die Symbolfehler-Wahrscheinlichkeit bei kohärenter Demodulation der Partial-Response-Systeme ist in [111, 112] abgeleitet.

Da Partial-Response-APK-Systeme grundsätzlich durch Modulation mit Pseudosignalen entstehen, kann neben der kohärenten Demodulation auch die Demodulation durch Quadrierung des APK-Empfangssignals erreicht werden. Gegenüber der kohärenten Demodulation ist dies jedoch mit einem Störabstandsverlust verbunden.

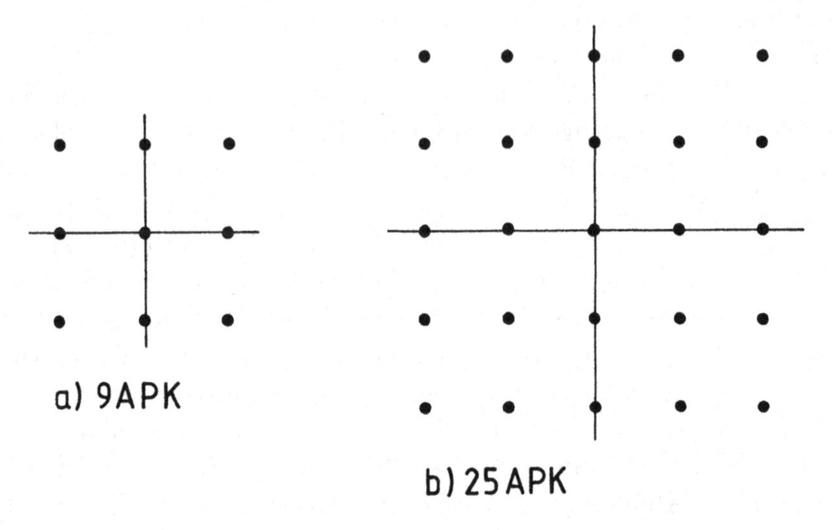

Abbildung 10.5: Zustandsdiagramme der Partial-Response 9APK und 25APK

11 Frequenzumtastung mit m Signalzuständen ($m = 2^n, n = 1, 2, 3, \ldots$) (Frequency Shift Keying ... FSK)

Die Bezeichnung FSK ist nicht ganz eindeutig. Man muß zwei Kategorien unterscheiden. Frequenzumtastung liegt vor, wenn sich beispielsweise die Frequenz eines Sinusträgers in Abhängigkeit von den Amplitudenzuständen eines Basisbandsignals intervallweise ändert. Ist die Frequenzänderung des Trägers beim Übergang von einem Frequenzzustand in einen anderen mit einer sprunghaften Phasenänderung im Modulationsintervall $kT_s \leq t \leq (k+1)T_s$ verbunden, so spricht man von *Frequenzumtastung mit nichtkontinuierlicher Phase.* Beispielsweise erhält man die 2FSK, wenn man zwei freilaufende unabhängige Oszillatoren ohne Berücksichtgung kontinuierlicher Phasenübergänge in stochastischer Folge umtastet. Macht man dagegen die Phasenübergänge der verschiedenen Schwingungspakte unterschiedlicher Frequenz so voneinander abhängig, daß in jedem Modulationsintervall kontinuierliche Phasenübergänge auftreten, dann nennt man diese Art der Frequenzumtastung *Frequenzumtastung mit kontinuierlicher Phase (CPFSK ... Continous Phase Frequency Shift Keying).* CPFSK-Signale werden für die frequenzbandbegrenzte Übertragung bevorzugt, da ihr Spektralverlauf günstiger gegenüber den FSK-Signalen gestaltet werden kann.

In den folgenden Abschnitten werden mCPFSK - Systeme und die davon abgeleiteten Verfahren wie MSK (Minimum Shift Keying) und andere näher betrachtet[14, 32].

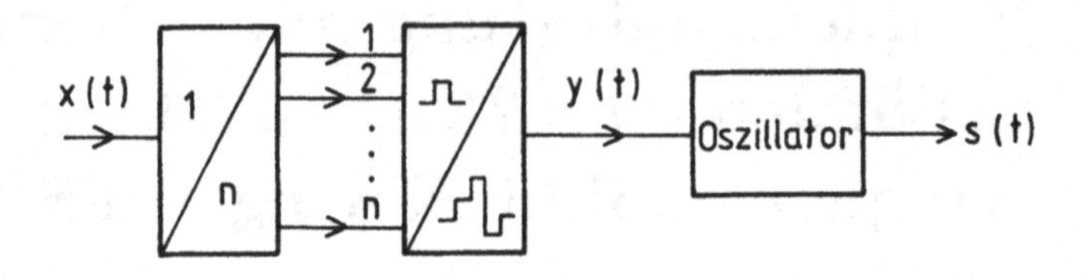

Abbildung 11.1: CPFSK-Modulator-Prinzip

11.1 Frequenzumtastung mit kontinuierlicher Phase

Verändert man den frequenzbestimmenden Teil eines Oszillators, z.B. die Induktivität oder die Kapazität des Oszillatorschwingkreises, durch ein m-stufiges Basisbandsignal im jeweiligen Modulationsintervall so, daß in den Schwingungspaketen unterschiedlicher Frequenz kontinuierliche Phasenübergänge erzwungen werden, dann ist das Oszillatorausgangssignal ein CPFSK-Signal. Dies kann beispielsweise durch Impulse mit allmählichen Übergängen wie Gaußimpulse, $\cos^2$ - Impulse oder ähnliche, aber auch durch Rechteckimpulse erzielt werden, da die sprunghafte Umtastung der frequenzbestimmenden Teile eines Oszillators (Spule und Kondensator = Energiespeicher) nur kontinuierliche Signaländerungen zulassen. In Gleichung 11.2 wir diese Eigenschaft durch die Integration über das gesamte Basisbandsignal gewährleistet. Das Modulationsprinzip ist in Abbildung 11.1 dargestellt. Nach Abbildung 11.1 wird das zu übertragende Nachrichtensignal $x(t)$ zunächst in n parallele Binärsignale der Symbolrate $v_s = v_b/n$ und danach in ein m-stufiges Basisbandsignal ($m = 2^n$) der Form

$$y(t) = \sum_{k=-\infty}^{+\infty} \hat{y}_{\mu k}\gamma(t - kT_s) \qquad (\mu = 1, 2, \ldots, m) \tag{11.1}$$

umgesetzt. $\gamma(t)$ bezeichnet die Impulsform des Basisbandsignals das bei CPFSK-Systemen rechteckförmig ist. Das am Modulatorausgang erscheinende CPFSK-Signal kann dann durch

$$s(t) = \hat{s}\sin\left(\omega_c t + \Delta\omega\int_0^t y(\tau)d\tau + \Theta\right) \tag{11.2}$$

beschrieben werden. $s(t)$ hängt somit von der Gesamtheit aller jeweils vorher übertragenen Basisbandimpulse ab. $\hat{s}$ ist die Signalamplitude, Θ der Nullphasenwinkel der Trägerschwingung und

$$\Delta f = \frac{\Delta\omega}{2\pi} \tag{11.3}$$

der einseitige Frequenzhub. Setzt man Gleichung 11.1 in Gleichung 11.2 ein, so kann die Integration in Gleichung 11.2 durchgeführt werden. Man erhält

$$\varphi_m(t) = \Delta\omega\sum_k \hat{y}_{\mu k} q(t - kT_s) + \Theta \tag{11.4}$$

den Phasenverlauf des mCPFSK-Signals. Da im binären Fall $\hat{y}_{\mu k}$ mit $+1$ und -1 in stochastischer Folge variiert, entsteht ein Phasenverlauf wie er in Abbildung 11.2 wiedergegeben ist. $q(t)$ ist eine lineare Funktion

$$q(t)\hat{y}_{\mu k} = \hat{y}_{\mu k}\, t \tag{11.5}$$

im Intervall $kT_s \leq t \leq (k+1)T_s$. Das Modulatorausgangssignal lautet nun mit Gleichung 11.2, wenn man die beiden vorstehenden Gleichungen einsetzt

$$s(t) = \hat{s}\sin\left(\omega_c t + \Delta\omega\sum_k \hat{y}_{\mu k}\cdot(t - kT_s) + \Theta\right) \quad (\mu = 1, 2, \ldots, m). \tag{11.6}$$

Für den μ-ten Signalzustand im k-ten Modulationsintervall erhält man mit $\Theta = 0$

$$s_{\mu k}(t) = \hat{s}\sin(\omega_c t + \Delta\omega\hat{y}_{\mu k}\cdot(t - kT_s) + \varphi_m(kT_s)) \tag{11.7}$$

Hierbei ist

$$\begin{aligned}
\varphi_{\mu k}(t) &= \omega_c t + \Delta\omega\hat{y}_{\mu k} q(t - kT_s) + \varphi_m(kT_s) && (11.8)\\
\varphi_{\mu k}(t) &= \omega_c t + \Delta\omega\hat{y}_{\mu k}\cdot(t - kT_s) + \varphi_m(kT_s) && (11.9)
\end{aligned}$$

die Momentanphase im Modulationsintervall. $\varphi(kT_s)$ bezeichnet den im k-ten Modulationsintervall erreichten Phasenzustand. Offenbar hat das CPFSK-Signal gemäß der vorgenannten Gleichung im Modulationsintervall eine linearen Phasenverlauf, wenn als Impulsform des Basisbandsignals Rechteckimpulse benutzt werden. Ähnlich wie bei der analogen Frequenzmodulation definiert man nun einen Modulationsindex der vom einseitigen Frequenzhub abhängt.

$$\eta = 2\Delta f T_s \tag{11.10}$$

Er legt den Phasenänderung $\Delta\varphi$ (Phasenhub) im Modulationsintervall fest.

$$\Delta\varphi = \hat{y}_{\mu k}\Delta\omega T_s = \hat{y}_{\mu k} 2\pi \Delta f T_s = \hat{y}_{\mu k}\pi\eta \tag{11.11}$$

Für die Momentanphase erhält man damit

$$\varphi_{\mu k}(t) = \omega_c t + \frac{\Delta\varphi}{T_s}(t - kT_s). \tag{11.12}$$

Der lineare Phasenverlauf in den Modulationsintervallen kann bei CPFSK-Systemen durch Phasenübergangsdiagramme anschaulich gemacht werden. In Abbildung 11.2 ist ein solches Diagramm zusammen mit dem zugehörigen binären Basisbandsignal und 2CPFSK-Signal bei einem Modulationsindex von $\eta = 1$ dargestellt. Das Übergangsdiagramm beginnt bei $\varphi_m(0) = 0$, zeigt den linearen Phasenverlauf im Modulationsintervall und die Phasenzustände $\varphi_m(kT_s)$ jeweils an den Intervallenden in Abhängigkeit der gesendeten Basisbandsignalzustände $\hat{y}_{\mu k} \in \{+1, -1\}$. In jedem Modulationsintervall des 2CPFSK - Signals nach Abbildung 11.2 beträgt die Phasenänderung $\Delta\varphi = \pi$. Für eine logische 1 wird eine Sinusschwingung der Kreisfrequenz ω_c und für eine logische 0, dargestellt durch eine -1, eine Sinusschwingung der Frequenz $1,667\omega_c$ im Modulationsintervall gesendet. Hierdurch ergeben sich kontinuierliche Phasenänderungen von π. Im Phasenübergangsdiagramm nach Abbildung 11.2 sind die durch das binäre Basisbandsignal verursachten Phasenübergänge dick eingezeichnet. Sie beschreiben einen "Pfad" durch das Phasenübergangsdiagramm. Moduliert man die Trägeschwingung mit dem gleichen Basisbandsignal bei einem Modulationsindex von $\eta = 0,5$, so beträgt die Phasenänderung im

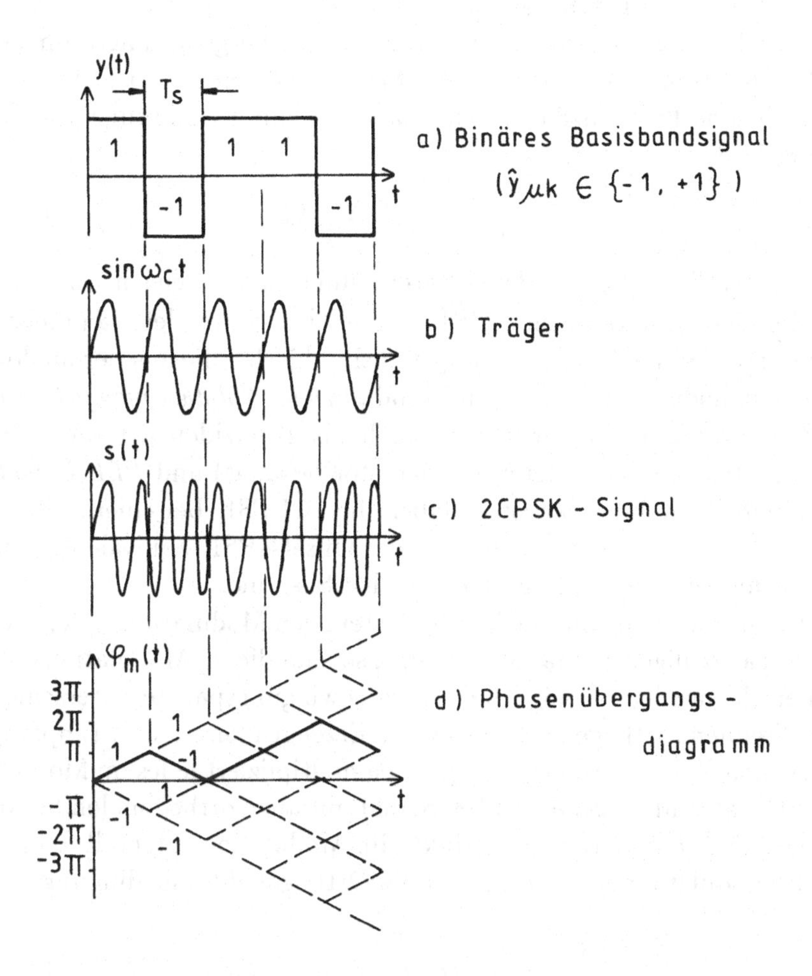

Abbildung 11.2: 2CPFSK-Signaldarstellung ($\eta = 1, \Delta\varphi = \pi$)

im binären Fall im Modulationsintervall $\Delta\varphi = \frac{\pi}{2}$. Auf diesen Spezialfall der *Minimum-Shift-Keying* (MSK) genannt wird, wird in einem der folgenden Abschnitte noch genauer eingegangen. Phasenübergangsdiagramme für mCPFSK-Systeme mit $m > 2$ können ähnlich wie für den binären Fall gezeigt konstruiert werden. Beispielsweise zeigt Abbildung 11.3 das Basisbandsignal und Phasenübergangsdiagramm eines 4CPFSK - Signals. Die im Modulationsintervall eines mCPFSK-Signals erscheinende Frequenzänderung erhält man durch Ableitung von Gleichung 11.8 zu

$$\frac{d\varphi(t)}{dt} = \omega_c + \Delta\omega_c \hat{y}_{\mu k}. \tag{11.13}$$

wenn man die Ableitung der linearen Funktion $q(t)$, gleich 1 setzt.

Zur Demodulation von mCPFSK-Signalen verwendet man meist inkohärente Methoden. Die wichtigsten sind hierbei die aus der analogen Frequenzmodulation bekannten Verfahren wie, *Nulldurchgangsdetektor*, *Differenzdetektor* (in der Praxis auch als Koinzidenzdetektor, Quadraturdetektor oder Differential Detector bekannt) und *PLL-Detektor*. Kohärent demodulierbar ist lediglich die 2CPFSK bei einem Modulationsindex von $\eta = 0,5$ (MSK), die der Offset-4PSK äquivalent ist und die nachfolgend erwähnten orthogonalen Systeme.

Wählt man in einem mCPFSK-System den Modulationsindex gleich einem ganzahligen Vielfachen von 0,5, so sind die im Modulationsintervall erscheinenden m möglichen Sinusschwingungspakete unterschiedlicher Frequenz orthogonal zueinander. Erzeugt man nun im Empfänger die m orthogonalen Sinusschwingungen multipliziert jedes im Modulationsintervall empfangene CPFSK-Signal mit allen orthogonalen Schwingungen und integriert alle Produkte im Modulationsintervall, dann ist die Demodulation erreichbar, weil die Orthogonalitätsbedingung

$$\frac{1}{T_s}\int_{kT_s}^{(k+1)T_s} s_{\mu k}^{(j)}(t) s_{\mu k}^{(i)}(t)dt = 0 \quad \text{für} \quad i \neq j \tag{11.14}$$

$$= A \quad \text{für} \quad i = j \tag{11.15}$$

erfüllt ist (A ist eine Konstante). Abgesehen von der MSK haben alle orthogonalen mCPFSK-Systeme wegen ihrer ungünstigen spektra-

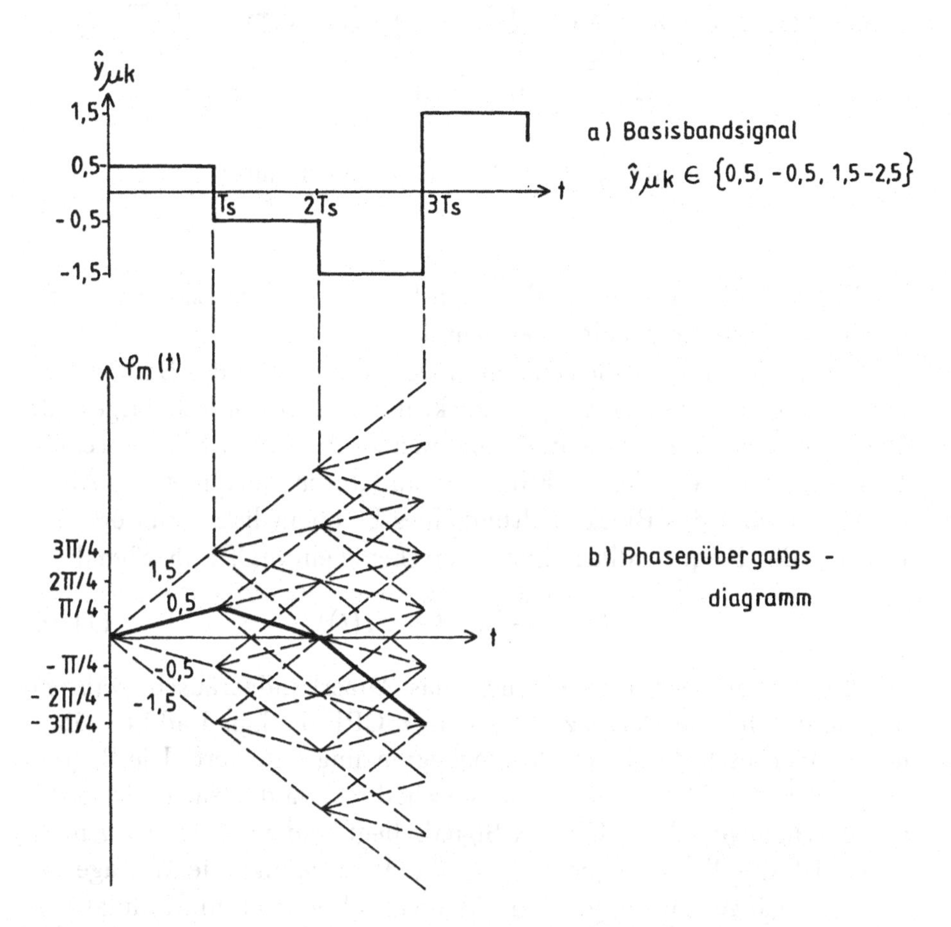

Abbildung 11.3: Basisbandsignal und Phasenübergangsdiagramm eines 4CPFSK-Signals ($\eta = 0,5$)

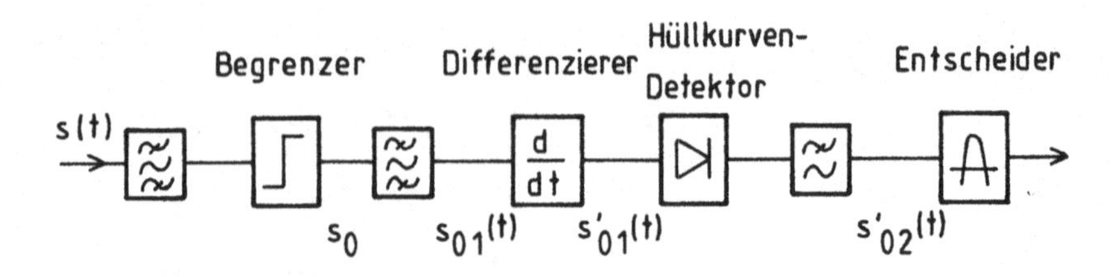

Abbildung 11.4: Frequenzdiskriminator

len Eigenschaften für den praktischen Einsatz geringe Bedeutung. Sie werden deshalb nicht weiter betrachtet.

Stellvertretend für alle genannten Detektoren wird der Demodulationsvorgang zunächst am Frequenzdiskriminator theoretisch dargestellt. Die Funktionsweise der wichtigen anderen Detektoren wird in Abschnitt 11.3 angegeben, der den CPFSK-Demodulatoren gewidmet ist. Abbildung 11.4 zeigt das Blockschaltbild eines Frequenzdiskriminators. Am Eingang des Frequenzdikriminators erscheine ein mCPFSK-Signal

$$s(t) = \hat{s}\sin(\omega_c t + \varphi_m(t)). \tag{11.16}$$

Der Empfangsbandpaß unterdrückt das Außerbandgeräusch, während der darauffolgende Begrenzer das dem mCPFSK-Signal additiv überlagerte Geräusch durch Amplitudenbegrenzung reduziert. Die Begrenzung ist für das Nachrichtensignal unschädlich, da die Nachricht in den Nulldurchgängen des mCPFSK-Signals liegt und nicht in der Amplitude. Ist die Trägerfrequenz $f_c \geq \frac{1}{T_s}$, dann genügt die Abfrage der Nulldurchgänge um die jeweilige Momentanfrequenz im Modulationsintervall zu erkennen. Der Begrenzer in Abbildung 11.4 kappt die Amplituden der frequenzmodulierten Sinusschwingung die mit der Phase $\varphi_m(t)$ variiert. Das Begrenzerausgangssignal hat somit die Amplitudenwerte

$$s_0(t) = S_0 \quad \text{für} \quad \sin(\omega_c t + \varphi_m(t)) > 0 \tag{11.17}$$

$$s_0(t) = -S_0 \quad \text{für} \quad \sin(\omega_c t + \varphi_m(t) < 0 \tag{11.18}$$

$s_0(t)$ kann näherungsweise für sehr kleine $\varphi_m(t)$ als eine periodische

Rechteckimpulsfolge mit der Periode 2π aufgefaßt werden. Die Fourierreihenentwicklung einer solchen Folge liefert eine reine Sinusreihe.

$$\begin{aligned} s_0(t) &\approx \frac{4S_0}{\pi}[\sin(\omega_c t + \varphi_m(t)) + \frac{1}{3}\sin 3(\omega_c t + \varphi_m(t)) + \\ &+\frac{1}{5}\sin 5(\omega_c t + \varphi_m(t)) + \cdots] \end{aligned}$$

Am Ausgang des Begrenzers erscheinen Komponenten der Trägerfrequenz und ungerade Vielfache derselben. Im darauffolgenden Bandpaß nach Abbildung 11.4 werden alle Komponenten oberhalb der Trägerfrequenz unterdrückt. Am Bandpaßausgang erhält man somit

$$s_{01}(t) = \frac{4S_0}{\pi}\sin(\omega_c t + \varphi_m(t)) \tag{11.19}$$

die Komponente der Trägerfrequenz (Grundschwingung). Der Differenzierer bildet die Ableitung von $s_{01}(t)$

$$\acute{s}_{01}(t) = \frac{4S_0}{\pi}\left(\omega_c + \frac{d\varphi_m(t)}{dt}\right)\cos(\omega_c t + \varphi_m(t)) \tag{11.20}$$

Durch die Differentiation wird die Nachricht, die in Form einer Frequenzänderung vorliegt, auch in die Amplitude einer Cosinusschwingung transformiert. Das Signal $\acute{s}_{01}(t)$ ist damit sowohl in der Frequenz als auch in der Amplitude moduliert. Die Amplitudenänderung stellt die dem Nachrichtensignal $y(t)$ proportionale Frequenzänderung im Modulationsintevall dar.

$$\omega_c + \frac{d\varphi_m(t)}{dt} = \omega_c t + \Delta\omega\hat{y}_{\mu k} \tag{11.21}$$

Somit kann das Signal $\acute{s}_{01}(t)$ unter der Voraussetzung $\omega_c \geq \frac{d\varphi_m(t)}{dt}$ mit einem Hüllkurvendetektor demoduliert werden.

11.1.1 Minimum-Shift-Keying (2CPFSK bei $\eta = 0,5$)

Wählt man in einem 2CPFSK-System den Modulationsindex zu $\eta = 0,5$, ($\Delta\varphi = \pm\pi/2, \hat{y}_{\mu k} \in \{1,-1\}$) so sind die im Modulationsintervall

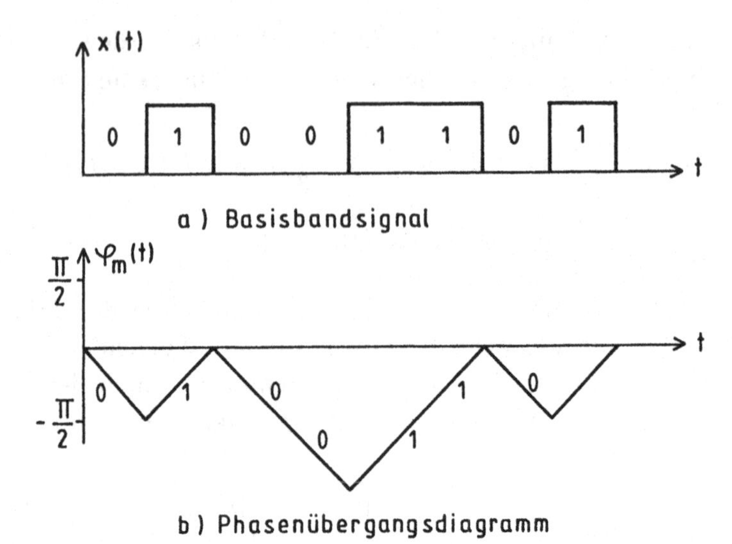

Abbildung 11.5: MSK-Phasenübergangsdiagramm

in zufälliger Folge erscheinenden Sinusschwingungen orthogonal zueinander. Die Demodulation kann somit durch die Realisierung der Orthogonalitätsbedingung Gleichung 11.14 in eine Schaltung durchgeführt werden. Wegen $\eta = 0,5$ lautet das MSK-Signal im Modulationsintervall mit Gleichung 11.11 und Gleichung 11.7 bei $T_s = T_b$ im binären Fall

$$s_{\mu k}(t) = \hat{s} \sin\left(\omega_c t + \frac{\pi}{2T_b} \hat{y}_{\mu k} q(t - kT_s)\right) \tag{11.22}$$

In Abbildung 11.5 ist das Phasenübergangsdiagramm eines MSK-Signals gezeichnet. Gleichung 11.22 in Quadraturform dargestellt ergibt nach der Aufteilung des Basisbandsignals auf die Quadraturträger

$$\begin{aligned} s_{\mu k}(t) \quad = \quad & \hat{s} \sin \omega_c t \, \cos\left(\hat{y}_{\mu k}^{(p)} q(t - kT_s) \frac{\pi}{2T_b}\right) + \hat{s} \cos \omega_c t \quad (11.23) \\ & \sin\left(\hat{y}_{\mu k}^{(q)} q(t - kT_s) \frac{\pi}{2T_b}\right). \end{aligned}$$

Das MSK-Signal nach Gleichung 11.23 läßt sich mit $2T_b = T_s$ und $q(t) = t$ im Modulationsintervall als Offset-4PSK-Signal darstellen

$$s_{\mu k}(t) = \hat{y}_{\mu k}^{(p)} \cos \frac{\pi t}{T_s} \sin \omega_c t + \hat{y}_{\mu k}^{(q)} \sin \frac{\pi t}{T_s} \cos \omega_c t. \tag{11.24}$$

Wobei die Bedingungen

$$\begin{aligned} \hat{y}^{(p)}_{\mu k} &= \cos \Phi_{\mu k} \\ \hat{y}^{(q)}_{\mu k} &= \sin \Phi_{\mu k} \end{aligned}$$

mit $\sin \Phi_{\mu k}, \cos \Phi_{\mu k} \in \{1, -1\}$ eingehalten werden müssen. Siehe Gleichung 5.134 und Abbildung 5.48. Damit stellt die MSK einen Spezialfall unter den mCPFSK-Signalen dar. Sie kann wie ein Offset-4PSK-System erzeugt und kohärent demoduliert werden.

Die bei der kohärenten Demodulation erzielbaren Augendiagramme am Ausgang der Demodulatortiefpässe nach Abbildung 5.18 sind Abbildung 5.49 zu entnehmen. MSK-Signale können auch mit den für CPFSK-Systeme üblichen Modulatoren und Demodulatoren moduliert und demoduliert werden, siehe Abschnitt 11.2 und Abschnitt 11.3 [27, 33, 113, 114].

11.1.2 Leistungsspektren von mCPFSK-Signalen

Bei linear modulierten Signalen, wie ASK, PSK oder APK ist die spektrale Leistungsdichte durch Faltung des Basisbandsignalspektrums mit der Spektrallinie der Trägerfrequenz ermittelbar. Die Leistungsspektren von CPFSK-Signalen können wegen des nichtlinearen Verhaltens des Modulators nicht alleine aus Träger - und Basisbandssignalspektrum bestimmt werden. Die Bestimmung der spektralen Leistungsdichte muß am modulierten Signal erfolgen, wobei meist das Theorem von Wiener und Kinthchine, Gleichungen 1.95 und 1.96, zur Anwendung kommt. Die Gestalt der Leistungsspektren ist stark abhängig vom Modulationsindex η. Das Leistungsspektrum eines CPFSK-Signals kann auch nicht, etwa durch Wahl geeigneter Basisbandsignalformen, streng bandbegrenzt werden. Das Frequenzband außerhalb dessen die spektrale Amplitude unter einem beliebig kleinen Bruchteil des Spitzenwertes liegt, wird in der Praxis als geeignetes Maß für die Bandbreite betrachtet. Die nachfolgend dargestellten Leistungsspektren wurden unter Annahme rechteckförmiger Basisbandsignale mit m gleichwahrscheinlichen Pegeln der Impulsdauer T_s in [32] abgeleitet, wobei jeder

Pegel n bit repräsentiert. Sie zeigen in *linearer Darstellung* wie die Gestalt des Leistungsspektrums unter dem Einfluß von η verändert wird.

In Abbildung 11.6 ist die spektrale Leistungsdichte der 2CPFSK mit dem Modulationsindex η als Parameter über der Frequenz $f - f_c = \nu/T_s$, ($\nu = 0; 0,5; 1; 1,5; 2; \ldots$) dargestellt. Es ist somit nur das obere Seitenband des Leistungspektrums gezeichnet. Nur bei $\eta = 0,5$ erhält man einen allmählichen Übergang rechts und links von der Trägerfrequenz mit einem Maximalwert bei derselben, während bei $f - f_c = \frac{3}{4T_s}$ eine Nullstelle auftritt. Geht der Modulationsindex gegen 1 so flachen die Spektren ab. Bei $\eta = 0,65$ wird der Spektralverlauf näherungsweise rechteckig. Nähert sich der Modulationsindex dem Wert $\eta = 1$ so liegen die spektralen Spitzenwerte bei $f - f_c = 1/2T_s$. Ist $\eta = 1$ erreicht, so ist der Kurvenverlauf wieder fließend jedoch weiter gespreizt und enthält eine Spektrallinie bei bei $f - f_c = 1/2T_s$.

Abbildung 11.7 zeigt den Verlauf der spektralen Leistungsdichte der 4CPFSK über $f - f_c = \nu/T_s$. Wie Abbildung 11.7 zeigt, ergeben sich auch hier nur dann für die Übertragung brauchbare Spektralverläufe, wenn man die Modulationsindizes $\eta \leq 0,6$ wählt. Diese Eigenschaft ist für 8CPFSK-Systeme ebenfalls nachweisbar.

Allgemein erhält man *schmalbandige* mCPFSK-Systeme mit kontinuierlichem Spektralverlauf, wenn man den Modulationsindex zu $\eta = 1/m$ annimmt. Alle weiteren Betrachtungen beschränken sich auf solche Schmalbandsysteme [32, 115, 116].

Durch logarithmische Darstellung der spektralen Leistungsdichten über der Frequenz ist die streng genommen unendliche Bandbreite der CPFSK-Systeme besser erkennbar. Ein Beispiel hierfür ist die spektrale Leistungsdichte eines 2CPFSK-Signals mit $\eta = 0,5$ (MSK) in Abbildung 11.8. Die spektrale Leistungsdichte der MSK wird durch

$$L_{MSK}(f) = \frac{16T_s}{\pi^2} \left(\frac{\cos(2\pi f T_s)}{1 - 16(fT_s)^2} \right)^2 \qquad (11.25)$$

beschrieben [27]. Zum Vergleich ist die spektrale Leistungsdichte der 4PSK, die auch den Verlauf der Offset-4PSK wiedergibt, miteingezeichnet. Das MSK-Signal hat günstigere spektrale Eigenschaften, da die außerhalb der ersten Nullstelle im Spektrum liegenden spektralen Amplituden kleiner sind als bei der 4PSK.

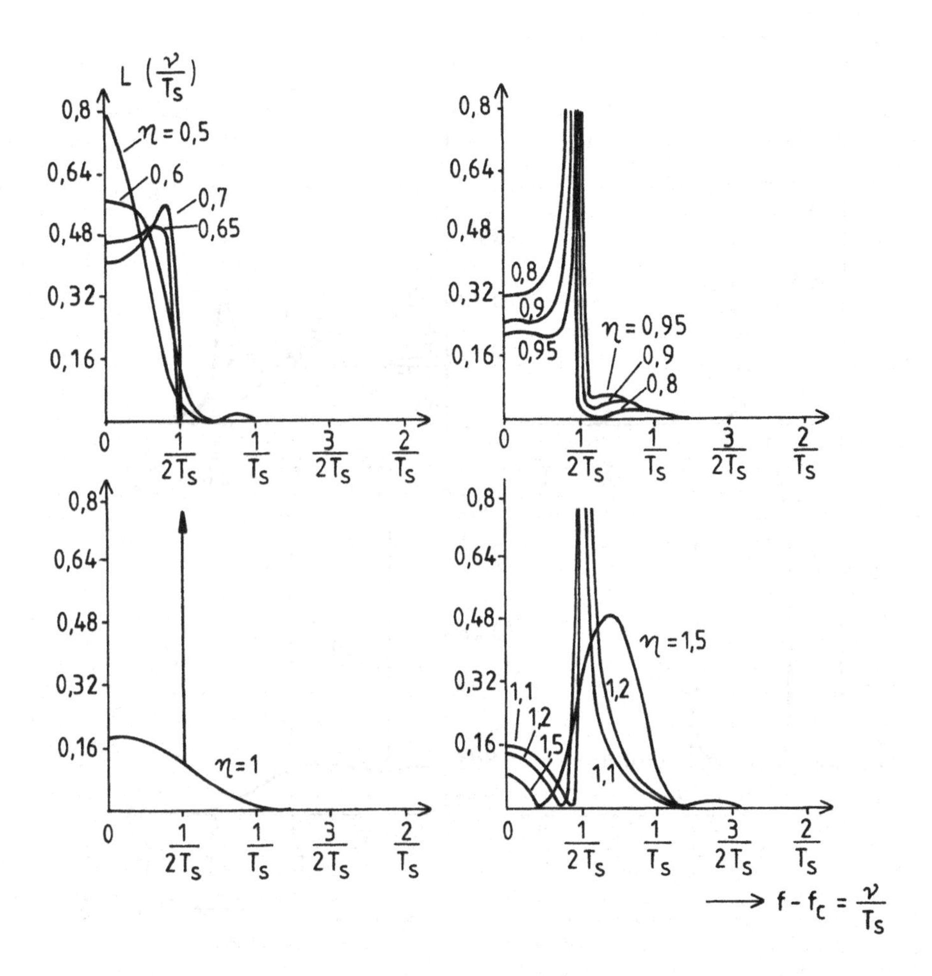

Abbildung 11.6: Leistungsspektren der 2CPFSK in linearer Darstellung (Modulationsindex η Parameter)

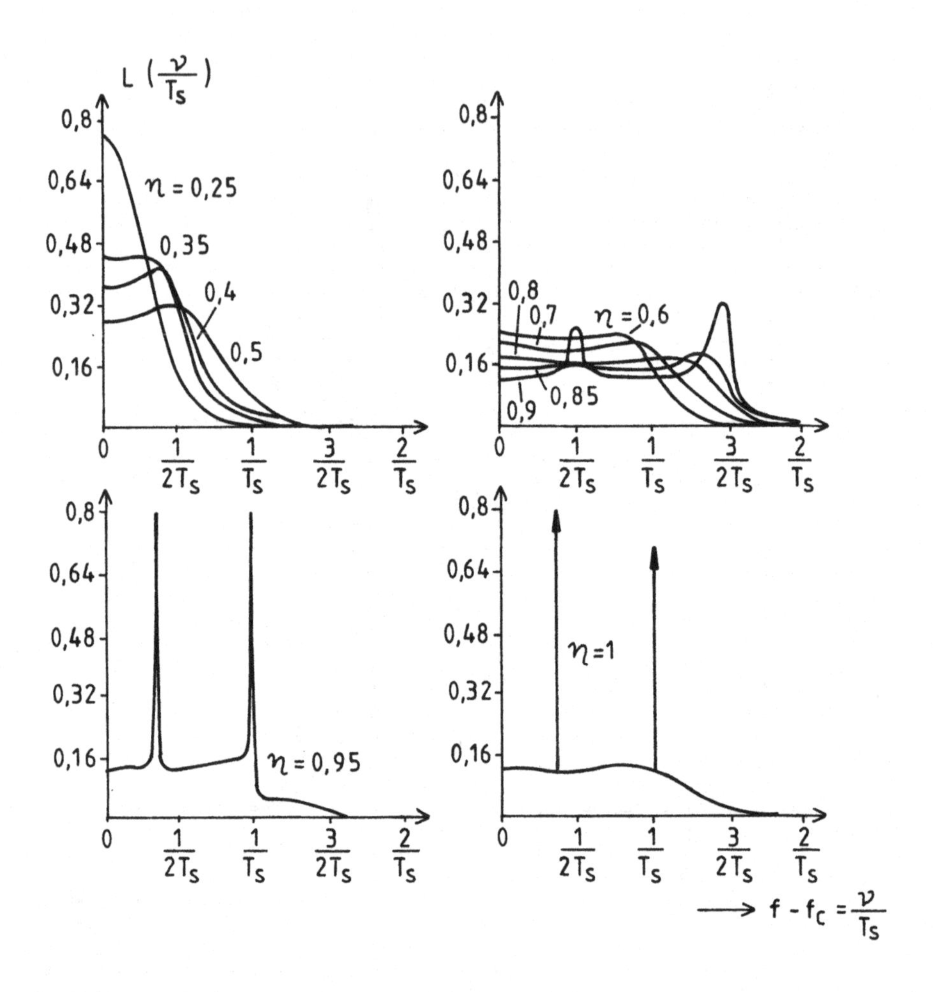

Abbildung 11.7: Leistungsspektrum der 4CPFSK in linearer Darstellung (Modulationsindex η Parameter)

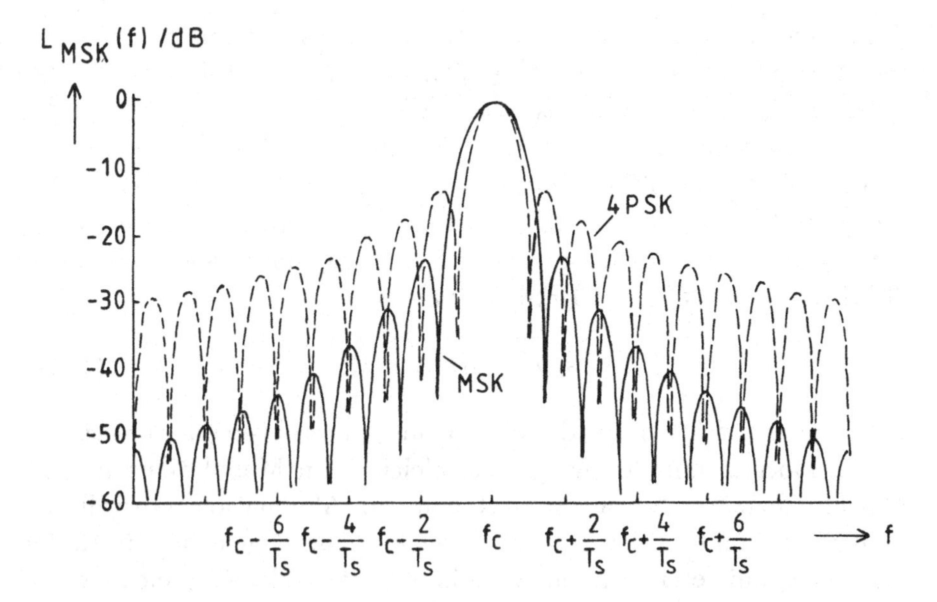

Abbildung 11.8: Leistungsspektrum von MSK und 4PSK bei rechteckförmigen Elementarimpulsen

Offen ist noch bei welcher oberen Frequenzgrenze die Bandbegrenzung (Bandpässe) bei CPFSK-Signalen erfolgen kann, ohne daß zu hohe Symbolinterferenzen nach der Demodulation auftreten. Typische Bandbreiten liegen in der Praxis bei

$$B = (1,3 \ldots 1,6)\frac{1}{T_s}. \tag{11.26}$$

Eine Größenordnung die auch bei PSK-und APK-Systemen üblich ist.

11.1.3 Symbolfehler-Wahrscheinlichkeit der mCPFSK-Systeme (Modulationsindex $\eta \leq \frac{1}{m}$) bei der Demodulation mit dem Frequenzdiskriminator

Infolge des nichtlinearen Demodulationsprozesses im Frequenzdiskriminator wird das dem Empfangssignal additiv überlagerte gaußsche

Geräusch verändert. Im folgenden werden asymptotische Näherungen angegeben, die für große Signal-Geräusch-Verhältnisse ($\frac{C}{N} \geq 8dB$) gültig sind und die auf heuristischem Wege gefunden wurden [117]. Sie sind bei großem Signal-Geräusch- Verhältnis C/N auch als Näherungen für die Demodulation mit dem Differenzdetektor, dem Nulldurchgangsdetektor und dem PLL-Detektor zu verwenden. Am Demodulatoreingang nach Abbildung 11.4 erscheine das durch additives weißes Rauschen beeinflußte mCPFSK-Signal

$$s_r(t) = s(t) + n(t). \tag{11.27}$$

Die Elementarimpulsform des Basisbandsignals sei vereinbarungsgemäß rechteckförmig mit der Amplitude gleich 1 im Modulationsintervall. Die Frequenz des Signals $s(t)$ ist dann im Modulationsintervall eine konstante Funktion der Zeit mit Frequenzänderungen die nur zu den Zeiten kT_s auftreten, während die Phase linear verläuft. Gleichung 11.7 beschreibt das mCPFSK-Signal im Modulationsintervall. $n(t)$ charakterisiert das Schmalband-Geräusch nach Gleichung 12.4, das symmetrisch um die Momentantfrequenz $\omega_c + \Delta\omega\hat{y}_{\mu k}$ angeordnet ist.

$$\begin{aligned} n(t) &= n_c(t)\cos[\omega_c t + \Delta\omega \sum_k \hat{y}_{\mu k} \cdot q(t - kT_s)] - n_s(t)\sin[\omega_c t + \\ &\quad +\Delta\omega \sum_k \hat{y}_{\mu k} \cdot q(t - kT_s)] \end{aligned} \tag{11.28}$$

Infolge des in der vorgenannten Gleichung formulierten Geräuscheinflusses, lautet nun das Empfangssignal $s_r(t)$ nach der Umstellung aus der Quadraturform mit Gleichung 11.6 bei $\Theta = 0$

$$s_r(t) = r(t)sin\left(\omega_c t + \Delta\omega \sum_k \hat{y}_{\mu k} \cdot (t - kT_s) + \psi_m(t)\right) \tag{11.29}$$

mit

$$r(t) = \sqrt{(\hat{s} - n_s(t))^2 + n_c^2(t)} \tag{11.30}$$

und

$$\psi_m(t) = \arctan\frac{n_c(t)}{\hat{s} - n_s(t)}. \tag{11.31}$$

Wegen der im Frequenzdiskriminator, Abbildung 11.4, durchgeführten Differentiation moduliert die Momentanfrequenz

$$\omega_{Mom} = \omega_c + \frac{d\psi_m(t)}{dt}$$

die Amplitude des mCPFSK-Signals. Nach der Hüllkurvendetektion erscheint dieses Signal am Hüllkurvendetektorausgang. Der darauffolgende Tiefpaß unterdrückt die Trägerfrequenz. Der Tiefpaß wird durch ein mit $f_s = 1/T_s$ getaktetes RC-Glied (Integration und Entladung) genähert (integrate and dump), so daß im Modulationsintervall das Symbol

$$\bar{y}_{\mu k} = \int_{kT_s}^{(k+1)T_s} \frac{d\psi_m(t)}{dt} dt \tag{11.32}$$

demoduliert wird. Der Integrationsweg im vorgenannten Integral hängt jedoch nicht nur von seinen Endpunkten kT_s und $(k+1)T_s$ ab, sondern auch vom Verlauf des Integrationswegs der durch

$$\phi_r(t) = \arctan \frac{n_s(t)}{n_c(t)} \tag{11.33}$$

dem zufälligen Verlauf der Geräuschphase im Modulationsintervall bestimmt ist. Gleichung 11.32 ist deshalb mit einem Linienintegral zu beschreiben.

$$\bar{y}_{\mu k} = \oint_{\phi_r(t)} \frac{d\psi_m(t)}{dt} d\phi_r \tag{11.34}$$

Da $\phi_r(t)$ eine Zufallsfunktion ist, ist $\bar{y}_{\mu k}$ eine Zufallsvariable deren Wahrscheinlichkeitsdichte von den statistischen Eigenschaften von $\phi_r(t)$ abhängt. Die Wahrscheinlichkeitsdichte der Zufallsvariablen $\bar{y}_{\mu k}$ die zur Berechnung der Symbolfehler-Wahrscheinlichkeit benötigt wird, hängt jedoch nicht nur von den elementaren statistischen Eigenschaften von $\phi_r(t)$, sondern auch von der Verteilung der Singularitäten von $\phi_r(t)$ ab, die durch die Nulldurchgänge von $n_c(t)$ bestimmt werden. Die Statistik der Verteilung der Singularitäten der meisten Zufallsprozesse ist unbekannt. Eine exakte Bestimmung von $\bar{y}_{\mu k}$ kann deshalb nicht erfolgen. Bekannt ist jedoch die Wahrscheinlichkeitdichte der Geräuschphase am Ende und Anfang eines Modulationsintervalls die aus der Wahrscheinlichkeitsdichte der Geräuschphase nach [14] folgt. Man findet [117] mit

$\phi_r = \arctan \frac{n_s(t)}{n_c(t)}; -\frac{\pi}{2} < \phi_r < \frac{\pi}{2}$

$$p(\phi_r) = \frac{e^{-\frac{\hat{s}^2}{2N}}}{\pi} + \frac{\hat{s}}{\sqrt{2\pi N}} \cos\phi_r \, e^{-\frac{\hat{s}^2 \sin^2 \phi_r}{2N}} \, erf\left(\frac{\hat{s}\cos\phi_r}{\sqrt{2N}}\right) \quad (11.35)$$

Damit kann die Fehlerwahrscheinlichkeit bei der Demodulation der Zufallsvariablen $\bar{y}_{\mu k}$ als die Wahrscheinlichkeit bestimmt werden, daß ein Geräuschwinkel ϕ_r die Momentanphasendifferenz

$$\Delta\varphi = \varphi(0) - \varphi(T_s) = \varphi_1 - \varphi_2 = \hat{y}_{\mu k} \Delta\omega T_s \leq \frac{\pi}{2} \quad (11.36)$$

überschreitet. Die Wahrscheinlichkeit, daß ein beliebiger Geräuschphasenwinkel ϕ einen Winkel $\Delta\varphi$ überschreitet ist durch

$$P_s = P(\Delta\varphi) = 1 - \int_{-\frac{\pi}{2}}^{\frac{\pi}{2}-\Delta\varphi} d\varphi_2 \int_{\Delta\varphi+\frac{\pi}{2}}^{\frac{\pi}{2}} d\varphi_1 p(\varphi_1) p(\varphi_2) \quad (11.37)$$

gegeben [117]. Diese Gleichung ist nur numerisch lösbar. Für große Signal-Geräusch-Verhältnisse kann eine asymptotische Näherung angegeben werden, bei der im hier interessierenden Zusammmenhang 2 Fälle zu unterscheiden sind. Bei gleichen Frequenzabständen zwischen den einzelnen Frequenzzuständen findet man dann näherungsweise für die Symbolfehler-Wahrscheinlichkeit

$$P_{smCPFSK} \approx \frac{m-1}{m} \frac{\cot\frac{\pi}{2m}}{\sqrt{\cos\frac{\pi}{m}}} e^{-2\frac{C}{N}\sin^2\frac{\pi}{2m}} \quad 0 < \frac{\pi}{m} < \frac{\pi}{2} \quad (11.38)$$

$$P_{smCPFSK} \approx \frac{1}{4} e^{-\frac{C}{N}} \quad \frac{\pi}{m} = \frac{\pi}{2}. \quad (11.39)$$

mit $C = \frac{\hat{s}^2}{2}$. Die graphische Darstellung der beiden vorstehenden Gleichungen für $m = 2, m = 4$ und $m = 8$ führt auf die in Abbildung 11.9 dargestellten Kurvenzüge. Die zu erwartenden Meßkurven der Bitfehlerquote von entsprechenden realisierten Systemen liegen um ca. $1 - 2$ dB über den theoretischen Kurvenzügen infolge der Implementierungsverluste [32, 117, 118].

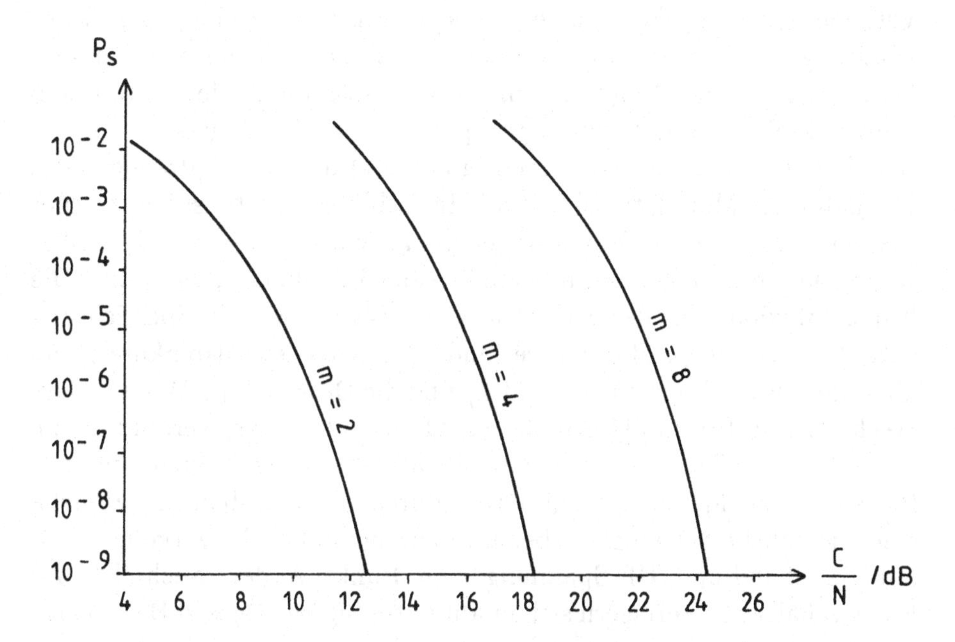

Abbildung 11.9: Symbolfehler-Wahrscheinlichkeit einiger mCPFSK-Systeme

11.2 mCPFSK-Modulatoren

Zur Erzeugung von mCPFSK-Signalen können die Verfahren der analogen Frequenzmodulation verwendet werden. Wie im analogen Fall, wird die Frequenzumtastung mit kontinuierlicher Phase durch die Veränderung eines frequenzbestimmenden Elements einer Oszillatorschaltung im Sinne des Informationssignals (Basisbandsignal) erzielt. Man verändert zur Modulation mit einer Kapazitätsdiode, die mit dem Schwingkreis eines Oszillators gekoppelt ist, in Abhängigkeit des stochastischen m-stufigen Basisbandsignals $y(t)$ die Schwingfrequenz des Oszillators im Modulationsintervall. In Abbildung 11.10 ist eine solcher spannungsgesteuerter Oszillator (englisch: Voltage Controlled Oscillator, VCO) sowie die Kennlinie einer Kapazitätsdiode dargestellt. Die Kapazitätsdiode mit der variablen Kapazität C_D wird in Sperrichtung betrieben, die Kapazität C_1 verhindert einen Gleichstromkurzschluß über die Schwingkreisinduktivität L_p und die Drossel L_{Dr}. Wie aus dem Wechselstrom-Ersatzbild Abbildung 11.10c erkennbar, verhindert die Drossel L_{Dr}, daß die hochfrequente Signalspannung (HF-Spannung) zur Basisbandsignalquelle gelangt bzw. durch die Basisbandsignalquelle eine zusätzliche Schwingkreisbedämpfung entsteht. Sie entkoppelt somit Basisband-und HF-Spannung. In Punkt A der Wechselstrom-Ersatzschaltung überlagern sich moduliertes Signal $s(t)$ und Basisbandsignal $y(t)$ additiv. Damit $s(t)$ an den Modulatorausgang gelangt, ist eine Hochpaßfilterung erforderlich die im Ersatzbild nicht gezeichnet ist. Mit der Gleichspannung $U_=$ wird der Arbeitspunkt auf der Kennlinie der Kapazitätsdiode und damit eine Grundkapazität C_{D0} eingestellt. Überlagert man dieser Gleichspannung die Basisbandsignalspannung $y(t)$ so wird die Kapazität C_D zeitabhängig verändert,

$$C_D(t) = C_{D0} + C_{Dy}(t) \tag{11.40}$$

wobei $C_{Dy}(t)$ der Basisbandsignalspannung $y(t)$ proportional ist. Für die Oszillatorfrequenz gilt deshalb

$$f_c(t) = \frac{1}{2\pi\sqrt{L_p(C_p + \acute{C})}} \tag{11.41}$$

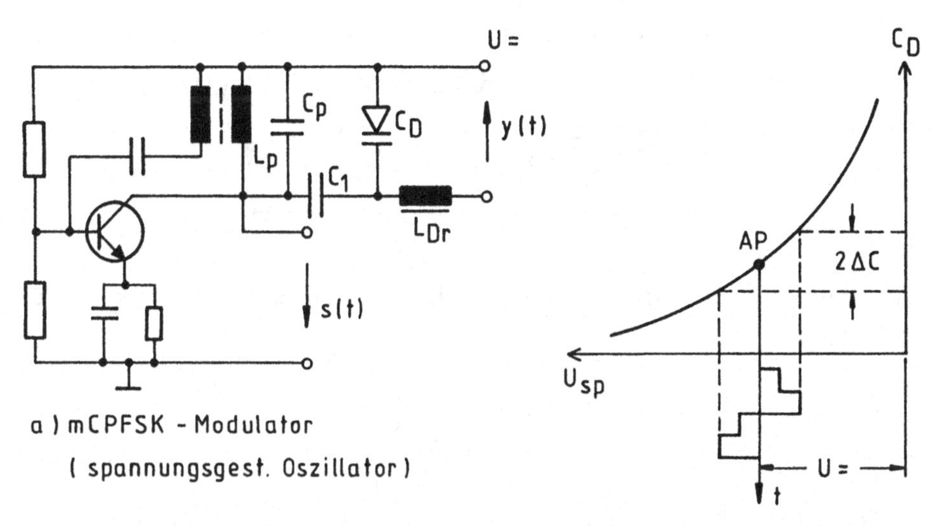

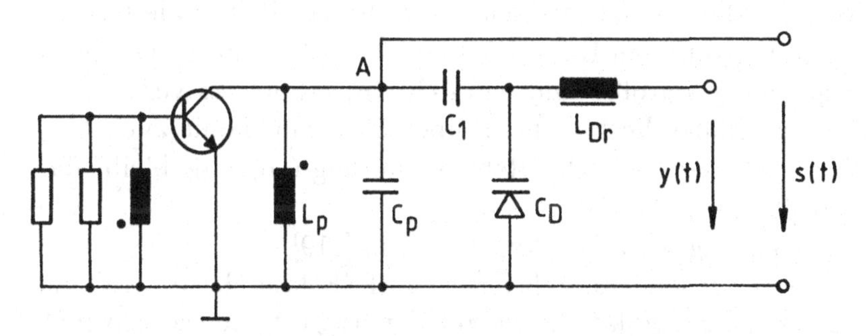

Abbildung 11.10: Spannungsgesteuerter Oszillator als CPFSK-Modulator, Kennlinie einer Kapazitätsdiode

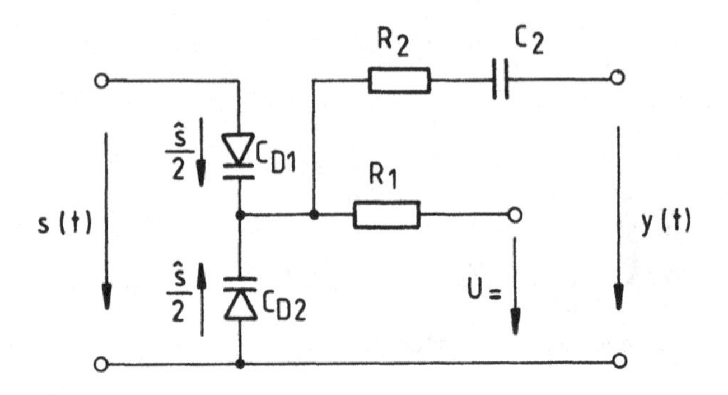

Abbildung 11.11: Kapazitätsdiodenschaltung zur Reduzierung von Verzerrungen

mit

$$\acute{C} = \frac{C_1 C_D(t)}{C_1 + C_D(t)}. \tag{11.42}$$

Im Oszillator findet somit eine Frequenzmodulation statt. Die Schaltung ist nur bei kleiner Aussteuerung linear, wegen der gekrümmten Kennlinie der Kapazitätsdiode und der Wirkung der Trägerspannungsamplitude $\hat{s}_c$ auf die Kapazitätsdiode. Abhilfe schafft hier die Gegeneinanderschaltung von zwei Kapazitätsdioden, Abbildung 11.11. Wird die Trägerspannung $\hat{s}$ größer und dadurch C_{D1} erhöht, so vermindert sich in gleichem Maße die Spannung über C_{D2} und damit auch C_{D2} selbst. Die Gesamtkapazität der Reihenschaltung C_{D1}, C_{D2} bleibt daher konstant [31].

Weitere Schaltungsvarianten findet man in [119].

Bei einem weitgehend digitalisierten CPFSK-Modulator wird die Frequenz eines Quarzoszillators der auf der Trägerfrequenz schwingt in informationsabhängiger Folge durch ein m-stufiges Basisbandsignal in einem Frequenzteiler verändert, dessen Teilerverhältnis umschaltbar ist, Abbildung 11.12. Bei der Frequenzumschaltung entstehen Phasenfehler, deren Größe von der Frequenzänderung beim Übergang von einem Modulationsintervall zum anderen und vom Teilerverhältnis Z_2/Z_1 abhängt. Der maximale Phasenfehler wird

$$\Delta\phi_f = \frac{Z_2 - Z_1}{Z_2}. \tag{11.43}$$

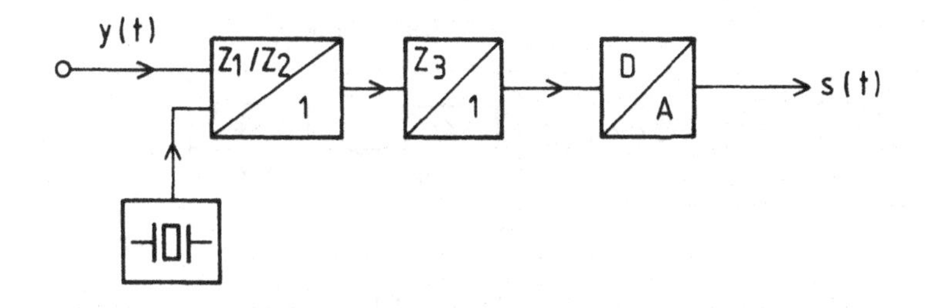

Abbildung 11.12: Digitaler mCPFSK-Modulator

In einem nachgeschalteten Frequenzteiler mit einem festen Teilerverhältnis Z_3 kann der Phasenfehler auf ein vernachlässigbares Maß reduziert werden. Das digitale mCPFSK-Signal aus einer Folge von Rechteckimpulsen, wird dann in einem Digital-Analog-Umsetzer in ein mCPFSK-Sinusträgersignal umgesetzt.

Weitgehend digitalisierte Modulatoren für GMSK-Systeme (Gaußsches Minimum Shift Keying ... GMSK) sind in [114, 120] dargestellt. In Abschnitt 11.4.1.1 wird ein solcher Modulator für GMSK-Systeme genauer betrachtet.

11.3 mCPFSK-Demodulatoren

mCPFSK-Demodulatoren werden meist mit Diskriminatorschaltungen realisiert, wie sie bei der analogen Frequenzdemodulation verwendet werden. Dabei gibt es sehr viele Schaltungsvarianten [121]. Die vier wichtigsten Alternativen, nämlich *Flankendiskriminator*, *Differenzdemodulator*, *Nulldurchgangsdiskriminator* und *PLL-Diskriminator* werden nachfolgend genauer betrachtet.

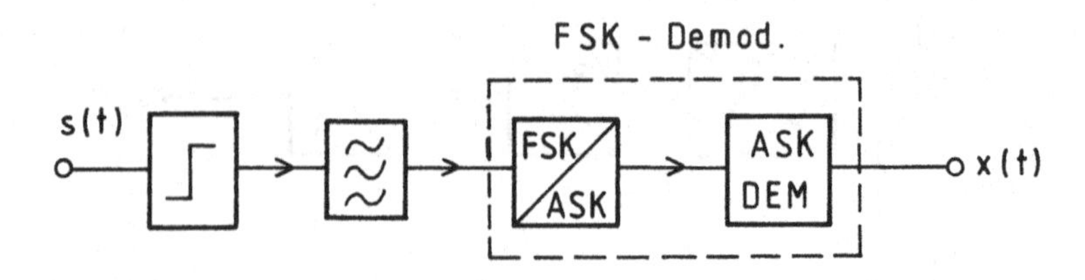

Abbildung 11.13: Prinzip des Flankendiskriminators

11.3.1 Flankendiskriminator

Der Flankendiskriminator setzt nach der Begrenzung und Tiefpaß-Filterung ein mCPFSK-Signal in ein mASK-Signal um, an dem dann der Entscheidungsvorgang vollzogen wird, Abbildung 11.13. Meist wird der Flankendiskriminator als Gegentaktschaltung realisiert, wie sie in Abbildung 11.14 dargestellt ist. Durch Konstantstrom-Ansteuerung ($i_{mCPFSK} = konst$) eines verstimmten Schwingkreises erreicht man beim Flankendiskriminator die Umwandlung eines mCPFSK-Signals in ein mASK-Signal. Man legt den Arbeitspunkt bei der Trägerfrequenz f_c in den linearen Teil der Spannungs-Resonanzkurve eines Paralleschwingkreises. Eine Frequenzändergung um f_c von $2\Delta f$, hat eine der Frequenzänderung proportionale Spannungsänderung ΔU bei nicht zu hohem Frequenzhub Δf zur Folge, Abbildung 11.15. Der Aussteuerungsbereich wird bei den zwei verstimmten Schwingkreisen der Gegentaktschaltung erhöht, wie die Diskriminatorkennlinie in Abbildung 11.16 zeigt. In der Gegentakschaltung sind die beiden Transistoren T_{r1} und T_{r2} als Konstantstromquellen zur Ansteuerung der beiden Schwingkreise geschaltet. Aufgrund der Gegeneinanderschaltung der beiden Dioden, erhält man das mASK-Basisbandsignal aus der Differenz

$$u_e(t) = u_1(t) - u_2(t) \tag{11.44}$$

Schaltungstechnische Abwandlungen des Flankendiskriminators führen auf den *Phasendiskriminator* und weitere Varianten [99, 119, 121].

11.3.2 Nulldurchgangsdiskriminator

Beim mCPFSK-Signal liegt die Nachricht in den Nulldurchgängen. Die Demodulation eines mCPFSK-Signals kann somit durch die Erzeugung

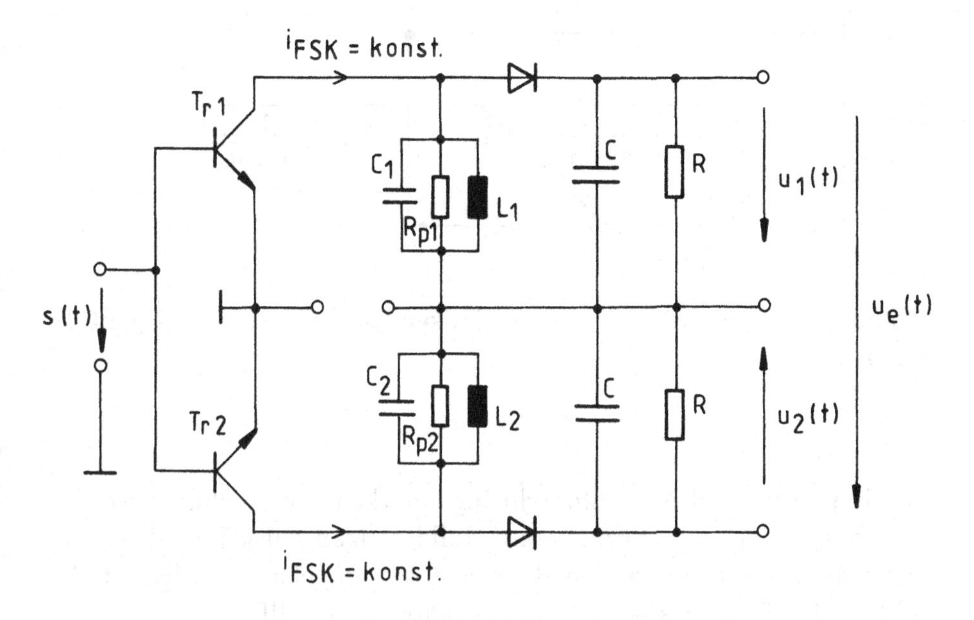

Abbildung 11.14: Flankendiskriminator in Gegentaktschaltung

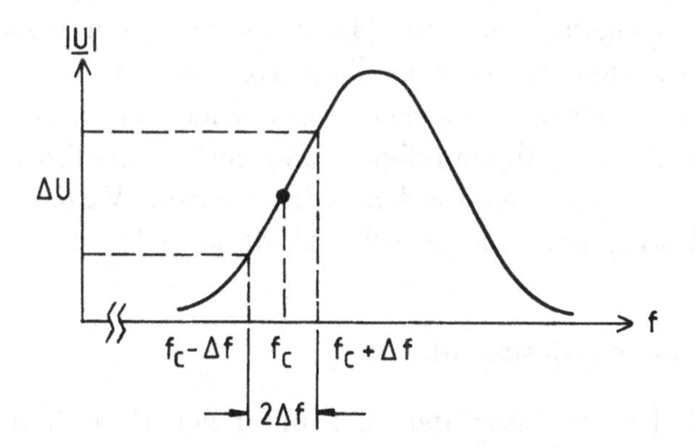

Abbildung 11.15: Ansteuerung eines verstimmten Schwingkreises

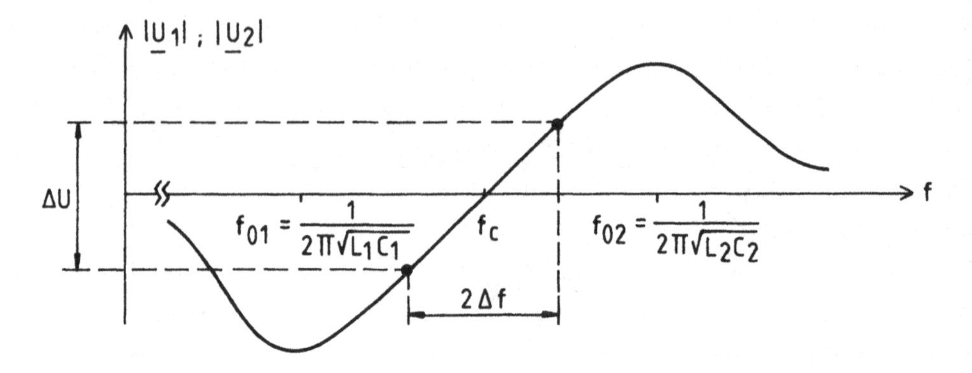

Abbildung 11.16: Kennlinie eines Flankendiskriminators in Gegentaktschaltung

von Impulsen die diese Nulldurchgänge markieren demoduliert werden. Die Demodulationsschaltung eines Nulldurchgangsdiskriminators kann fast vollständig aus digitalen Bauelementen aufgebaut werden. In Abbildung 11.17 ist diese Schaltungsvariante dargestellt.

Das am Demodulatoreingang ankommende mCPFSK-Signal (1) wird zunächst im Komparator (Schmitt-Trigger) in ein Rechtecksignal umgesetzt (2). In zwei Invertern erfolgt die Verzögerung um zwei Gatterlaufzeiten (3). Eine EX-OR-Verknüpfung der verzögerten und unverzögerten Folge liefert Nadelimpulse die die Nulldurchgänge der mCPFSK-Schwingung markieren (4). Sie triggern ein Mono-Flop mit dem Ausgangssignal (5) bei dem die Verzögerung $\tau_v = 0,25 f_c$ einzustellen ist, damit der darauffolgende Subtrahierer ein gleichanteilfreies Signal (6) abgibt. Aus diesem Signal kann mit einem Tiefpaßfilter das Basisbandsignal gewonnen werden. Eine weitere Variante des Nulldurchgangsdiskriminators ist in [121, 33] dargestellt.

11.3.3 Differenzdemodulator

Der Differenz-Demodulator, der auch unter den Bezeichnungen Quadraturdemodulator, Synchrondemodulator und Koinzidenzdemodulator bekannt ist, wird in der Praxis sehr häufig eingesetzt, da er als integrierte Schaltung (IC) vorliegt (z.B. TBA 120, oder LM

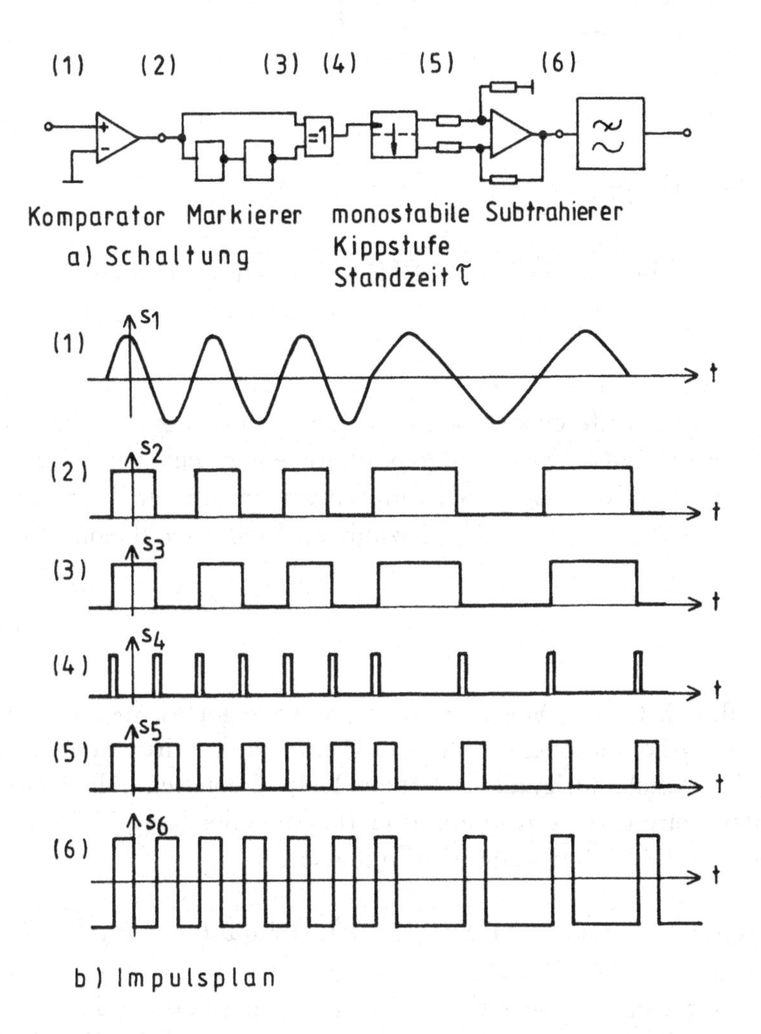

Abbildung 11.17: Nulldurchgangsdiskriminator [121]

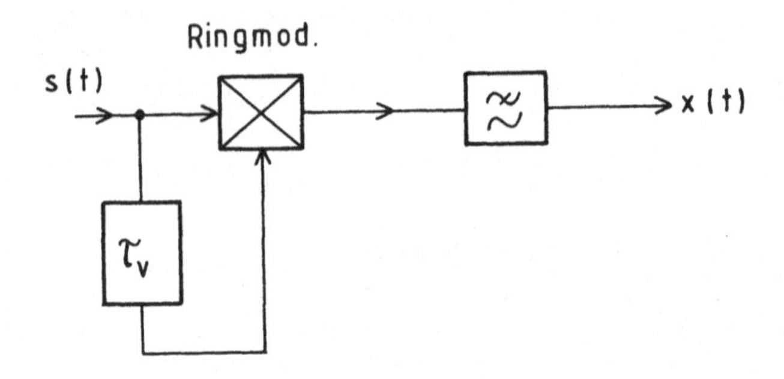

Abbildung 11.18: mCPFSK-Differenzdemodulator

3189). Beim Differenzdemodulator, der von seinem Aufbau her einem 2DPSK-Phasendifferenzdemodulator entspricht, vergleiche Abbildung 5.43, wird das mCPFSK-Empfangssignal um ein Viertel der Periodenlänge des Trägers, oder ganzahligen Vielfachen davon, verzögert.

$$\tau_v = \frac{2N+1}{4f_c} \tag{11.45}$$

($N = 0, 1, 2, 3, \ldots$). Verzögertes und unverzögertes Signal werden in einem Ringmodulator multipliziert. Das Produkt wird zur Rückgewinnung des Basisbandsignals mit einem Tiefpaß von den höherfrequenten Anteilen befreit, siehe Abbildung 11.18. Mit Gleichung 11.7 lautet das Produkt im Modulationsintervall mit $\hat{s} = 1$

$$s_{\mu k}(t)s_{\mu k}(t-\tau_v) = \sin(\omega_c t+\Delta\omega\hat{y}_{\mu k}(t-kT_s))\sin(\omega_c t+\Delta\omega\hat{y}_{\mu k}(t-kT_s-\tau_v)). \tag{11.46}$$

Die Verzögerung τ_v von $s(t)$ um eine Viertelperiode bei der Trägerfrequenz entpricht einer Phasenverschiebung um $-\pi/2$, die Sinusfunktion des Trägers in $s(t-\tau_v)$ wird zur negierten Cosinusfunktion. Wendet man nun die Additionstheoreme der Trigonometrie an, unterdrückt die hochfrequenten Anteile (Tiefpaß in Abbildung 11.18) und invertiert das Signal, so erhält man als demoduliertes Signal

$$y_{\mu k}^{(e)} = \frac{1}{2}\sin\Delta\omega\hat{y}_{\mu k}\tau_v. \tag{11.47}$$

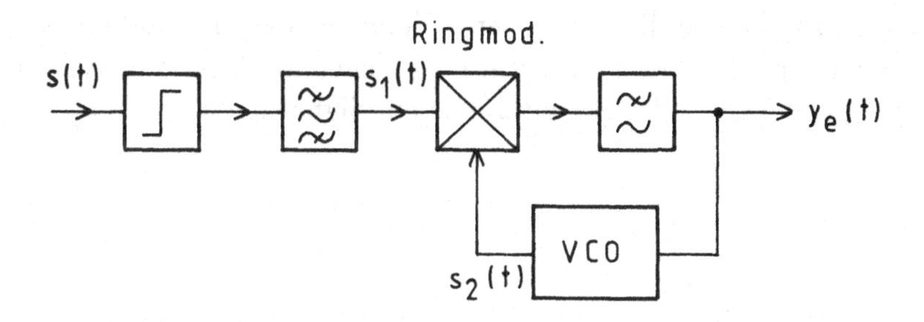

Abbildung 11.19: PLL-Demodulator

Für $0 \leq \Delta\omega\hat{y}_{\mu k}\tau_v \leq \frac{\pi}{6}$ ist die Sinusfunktion praktisch linear.

$$\sin \Delta\omega\hat{y}_{\mu k}\tau_v \approx \Delta\omega\hat{y}_{\mu k}\tau_v \tag{11.48}$$

Gleichung 11.47 beschreibt somit für nicht zu große Frequenzhübe das demodulierte Signal [122, 27].

Begrenzt man $s(t)$ zunächst und verschiebt in einem Phasenschiebernetzwerk die Phase bei der Trägerfrequenz f_c um $-\pi/2$, verknüpft verzögertes und unverzögertes Signal in einem UND-Gatter, so führt diese Operation auf ein pulsdauermoduliertes Signal, das durch einfache Tiefpaßfilterung demoduliert werden kann (Koinzidenz-Demodulator) [31].

11.3.4 PLL-Demodulator

Ein von den bereits erläuterten Methoden etwas abweichendes Prinzip ist die mCPFSK-Demodulation mit Hilfe einer Phasenregelschleife (Phase Locked Loop ... PLL). Die Frequenz des spannungsgesteuerten Oszillators einer Phasenregelschleife wird der mCPFSK-Schwingung nachgeführt. Die in der Regelschleife entstehende Nachstimmspannung ist das gesuchte Basisbandsignal $y_e(t)$ im störungsfreien Fall, Abbildung 11.19. Das nach Abbildung 11.19 begrenzte Bandpaßfilterausgangssignal lautet im Modulationsintervall $k = 0$ nach Gleichung 11.7 und $\Theta = 0$

$$s_1(t) = \hat{s}_1 \sin(\omega_c t + \Delta\omega\hat{y}_{\mu 0}t). \tag{11.49}$$

Im dynamischen Fall, wenn am Eingang des Demodulators ein mCPFSK-Signal anliegt, erscheint im gleichen Modulationsintervall am Ausgang des VCO's der Regelschleife ein Signal der Form

$$s_2(t) = \hat{s}_2 \cos(\omega_c t + \phi_{vco}(t)) \tag{11.50}$$

Die Frequenz des VCO ist dabei

$$f_{vco}(t) = f_c + k_0 y_e(t). \tag{11.51}$$

mit k_0 einer Konstanten. Die beiden Signale $s_1(t)$ und $s_2(t)$ werden in einem Ringmodulator, der zusammen mit dem Tiefpaß als linearer Phasendiskriminator wirkt, multipliziert. Das Tiefpaßausgangssignal kann bei Anwendung der Additionstheoreme der Trigonometrie und Unterdrückung der Komponenten der doppelten Trägerfrequenz durch

$$y_e(t) = \frac{\hat{s}_1 \hat{s}_2}{2} \sin(\Delta\omega \hat{y}_{\mu 0} t - \phi_{vco}(t)) \tag{11.52}$$

beschrieben werden. Es stellt das Nachstimmsignal des VCO's dar, das mit dem gewünschten demodulierten Signal übereinstimmt. Für kleinere Phasenänderungen $\Delta\omega \hat{y}_{\mu k} t - \phi_{vco}(t) \leq \pi/6$ gilt

$$y_e(t) \approx \frac{\hat{s}_1 \hat{s}_2}{2} (\Delta\omega \hat{y}_{\mu 0} t - \phi_{vco}(t)) = \phi_{m0}(t) - \phi_{vco}(t) \tag{11.53}$$

für $0,5 \hat{s}_1 \hat{s}_2 = 1$. Die Sinusfunktion ist wie weiter oben schon erläutert im vorgenannten Intervall linear. Ist $s_1(t)$ ein unmodulierter Träger, so verschwindet in der vorstehenden Gleichung der Minuend und die Phase des VCO-Signals wird nach einer Zeit t eine Konstante, $\phi_{mvco} = konst.$. Liegt am Eingang des PLL-Demodulators ein mCPFSK-Signal veränderlicher Frequenz, so hat wegen Gleichung 11.51 und Gleichung 11.53 die Frequenzänderung eine proportionale Phasenänderung zur Folge

$$f_{vco} - f_c = y_e k_0 \sim (\phi_{m0} - \phi_{vco}) \tag{11.54}$$

Da eine Frequenzänderung $f_{vco} - f_c$ nach der Zeit t eine Phasenänderung zur Folge hat - im Modulationsintervall ist die Kreisfrequenz die

Ableitung der Phase - lautet die VCO-Ausgangsspannung nach t Sekunden

$$s_2(t) = \hat{s}_2 \cos\left(\omega_c t + 2\pi \int_0^t (f_{vco}(t) - f_c)dt\right) \quad (11.55)$$

$$s_2(t) = \hat{s}_2 \cos(\omega_c t + \acute{\phi}_{vco}(t)) \quad (11.56)$$

Die Frequenzänderung hat im VCO-Ausgangssignal eine proportionale Phasenänderung $\acute{\phi}_{vco}$ zur Folge. Zwischen der Nachstimmspannung $y_e(t)$ und der Frequenzänderung $f_{vco} - f_c$ besteht ein linearer Zusammenhang. Das gleiche gilt für die zugehörige Phasenänderung $\acute{\phi}_{vco}$. Die Nachstimmspannung $y_e(t)$ muß somit mit dem gesuchten Basisbandsignal übereinstimmen [123].

Der PLL-Demodulator hat schwellwertverbesserende Eigenschaften. Er kann deshalb bei Signal-Geräusch-Verhältnissen eingesetzt werden bei denen andere CPFSK-Demodulatoren bereits ausfallen.

11.4 Phasenmodulation mit konstanter Amplitude und stetiger Phase (Continuous Phase Modulation ... CPM)

Im vorherigen Abschnitt wurden CPFSK-Systeme betrachtet die eine konstante Hüllkurve besitzen. Ihr Phasenverlauf weist zwar keine Sprünge auf, jedoch erkennt man an den Intervallgrenzen abknickende Phasenübergänge, siehe Abbildung 11.2 und Abbildung 11.3, da im Modulationsintervall der Phasenverlauf linear ist. Die genannten Phasenübergänge führen zu ungünstigen spektralen Eigenschaften. Zur Verbesserung der spektralen Gestalt verwendet man in CPM-Systemen ,CPFSK-Systeme können als Spezialfall der CPM-Systeme aufgefaßt werden, Elementarimpulsformen für die Basisbandsignale die sich beim *Partial-Response-Signalling* über mehrere Modulationsintervalle erstrecken. Ist die Impulsdauer der Basisbandimpulse auf ein Modulationsintervall beschränkt und haben sie einen stetigen Verlauf, so spricht man von *Full-Response-Signalling.* CPM-Signale können einen konstanten oder auch einen zeitvariablen Modulationsindex aufweisen. Von praktischer Bedeutung sind die CPM-Systeme Gaußsches-Minimum-Shift-Keying (GMSK) und Tamed-Frequency-Modulation (TFM). Die erstgenannte Methode wird im Mobilfunk eingesetzt.

11.4.1 CPM-Systeme

CPM-Signale können wie CPFSK-Signale mit Gleichung 11.2 beschrieben werden, da der Unterschied zu CPM-Systemen nur in der Basisband-Elementarimpulsform liegt. Die Basisbandimpulsfolge $y(t)$ der hier betrachteten CPM-Systeme enthält somit nur Impulse mit stetigem Verlauf, oder, falls Rechtecksimpulse verwendet werden, erstrecken sie sich über mehrere Modulationsintervalle $kT_s \leq t \leq (k+1)T_s$

$$y(t) = \sum_k \hat{y}_{\mu k} g(t - kT_s) \qquad (\mu = 1, 2, \ldots, m) \tag{11.57}$$

Setzt man die vorgenannte Gleichung in Gleichung 11.2 ein und führt die Integration durch so folgt für die Momentanphase φ_m mit Gleichung 11.11

$$\varphi_m(t) = \Delta\omega \int_0^t y(\tau) d\tau \tag{11.58}$$

$$\varphi_m(t) = \pi\eta \sum_k \hat{y}_{\mu k} \frac{1}{T_s} \int_0^t g(\tau - kT_s) d\tau \tag{11.59}$$

$$\varphi_m(t) = \pi\eta \sum_k \hat{y}_{\mu k} p(t - kT_s).$$

Mit dem Integrationsergebnis findet man für das CPM-Signal

$$s(t) = \hat{s} \sin\left(\omega_c t + \pi\eta \sum_k \hat{y}_{\mu k} p(t - kT_s)\right) \tag{11.60}$$

als Ergebnis. Einen Impuls der Form $g(t)$ nennt man *Frequenzimpuls* und die nach der Integration erscheinende Impulsform $p(t)$ heißt *Phasenimpuls.* Der μ-te Signalzustand im k-ten Modulationintervall eines

CPM-Signals lautet

$$s_{\mu k}(t) = \hat{s}\sin(\omega_c t + \pi\eta\hat{y}_{\mu k}p(t - kT_s) + \varphi_m(kT_s)) \qquad (11.61)$$

Frequenz-und Phasenimpuls können sich auf L, ($L = 1, 2, 3, \ldots$) Modulationsintervalle ausdehnen. Bei $L = 1$ liegt Full-Response-Übertragung vor und $L > 1$ bedeutet Partial-Response-Übertragung. Einige typische Basisbandimpulsformen sind in Abbildung 11.20 dargestellt. Als Frequenzimpulse verwendet man Rechteckimpulse, cos^2-Impulse und Gaußimpulse. Zur Abkürzung werden die Begriffe, $LREC$(Rectangular) für einen Rechteckimpuls der sich über L Modulationsintervalle ausdehnt und L RC (Raised Cosine) für einen Cosinusquadratimpuls der sich ebenfalls über L Modulationsintervalle erstreckt, verwendet. Abbildung 11.21 zeigt das Phasenübergangsdiagramm der MSK und den stetigen Phasenverlauf eines 4RC-CPM-Signals. Die stetigen Phasenübergänge haben eine stark frequenzbandbegrenzende Wirkung. Das Leistungsspektrum eines 4RC-CPM-Signals hat allmählich abfallende Flanken, während bei der MSK die typischen Nullstellen erscheinen, Abbildung 11.22. Bei der Partial-Response-Übertragung hat das modulierende Basisbandsignal am Eingang des CPM-Modulators, der ein CPFSK-Modulator ist, u.U. mehr als zwei Amplitudenstufen. Die erwähnte 4RC-CPM ist jedoch ein binäres Signal wie aus dem Phasenübergangsdiagramm hervorgeht. Zur Erzeugung von CPM-Signalen können die in Abschnitt 11.2 dargestellten Modulatoren eingesetzt werden. Für orthogonale CPM-Systeme eignet sich auch der für Offset-PSK-Systeme und MSK-Systeme benutzte Quadraturmodulator.

Die Demodulation kann mit den in Abschnitt 11.3 vorgestellten Verfahren durchgeführt werden. Für orthogonale Systeme eignet sich auch der Qudraturdemodulator.

CPM-Systeme können auch mit Hilfe des Viterbi-Algorithmus decodiert werden, wobei der Phasenverlauf im Phasenübergangsdiagramm als Codierung im weiteren Sinne aufgefaßt werden kann. Im Phasenübergangsdiagramm lassen sich beliebige Phasenfolgen definieren, für die die minimale euklidsche Distanz ermittelt werden kann. Die verschiedenen Phasensignale können als *Phasenbaum* oder Phasen-Trellisdiagramm dargestellt werden, wobei zur Decodierung ein be-

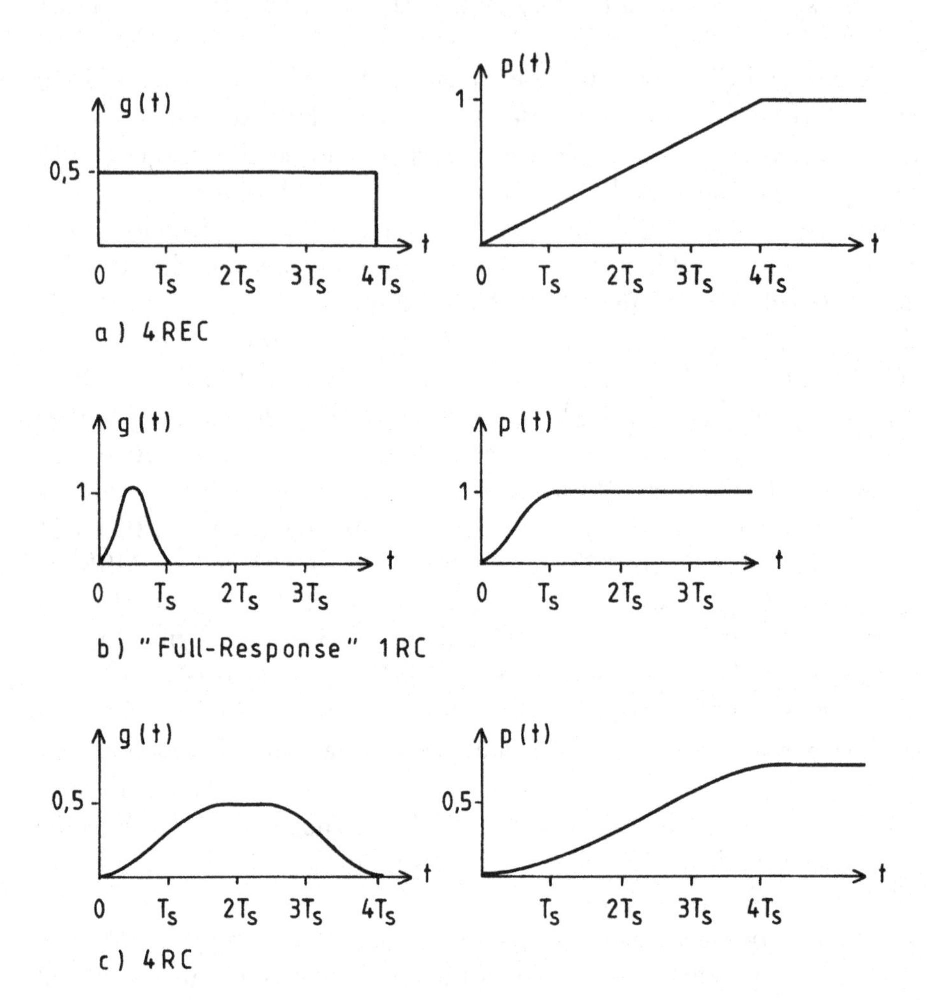

Abbildung 11.20: Impulsformen zur CPM-Übertragung

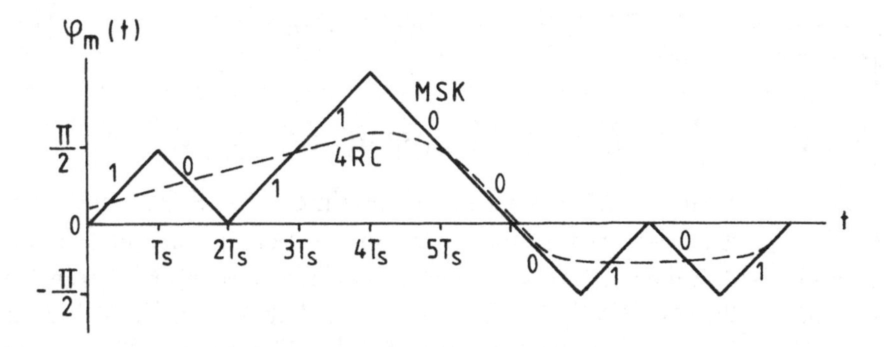

Abbildung 11.21: MSK und 4RC-Phasenverlauf ($\eta = 0,5$)

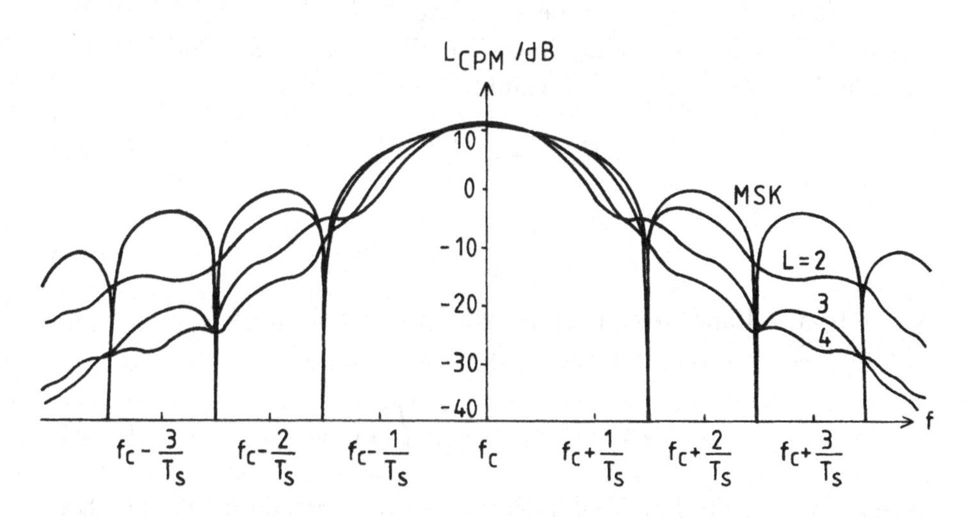

Abbildung 11.22: Leistungsspektren einiger CPM-Signale ($\eta = 0,5; L = 2,3,4$)

stimmter Pfad durch das Phasentrellisdiafgrammm zu suchen ist [124, 125].

11.4.1.1 Gaußsches Minimum-Shift-Keying (GMSK)

Die Elementarimpulsform zur Erzeugung eines MSK-Signals ist rechteckförmig. Eine derartige Impulsform führt auf einen linearen Phasenverlauf im Modulationsintervall. Beim Übergang von einer binären 1 in eine binäre 0 oder umgekehrt, kommt es zum "abknicken" des Phasenverlaufs, wie Abbildung 11.23 deutlich macht. Mit den Knickstellen im Phasenverlauf sind im Leistungsspektrum spektrale Komponenten verbunden die bandbreiterhöhend wirken. Zur Reduzierung dieser Komponenten wird das modulierende Basisbandsignal vor der Ansteuerung des frequenzbestimmenden Oszillators einer Impulsformung in einem Gaußtiefpaß unterworfen, an dessen Ausgang Frequenzimpulse erscheinen die sich über 6 Modulationsintervalle erstrecken. Die Übertragungsfunktion eines typischen Gaußtiefpasses lautet

$$H(f) = e^{-\pi\left(\frac{f}{2f_{3db}}\right)^2} \tag{11.62}$$

mit der Impulsantwort

$$h(t) = 2f_{3dB}e^{-\pi(2f_{3dB}t)^2}, \tag{11.63}$$

Als Zeitdauer-Bandbreite-Produkt wird oft (Mobilfunk) $f_{3dB} \cdot T_s = 0,3$ gewählt (f_{3dB}=$3dB$-Bandbreite). Im GMSK-Signal

$$s(t) = \hat{s} \sin\left(\omega_c t + \frac{\pi}{2T_b} \int_0^t h(\tau) d\tau\right) \tag{11.64}$$

ist der Phasenverlauf im Modulationsintervall wegen der gaußschen Elementarimpulsform nicht mehr linear. Die Phasenübergänge an den Intervallgrenzen sind nun stetig, wie Abbildung 11.23 zu entnehmen ist. Das Prinzip eines GMSK-Modulators unterscheidet sich von anderen mCPFSK-Modulatoren nur durch einen Gaußtiefpaß zur Impulsformung, der am Oszillatoreingang, siehe Abbildung 11.1, einzufügen ist. Eine Bandbegrenzung auf $f_{3dB} \cdot T_s = 0,3$ hat Symbolinterferenzen zur Folge die durch Entzerrung reduziert werden müssen. Der Gauß-Elementarimpuls wird bei dem vorgenannten Zeitdauer-Bandbreite-Produkt über 6 Bitintervalle gespreizt, Abbildung 11.24. Der Ein-

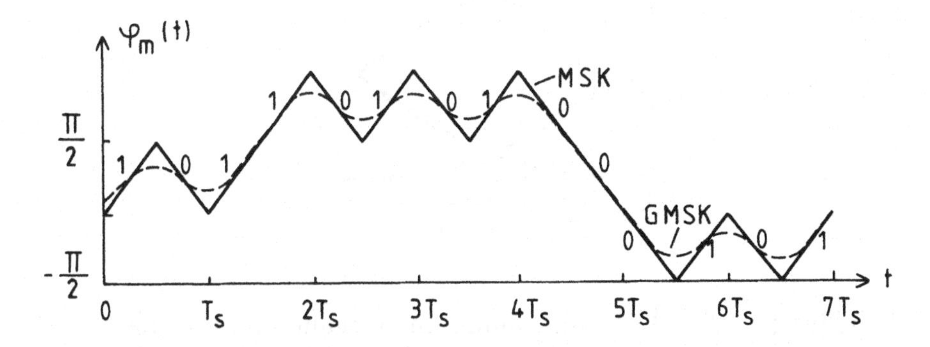

Abbildung 11.23: GMSK-,und MSK-Phasenübergangsdiagramm

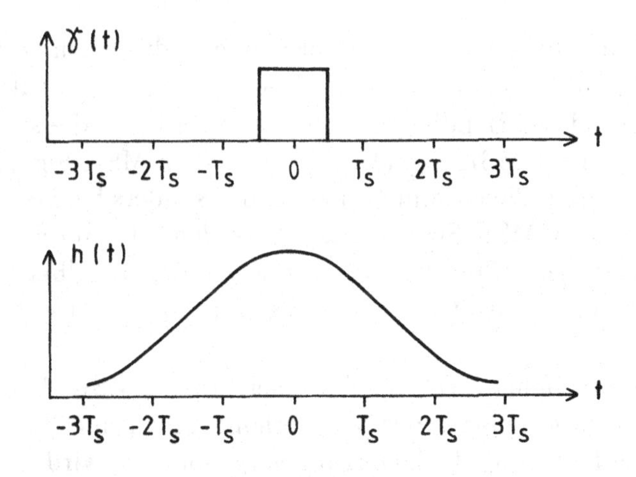

Abbildung 11.24: Gaußimpuls bei $f_{3d} \cdot T_s = 0,3$

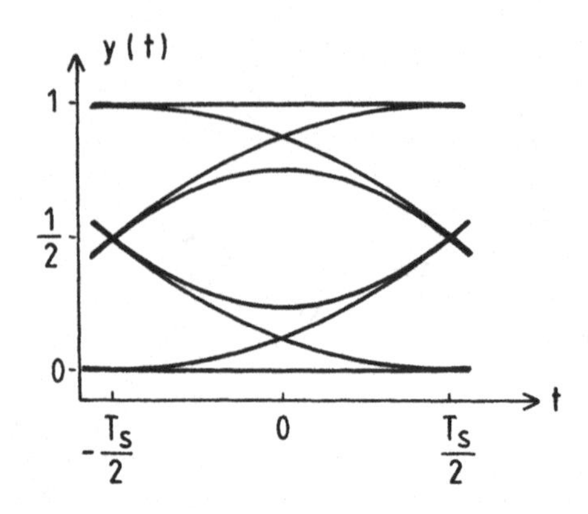

Abbildung 11.25: Augendiagramm am Ausgang eines Gaußtiefpasses bei $f_{3dB} \cdot T_s = 0,3$

fluß der Symbolinterferenz ist in Form einer reduzierten vertikalen Augenöfffnung im Augendiagramm nach Abbildung 11.25 deutlich erkennbar. Aufgrund der Bandbegrenzung verbessern sich die spektralen Eigenschaften des GMSK-Signals gegenüber dem MSK-Signal erheblich. Aus Abbildung 11.26 entnimmt man, daß besonders bei kleinem $f_{3dB} \cdot T_s$ schmalbandige GMSK-Signale erzeugt werden. Bandbreitegewinn und Symbolinterferenz (Störabstand) verhalten sich in Übereinstimmung mit dem shannonschen Gesetz über die Kanalkapazität gegenläufig [27, 126].

Die Symbolfehler-Wahrscheinlichkeit der GMSK bei additivem Geräusch wird gegenüber der MSK erhöht, falls keine Beseitigung der Symbolinterferenz durch Entzerrung vorgenommen wird.

Im Mobilfunk werden zur Modulation und Demodulation von GMSK-Signalen digitalisierte Versionen des Qudaraturmodulators eingesetzt, Abbildung 11.27. Im Modulator sind die Abtastwerte der Gauß-Impulsantwort die sich über 6 bit erstreckt, in einem EPROM abgespeichert. Die zur Übertragung notwendigen Abtastwerte der Impulsformen $\sin \frac{\pi t}{T_s}$ (Sinus-ROM) und $\cos \frac{\pi t}{T_s}$ (Cosinus-ROM) sind in je einem ROM abgelegt. Je 6 bit des binären Basisbandsignals $y(t)$ werden durch

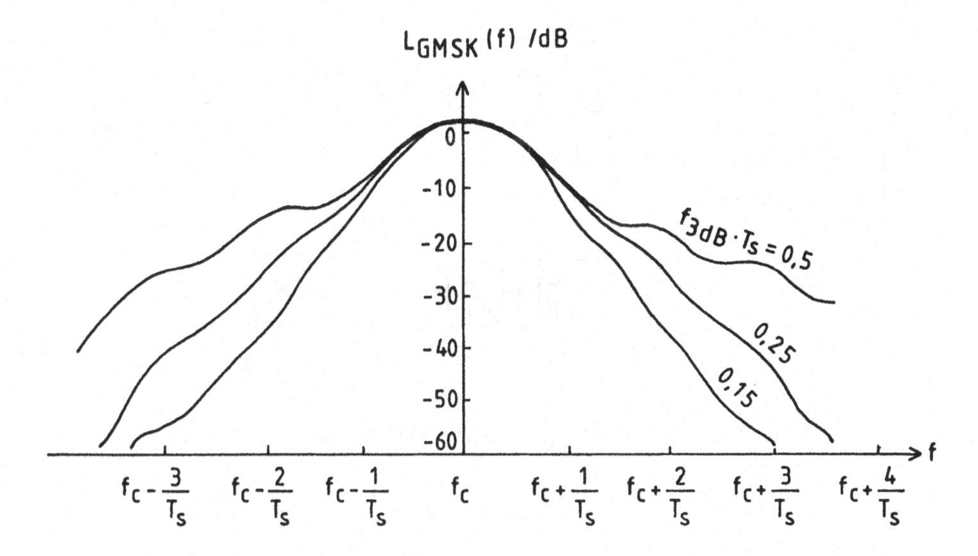

Abbildung 11.26: GMSK-Leistungsspektren bei variablem Zeitdauer-Bandbreite-Produkt $f_{3dB}T_s$, ($\eta = 0,5$)

die Gaußimpulsantwort bewertet. Über einen Phasenakkumulator der die Phasenkontinuität sicherstellt, erfolgt dann die Ansteuerung der Speicher Sinus-ROM und Cosinus-ROM. Die Ausgangssignale der beiden ROM-Spreicher modulieren nach einer Digital- Analog-Wandlung und Tiefpaßfilterung die beiden Quadraturträger $\sin \omega_c t$ und $\cos \omega_c t$, deren additive Überlagerung dann das GMSK-Signal $s(t)$ ergibt. Zur GMSK-Demodulation wird das von den Offset-4PSK-Systemen bekannte Quadratur-Demodulatorsystem verwendet [114, 120, 126].

11.4.1.2 Tamed Frequency Modulation (TFM)

Die *gezähmte Frequenzmodulation* kann als CPM-System mit variablem Modulationsindex aufgefaßt werden. Obwohl in der folgenden Darstellung rechteckförmige Frequenzimpulse angenommen werden, ist die TFM zu den CPM-Systemen zu zählen, da das "Abknicken"der Phase am Ende der Modulationsintervalle auch bei Rechteckimpulsform nur sehr geringfügig ist. In TFM-Systemen kommen auch andere Frequenz-

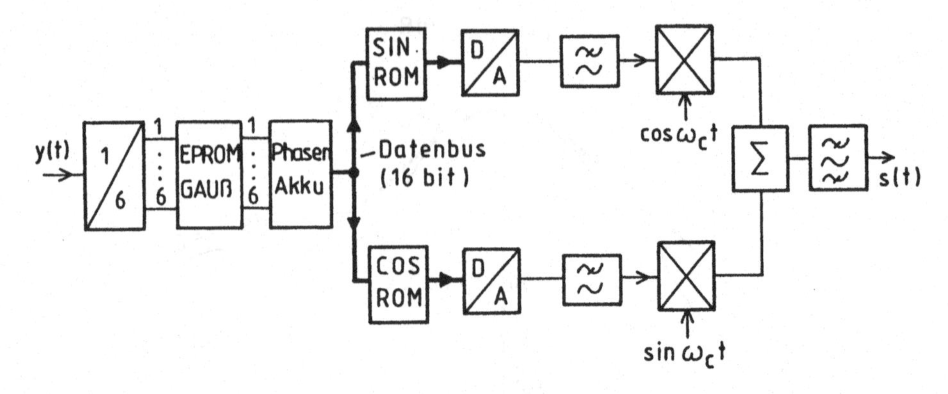

Abbildung 11.27: Digitalisierter Quadraturmodulator

impulsformen zur Anwendung. Man nennt diese Systeme dann GTFM-Systeme (Generalized Tamed Frequency Modulation). Die Formung des Spektralverlaufs in TFM-Systemen wird zunächst durch eine Umcodierung des Basisbandsignals erreicht. Durch einen zeitvariablen Modulationsindex wird die von der MSK her bekannte Phasenänderung im Modulationsintervall von $\Delta\varphi = \frac{\pi}{2}$ auf 3 Informationsintervalle aufgeteilt. Es beschreibe

$$y(t)_c = \sum_{k=-\infty}^{+\infty} \hat{y}_{\mu k}\gamma(t - kT_s) \qquad (\mu = 1,2) \tag{11.65}$$

das bereits nach der Codiervorschrift

$$y(t) \;=\; 1 \rightarrow y_c(t) = \pm 1 \text{ alternierend} \tag{11.66}$$

$$y(t) \;=\; 0 \rightarrow y_c(t) = \text{wie vorher} \tag{11.67}$$

umcodierte Basisbandsignal. Da $\gamma(t)$ ein Rechteckimpuls ist, kann das TFM-Signal durch Gleichung 11.6 mit $m = 2$ beschrieben werden.

Mit Gleichung 11.11 gilt

$$s(t) = \hat{s} \sin\left(\omega_c t + \frac{\eta(t)\pi}{T_s} \sum_k \hat{y}_{\mu k}(t - kT_s)\right) \tag{11.68}$$

Als variable Modulationsindizes wählt man $\eta_1 = 1/4$, $\eta_2 = 1/2$ und $\eta_3 = 1/4$. Wegen

$$\Delta\varphi = \hat{y}_{\mu k}\pi\eta(t)$$

erhält man eine Phasenänderung verteilt über 3 Modulationsintervalle $kT_s \leq t \leq (k+3)T_s$ der Form

$$\Delta\varphi = (\eta_1\hat{y}_{\mu k}^{(1)} + \eta_2\hat{y}_{\mu k}^{(2)} + \eta_3\hat{y}_{\mu k}^{(3)})\frac{\pi}{2} \tag{11.69}$$

Setzt man die weiter oben genannten Modulationsindizes in die vorstehende Gleichung ein, und berücksichtigt $\hat{y}_{\mu k}^{(i)} \in \{1, -1\}$ in zufälliger Folge, so ergeben sich, abhängig vom Bitmuster $\hat{y}_{\mu k}^{(1)}$, $\hat{y}_{\mu k}^{(2)}$, $\hat{y}_{\mu k}^{(3)}$, 8 Phasenänderungen. Nur bei den Bitmustern $1, 1, 1$ und $-1, -1, -1$ beträgt die Phasenänderung über 3 Modulationsintervalle $\Delta\varphi = \pi/2$ bzw. $\Delta\varphi = -\pi/2$. In allen anderen Fällen ist die Phasenänderung $\pm\pi/4$ oder 0. Damit werden die Phasensprünge im Phasenübergangsdiagramm erheblich reduziert wie Abbildung 11.28 zeigt. Mit Gleichung 11.68 folgt aus der Momentanphase

$$\varphi_{\mu k}(t) = \omega_c t + \frac{\eta\pi\hat{y}_{\mu k}}{T_s} t \tag{11.70}$$

durch Ableitung die Momentanfrequenz im Modulationsintervall, wenn man durch 2π dividiert

$$f_{Mom} = f_c + \frac{\eta\hat{y}_{\mu k}}{T_s} \tag{11.71}$$

Setzt man in diese Gleichung die verschiedenen Werte von η und $\hat{y}_{\mu k}$ ein, so ergeben sich insgesamt 5 Frequenzzustände, wenn man die Phasenänderung $\Delta\varphi = \hat{y}_{\mu k}\pi\eta = 0$ mitberücksichtigt.

Das Prinzip eines TFM-Modulators ist in Abbildung 11.29 wiedergegeben. Das ursprüngliche Basisbandsignal $y(t)$ wird gemäß dem Codierungsgesetz Gleichung 11.66 und Gleichung 11.67 umcodiert in

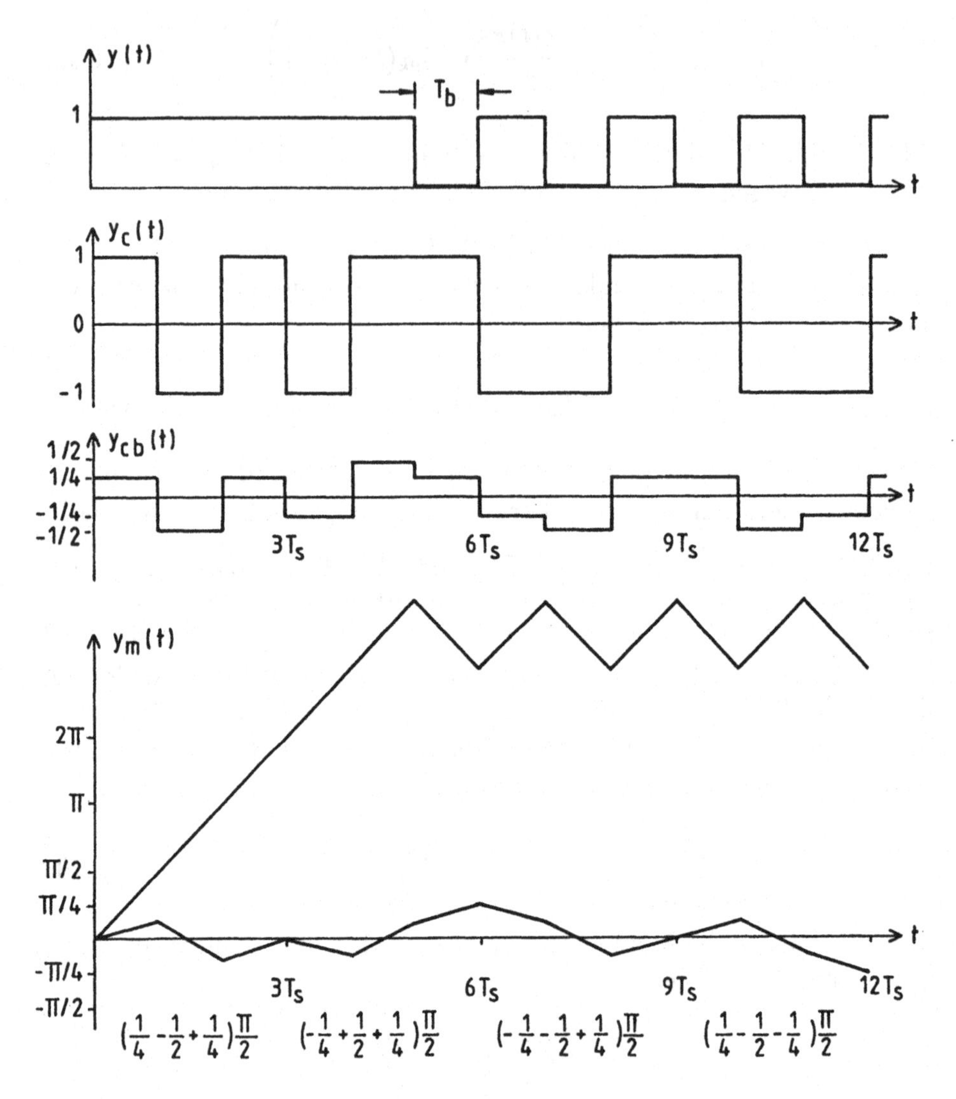

Abbildung 11.28: Basisbandsignale und Phasenübergangsdiagramm der TFM im Vergleich zur MSK

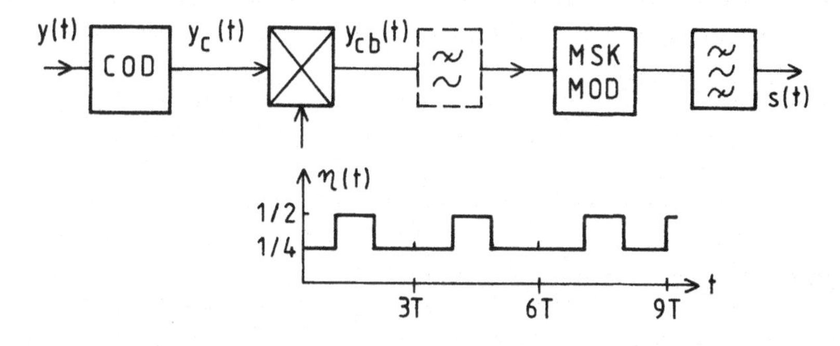

Abbildung 11.29: Prinzip eines TFM-Modulators

das Signal $y_c(t)$ nach Abbildung 11.29. $y_c(t)$ wird mit der periodische Folge $\eta(t)$ zur Formung des Phasenimpulses multipliziert. Ein eventuell vorhandenes Tiefpaßfilter verändert die Rechteckimpulsform in z.B. gaußförmige oder cos^2-förmige Impulse ($L = 1$) so, daß stetige Phasenübergänge erzielt werden.

Die spektrale Leistungsdichte eines TFM-Signals nach Abbildung 11.30 ist im Gegensatz zum Verlauf der MSK, der ebenfalls eingezeichnet ist, streng bandbegrenzt. Von ihrem Spektralverlauf her bietet die TFM geradezu ideale Eigenschaften.

Ihre Symbolfehler-Wahrscheinlichkeit (= Bitfehler-Wahrscheinlichkeit) bei additivem Geräusch beträgt bei $\frac{C}{N} = 5,5dB$, $P_b = 10^{-2}$ und bei $\frac{C}{N} = 10dB$, $P_b = 10^{-3}$, wenn man eine äquivalente Rauschbandbreite gleich der Bitrate vorausetzt. Damit liegt ihr Verlauf in Abhängigkeit von C/N bei Bitfehler-Wahrscheinlichkeiten größer gleich 10^{-5} um ungefähr $3dB$ über dem Verlauf der MSK. Die Realisierung von TFM-Modems kann im wesentlichen wie bei MSK-Systemen erfolgen [127, 128, 114].

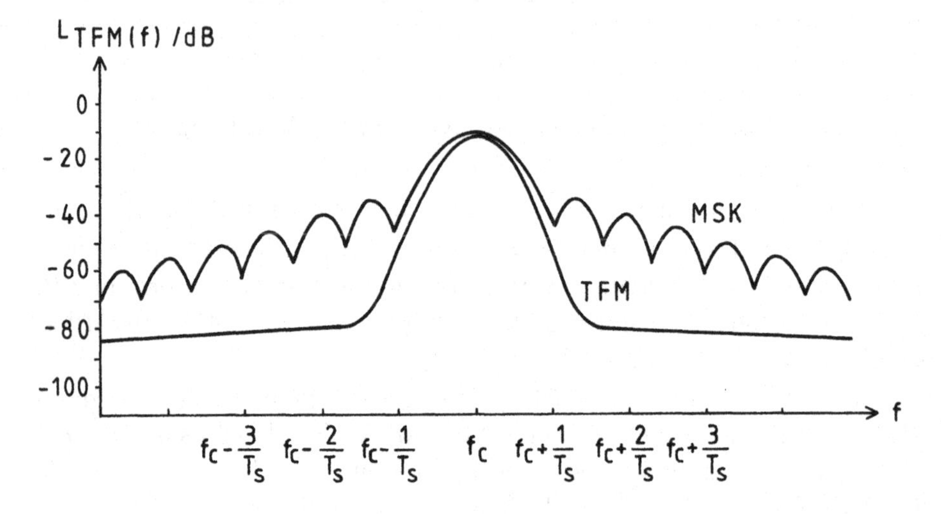

Abbildung 11.30: Leistungsspektrum von TFM und MSK

12 Randbedingungen in digitalen Übertragungssystemen

In Kapitel 2 wurden Übertragungssysteme in mehr oder weniger idealisierter Form beschrieben. Reale Übertragungssysteme sind oft weder linear noch sind sie bei entsprechendem Störeinfluß zeitinvariant. Neben den aufgrund der Frequenzbandbegrenzung erscheinenden linearen Verzerrungen (Amplitudenverzerrungen, Gruppenlaufzeitverzerrungen) entstehen wegen der meist nichtlinearen Kennlinien der Verstärker nichtlineare Verzerrungen (Intermodulation, AM/PM-Conversion).

Das immer vorhandene dem Nutzsignal additiv überlagerte thermische Geräusch (weißes Rauschen) systeminterner Quellen (Widerstände, Transistoren, etc.) verringert nach der Demodulation das Augendiagramm sowohl in vertikaler Richtung (Impulsamplitude) als auch horizontaler Richtung (Jitter). Farbiges Rauschen dessen spektrale Leistungsdichte nicht konstant über der Frequenz ist wird nicht betrachtet.

Übersprechen nebeneinander verlaufender Übertragungswege in Multiplexsystemen (Frequenzmultiplex) wirkt sich in Form einer Nachbarkanalstörung aus.

Von Gleichkanalstörung spricht man z.B. bei einem dual polarisierten System bei dem die Enkopplung der zwei gleichfrequent übertragbaren Nutzsignale nur durch zwei unterschiedliche Polarisationen der elektromagnetischen Welle erreicht wird.

Die Frequenzdrift instabiler Oszillatoren in den Trägergeneratoren und Frequenzumsetzern führen zu Frequenzverwerfungen. Frequenzumsetzungen kommen in alle Funksystemen vor (Richtfunk, Satellitenfunk, Mobilfunk), wobei die Modulation meist im Zwischenfrequenzbereich (ZF-Bereich 70 MHz oder 140 MHz im Satelliten-und

Richtfunk) und die eigentliche Übertragung im RF-Bereich (Radio-Frequenz-Bereich bei 2 GHz, 6 GHz, etc.) erfolgt.

Weitere Störungen sind Geräusche externer Quellen, sowie Impulstörungen die als Störgrößen beachtet werden müssen.

Schließlich treten vielfältige Störeinflüsse bei der Ausbreitung einer elektromagnetischen Welle in der Atmosphäre (Richtfunk, Mobilfunk) oder beim durchqueren derselben in mehr oder weniger verikaler Richtung (Satellitenfunk) auf. Der folgende Abschnitt soll einen Überblick über die wesentlichsten Störeinflüsse geben.

12.1 Bandbegrenztes weißes Rauschen

Am Eingang eines jeden Demodulatorsystems befindet sich der sogenannte Empfangsbandpaß der die dem Nutzsignal überlagerten Außerbandstörungen unterdrückt. Er begrenzt damit auch das thermische Rauschen (weißes Rauschen oft auch Gaußsches Rauschen) dessen Eigenschaften hier kurz betrachtet werden sollen. Die effektive Rauschleistung N des weißen bandbegrenzten Geräuschs ermittelt man zu

$$N = kT_{\ddot{a}_q} B_{\ddot{a}_q} = N_0 B_{\ddot{a}_q} \tag{12.1}$$

Hierbei ist k die Boltzmann-Konstante ($k = 1{,}3810^{-23} Ws/K$), $T_{\ddot{a}_q}$ die äquivalente Rauschtemperatur des Systems und $B_{\ddot{a}_q}$ die äquivalente Rauschbandbreite, die später noch genauer definiert wird. N_0 ist die einseitige Rauschleistungsdichte die über der Frequenz wie die Rauschleistung selbst konstant ist. Die Amplituden der Rauschspannung u werden bei weißem Rauschen durch die Gauß-Verteilung Gleichung 2.62 beschrieben. Da der Erwartungswert der Rauschamplituden $E\{u\}$ gleich Null und N mit der Varianz identisch ist gilt für die Gaußverteilung

$$p(u) = \frac{1}{\sqrt{2N\pi}} e^{-\frac{u^2}{2N}} \tag{12.2}$$

Die Wahrscheinlichkeitsdichte $p(u)$ multipliziert mit dem differentiellen Spannungswert du ergibt die Wahrscheinlichkeit $p(u)du$, daß ein zufälliger Amplitudenwert der Rauschspannung im Bereich von $u + du$ liegt. Integriert man $p(u)du$ in den Grenzen von $-\infty$ bis zu einem festen Spannungswert u_A, so erhält man das gaußsche Fehlerintegral, siehe Gleichung 2.67 das die Wahrscheinlichkeit angibt, daß die Rauschspannung kleiner als der Spannungswert u_A ist. Bei der Bestimmung der Schrittfehler-Wahrscheinlichkeit der verschiedenen Modulationsverfahren werden die zuletzt formulierten Überlegungen angewendet. Bandbegrenztes Rauschen bezeichnet man allgemein als *Schmalbandrauschen.* Die meisten Übertragungssysteme arbeiten mit Trägerfrequenzen die größer sind als die Systembandbreiten. Schmalbandrauschen stellt einen Zufallsprozeß dar, der sich durch

$$n(t) = r(t)\cos(\omega_c t + \phi_r(t)) \tag{12.3}$$

beschreiben läßt [129, 24]. Gleichung 12.3 stellt ein in der Amplitude durch die Hüllkurve $r(t)$ und Phase $\phi_r(t)$ moduliertes Signal dar. Mit den Additionstheoremen der Trigonometrie erhält man mit Gleichung 12.3 die gebräulichere Quadraturform.

$$n(t) = n_c(t)\cos\omega_c t - n_s(t)\sin\omega_c t. \tag{12.4}$$

Hierbei gelten die Zusammenhänge

$$r(t) = \sqrt{n_c^2(t) + n_s^2(t)} \tag{12.5}$$

und

$$\phi_r(t) = \arctan\frac{n_s(t)}{n_c(t)}. \tag{12.6}$$

$n_c(t)$ und $n_s(t)$ sind gaußsche stationäre Zufallsprozesse die statistisch voneinander unabhängig sind. Der Erwartungswert beider Prozesse ist gleich Null und die Varianz ist gleich der effektiven Rauschleistung N.

$$E\{n_c(t)\} = E\{n_s(t)\} = 0 \tag{12.7}$$

$$E\{n_c^2(t)\} = E\{n_s^2(t)\} = N \tag{12.8}$$

Somit gilt auch

$$E\{n(t)\} = 0 \tag{12.9}$$

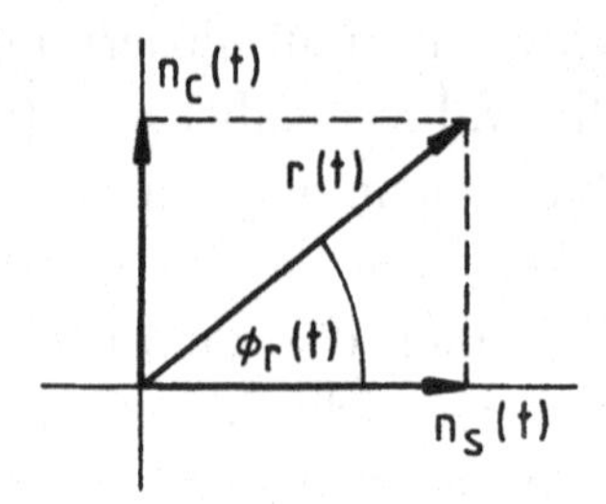

Abbildung 12.1: Zeigerdarstellung des Schmalbandgeräuschs

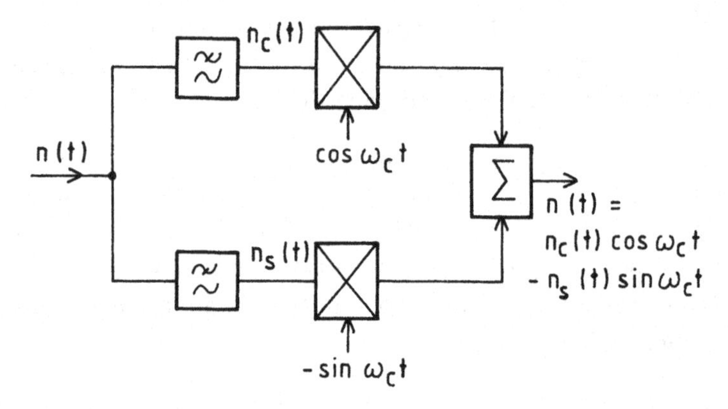

Abbildung 12.2: Quadraturmodulation von Rauschkomponenten

und

$$E\{n^2(t)\} = N \tag{12.10}$$

Gleichung 12.3 läßt sich als Zeigerdiagramm darstellen, wobei die Achsen des Zeigerdiagramms aus den Quadraturkomponenten $n_c(t)$ und $n_s(t)$ bestehen, siehe Abbildung 12.1 Die Gleichungen 12.3 und 12.4 stellen das "modulierte" bandbegrenzte Geräusch dar. Ihre Entstehung kann mit Hilfe der Quadraturmodulation gezeigt werden. In Abbildung 12.2 ist ein solcher Quadraturmodulator für die Rauschgrößen dargestellt. Nach Abbildung 12.2 wird das breitbandige Eingangsgeräusch $n(t)$ in den beiden Tiefpässen bandbegrenzt. Hierdurch erhält man die

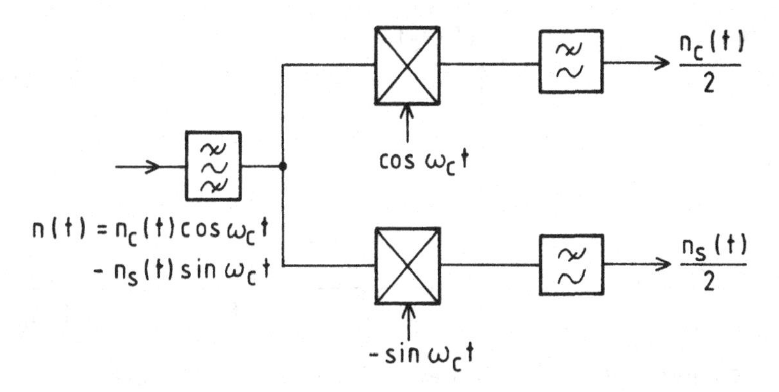

Abbildung 12.3: Quadraturdemodulation des Schmalbandgeräuschs

Komponenten $n_c(t)$ und $n_s(t)$. Anschließend bildet man die Produkte $n_c(t)\cos\omega_c t$ und $-n_s(t)\sin\omega_c t$ und addiert die beiden Ergebnisse. Auf diese Weise entsteht das modulierte Schmalbandrauschen gemäß Gleichung 12.4. Die Komponenten $n_c(t)$ und $n_s(t)$ sind dann als "Rauschbasisbandsignale" aufzufassen. Sie sind die Geräuschkomponenten die nach der Demodulation in das Nutzband fallen. Dies kann mit Hilfe der Quadraturdemodulation gezeigt werden. In Abbildung 12.3 ist ein solcher Quadraturdemodulator prinzipiell wiedergegeben. Gemäß Abbildung 12.3 bildet man die Produkte $n(t)\sin\omega_c t$ und $n(t)\cos\omega_c t$. Wendet man die trigonometrischen Additionstheoreme auf die vorgenannten Produkte an, so erhält man nach der Unterdrückung der Komponenten mit der doppelten Trägerfrequenz (Tiefpaßfilter in Abbildung 12.3) die beiden Geräusch-Quadraturkomponenten $n_c(t)/2$ und $n_s(t)/2$. Es seien $N_c(f)$ und $N_s(f)$ die spektralen Leistungsdichten der beiden vorgenannten Geräusch-Basisbandsignale, dann ermittelt man die spektrale Leistungsdichte des modulierten Geräuschs $N(f + f_c)$ durch Faltung mit der Trägerspektrallinie.

$$N(f + f_c) = N_c(f) * \delta(f) = N_s(f) * \delta(f) \tag{12.11}$$

Abbildung 12.4 stellt unter a) die spektrale Leistungsdichte des bandbegrenzten Rauschbasisbandsignals und unter b) die um die Frequenz f_c verschobene spektrale Leistungsdichte des modulierten Rauschsignals bei Bildung zweier Seitenbänder dar. Zur Bandbegrenzung werden hier-

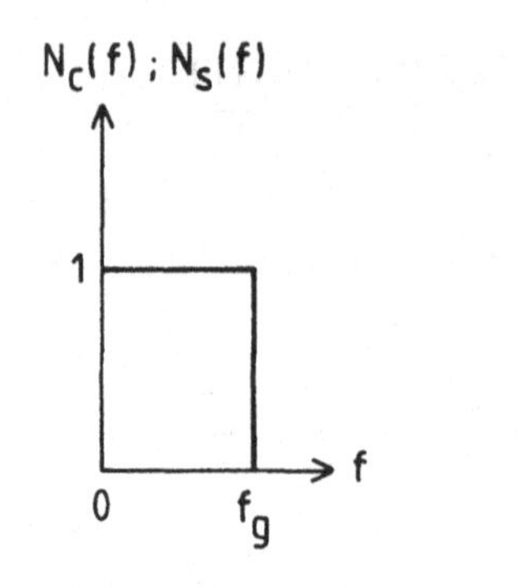

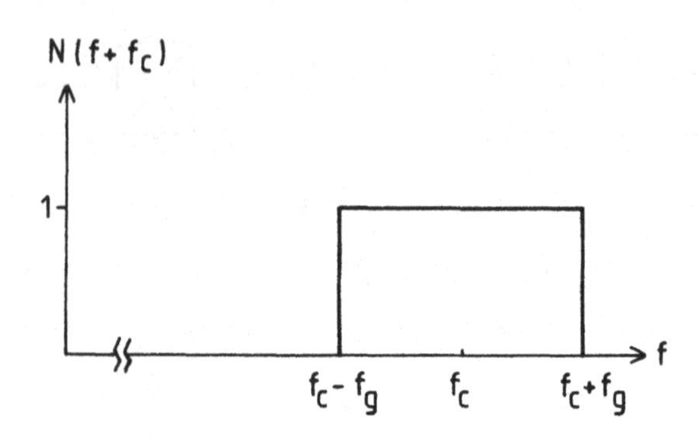

Abbildung 12.4: Ideale Rauschleistungsspektren

bei ideale Tiefpaßfilter vorausgesetzt.

Ein wichtiges Kriterium beim Entwurf von digitalen Übertragungssystemen zur modulierten Übertragung ist das am Demodulatoreingang notwendige Signal- Geräusch-Verhältnis C/N. C ist hierbei die mittlere effektive Leistung des modulierten Signals und N der Effektivwert der Rauschleistung bei weißem Rauschen, wie bereits erwähnt. In ASK,- PSK,- APK-und FSK-Systemen ist neben dem bereits erläuterten C/N-Wert das Signal-Geräusch-Verhältnis E_b/N_0 von Bedeutung, wobei E_b die mittlere Signalenergie je Bit und N_0 die Rauschleistungsdichte bezeichnet. Zwischen den beiden Signal-Geräusch-Verhältnissen gilt der Zusammenhang

$$\frac{E_s}{N_0} = \frac{C}{N}\frac{B_{\ddot{a}q}}{v_s} \tag{12.12}$$

mit $E_s = nE_b$ der mittleren Energie je Symbol (1 Symbol = n bit) ($n = 1, 2, 3, \cdots$) und $v_s = v_b/n$ der Symbolrate (v_b = Bitrate). Die Zusammenhänge sind in detaillierter Form in Abschnitt 4.2.1 und Abschnitt 5.1.3 im Falle der Nyquistimpulsformung dargestellt. Die äquivalente Rauschbandbreite eines Übertragungssystems wird durch den am Demodulatoreingang immer vorhandenen Bandpaß bestimmt. Allgemein ist die äquivalente Rauschbandbreite eines realen Bandpasses gleich der Bandbreite eines idealen Bandpasses an dessen Ausgang die gleiche Rauschleistung gemessen wird wie am Ausgang des realen Band-

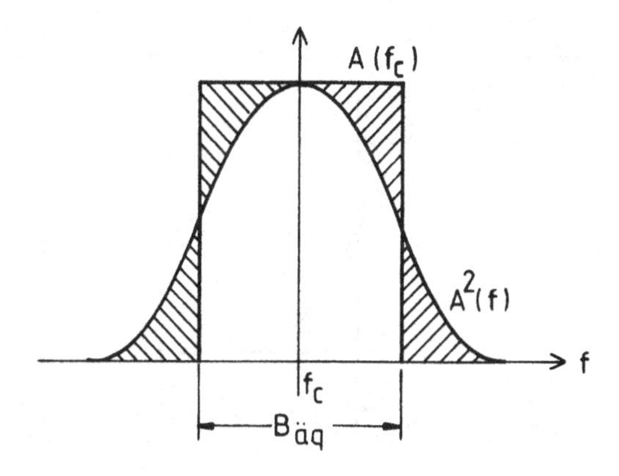

Abbildung 12.5: Definition der äquivalenten Rauschbandbreite an einem Bandpaß

passes, wenn an ihren Eingängen weißes Rauschen gleicher Rauschleistung eingespeist wird. Diese Eigenschaft ist dann gewährleistet, wenn die Flächen unter den quadrierten Übertragungsfunktionen der vorgenannten Filter, die in Abbildung 12.5 qualitativ dargestellt sind, gleich sind. Für die Rauschleistung des bandbegrenzten Geräuschs gilt dann

$$N_{BP} = B_{\ddot{a}_q} A^2(f_c) = \int_0^{+\infty} A^2(f) df. \tag{12.13}$$

Die äquivalente Rauschbandbreite wird an einem Tiefpaß sinngemäß bestimmt, siehe Abbildung 12.6. Für die Rauschleistung am Ausgang des realen bzw. äquivalenten idealen Tiefpasses gilt dann

$$N_{TP} = B_{\ddot{a}_q} B^2(0) = \int_0^{\infty} B^2(f) df. \tag{12.14}$$

Liegt die *lineare* Übertragungsfunktion eines realen Filters vor, so kann recht genau mit der *Kästchenmethode* die äquivalente Rauschbandbreite ermittelt werden, indem man über die quadrierte reale Übertragungsfunktion eine flächengleiche rechteckförmige Übertragungsfunktion legt. Übertragungsfunktionen die mit Netzwerkanalysatoren gemessen werden müssen hierbei linear dargestellt werden. Mit moderneren Meßeinrichtungen (z.B. Noise and Interference Test Set von

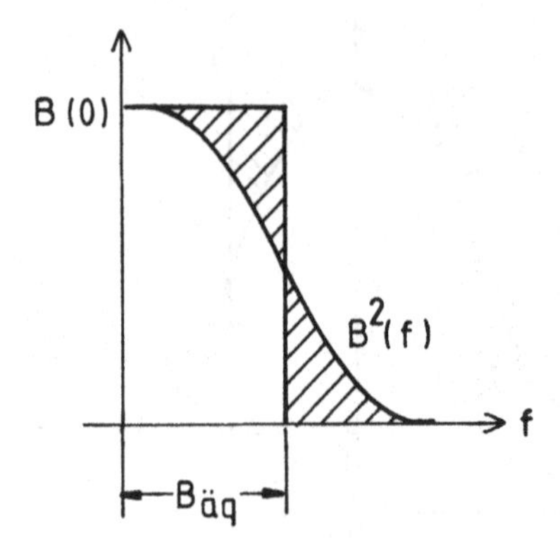

Abbildung 12.6: Definition der äquivalenten Rauschbandbreite an einem Tiefpaß

HP) kann die äquivalente Rauschbandbreite von Bandpaßfiltern unmittelbar gemessen werden. Bei Nyquistimpulsformung in ASK,- PSK,- und APK-Systemen ist die äquivalente Rauschbandbreite zahlenmäßig gleich der Symbolrate

$$B_{\ddot{a}q} = v_s \quad \text{(in Hz)} \tag{12.15}$$

Dies ist die Bandbreite des idealen Rechteckspektrums bei $r = 0$ in Abbildung 4.5 [129, 9].

12.2 Lineare Verzerrungen

Im Idealfall besitzt ein Übertragungssystem einen über der Frequenz linearen Phasenverlauf und eine konstante Dämpfung, siehe Abbildung 3.4. Solche Systeme sind in der Praxis nicht realisierbar. Auch durch den Einsatz von Entzerrern ist ein konstanter Dämpfungsverlauf und linearer Phasenverlauf nur annähernd erreichbar. Zur Erläuterung der

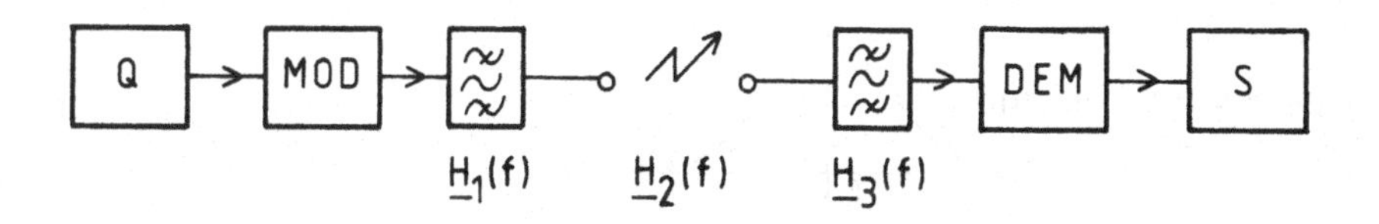

Abbildung 12.7: Übertragungssystem zur Definition der linearen Verzerrungen

Gruppenlaufzeit-und Dämpfungsverzerrungen werde Abbildung 12.7 betrachtet, ein Übertragungssystem zur Übertragung modulierter Signale. Sendebandpaß, Strecke und Empfangsbandpaß in Abbildung 12.7 bilden die Übertragungsfunktion des Systems.

$$\underline{H}(f) = \underline{H}_1(f)\underline{H}_2(f)\underline{H}_3(f) \tag{12.16}$$

Die beiden Filter führen die Impulsformung (spektrale Formung und Bandbegrenzung) so durch, daß ihre gemeinsame Übertragungsfunktion lautet

$$\underline{H}_1(f)\underline{H}_3(f) = \cos^2 \frac{\pi(f - f_c)T_s}{2}. \tag{12.17}$$

Der Streckenübertragungsfunktion $\underline{H}_2(f)$ werden die im System entstehenden Gruppenlaufzeit-und Dämpfungsverzerrungen zugeordnet.

$$\underline{H}_2(f) = e^{-a(f)}e^{-b(f)} \tag{12.18}$$

Für die Übertragungsfunktion des Gesamtsystems gilt damit

$$\underline{H}(f) = \cos^2 \frac{\pi(f - f_c)T_s}{2} e^{-a(f)}e^{-b(f)}. \tag{12.19}$$

Die Fouriertransformierte der vorstehenden Gleichung liefert die Impulsantwort des Systems [130]. $a(f)$ bescheibt den Dämpfungsverlauf und $b(f)$ den Phasenverlauf der Übertragungsfunktion. Statt des Phasenverlaufs $b(f)$ wird in der Praxis der Verlauf der Gruppenlaufzeit über der Frequenz

$$\tau_g(f) = \frac{db(f)}{df} \tag{12.20}$$

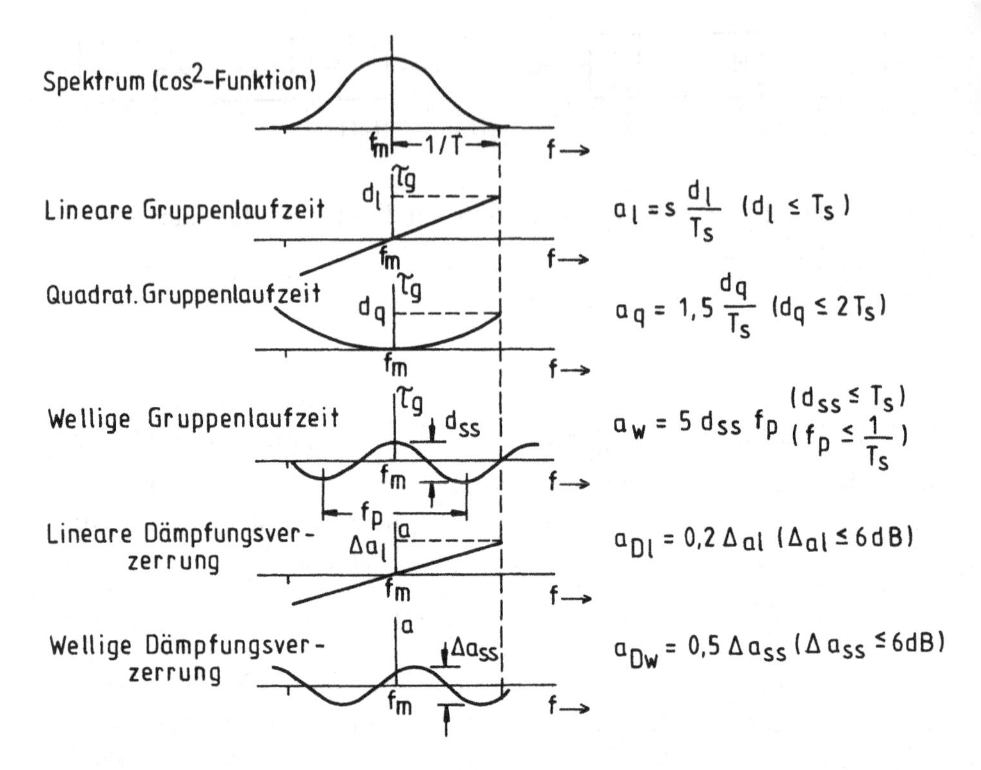

Abbildung 12.8: Definition linearer Verzerrungen

benutzt, da diese Größe meßtechnisch besser erfaßt werden kann. Die Gruppenlaufzeitverzerrung ist die vom konstanten Verlauf der Gruppenlaufzeit über der Frequenz (Idealsystem) auftretende Abweichung die im Realssystem (Abbildung 12.7) entsteht, während die Dämpfungsverzerrung die Abweichung vom konstanten Verlauf der Dämpfung darstellt. Die im Übertragungskanal (Sendefilter, Strecke und Empfangsfilter) vorkommenden linearen Verzerrungen lassen sich durch die in Abbildung 12.8 dargestellten Anteile hinreichend gut annähern [131, 132]. In Abbildung 12.8 ist die Verringerung der Augenöffnung (Augendiagramm) infolge der jeweiligen Verzerrung in dB angegeben.

Im einzelenen haben die verschiedenen Dämpfungs-und Gruppenlaufzeitverzerrungen die folgenden Ursachen:

- linear steigende oder fallende Gruppenlaufzeit und Dämpfung wird z.B. durch unsymmetrisch bezüglich ihrer Mittenfrequenz abgestimmte Bandpässe verursacht,
- quadratische Gruppenlaufzeitverzerrungen, entstehen in den realen Filtern des Übertragungskanals infolge des Dämpfungsanstiegs an den Bandgrenzen.
- wellige Gruppenlaufzeit-und Dämpfungsverzerrungen, werden an Stoßstellen (Einfügung der Vierpole), oder Gruppenlaufzeiteinebnung mit Allpässen bzw. Filtern mit Tschebychev-Verhalten verursacht.

In Abbildung 12.9 ist als Beispiel der in RF-Schleife gemessene Verlauf der Gruppenlaufzeit und Dämpfung über der Frequenz eines Erdfunkstellen-Sende-Empfangszuges dargestellt. Abbildung 12.9 enthält ebenfalls das Blockschaltbild einer Erdfunkstelle in der die RF-Schleife definiert ist. Der näherungsweise quadratische Anteil des Gruppenlaufzeit-und Dämpfungsverlaufs ist in Abbildung 12.9 gut erkennbar, während der wellige Anteil und lineare Anteil gering ist. Allgemein wird in einem Übertragungssystem der Verlauf von Gruppenlaufzeit und Dämpfung über der Frequenz im wesentlichen durch die bandbegrenzenden Filter und eventuell vorhandene Entzerrer (Allpässe, Transversalentzerrer, etc.) bestimmt. Der Einfluß der Gruppenlaufzeitverzerrung auf Augendiagramm und Symbolfehler- Wahrscheinlichkeit ist wesentlich größer als der vergleichbarer Dämpfungsverzerrungen. Bei geringen Gruppenlaufzeitverzerrungen ($\tau_g \leq 0,5T_s$) ist eine lineare Überlagerung der Einzelverluste verursacht durch Gruppenlaufzeit-und Dämpfungsverzerrungen möglich [130, 131, 132]. Über die Auswirkungen derSymbolinterferenz infolge von Gruppenlaufzeitverzerrungen auf die Symbolfehler-Wahrscheinlichkeit gibt es eine Vielzahl von Veröffentlichungen z.B. [133, 134, 135, 136 137].

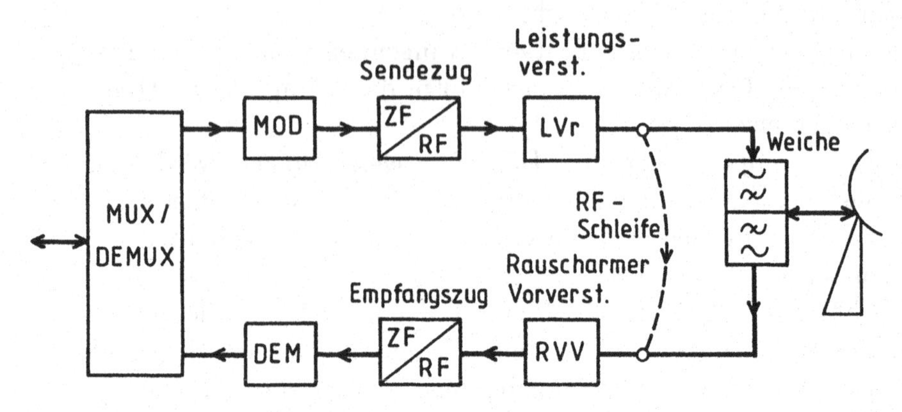

a) Aufbau einer Erdfunkstelle (ZF = Zwischenfrequenz, RF = Radiofrequenz)

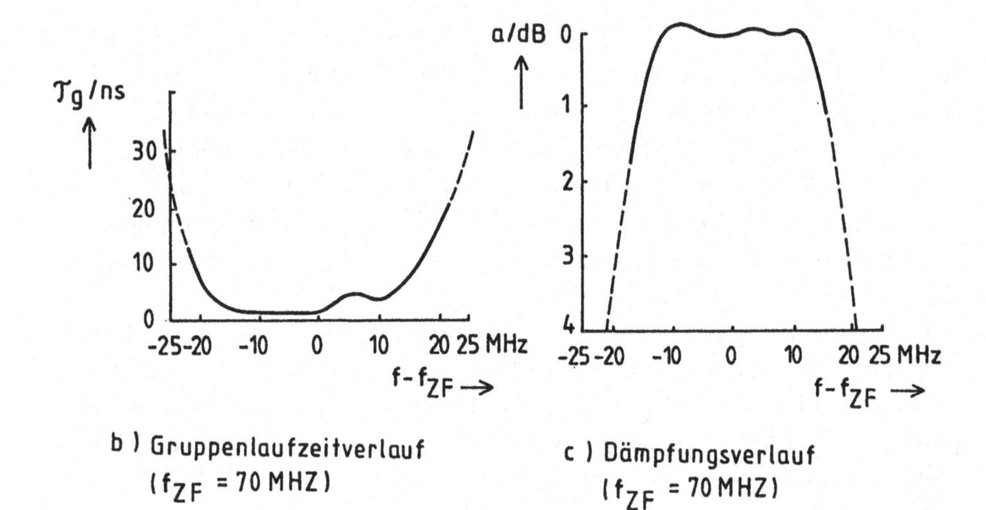

b) Gruppenlaufzeitverlauf (f_{ZF} = 70 MHZ)

c) Dämpfungsverlauf (f_{ZF} = 70 MHZ)

Abbildung 12.9: Verlauf von Dämpfung - und Gruppenlaufzeit eines Erdfunkstellen- Sende-Empfangszuges

12.3 Nichtlineare Verzerrungen

In den Verstärkern der Übertragungssysteme und hier besonders in den Leistungsverstärkern der Sendeeinrichtungen treten nichtlineare Verzerrungen in Form von Amplitudenverzerrungen und falls die Signalhüllkurve Amplitudenschwankungen aufweist, auch in Form einer parasitären Phasenmodulation auf, die *AM/PM-Conversion* genannt wird. Bezüglich der Auswirkungen dieser Verzerrungen ist zwischen Einträgersystemen und Vielträgersystemen zu unterscheiden.

Bei Einträgersystemen wird einem hochfrequenten Träger ein Zeitmultiplexsignal meist hoher Bitrate (z.B. 140 Mbit/s) das u.U. viele Sprach-und Datensignale geringerer Bitrate enthalten kann aufmoduliert. Ein typisches Einträgersystem, das jedoch im *Burstbetrieb* arbeitet, (Burst = Impulsbündel) ist das besonders im Satellitenfunk aber auch im Richtfunk und Mobilfunk angewendete TDMA-System (Time Division Multiple Access, TDMA), ein Vielfachzugriffsystem im Zeitmultiplex, oder die im INTELSAT-System eingesetzten IDR-Systeme (Intermediate Data Rate, IDR), bei denen beispielsweise einem Sinusträger ein Zeitmultiplexsignal der Bitrate 44 Mbit/s aufmoduliert wird. In beiden Systemen wird 4PSK als Modulationsverfahren verwendet. Führt man einem Verstärker dessen Arbeitspunkt im nichtlinearen Bereich seiner Kennlinie liegt ein Einträgersignal zu, dessen Hüllkurve nicht konstant ist, z.B. ein bandbegrenztes 4PSK-Signal, so erleidet das Signal eine AM/PM-Conversion (AM ... Amplitudenmodulation, PM ... Phasenmodulation), die erwähnte parasitären Phasenmodulation sowie eine spektrale Spreizung (Spectrum Spreading), infolge der an der Nichtlinearität entstehenden Frequenzkomponenten höherer Ordnung.

Vielträgersysteme bestehen aus einer Vielzahl von modulierten Einzelträgern, die im Frequenzmultiplex nebeneinander angeordnet sind. Jedem Sinusträger wird dabei beispielsweise ein Sprach-oder Datensignal geringer Bitrate (z.B. 64 kbit/s) aufmoduliert. Vielträgersysteme werden im Mobilfunk und Satellitenfunk eingesetzt. Ein typisches Vielträgersystem ist das im Satellitenfunk weit verbreitete SCPC-System (Single Channel Per Carrier, SCPC). Ein im nichtlinearen Bereich seiner Kennlinie betriebener Verstärker verursacht bei einem

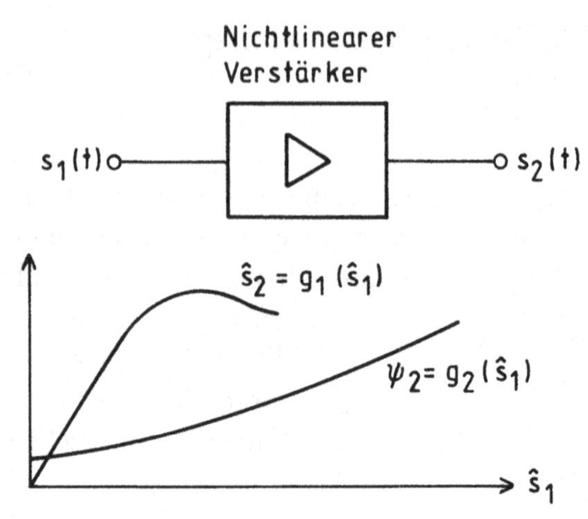

Abbildung 12.10: Nichtlinearer Verstärker und seine Kennlinie

Vielträgersignal sowohl die bereits erwähnte AM/PM-Conversion in jedem Einzelsignal, als auch Intermodulationsprodukte die als "Intermodulationgeräusch" in das Signalnutzband fallen können. Die Leistungsverstärker der Vielträgersysteme werden aufgrund der erheblichen Störwirkung der Intermodulationsprodukte im linearen Bereich ihrer Kennlinie betrieben, was einem Verstärkungsverlust gleichkommt.

12.3.1 AM/PM-Conversion

Ein Verstärker werde im nichlinearen Bereich seiner Kennlinie betrieben und an seinem Eingang werde der unmodulierte Träger

$$s_1(t) = \hat{s}_1(t)\cos(\omega_c t + \phi_0) \tag{12.21}$$

angelegt. $\hat{s}_1$ ist die Amplitude des Trägers, ω_c die Trägerkreisfrequenz und ϕ_0 die Trägernullphase. Am Ausgang des nichtlinearen Verstärkers der in Abbildung 12.10 zusammen mit seiner Kennlinie dargestellt ist, erscheine

$$s_2(t) = \hat{s}_2\cos(\omega_c t + \phi_0 + \psi). \tag{12.22}$$

Die aufgrund der Nichtlinearität ebenfalls auftretenden Frequenzkomponenten höherer Ordnung werden zunächst nicht betrachtet. Im Ausgangssignal nach Gleichung 12.22 ist $\hat{s}_2$ eine nichtlineare Funktion von

$\hat{s}_1$. Die Phase ψ ist ebenfalls eine Funktion von $\hat{s}_1$.

$$\hat{s}_2 = g_1(\hat{s}_1) \tag{12.23}$$

$$\psi = g_2(\hat{s}_1) \tag{12.24}$$

In Wanderfeldröhren-Verstärkern die im Satelliten-und Richtfunk als Leistungsverstärker eingesetzt werden, erscheint eine solche amplitudenabhängige Phasenänderung infolge der Abhängigkeit der elektrischen Länge der Röhre von der Signalintensität. In Abbildung 12.10 ist die Kennlinie eines Wanderfeldröhren-Verstärkers qualitativ dargestellt. Bei anderen RF-Komponenten die im Übertragungsweg erscheinen können, wie Mischer, Varactor-Dioden, etc., entsteht der vorgenannte Effekt aufgrund der Nichtlinearität der Reaktanzen, die in den Bauelementen enthalten sind. Wird der in Gleichung 12.21 angegebene Träger amplitudenmoduliert, so hat er am Ausgang des nichtlinearen Systems auch eine Phasenmodulation infolge der AM/PM-Conversion. In PSK-Systemen führt dieser Effekt zur Verzerrung der in der Phase liegenden Nachricht. Die Kennlinie eines breitbandigen nichtlinearen Verstärkers (z.B. Wanderfeldreöhren-Verstärker) kann allgemein durch

$$h(\hat{s}_1) = \frac{1}{\hat{s}_1} g_1(\hat{s}_1) e^{j g_2(\hat{s}_1)} \tag{12.25}$$

beschrieben werden. Gebräuchlicher ist die Potenzreihenentwicklung

$$h(\hat{s}_1) = \alpha_0 + \alpha_2 \hat{s}_1^2 + \alpha_4 \hat{s}_1^4 + \cdots . \tag{12.26}$$

Die Koeffizienten α_0, α_2, α_4, etc. sind bei breitbandigen Nichtlinearitäten (die typische Bandbreite eines Wanderfeldröhren-Verstärkers beträgt 500 MHz) konstant.

Es sei

$$s_1(t) = \hat{s}_1(t) \cos(\omega_c t + \phi(t)) \tag{12.27}$$

ein in Phase-und Amplitude moduliertes Signal (z.B. PSK mit parasitärer Amplitudenmodulation) das an den Eingang eines nichtlinearen Verstärkers gelegt wird. Am Ausgang der Nichtlinearität erscheint dann mit Gleichung 12.25 bzw. Gleichung 12.26 das Signal

$$s_2(t) = h(|s_1(t)|) s_1(t) = \hat{s}_2(t) \cos(\omega_c t + \phi(t) + \psi(t)). \tag{12.28}$$

$\psi(t)$ bezeichnet hierbei die Phasenverzerrung infolge der AM/PM-Conversion. Die AM/PM-Conversion, die die Phasenverschiebung des Eingangssignals gegenüber dem Ausgangssignal einer Nichtlinearität angibt, wird durch den Koeffizienten

$$k_p = \frac{d\psi}{d\hat{s}_2/\hat{s}_2} \approx A\hat{s}_2^2 \tag{12.29}$$

genähert. Er gibt an welche Phasenänderung sich bei einer bestimmten Amplitudenänderung des Eingangssignals ergibt. Der Faktor A in der Näherung die für Wanderfeldröhren-Verstärker gilt, ist eine Konstante. Die Phasenverschiebung ist dann mit der vorgenannten Gleichung

$$\psi = \int_0^{H(t)} k_p \frac{d\hat{s}_2}{\hat{s}_2} \tag{12.30}$$

wobei $H(t)$ die Hüllkurve des Eingangssignal darstellt. Gibt man k_p in $Grad/dB$ an, so gilt

$$k_p = 6,56 \frac{d\psi}{d\hat{s}_2/\hat{s}_2} \quad \text{Grad/dB.} \tag{12.31}$$

In Abbildung 12.11 ist der Verlauf des Conversionskoeffizienten k_p über s_2/s_{max} der normierten Ausgangsspannung eines Erdfunkstellen-Sendezuges dargestellt. s_{max} ist dabei die effektive Ausgangsspannung des Erdfunkstellen-Leistungsverstärkers bei einer Leistungsabgabe von 3 kW. Zur Darstellung von Abbildung 12.11 wurde die Näherung in Gleichung 12.29 benutzt.

Die folgenden Störeffekte können durch AM/PM-Conversion verursacht werden:

- Verringerung der Augenöffnung des demodulierten Signals.
- Verschiebung des Abtastzeitpunktes im Entscheider.
- Verschiebung der Trägerphase.

Liegt anstelle des Einträgersignals ein Vielträgersignal mit N_z modulierten Trägern am Eingang eines nichtlinearen Verstärkers, wobei jeder Träger phasen-und amplitudenmoduliert ist, wie bereits für das Einzelträgerssignal formuliert,

$$s_1(t) = \sum_{\nu=1}^{N_z} \hat{s}_{1\nu}(t) \cos(\omega_{c\nu} t + \phi_\nu(t)) \tag{12.32}$$

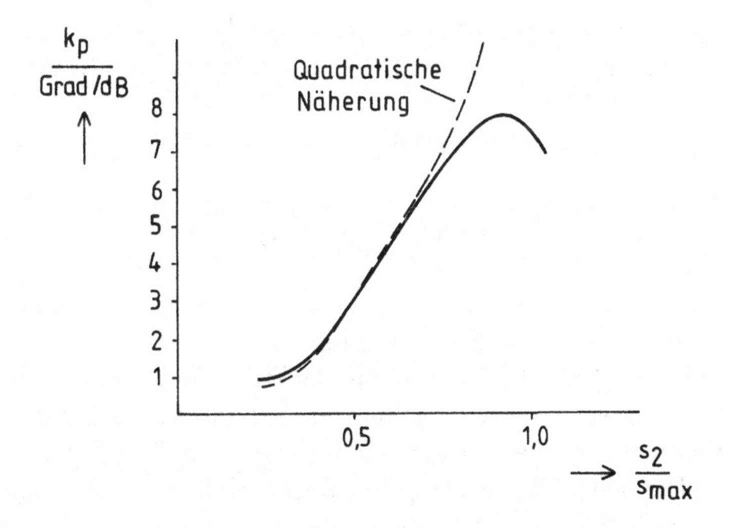

Abbildung 12.11: AM/PM-Conversionskoeffizient eines Erdfunkstellensendezuges über der normierten Ausgangsspannung

dann lautet sein Ausgangssignal mit Gleichung 12.28

$$s_2(t) = \sum_{\nu=1}^{N_z} \hat{s}_{2\nu}(t) \cos(\omega_{c\nu} t + \phi_\nu(t) + \psi_\nu(t)). \tag{12.33}$$

Jeder modulierte Träger erleidet die AM/PM-Conversion die durch $\psi_\nu(t)$ ausgedrückt wird [138, 139, 131, 140, 141].

12.3.2 Spektrum-Spreizung bei Einträgerbetrieb

Legt man an den Eingang eines breitbandigen nichtlinearen Verstärkers ein digital moduliertes Signal, z.B. ein 2PSK-Signal oder ein 4PSK - Signal, so entsteht neben der bereits erläuterten AM/PM-Conversion der sogenannte *Spectrum-Spreading-Effect.* Für die weitere Betrachtung werde angenommen der nichtlineare Verstärker sei ein Wanderfeldröhren-Verstärker dessen Kennlinie durch Gleichung 12.26 genähert werden kann. An den Eingang des Wanderfelröhren-Verstärkers werde ein 2PSK-Signal bei Nyquist-Impulsformung der Form

$$s(t) = y(t) \sin \omega_c t \tag{12.34}$$

gelegt. $y(t)$ sei ein stochastisches Binärsignal. Setzt man die vorstehende Gleichung in Gleichung 12.26 ein, erhält man die Komponenten

$$\begin{aligned} h[s(t)] &= \alpha_0 + \frac{\alpha_2 y^2(t)}{2} + \frac{\alpha_2 y^2(t)}{2}\cos 2\omega_c t + \frac{\alpha_4 y^4(t)}{8}\cos 4\omega_c t + \\ &\quad + \frac{\alpha_4 y^4(t)}{2}\cos 2\omega_c t + \frac{3}{8}\alpha_4 y^4(t) + \cdots \end{aligned} \tag{12.35}$$

die offenbar die spektrale Spreizung bewirken.

In Abbildung 12.12 ist ein 4PSK-Spektrum bei Nyquistimpulsformung sowie linearer und nichtlinearer Verstärkung in einem Wanderfeldröhren-Verstärker zusammen mit der Verstärkerkennlinie dargestellt. Die Verstärkerausgangsleistungen sind in *dBW* angegeben. Dies ist ein Leistungspegel, wobei die Leistung auf 1 W bezogen wird. Die Bandspreizung ist umso größer je näher der Arbeitspunkt an den Sättigungspunkt rückt. Sie erhöht die Symbolfehler-Wahrscheinlichkeit. Durch Entzerrung und entsprechende Optimierung der Impulsformungsfilter kann dieser Verlust jedoch weitgehend ausgeglichen werden [142].

Ragt das Spektrum infolge der Bandspreizung in benachbarte Kanäle, so spricht man von *Nachbarkanalstörung* ein Störeffekt der in einem der folgenden Abschnitte noch behandelt wird.

12.3.3 Intermodulation in Vielträgersystemen

Betrachtet werde ein Vielträgersystem das aus N_z modulierten Trägern im Frequenzmultiplex besteht. In Abbildung 12.13 ist die Lage der modulierten Träger im Frequenzband $f_L \leq f \leq (f_L + B_v)$ der Bandbreite B_v dargestellt. Die einzelnen modulierten Träger haben den Frequenzabstand Δf_a voneinander. Die Kennlinie eines Wanderfeld-Verstärkers der als Nichtlinearität angenommen wird zeigt ein ausgeprägtes Sättigungsverhalten und begrenzt somit die erreichbare Ausgangsleistung, siehe Abbildung 12.12*a*. Wird ein Vielträgersignal in der Nähe der Sättigung verstärkt, so entstehen Intermodulationsprodukte die in das Frequenzband der modulierten Träger fallen und dort in Form eines Intermodulationsgeräuschs zu Störungen führen. Die bereits diskutiert AM/PM-Conversion wird bei den folgenden Betrachtungen außer

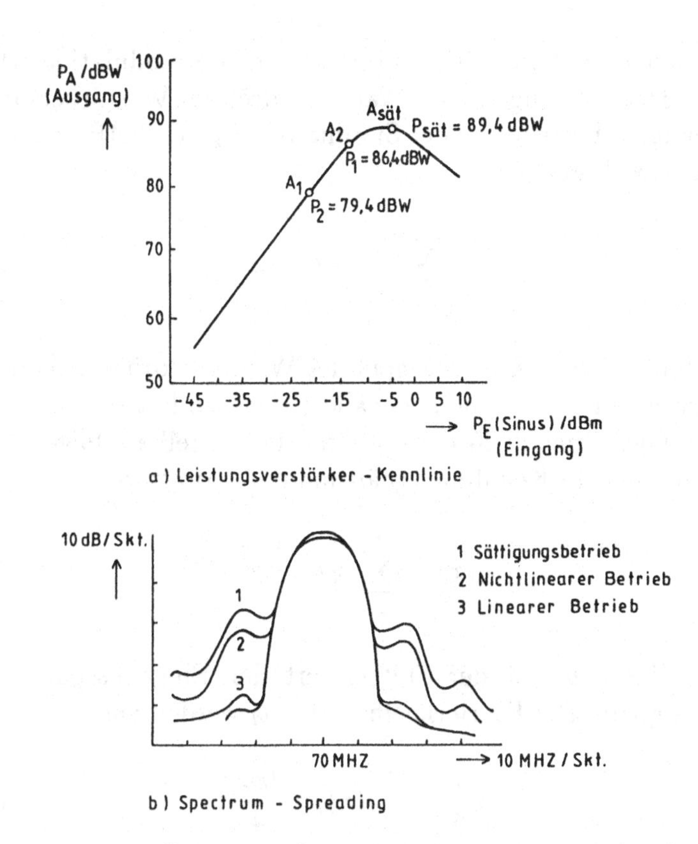

Abbildung 12.12: Spectrum-Spreading bei einem 4PSK-Signal und Wanderfeldröhen-Kennlinie

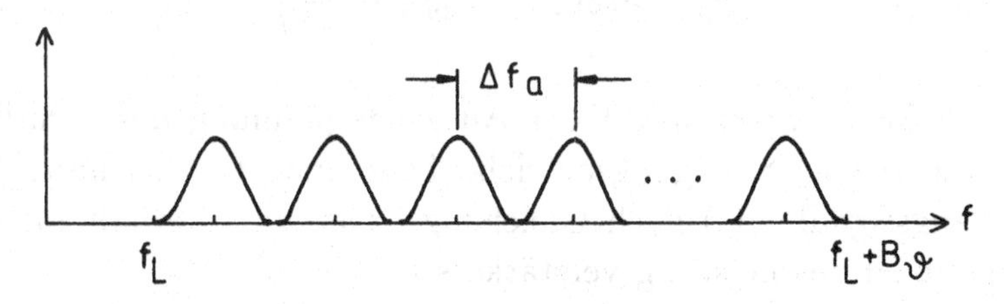

Abbildung 12.13: Frequenzmultiplex-Darstellung eines Vielträgersystems

acht gelassen, da die Störwirkung infolge der Intermodulation erheblich größer ist. Das am Eingang des Wanderfeldröhren-Verstärkers liegende Vielträgersignal bestehe aus der Summe von N_z durch 4PSK modulierten Trägern und laute

$$s_1(t) = \sum_{\nu=1}^{N_z} \hat{s}_\nu \sin(\omega_{c\nu} + \phi_\nu) \qquad (12.36)$$

Die nichtlineare Charakteristik $g(x)$ des Wanderfeldröhren-Verstärkers wird durch eine Fourierreihe angenähert. Ebenso hätte eine Näherung mit der in Gleichung 12.26 dargestellten Potenzreihe erfolgen können. Für die nichtlineare Kennlinie erhält man näherungsweise

$$g(x) = \sum_{l=1}^{\infty} b_l \sin \frac{l\pi x}{4} \qquad (12.37)$$

mit $x = \frac{s_1(t)}{\hat{u}_1}$. $\hat{u}_1$ ist der Spitzenwert der Eingangsspannung des Vielträgersignals. Die Fourierkoeffizienten b_l werden aus

$$b_l = \frac{1}{4} \int_{-4}^{+4} g(x) \sin \frac{l\pi x}{4} dx \qquad (12.38)$$

ermittelt. Für die Approximierung der Kennlinie sind bereits fünf Fourierkoeffizienten nämlich $b_1 = 1$, $b_2 = 0,183$, $b_3 = 0,222$, $b_4 = 0$ und $b_5 = 0,1$ hinreichend, obwohl die Kennlinie im Intervall $-4 \leq x \leq 4$ also durch 8 Koeffizieten definiert ist. Für das Ausgangssignal gilt

$$s_2(t) = \hat{u}_2 g(x) = \hat{u}_2 g\left(\frac{s_1(t)}{\hat{u}_1}\right) \qquad (12.39)$$

Hierbei ist $\hat{u}_2$ der Spitzenwert der Ausgangsspannung des nichtlinearen Verstärkers bei Sättigungsbetrieb. Setzt man in Gleichung 12.39 das Eingangssignal $s_1(t)$ nach Gleichung 12.36 ein so erhält man das Ausgangssignal des Leistungsverstärkers zu

$$\frac{s_2(t)}{\hat{u}_2} = \sum_{l=1}^{\infty} b_l \sin\left(\frac{l\pi}{4} \sum_{\nu=1}^{N_z} \frac{\hat{s}_{1\nu}}{\hat{u}_1} \sin(\omega_{c\nu} t + \phi_\nu)\right) \qquad (12.40)$$

Der Ausdruck ($\sin \frac{l\pi}{4} \cdots$) in Gleichung 12.40 führt auf die Besselfunktionen 1. Art der Ordnung n, $J_n(\zeta)$. Führt man die Besselfunktionen in Gleichung 12.40 ein, so erhält man nach einigen Umformungen das Ausgangssignal das die Intermodulationsprodukte enthält.

$$\frac{s_2(t)}{\hat{u}_2} = \sum_{l=-4}^{+4} b_l \left(\prod_{n,\nu} J_n \left(\frac{l\pi \hat{s}_1}{4\hat{u}_1} \right) \right) \sin(\omega_k t + \phi_k) \tag{12.41}$$

Hierbei gilt

$$(n,\nu) = (\alpha, 1); (\beta, 2); (\gamma, 3); \ldots \tag{12.42}$$

$$\omega_k = \alpha\omega_1 + \beta\omega_2 + \gamma\omega_3 + \cdots \tag{12.43}$$

$$\phi_k = \alpha\phi_1 + \beta\phi_2 + \gamma\phi_3 + \cdots \tag{12.44}$$

In Gleichung 12.41 wird eine Doppelindizierung (n,ν) benutzt. Z.B. ist für den Träger $\nu = 1$ der Wert von n eine ganze Zahl α; für $\nu = 2$ eine ganze Zahl β u.s.w..Die ganzen Zahlen α, β, γ, etc. sind harmonische der Trägerfrequenz und können positiv oder negativ sein. Sie bilden die Kreisfrequenz ω_k der Intermodulationsprodukte. Da die Mittenfrequenz der einzelnen modulierten Träger sehr viel größer ist als der Kanalabstand im Vielträger-Multiplex-Signal, fallen nur Intermodulationsprodukte ungerader Ordnung in das Nutzband, wobei die Komponenten 3. Ordnung dominieren. Alle Intermodulationsprodukte höherer Ordnung sind vernachlässigbar. Damit Intermodulationsprodukte in das Nutzband fallen, müssen die harmonischen Zahlen $\alpha, \beta, \gamma, \cdots$ so liegen, daß die Kreisfrequenzen der Störkomponenten ebenfalls im Nutzband liegen. Somit gilt $\omega_L \leq \omega_k \leq (\omega_L + B_v)$. Aufgrund der gleichen Kanalabstände im Vielträgersignal kann die Mittenfrequenz des $\nu - ten$ Kanals durch

$$\omega_\nu = \omega_L + (\nu - 1)\Delta\omega_a, \tag{12.45}$$

mit ($\nu = 1, 2, 3, \cdots$), ausgedrückt werden. Für Gleichung 12.43 folgt damit nach Umformung

$$\omega_k = \alpha\omega_L + \beta(\omega_L + \Delta\omega_a) + \gamma(\omega_L + 2\Delta\omega) \ldots \tag{12.46}$$

$$\omega_k = (\alpha + \beta + \gamma + \cdots + \zeta)\omega_L + (\beta + 2\gamma + \cdots + [N_z - 1]\zeta)\Delta\omega_a \tag{12.47}$$

Wenn man annimmt, daß $B_v \ll \omega_L$ ist, dann müssen die Koeffizienten in Gleichung 12.47 die bei ω_L stehen gleich 1 sein. Die Komponeten die ins Nutzband fallen sind somit beschränkt auf die Kreisfrequenzen

$$\omega_k = \omega_L + k\Delta\omega_a \tag{12.48}$$

mit

$$k = 0, 1, 2, 3, \cdots (N_z - 1)) = (\beta + 2\gamma + \cdots (N_z - 1)\zeta) \tag{12.49}$$

[143, 144, 145, 141]. Die verkoppelte Wirkung von Intermodulation, AM/PM-Conversion und additivem Geräusch in einem Vielträgersystem bei nichtlinearer Übertragung wird in [140] untersucht.

12.4 Jitter

Die meisten Störeinflüsse wie Dämpfungs-und Gruppenlaufzeitverzerrungen, Rauschen, etc. können in digitalen Übertragungssystemen in genügendem Maße unterdrückt werden. Die Beseitigung von Jitter bereitet in der Praxis jedoch immer noch Schwierigkeiten. Jitter kann die nachfolgend dargestellten Ursachen haben:
- Jitter der Nachrichtenquelle und der Oszillatoren (Oszillatoren der Trägergeneratoren, Umsetzeroszillatoren).
- Jitter infolge von Störspannungen (Rauschen, Symbolinterferenz).
- Jitter durch Fehlabstimmung in selektiven Kreisen zur Träger-und Taktrückgewinnung (Bauelementedrift).

Jitter im Empfangssignal beeinflußt die Impulsflanken der demodulierten Basisbandsignale. Sie weichen von ihrem idealen Zeitraster, das durch äquidistante feste Nulldurchgänge bestimmt ist, ab. Die zur Träger-und Taktrückgewinnung (kohärente Demodulation), benutzten Phasenregelschleifen (englisch: Phase Locked Loop, PLL) sind zwar in der Lage Synchronität zwischen Empfangssignal und daraus abgeleitet Träger und Takt herzustellen, eine wirksame Jitterunterdrückung

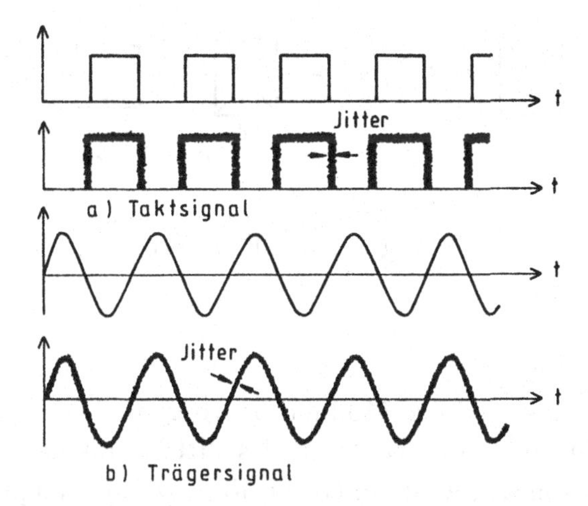

Abbildung 12.14: Takt-und Trägersignal mit und ohne Jitter

bereits im Empfangssignal gelingt jedoch nicht. Oft versagen bei starkem Jitter auch die Phasenregelschleifen, sie "rasten nicht ein". Jitter kann als eine dem jeweiligen Signal überlagerte Frequenzmodulation aufgefaßt werden. In Abbildung 12.14 ist ein im Demodulator aus dem Empfangssignal wiedergewonnener Träger sowie ein Taktsignal bei Rauscheinfluß qualitativ dargestellt. Durch die additive Überlagerung des Geräuschs entsteht eine statistische Verschiebung der Nulldurchgänge bei Takt und Träger. Der maximale Spitze-Spitze-Wert des Jitters (Phasenhub) ist im allgemeinen kleiner 20°, während die Jitterfrequenz bei $40Hz$ bis $200Hz$ liegt [146, 147, 148, 149, 150].

12.4.1 Jitter in einem 2PSK-Signal

Multipliziert man ein gleichanteilfreies stochastisches Binärsignal $y(t)$ mit der Trägerschwingung

$$s_c(t) = \sin \omega_c t \tag{12.50}$$

so entsteht ein 2PSK-Signal, wie bereits in Kapitel 5 erläutert. Läßt man die Beschreibung der Impulsformung außer acht, so lautet das 2PSK-Signal

$$s(t) = y(t) \sin \omega_c t \tag{12.51}$$

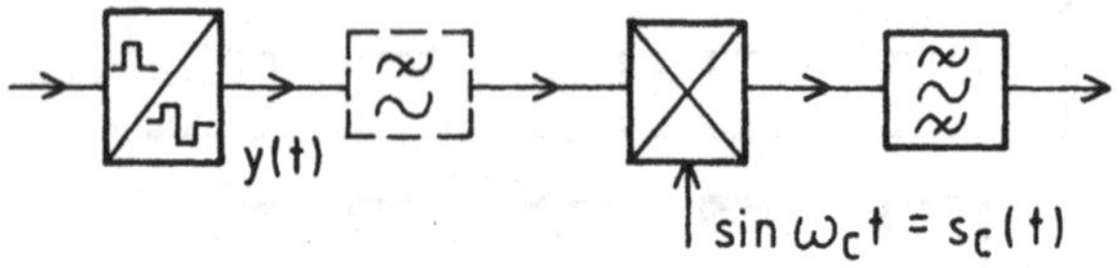

Abbildung 12.15: 2PSK-Prinzip

In Abbildung 12.15 ist der Modulationsvorgang noch einmal prinzipiell dargestellt. Um die Wirkung des Jitters auf das 2PSK-Signal ausdrücken zu können, wird ein cosinusförmiges Jittersignal

$$\Theta_p(t) = k_t \cos \omega_p t \tag{12.52}$$

angenommen mit $\omega_p = 2\pi f_p$ und $f_p = 120$ Hz als typischen Wert für die Jitterfrequenz. Gewählt wird weiterhin für den Koeffizienten $k_t = 0,131$, damit der Spitze-Spitze-Wert von $\Theta_p(t)$ gleich $0,262$ Radiant beträgt. Dies entspricht ungefähr 15° ein weiterer typischer Wert für die Jitterphase. Im realen Fall besteht das Jittersignal zwar aus vielen Frequenzkomponenten und nicht wie angenommen aus einer einzigen. Der genannte Spitze-Spitze-Wert der Jitterphase von 15° sei der maximale Phasenhub eines solchen Jittersignals und der Koeffizient $k_t = 0,131$ ist als die Summe der Koeffizienten der einzelnen Frequenzkomponenten aufzufassen. Das durch Jitter gestörte 2PSK-Signal laute somit

$$s(t) = y(t) \sin(\omega_c t + k_t \cos \omega_p t) \tag{12.53}$$

Für kleine Argumente kann die Sinus-Funktion in Gleichung 12.53 durch Besselfunktionen 1. Art und n-ter Ordnung genähert werden.

$$\sin(\omega_c t + k_t \cos \omega_p t) \approx J_0(k_t) \sin \omega_c t + J_1(k_t)[\cos(\omega_c - \omega_p)t + \cos(\omega_c + \omega_p)t] \tag{12.54}$$

Die Komponenten mit Bessel-Funktionen höherer Ordnung können vernachlässigt werden, da für $k_t = 0,131, J_2(k_t) = 0.00214$ sehr klein wird verglichen mit $J_0(k_t) = 0.9957$ und $J_1(k_t) = 0,0652$. Mit den Näherungen 12.54 folgt nun für das 2PSK - Signal

$$s(t) \approx y(t)\{J_0(k_t) \sin \omega_c t + J_1(k_t)[\cos(\omega_c - \omega_p)t + \cos(\omega_c + \omega_p)t]\} \tag{12.55}$$

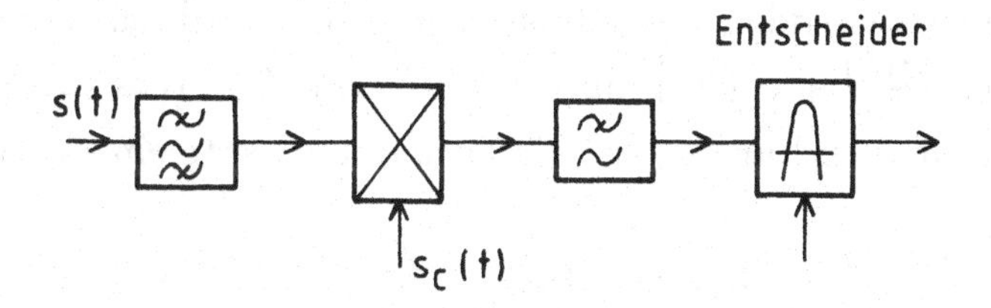

Abbildung 12.16: 2PSK-Demodulator-Prinzip

Zur Demodulation des 2PSK-Signal werden 3 Fälle betrachtet. Das Prinzip des 2PSK-Demodulators ist in Abbildung 12.16 nocheinmal dargestellt. Zunächst werde angenommen die Trägerableitung im Demodulator nach Abbildung 12.16 selektiere den synchronen Träger nach Gleichung 12.53.

$$s_c(t) = \sin(\omega_c t + k_t \cos \omega_p t) \tag{12.56}$$

Die Produktdemodulation nach Abbildung 12.16 liefert dann mit Gleichung 12.56 nach der Tiefpaßfilterung, wie durch Anwendung der Additionstheoreme der Trigonometrie einfach nachweisbar

$$[s(t)s_c(t)]_{TP} = \frac{y(t)}{2} \tag{12.57}$$

(Der Index TP bedeutet nach der Tiefpaßfilterung). Da der aus dem Empfangssignal wiedergewonnene Träger den gleichen Jitter enhält wie das Empfangssignal tritt im demodulierten Signal keine Verzerrung auf.

Nun werde angenommen das Empfangssignal werde in seiner genäherten Form empfangen und die Trägerableitung sei in der Lage den genäherten kohärenten Träger zu selektieren wie Gleichung 12.55 zu entnehmen.

$$s_c(t) = J_0(k_t) \sin \omega_c t + J_1(k_t)[\cos(\omega_c - \omega_p)t + \cos(\omega_c + \omega_p)t] \tag{12.58}$$

Die Produktdemodulation mit dem Träger 12.58 und $s(t)$ nach Gleichung 12.55 liefert dann nach der Tiefpaßfilterung

$$[s(t)s_c(t)]_{TP} = y(t)\left[\frac{J_0^2(k_t)}{2} + J_1^2(k_t)\right] + y(t)J_1^2(k_t)\cos 2\omega_p t \tag{12.59}$$

Nach dem vorstehenden Demodulationsergebnis wird das demodulierte Signal $y(t)\left[\frac{J_0^2(k_t)}{2}+J_1^2(k_t)\right]$ durch den Term $J_1^2(k_t)\cos 2\omega_p t$ verzerrt. Setzt man für $J_0(k_t)$ und $J_1(k_t)$ die bekannten Werte ein so erhält man

$$[s(t)s_c(t)]_{TP} \approx 0,5y(t) + 0,004251\cos 2\omega_p t \qquad (12.60)$$

Der Störeinfluß durch den zweiten Ausdruck in der vorstehenden Näherung ist praktisch gleich Null. Dies ist verständlich, da das Empfangssignal wie der Träger in gleicher Weise genähert angenommen wurde. Das Nutzsignal liegt aufgrund der Näherungen um $20\lg\frac{0,5}{0,004251} = 41,4dB$ über dem Störsignal.

Setzt man nun eine "schlechte Trägerableitung" voraus und nimmt an sie würde aus dem Empfangssignal den Träger

$$s_c(t) = \sin\omega_c t \qquad (12.61)$$

ableiten, dann liefert die Produktdemodulation mit dem genäherten 2PSK - Signal nach Gleichung 12.55 nach der Tiefpaßfilterung im Demodulator

$$\begin{aligned}[s(t)s_c(t)]_{TP} &= \frac{J_0(k_t)}{2}y(t) + J_1(k_t)\dot{y}(t)\sin\omega_p t \qquad (12.62)\\ &= 0,49785y(t) + 0,00652y(t)\sin\omega_p t\end{aligned}$$

Der Abstand zwischen Nutzsignal und Störsignal beträgt nun $20\lg\frac{0,49785}{0.00652} = 37,65$ dB. Der Störabstandsverlust gegenüber der Demodulation mit dem Träger nach Gleichung 12.58 beträgt ungefähr 4 dB. Hierdurch wird deutlich welche Bedeutung der sorgfältige Entwurf und Aufbau von Träger-und Taktableitung in Systemen mit kohärenter Demodulation hat.

Die Jitterunterdrückung muß möglichst an seiner Quelle z.B. durch den Entwurf temperaturstabiler Osziallatoren, und der Verwendung rauscharmer Bauelemente erfolgen.

12.5 Frequenzverwerfungen

Frequenzverwerfungen treten in Übertragungssystemen auf deren Umsetzeroszillatoren der Sende-und Empfangsseite nicht synchronisiert sind, was in der Praxis fast immer der Fall ist. Die übertragenen Signale erleiden bei jeder Umsetzung einen Frequenzversatz dessen Größenordnung von der Qualität der Umsetzer abhängt. Ein Frequenzversatz im Empfangssignal erschwert die kohärente Demodulation z.B. in den häufig eingesetzten 4PSK-Modems. Die Trägerableitung zur Rückgewinnung eines kohärenten Trägers aus dem Empfangssignal muß Regeleinrichtungen (Phasenregelschleifen, Frequenznachregelungen) besitzen die den Frequenzverwerfungen zu folgen vermögen. Die größten Auswirkungen der Frequenzverwerfungen zeigen sich bei sehr schmalbandigen Systemen. Hier ist es zwingend notwendig Schaltungen zur Frequenznachregelung (AFC..Automatic Frequency Control) anzuwenden. Zur weitern Erläuterung werde ein Satellitenübertragungssystem gemäß Abbildung 12.17 betrachtet. Dort sind die auftretenden Frequenzverwerfungen in realistischer Größenordnung bei den Komponenten eingetragen in denen sie entstehen. Die Frequenzverschiebung infolge des Dopplereffektes der aufgrund der Restbewegung des Satelliten auftritt ist ebenfalls eingetragen. Auf die Frequenzverschiebung durch den Dopplereffekt wird im nächsten Abschnitt näher eingegangen. Als Zwischenfrequenz (ZF) (=Trägerfrequenz) wird 70 MHz und als Radiofrequenz (RF) wird sendeseitig 6 GHz und empfangsseitig 4 GHz angenommen. Nach Abbildung 12.17 wird im Sendezug der Erdfunkstelle, der aus Modulator, Sendeumsetzer und Leistungsverstärker besteht, ein Frequenzversatz von $\pm 10kHz$ durch den Sendeumsetzer verursacht. Infolge des Dopplereffekts auf der Aufwärtsstrecke beträgt die Frequenzverschiebung ±170 Hz. Der Satellit mit einem breitbandigen Eingangsbandpaß (Bandbreite 500 MHz) dem rauscharmen Vorverstärker (RVV) dem Frequenzumsetzer und den Leistungsverstärkern der einzelnen Transponderkanäle verursacht durch den Frequenzumsetzer eine Frequenzverwerfung von $\pm 25kHz$. Die Dopplerverschiebung auf der Abwärtsstrecke beträgt $\pm 130Hz$. Im Empfangszug der Erdfunkstelle (rauscharmer Vorverstärker, Empfangsumsetzer, Demo-

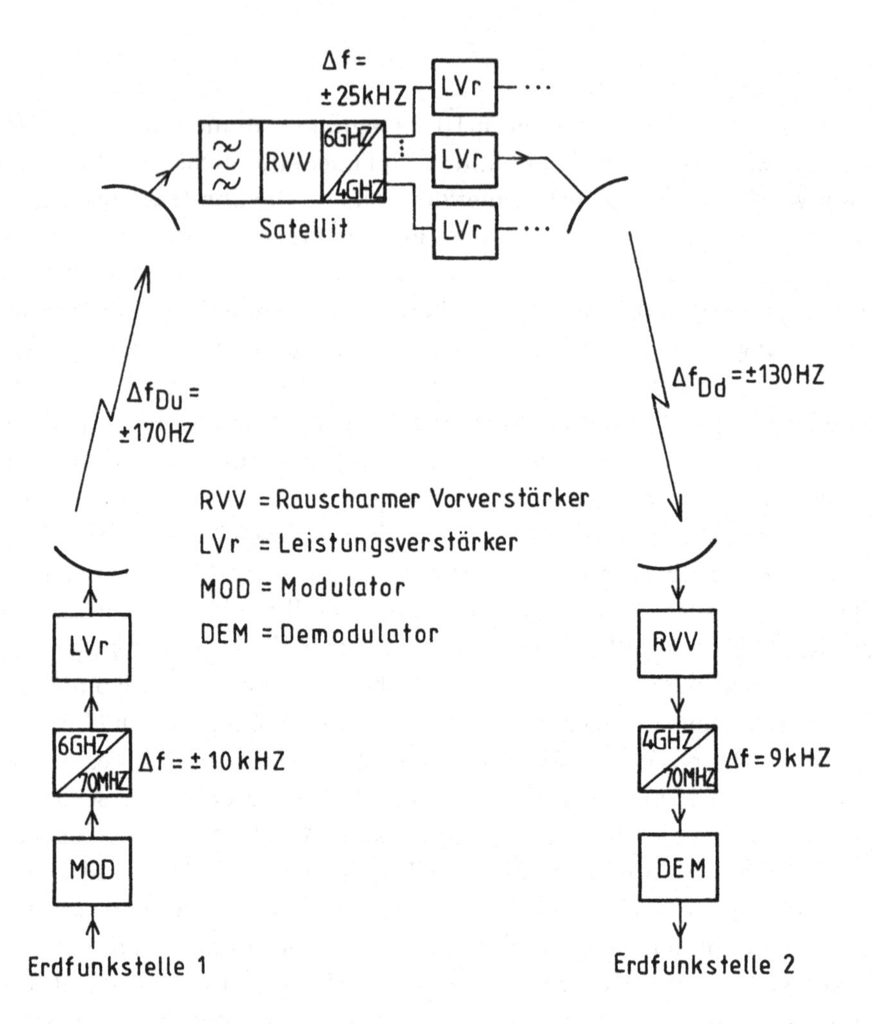

Abbildung 12.17: Frequenzverwerfungen in einem Satellitenübertragungssystem

dulator) erzeugt schließlich der Empfangsumsetzer einen Frequenzversatz von $9kHz$. Addiert man alle vorgenannten Frequenzverwerfungen des Übertragungssystems auf, so erhält man am Demodulatoreingang einen Gesamtfrequenzversatz von $|\Delta f_{ZF}| = \pm 44,3$ kHz. Die Trägerfrequenz des modulierten Empfangssignals ist somit von ihrem Sollwert um diesen Betrag verschoben. Bezogen auf die nominelle Trägerfrequenz von 70 MHz bzw. die jeweilige RF-Mittenfrequenz bei 6 GHz und 4 GHz erfolgt eine unsymmetrische Signaldetektion durch die Bandpässe an den Umsetzereingängen und am Demodulatoreingang, was mit einer gewissen Degradation des Signals einhergeht. Die Trägerableitung im Demodulator die bei kohärenter Demodulation immer benötigt wird muß somit alle Trägerfrequenzen im Intervall $69,9557MHz \leq f \leq 70,0443MHz$ verarbeiten können. Mit Phasenregelschleifen oder ensprechend aufwendigeren Regelschaltungen, siehe Abschnitt 5.3.3 ist es möglich den Frequenzversatz zwischen der Trägerfrequenz f_c des Empfangssignals und der Frequenz f_0 eines spannungsgesteuerten Oszillators (VCO ... Voltage Controlled Oscillator) durch nachziehen der VCO-Frequenz auszuregeln. Da der VCO selbst jedoch ebenfalls eine gewisse temperaturabhängige Frequenzdrift von beispielsweise $\Delta f_0 = \pm 10kHz$ hat, ist der gesamte Frequenzversatz $\Delta f_{ges} = \Delta f_{ZF} + \Delta f_0$. Setzt man Phasenregelschleifen erster Ordnung ein, so verbleibt ein Restphasenfehler der Form

$$\Phi_R = \arcsin \frac{2\pi \Delta f_{ges}}{K} \tag{12.63}$$

mit

$$K > 2\pi |\Delta f_{ges}| \tag{12.64}$$

der Schleifensteilheit der Phasenregelschleife. Bei Phasenregelschleifen 2. Ordnung entfällt der Restfehler [131, 27].

12.5.1 Doppler-Effekt

Wie bereits im vohergehenden Abschnitt am Beispiel eines Satelliten in der geostationären Bahn der Restbewegungen durchführt erwähnt, entstehen wegen der nicht festen Position des Satelliten unterschiedliche Signallaufzeiten auf der Strecke Erdfunkstelle-Satellit-Erdfunkstelle

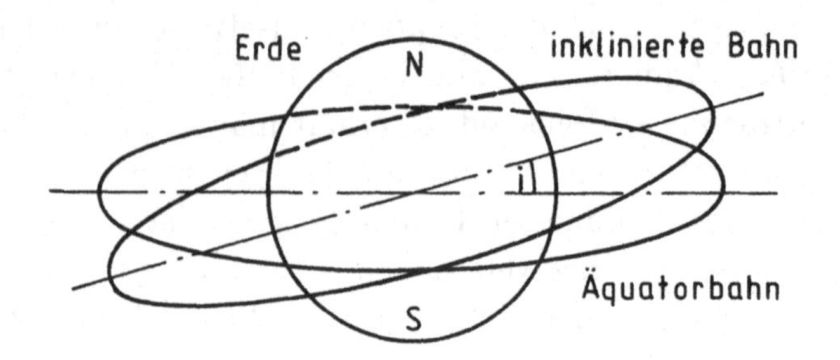

Abbildung 12.18: Definition des Inklinationswinkels

aufgrund des Doppler-Effekts.

$$\frac{\Delta f_D}{f} = -\frac{v_E}{c} \tag{12.65}$$

Dieses Gesetz ist allgemein auch dann gültig wenn sowohl Sender als auch Empfänger bewegte Objekte sind (Mobilfunk).

Am Beispiel einer Satellitenverbindung mit einer RF-Frequenz von 6 GHz wird nachfolgend gezeigt in welcher Größenordnung die Dopplerverschiebung in Abhängigkeit vom Inklinationswinkel der Satellitenbahn i ist. Der Inklinationswinkel ist der Winkel zwischen der Äquatorbahnebene (i=0) und der zu ihr um den Winkel i geneigten Satellitenbahnebene (Kreisbahn), siehe Abbildung 12.18. In Gleichung 12.65 bezeichnet Δf_D die Frequenzverschiebung, f die RF-Frequenz, c die Lichtgeschwindigkeit und v_E die Änderungsgeschwindigkeit des Abstandes zwischen Erdfunkstelle und Satellit. In Abbildung 12.19 ist die Änderungsgeschwindigkeit der Entfernung Erdfunkstelle-Satellit v_E, die Laufzeitänderung τ_D, sowie die sich ergebende Doppler-Frequenzverschiebung in Abhängigkeit des Inklinationswinkels i mit der geographischen Breite β_G als Parameter dargestellt. Eine Verbindung Erdfunkstelle-Satellit-Erdfunkstelle erleidet dann den geringsten Frequenzversatz aufgrund der Dopplerverschiebung wenn beide Erdfunkstellen auf dem Äquator liegen ($\beta_G = 0^o$) [131].

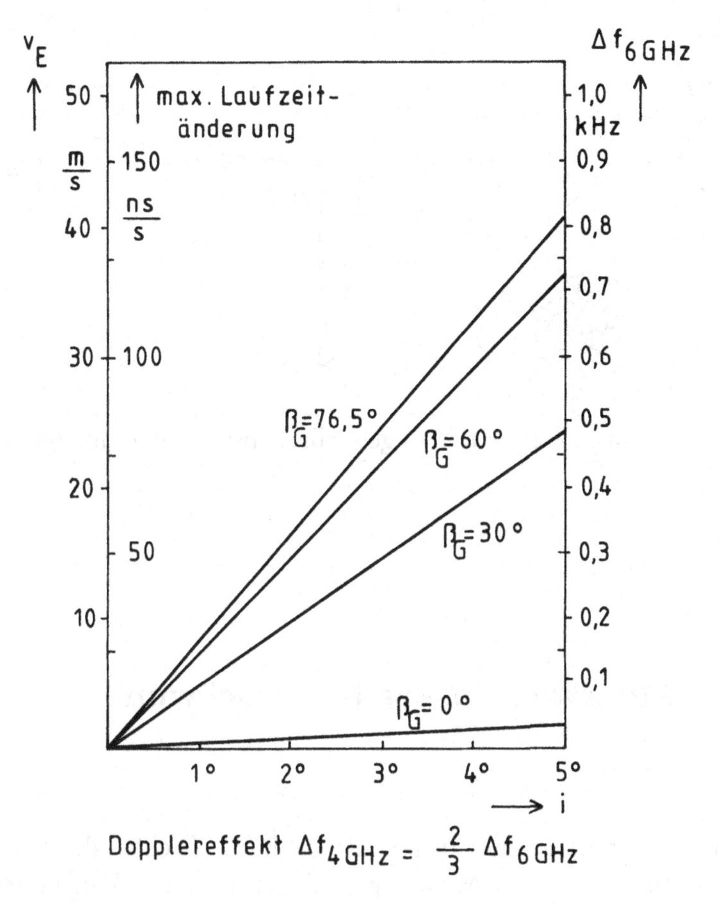

Abbildung 12.19: Dopplereffekt bei einer Satellitenverbindung (RF-Frequenz 6 GHz)

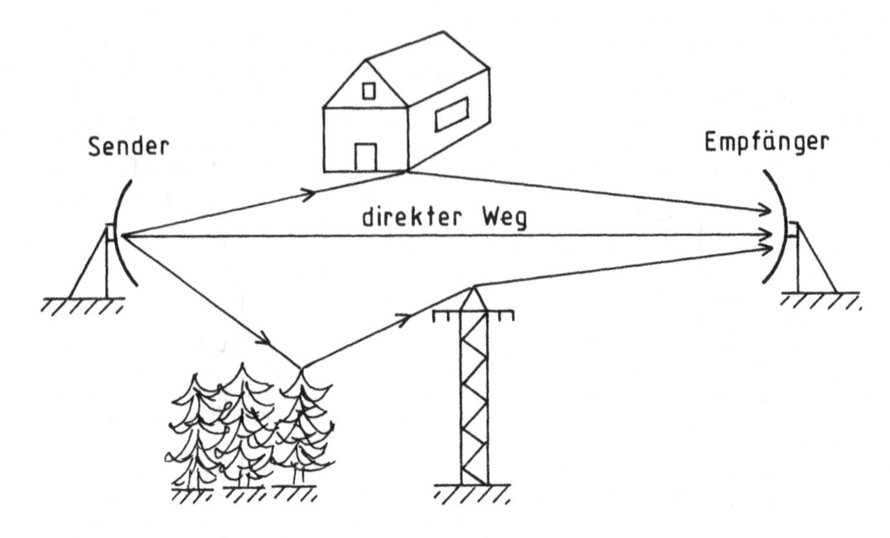

Abbildung 12.20: Mehrwegeausbreitung eines Funksignals

12.6 Mehrwegeausbreitung, Schwund

Bei der Funkübertragung in der Atmosphäre (Richtfunk, Mobilfunk) tritt das Phänomen der Mehrwegeausbreitung auf. Wegen Reflexionen an Bauwerken und Bergen pflanzt sich das vom bewegten Sender abgestrahlte Signal auf verschiedenen Pfaden fort und erscheint beim Empfänger nach unterschiedlichen Laufzeiten. Jedes einzelene dieser Signale erfährt eine unterschiedliche Dämpfung, wobei nicht immer die Signale die den weitesten Weg zurücklegen die geringsten Signalamplituden aufweisen. In Abbildung 12.20 ist ein Gelände und die mögliche Mehrwegeausbreitung dargestellt. Entstehen Streuungen in der Troposphäre (Richtfunk, z.B. Scatterverbindungen) oder Ionosphäre so sind die Übertragungssysteme nicht mehr als zeitinvariant zu betrachten. Überträgt man beispielsweise über ein solches System, einen unmodulierten Träger der Form

$$s_c(t) = \hat{s} \sin \omega_c t \tag{12.66}$$

so können sich bei ungünstigen Laufzeiten der einzelnen Übertragungswege bei entsprechenden Phasenlagen im Empfänger die Signale auslöschen (Schwund). Andererseits ist jedoch bei gleichphasiger Überlagerung der einzelenen Signalkomponenten im Empfänger eine Signalerhöhung möglich. Die Phasen der ankommenden Mehrwegesignale sind zeitabhängig wegen der unterschiedlichen Signallaufzeiten, man spricht von *zeitselektivem Schwund.* Der beschriebene Effekt tritt auch dann auf, wenn der Empfänger ein bewegtes Objekt ist und die erwähnten Streuungen an Gebäuden und der Landschaft auftreten. Aufgrund der Mehrwegeausbreitung sind die am Empfänger eintreffenden Amplituden und Phasen, sowie die Signallaufzeiten Zufallsgrößen. Das unmodulierte Signal nach Gleichung 12.66 erscheint aufgrund der Mehrwegeausbreitung bei L_w verschiedenen Übertragungswegen beim Empfänger in der Form

$$s_E(t) = \sum_{\iota=1}^{L_w} \hat{s}_\iota(t) \sin(\omega_c t + \varphi_\iota(t)) \tag{12.67}$$

Aufgrund der Zufälligkeit der einzelnen Parameter in Gleichung 12.67 ist $s_E(t)$ ein Zufallssignal. Der Betrag von Gleichung 12.67 der ebenfalls eine Zufallsvariable darstellt wird durch eine Rayleigh-Verteilung

$$p_s(x) = \frac{2x}{\sigma_s^2} e^{-\frac{x^2}{\sigma_s^2}} \tag{12.68}$$

mit $x \geq 0$ beschrieben. σ_s^2 bezeichnet hierbei die Wirkleistung des Mehrwegesignals. Die Phase $\varphi_\iota(t)$ des Mehrwegesignals ist gleichverteilt im Intervall $[-\pi, \pi]$.

$$p(\varphi_\iota) = \text{constant} \tag{12.69}$$

im vorgenannten Intervall. Da der Betrag des Mehrwegesignal durch eine Raleigh-Verteilung beschrieben wird, nennt man den dabei verursachten Störeffekt *Rayleigh-Fading.* Enthält das Mehrwegesignal sogenannte Direktkomponenten, dies sind Signalanteile die auf direktem Wege mit konstanter Amplitude und Phase zum Empfägner gelangen, so erhält man das sogenannte *Rice-Fading*. Die Phasen sind dann nicht mehr gleichverteilt. Die Phasendifferenzen zwischen den Teilwellen verändern sich auch frequenzabhängig. Zusammenfassend bezeichnet man beide Eigenschaften als *frequenzselektiven* und *zeitvarianten* Schwund. [27, 119, 151, 152]. Schwunderscheinungen treten hauptsächlich in Richt-und Mobilfunksystemen auf. In festen Satellitensystemen spielen diese Effekte praktisch keine Rolle.

12.7 Nachbarkanalstörung

Reale Übertragungssysteme sind frequenzbandbegrenzt. Das durch das Nutzsignal belegte Frequenzband wird in der Praxis oft als "Kanal" bezeichnet. Der hier gemeinte "Kanal" stimmt nicht mit dem in der Informationstheorie verwendeten Begriff überein und darf deshalb mit diesem nicht verwechselt werden. Bleibt das Signalspektrum eines "Kanals" aufgrund eines Störeinflusses (z.B. Spectrum-Spreading), siehe Abschnitt 12.3.2 nicht auf sein Frequenzband beschränkt, so entsteht eine Nachbarkanalstörung. Ein Teil der Signalenergie des gespreizten Spektrums überlagert sich den unmittelbar benachbarten Signalspektren der Nachbarkanäle und führt dort zu Siganlverzerrungen. In Abbildung 12.21 ist dieses Störphänomen dargestellt, das besonders in den frequenzmäßig nebeneinander angeordneten Transpondern eines Satelliten auftreten kann, wenn der Wanderfeldröhren-Verstärker einer sendenden Erdfunkstelle im Sättigungsbetrieb arbeitet. Das durch Spectrum-Spreading beeinflusste Signal in Transponder 2 nach Abbildung 12.21 stört sowohl das Signal in Transponder 1 als auch in Transponder 3. Durch ein entsprechende Verschiebung des Arbeitspunktes vom Sättigungspunkt in den linearen Bereich der Leistungsverstärker-Kennlinie in der sendenden Erdfunkstelle, kann der Störeffekt verhindert werden. Entsprechend kann die Nachbarkanalstörung auch in der empfangenden Erdfunkstelle auftreten, wenn ein Leistungsverstärker in einem Satellitentransponder in Sättigung arbeitet und die Erdfunkstelle

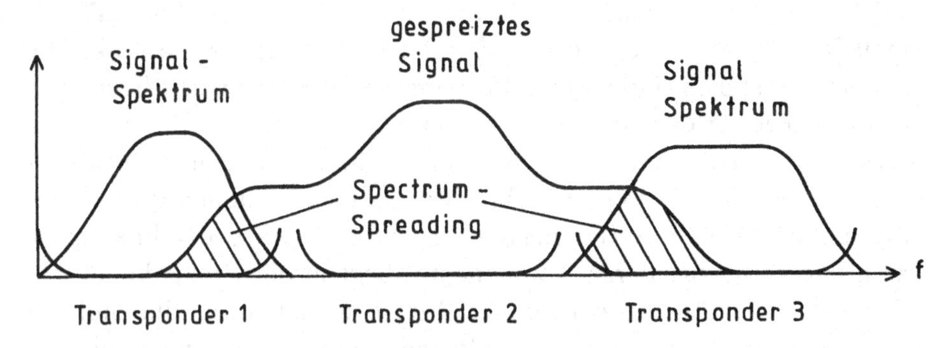

Abbildung 12.21: Nachbarkanalstörung in Satellitentranspondern

auch die benachbarten Transponder empfängt. Zur Verdeutlichung des Sachverhalts siehe auch Abbildung 12.12 [153,154].

12.8 Gleichkanalstörung

Da die verfügbaren Frequenzbänder zur Funkübertragung grundsätzlich knapp sind, wurde im Satellitenfunk und Richtfunk der sogenannte *Gleichkanalbetrieb* eingeführt. Bei dieser Betriebsart trägt eine hochfrequente Welle mit zwei verschiedenen orthogonalen Polarisationen 2 Nutzsignale bei gleicher Frequenz, wobei jeder Polarisation ein Nutzsignal zugeordnet ist. Man spricht dabei auch von *dualer Polarisation.* Unter der Polarisation einer elektromagnetischen Welle versteht man den räumlichen Verlauf der Spitze des elektrischen Feldvektors $\vec{E}$ bei der Ausbreitung der Welle. Er beschreibt eine Raumkurve die linear (lineare Polarisation), schraubenförmig zirkular (zirkulare Polarisation) oder schraubenförmig elliptisch (elliptische Polarisation) sein kann. Bei linearer dualer Polarisation ist ein $\vec{E}$ - Vektor horizontal und der andere vertikal polarisiert, während bei zirkularer dualer Polarisation ein rechts-und ein linkszirkularer $\vec{E}$ - Vektor vorhanden ist.

Der Polarisator im Sender besteht im einfachsten Fall aus einem Rundhohlleiter in den 2 Nutzsignale über Rechteckhohleiter die senkrecht aufeinander stehen (Orthogonalität) eingespeist werden. Die Trennung im Empfänger erfolgt über Polarisationsweichen, wobei z.B. aus einem Rundhohlleiter die beiden Signale durch Überführung in 2 Rechteckhohleiter entkoppelt werden. Die Polarisationsentkopplung in einem dual polarisierten Übertragungssystem (z.B. zwischen der linkszirkularen und rechtszirkularen Komponente) liegt in der Praxis bei 30 bis 40 dB. Im wesentlichen wird dieser Wert begrenzt durch die endliche Polarisastionsentkopplung der Sende-und Empfangsantenne, sowie der zur Fortleitung der dual polarisierten Welle benötigten Hohlleiter und Hohlleiterbauteile (Schalter, Leistungsteiler, etc.). Aufgrund der nur endlichen Entkopplung besteht eine gewisse Überkopplung von Signalenergie zwischen den dual polarisierten Signalkomponenten, die *Kreuzpolarisation* genannt wird. Die Kreuzpolarisation ist die Ursache der Gleichkanalstörung. Zu ihrer Unterdrückung sind hochwertige Antennenanlagen und Hohlleiterbauelemente erforderlich. Depolarisationseffekte werden auch durch atmosphärische Einflüsse besonders durch Regen bei Frequenzen > 10 GHz verursacht. Bei tieferen Frequenzen < 6 GHz wird die *Faraday-Verschiebung* wirksam [153].

12.9 Weitere Störeffekte bei der Wellen-Ausbreitung in der Atmosphäre

Die Freiraumdämpfung eines Funkübertragungssystems ist durch

$$L_0|_{dB} = 32,5 + 20\lg(d[km]) + 20\lg(f[MHz]) - 10\lg G_S - 10\lg G_E \tag{12.70}$$

(G_S, G_E ... Gewinn von Sende-und Empfangssantenne, d ... Abstand zwischen Sende und Empfangsantenne im freien Raum) definiert. Für $G_S = 1$ und $G_E = 1$ erhält man die reine Streckendämpfung. Neben dieser auch unter Weltraumbedingungen vorhandenen Dämpfung gibt es eine Vielzahl von atmosphärsischen Effekten die die elektromagnetische Welle bei ihrer Ausbreitung beeinflussen. Geht eine elektromagnetische Welle von einem Medium mit der Brechzahl n_1 über in ein Medium mit der Brechzahl n_2 so kommt es zur Brechung und auch zur Reflexion an den Grenzfächen. Ein solcher Effekt tritt beispielsweise in turbulenten Luftschichten auf, die durch die ständige Mischung von kalten und warmen Luftmassen verursacht wird. Je nach Ausdehnung der Turbulenz kommt es zu Brechungseffekten, Streueffekten sowie Schwankungen der Amplitude, Phase und Polarisation. Die zuletzt genannten 3 Effekte faßt man unter dem Begriff Szintillationen zusammen. Szintillationen treten in den gemäßigten Zonen der Erde nur im Sommer auf. Im Satellitenfunk können Szintillationen zu Störungen im Antennennachführsystem der Erdfunkstellen führen. Bei Niederschlägen (Regen, Schnee, Nebel, ...) entstehen ebenfalls Streuungsverluste. Die durch Regen verursachte Dämpfung kann bei Frequenzen $\geq$ 10 GHz in der Größenordnung von 15 dB und mehr liegen. Regen führt auch zu einer Geräuscherhöhung, die durch die Erhöhung der äquivalenten Systemrauschtemperatur um den Wert

$$\Delta T = 273K \left(1 - \frac{1}{L_r}\right) \tag{12.71}$$

gegeben ist und von der Regendämfpung L_r abhängt. Elektromagnetische Wellen können sich um Hindernisse herum ausbreiten. Diesen Vorgang nennt man Beugung. Durch Bauwerke, unebenes Gelände u.s.w. kann es zu Abschattungen kommen. In der Schattenzone kann die Empfangssfeldstärke stark reduziert oder gar Null sein. Durchdringt eine elektromagnetische Welle die Atmosphäre (Satellitenfunk), erfährt die Welle bei Frequenzen größer 20 GHz molekulare Absorptionen durch Sauerstoff-und Wasserdampf-Molekülresonanzen. Beim Durchgang durch die Ionosphäre kommt es zu Depolarisationserscheinungen infolge der Zusammenwirkung von Erdmagnetfeld und den elektrische leitenden ionisierten Schichten (Faraday-Effekt). Im praktischen Fall bei der Erstellung einer Streckenrechnung (Link-Budget) für ein Satellitenübertragungssystem werden alle Effekte die beim Durchgang der elektromagnetischen Welle durch die Atmosphäre auftreten, meist durch einen pauschalen Dämpfungswert von ca. 1 dB bei Frequenzen zwischen 6 GHz und 14 GHz abgedeckt. Die Einflüsse durch Niederschläge (Regen) sind hierbei jedoch nicht eingeschlossen. Diese keineswegs vollständige Zusammenfassung soll einen Hinweis auf die Fülle der zu berücksichtigenden Störeffekte geben. Weitere Einzelheiten können der einschlägigen Literatur entnommen werden [119, 153].

Anhang A

A.1 Die Symbolfehler-Wahrscheinlichkeit der PSK-APK-und ASK-Systeme bei kohärenter Demodulation [29]

Ein PSK-,APK-oder ASK-Signal werde auf der Übertragungsstrecke durch additives gaußverteiltes Rauschen gestört, dann kann zur Ermittlung der Symbolfehler-Wahrscheinlichkeit das in Abbildung $A.1$ dargestellte Rechenmodell zugrunde gelegt werden. Nach Abbildung $A.1$ wird der Signalpunkt $\hat{s}\mu k$ fehlerfrei erkannt, wenn er innerhalb seines Entscheidungsgebiets liegt. Verläßt $\hat{s}_{\mu k}$ sein Entscheidungsgebiet infolge einer Störung zum Abtastzeitpunkt, so entsteht ein Symbolfehler. Der Signalzustand $\hat{s}_{\mu k}$ werde durch additves gaußsches Rauschen mit dem Effektivwert der Rauschleistung N gestört, so daß er sein Ent-

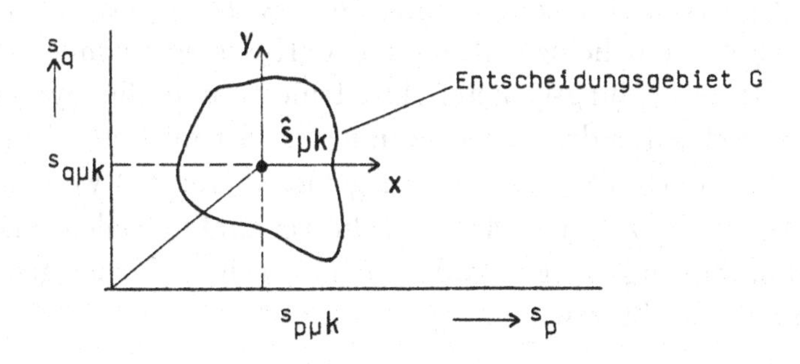

Abbildung A.1: Störmodell

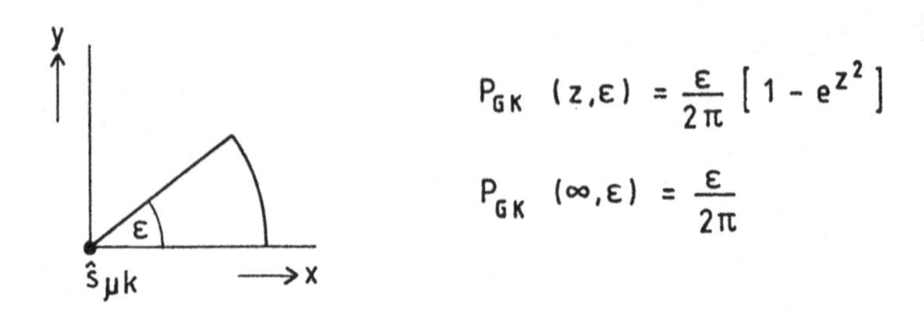

Abbildung A.2: Teilentscheidungsgebiet "Kreissektor"

scheidungsgebiet zum Abtastzeitpunkt verlassen kann. Die zweidimensionale Wahrscheinlichkeitsdichte beschreibt die Amplitudenverteilung im Entscheidungsgebiet.

$$p(s_p, s_q) = \frac{1}{2\pi N} e^{-\frac{(s_p - s_{p\mu k})^2 + (s_q - s_{q\mu k})^2}{2N}} \tag{A.1}$$

Die Wahrscheinlichkeit P_G, daß der empfangene Signalpunkt $\hat{s}_{\mu k}$ innerhalb des Entscheidungsgebietes G liegt, erhält man durch Integration über $p(s_p, s_q)$ zu

$$P_G = \int\int_G p(s_p, s_q) ds_p ds_q. \tag{A.2}$$

Die Symbolfehler-Wahrscheinlichkeit ist dann

$$P_s = 1 - P_G. \tag{A.3}$$

In [29] wird gezeigt, daß es für APK-und PSK-Systeme hinreichend ist das Integral A.2 nur für die Teilentscheidungsgebiete *Kreisektor* K, *Rechteck* R und *rechtwinkliges Dreieck* D zu lösen. Die Entscheidungsgebiete beliebiger PSK-und APK-Systeme können dann aus diesen Teilentscheidungsgebieten konstruiert, und die Symbolfehler-Wahrscheinlichkeiten durch Aufsummierung der mittleren Einzelwahrscheinlichkeiten der Teilentscheidungsgebiete berechnet werden. In den Abbildungen $A.2$, $A.3$ und $A.4$ sind die genannten Teilentscheidungsgebiete und ihre zugehörigen Wahrscheinlichkeiten P_G angegeben. Die Variable z ist der Störabstand

$$z = \frac{A_m}{\sqrt{2N}} \tag{A.4}$$

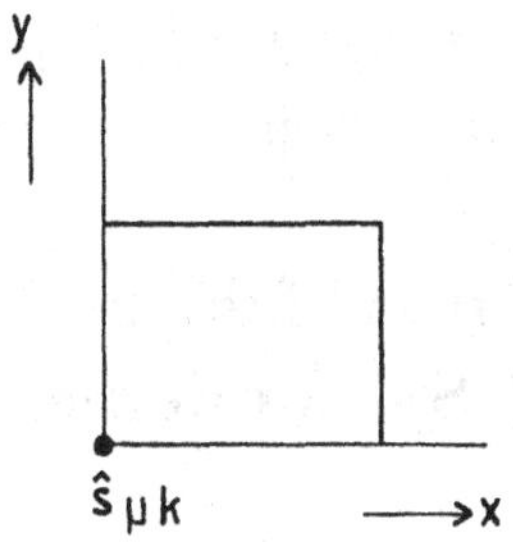

y

$$P_{GR}(z_x, z_y) = \frac{1}{4}\,\mathrm{erf}(z_x)\,\mathrm{erf}(z_y)$$

$$P_{GR}(z_x, z_x) = \frac{1}{4}\,\mathrm{erf}^2(z_x)$$

$$P_{GR}(z_x, \infty) = \frac{1}{4}\,\mathrm{erf}(z_x)$$

$\hat{s}_{\mu k}$ x

Abbildung A.3: Teilentscheidungsgebiet "Rechteck"

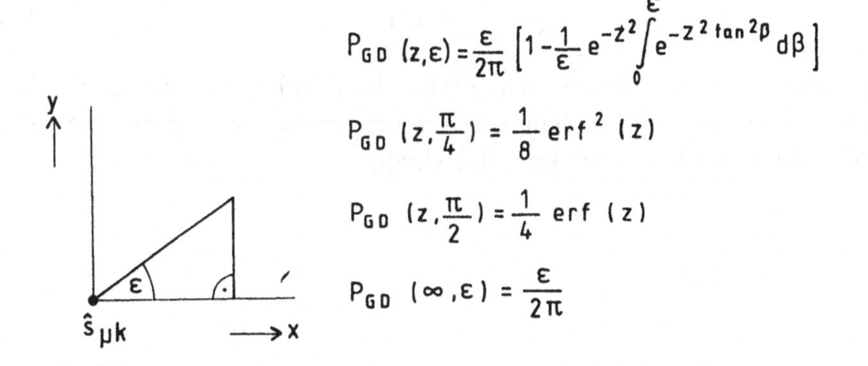

Abbildung A.4: Teilentscheidungsgebiet "Dreieck"

und A_m ist, wie bereits definiert, der minimale Abstand des Signalpunktes $\hat{s}_{\mu k}$ von seiner zugehörigen Entscheidungsgrenze. Bei der Ableitung der Symbolfehler-Wahrscheinlichkeit wird Gleichwahrscheinlichkeit der Übertragungsschritte (Symbole) vorausgesetzt. In einem m-stufigen System tritt somit jedes Symbol (n bit) mit der Wahrscheinlichkeit $1/m$ auf. Abweichungen von dieser Regel sind in Kapitel 8 dargestellt.

A.1.1 Zusammenhang zwischen Bitfehler-Wahrscheinlichkeit und Symbolfehler-Wahrscheinlichkeit

Sind die im Modulationsintervall zu übertragenden Symbole der Länge n bit statistisch voneinander unabhängig und treten gleichwahrscheinlich mit der Wahrscheinlichkeit $1/m$ auf, so gilt der Zusammenhang nach Gleichung 5.70 zwischen Symbolfehler-Wahrscheinlichkeit und Bitfehler-Wahrscheinlichkeit.

$$P_s = 1 - (1 - p_b)^n$$

Für die Bitfehhler-Wahrscheinlichkeit erhält man dann bei bekannter Symbolfehler-Wahrscheinlichkeit

$$p_b = 1 - \sqrt[n]{1 - P_s} \tag{A.5}$$

Bestehen zwischen den einzelnen Signalzuständen statistische Bindungen, so müssen diese Abhängigkeiten bei der Ermittlung der Bitfehler-Wahrscheinlichkeit berücksichtigt werden.

Literaturverzeichnis

[1] Küpfmüller K: *Die Systemtheorie der elektrischen Nachrichtentechnik*, S. Hirzel Verlag, Stuttgart, 1974

[2] Lüke H.D.: *Signalübertragung*, 5. Auflage, Springer-Verlag, Berlin, 1992

[3] Marko H.: *"Nachrichtentechnik" Band 1: Methoden der Systemtheorie*, 2. Auflage, Springer-Verlag, Berlin, 1982

[4] Unbehauen R.: *Systemtheorie*, 5. Auflage, Oldenburg Verlag, 1990

[5] Fliege N.: *Systemtheorie*, Teubner-Verlag, Stuttgart, 1991

[6] Wolf, H.: *Nachrichtenübertragung*, Springer-Verlag, Berlin, 1974

[7] Mildenberger O.: *System-und Signaltheorie*, Verlag Vieweg, Wiesbaden, 1988

[8] Gellert W., Küstner H., Hellwich M., Kästner H.: *Großes Handbuch der Mathematik*, Buch und Zeit Verlag, Köln, 1969

[9] Vlcek A.: *Zinke/Brunswig, Lehrbuch derHochfrequenztechnik*, Band 2, 3. Auflage, Springer-Verlag, Berlin, 1987

[10] Herter E.,Lörcher W.: *Nachrichtentechnik*, Carl Hanser Verlag, München, 1987

[11] Bachmann W.: *Signalanalyse*, Vieweg- Verlag, Wiesbaden, 1992

[12] Bronstein I., Semendjajew K.: *Taschenbuch der Mathematik*, Verlag Harri Deutsch, Frankfurt/M., 12. Auflage, 1972

[13] Börjesson P.O., Sundberg C.W.: *Simple Approximations of the Error Function Q(x) for Communications Applications*, IEEE Trans. on Comm., VOL. COM-27. NO. 3, March 1979 page 640-643

[14] Bennet W.R., Davey J.R.: *Data Transmission*, MC-Graw Hill, New York, 1965

[15] Schüssler W.: *Zum Entwurf impulsformender Netzwerke*, NTF Band 37,"Datenübertragung", 1969, S. 297-311

[16] Sunde E.: Theoretical Fundamentals of Pulse *Transmission*, The Bell System Technical Journal, May 1954, page 721-788

[17] Kaiser W.: *Technische Grundlagen der Datenübertragung*, NTF, Band 37, "Datenübertragung", 1969, S. 3-22

[18] Poklemba J.J.: *Pole-zero approximations for the raised cosine filter family*, Comsat Technical Review Volume 17, Number 1, Spring 1987, page 127-157

[19] Hamid A., Baker R.S., Cook W.: *A computer program for communications channel modeling and simulation*, Comsat Technical Review Volume 13 Number 2, Fall 1983, page 357-383

[20] Faßhauer P.: *Zur Optimierung digitaler Sendesignale bei bandbegrenzter Übertragung*, AEÜ, Band 32, Heft 11, November 1978, S. 425-430

[21] Stocker H.: *Spektrumformende Oberflächenwellenfilter für Digital-Richtfunksysteme*, telecom report, 5/83, 6. Jahrgang, Oktober 1983, S. 284-288

[22] Achilles D.: *Zur Impulsformung für die Datenübertragung*, AEÜ, Band 24, Heft4, 1970, S. 186-193

[23] Morgenstern G.: *Zur Berechnung der spektralen Leistungsdichte von digitalen Basisbandsignalen*, Der Fernmeldeingenieur, 33. Jahrgang, Heft 12, Dezember 1979

[24] Johann J.: *Modulationsverfahren*, "Nachrichtentechnik", Band 22, Springer-Verlag, 1992

[25] Nyquist H.: *Certain Topics in Telegraph Transmission Theory* Trans. AIEE 47, 1928, page 617-644

[26] Bocker P.: *Datenübertragung*, Springer-Verlag, Berlin, 1977

[27] Kammeyer K.D.: *Nachrichtenübertragung*, Teubner-Verlag, Stuttgart, 1992

[28] Barth H., Nossek J.A.: *140-Mbit/s-Modem für Digital-Richtfunksysteme mit 16QAM*, telecom report, 5/83, 6. Jahrgang, Oktober 1983, S. 271-276

[29] Schmidt W.: *Zur Berechnung der Fehlerwahrschein lichkeit bei Quadraturmodulationsverfahren zur synchronen Datenübertragung*, Frequenz 34, 1980, 8, S. 228-233

[30] Tietze U., Schenk Ch.: *Halbleiterschaltungstechnik*, 9. Auflage, Springer-Verlag, 1989

[31] Geißler R., Kammerloher W., Schneider H.W.: *Berechnungs-und Entwurfsverfahren der Hochfrequenztechnik 1*, Vieweg-Verlag, 1993

[32] Lucky R.W., Salz J., Weldon E.J.: *Principles of Date Communications*, New York, MC-Graw Hill, 1968

[33] Mäusl R.: *Digitale Modulationsverfahren*, Band 2, 2. Auflage, Hüthig-Verlag, Heidelberg, 1988

[34] Glance B.: *Power Spectra of Multilevel Digital Phase-Modulated Signals*, The Bell System Technical Journal, Volume 50, Number 9, November 1971, page 2857-2879

[35] Marshall G.J.: *Power spectra of digital p.m. signals*, Proceedings IEE, Volume 117, No. 10, October 1970, page 1909-1914

[36] Weidenfeller H.: *Digitale Modulationsverfahren für die frequenzband-und leistungsbegrenzte Mikrowellen-Funkübertragung*, Fortschrittberichte VDI, Reihe10, VDI-Verlag, Informatik/Kommunikationstechnik, Nr. 88, 1988, (Dissertation TH Darmstadt)

[37] Vlcek A.:, Weidenfeller H.: *Digitale Modulationssysteme der Kategorie APK mit beliebiger geradzahliger und ungeradzahliger Stufenzahl, Teil I:* $m = 2^n$*-stufige APK-Systeme,* $(n = 1, 2, \ldots)$, Frequenz, 45, (1991)1-2, S. 38-44

[38] Büchs J.D.: *Reflexionsphasenumschalter für PSK-Richtfunk-Systeme*, Wiss. Ber. AEG-Telefunken, 48 (1975) 1, S. 1-9

[39] Flachenecker G., de la Fuente P.: *Breitbandiger Phasenumschalter für Mikrowellen*, NTZ, Heft 6, 1973, S. 250-253

[40] Müller F.E.: *Zum rechnergestützten Entwurf von PSK-Direktmodulatoren*, Frequenz, 41 (1987) 10, S. 267-274

[41] Donnevert J.: *Modulationsverfahren für Digitalsignal-Richtfunksysteme*, Der Fernmelde-Ingenieur, 38. Jahrgang, Heft 11/12, Okt./Nov. 1984

[42] Börner S.: *Modems für Digitalsignal-Übertragung im Burstbetrieb über Nachrichtensatelliten*, Wiss. Berichte AEG-Telefunken, 51 (1976) 4/5, S. 212-224

[43] Feher K.: *Digital Communications, Satellite/ Earth Station Engineering*, Prentice Hall Inc. Englewood Cliffs, N.J., 07623 USA, 1983

[44] Spilker J.J.: *Digital Communications by Satellite*, Prentice Hall Inc., Englewood Cliffs N.J., 1977

[45] Auer E., Battenschlag P., Enders P., Pätzold M., Grau K.: *Advanced Modem Equipment for INTELSAT IDR/IBS Services*, Proc. 2nd European Conference on Satellite Communications, Liege, Belgium, 22-24 October 1991, ESA SP-332

[46] Hogge R.H.: *Carrier and Clock Recovery for 8 PSK Synchronous Demodulation*, IEEE Trans. on Communications, VOL. COM-26, No. 5, May 1978, page 528 to 533

[47] ESTEC : European Space Research and Technology Center, *Carrier and Clock Synchronisation for TDMA Digital Communications*, Study June 1974

[48] Koeck K.: *Optimierung der Takt-und Trägerableitung bei 4-PSK-Modems im Burstbetrieb*, Frequenz, 28 (1974) 4, S. 98-107

[49] Schmitt K., Halunga S.: *Digital Maximum-Likelihood-Oriented Clock Recovery in Open Loop Structure and an Analytical Algorithm for the Optimization of the Nonlinearity*, Frequenz 48 (1994) 7-8, S. 185-193

[50] Büchs J.D.: *Einfache Differenzcodierer und-decodierer für Systeme mit vierstufiger Phasendifferenzdemodulation*, NTZ, 29 (1976), S. 390-394

[51] Lindsey W.C.: *Synchronisation Systems in Communication and Control*, Prentice Hall, Inc., Englewood Cliffs, N.J., 1972

[52] Costas J.P.: *Synchronous Communications*, Proc. of the IRE, Vol. 44, Dec. 1956, page 1713-1718

[53] Tannhäuser A,: *High-Speed Data Transmission with Differential Phase Modulation in Telephone Networks*, NTZ, Heft 7, 1972, S. 330-333

[54] Schreitmüller W.: *Berechnung der Symbolfehlerwahrscheinlichkeit in DPSK-Systemen*, Studie "Bandbreitesparende Modulationsverfahren", AEG-Telefunken Backnang, Januar 1978

[55] Moreno L.: *Sensitivity of PSK Modulation Techniques to Nonlinear Distortions*, IEEE Trans. on Comm. VOL. COM-27, May 1979, page 806-811

[56] Weidenfeller H.: *PSK-Systeme mit konstanter Hüllkurve*, Frequenz, 49 (1995) 9-10, S. 200-208

[57] Cahn C. R.: *Combined Digital Phase and Amplitude Modulation Communication Systems*, IRE Trans. on Comm. Systems, September 1960

[58] Hancock J.C., Lucky R.W.: *Performance of Combined Amplitude and Phase-Modulated Communications Systems*, IRE Trans. on Communications Systems, December 1960

[59] Thomas C.M., Weidner M. Y., Durrani S.H: *Digital Phase Keying with M-ary Alphabets*, IEEE Trans. on Comm. VOL. COM-22, NO. 2, Feb. 1974, page 168 to 179

[60] Kawai K., Shintani S., Yanagidaira H.: *Optimum Combination of Amplitude and Phase Modulation Scheme and its Application to Data Transmission Modem*, Concerence Record IEEE Int. Conf. on Comm., Philadelphia, June 1972

[61] Kühne F.: *Modulation und Demodulation von QAM-Signalen in Digital-Richtfunksystemen*, Frequenz, 37 (1983) 5, S. 117-122

[62] Lorek W.: *Ein 16-QAM Modem für 140 Mbit/s -Richtfunksysteme*, Tech. Bericht des FI beim FTZ, 445TBr20, Mai 1981

[63] Barth H., Nossek J.A.: *140-Mbit/s-Modem für Digital-Richtfunksysteme mit 16 QAM*, fernmelde-praxis, 9/84, S. 332-344

[64] Matsuo Y. Namike J.: *Carrier Recovery Systems for Arbitrarily Mapped APK Signals*, IEEE Trans. on Comm. VOL. COM-30, NO. 10, Oct. 1982, page 2385-2390

[65] Horikawa I., Murase T., Saito Y.: *Design and Performance of 200 Mbit/s 16QAM Digital Radio System*, IEEE Trans. on Comm. VOL. COM-27, NO.12, Dec. 1979

[66] Hill T., Feher K.: *A Performance Study of NLA 64 State QAM*, IEEE Trans. on Comm. VOL. COM-31, NO. 6, June 1983, page 821-826

[67] Wu K.T., Feher K.: *256-QAM Modem Performance in Distorted Channels*, IEEE Trans. on Comm. VOL. COM-33, NO. 5, May 1985, page 487 to 491

[68] Bossert M.: *Kanalcodierung*, Teubner-Verlag, Stuttgart, 1992

[69] Heise W., Quattrocchi P.: *Informations-und Codierungstheorie*, Springer-Verlag, Berlin, 1995

[70] Rohling H.: *Einführung in die Informations- und Codierungstheorie*, Teubner- Verlag, 1995

[71] Kaderali F.: *Digitale Kommunikations-Technik I*, Vieweg-Verlag, Wiesbaden, 1991

[72] Berlekamp E.R.: *The Construction of Fast, High-Rate, Soft Decision Block Decoders*, IEEE Trans. on Inform. Theory, VOL. IT-29, NO.3, May 1983, page 372-377

[73] Forney G.D. Jr.: *Coding and its application in space communiacations*, IEEE spectrum, June 1970, page 47-58

[74] Wu W.W., Haccoun D., Peile R., Hirata Y.: *Coding for Satellite Communication*, IEEE Journal on selected Areas in Communications, Vol. SAC-5, NO.4, May 1987, page 724-747

[75] Mildenberger O.: *Informationstheorie und Codierung*, Vieweg-Verlag, Wiesbaden, 1990

[76] Viterbi A.J.: *Error Bounds for Convolutional Codes and an Asymptotically Optimum Decoding Algorithm*, IEEE Trans. on Information Theory, VOL. IT-13, NO.2, April 1967, page 260-269

[77] Forney G.D.,JR.: *The Viterbi Algorithm*, Proc. of the IEEE, VOL. 61, NO. 3, March 1973, page 268-277

[78] Huber J.: *Trelliscodierung*, Springer-Verlag, Berlin, 1993

[79] Acampara A.S.: *Bit Error Rate Bounds for Viterbi Decoding with Modem Implementation Errors*, IEEE Trans. on Comm., VOL. COM-30, NO.1, January 1982, page 129-134

[80] Ungerböck G.: *Channel Coding with Multilevel/Phase Signals*, IEEE Trans. on Information Theory, VOL. IT-28, NO. 1, January 1982, page 55-67

[81] Ungerböck G.: *Trellis-Coded Modulation with Redundant Signal Sets, Part I: Introduction, Part II: State of the Art*, IEEE Communications Magazine, Vol. 25, No.2, February 1987, page 5-21

[82] Rhodes S.A., Lebowitz S.H.: *Performance of Coded OPSK for TDMA Satellite Communications*, International Conference on Digital Satellite Communications, March 23-26, Genoa Italy, Conference Record, 1981, page 79-87

[83] Rhodes S.A., Fang R.J., Chang P.Y.: *Coded octal phase shift keying in TDMA satellite Communications*, Comsat Technical Review Volume 13 Number 2, Fall 1983, page 221-256

[84] Komp G.: *Implementierungsstrategien für einen programmierbaren Viterbi-Decoder für Codierte Modulation*, Forschungs-und Technologiezentrum der Telekom, Technischer Bericht 441TB4E, Dezember 1993

[85] Eilberg E., Freckem R.: *Fehlerkorrektur-Verfahren in Satellitensystemen*, Diplomarbeit FH Frankfurt, WS 1990/91

[86] Biglieri E.: *High-Level Modulation and Coding for Nonlinear Satellite Channels*, IEEE Trans. on Comm., VOL. COM-32, NO.5, May 1984, page 616-626

[87] Wilson G.W., Sleeper H.A., Schottler P.J., Lyons M.T.: *Rate 3/4 Convolutional Coding of 16-PSK: Code Design and Performance Study*, IEEE Trans. on Comm. VOL. COM-32, NO. 12, Dec. 1984 page 1308-1315

[88] Oerder M., Meyr H.: *Rotationally Invariant Trellis Codes for MPSK Modulation*, AEÜ, Band 41, 1987, Heft 1, S. 28-32

[89] Henkel W.: *Phase-Invariant Coded Phase Shift Keying Using Reed-Muller Codes*, AEÜ, Vol. 46, 1992, No. 3, S. 125-130

[90] Komp G., Bertelmeier M.: *Coded phase shift keying with time varying signal sets*, Proc. 8th Int. Conference on Digital Satellite Communications, Point a Pitre, Guadeloupe, May 1990, page 46-55

[91] Fettweis G., Meyr H.: *High Speed parallel Viterbi decoding: Algorithm and VLSI-Architecture*, IEEE Communications Magazine, May 1991, page 46-55

[92] Hagenauer J.: *Vorwärtsfehlerkorrektur in einem "Spread Spectrum "-System bei gepulstem Störsignal*, Frequenz, 40 (1986) 9/10, S. 230-235

[93] Dorsch, B.: *Vorwärtskorrektur bei zeitvarianten Störungen*, Frequenz, 35 (1981) 3/4, S. 96-106

[94] Vlcek A., Weidenfeller H.: *Digitale Modulationssysteme der Kategorie APK mit beliebiger geradzahliger und ungeradzahliger Stufenzahl, Teil II: $l = (2^n - \xi)$-stufige APK-Systeme ($n = 1, 2, 3, \ldots$; $\xi = 1, 2, 3, \ldots$)*, Frequenz 45 (1991) 3-4, S. 66-72

[95] Vlcek A., Weidenfeller H.: *Realisierung eines speziell codierten 2-ASK-Modems für Satelliten-Übertragungsstrecken*, Frequenz, 46 (1992) 1-2, S. 38-44

[96] Mayer K., Vlcek A., Weidenfeller H.: *Theorie und Realisierung von codierten 3APK-Einseitenband-Systemen* Frequenz, 49 (1995) 9-10, S. 209-216

[97] Engelhardt T.-A., Sauerwein J.: *Aufbau eines ESB-3-APK Synchrondemodulators*, Dipl. Arbeit FH Frankfurt, Nr. E91091, WS 1991/92

[98] Leuthold P., Tisi F.: *Ein Einseitenband-System für Datenübertragung*, AEÜ, Band 21, Heft 7, 1967, S. 354-362

[99] Zinke/Brunswig: *Lehrbuch der Hochfrequenztechnik*, Band 2, Springer-Verlag, Berlin, 1987

[100] Schüeli A., Tisi F.: *Die Einseitenbandübertragung von Daten mit der dritten Methode*, AEÜ, Band 23, Heft 3, 1969, S. 113-121

[101] Lender A.: *Correlative Digital Communication Techniques*, IEEE Trans. on Comm. Technology, December 1964, page 130-135

[102] Lender A.: *Correlative level coding for binary-data transmission*, IEEE spectrum, Vol. 3, February 1966, page 104-115

[103] Kretzmer E.R.: *Generalization of a Technique for Binary Data Communication*, IEEE Trans. on Comm. Technology, VOL. COM-14, page 67-68

[104] Kabal P., Pasupathy S.: *Partial Response Signalling*, IEEE Trans. on Comm., September 1975, page 921-934

[105] Appel U., Tröndle K.: *Zusammenstellung und Gruppierung verschiedener Codes für die Übertragung digitaler Signale*, NTZ, Heft 1, 1970, S. 11-16

[106] Kobayashi H.: *A Survey of Coding Schemes for Transmission or Recording of Digital Data*, IEEE Trans. on Comm. Technology, Vol. COM-19, No. 6, Dec. 1971, page 1087-1100

[107] Tannhäuser A., Gerges A.: *Ein Verfahren zur Datenübertragung auf Primärgruppenverbindungen*, NTZ, 29, Heft 6, 1976, S. 449-452

[108] Grunow G., Siglow J.: *Übertragungseinrichtung UEM64 für Datenübertragung über Primärgruppenverbindungen*, Siemenszeitschrift 51, Heft 10, 1977, S. 826-829

[109] Gerges A., Tannhäuser A.: *Ein Verfahren zur Synchronisierung von Takt und Träger aus Partial-Response-Impulsen der Klasse 4*, ntz, Band 30, Heft 6, 1977, S. 499-502

[110] Bader E.: *Ein Datenmodem für 2400 bit/s mit Einseitenbandmodulation*, NTF Band 37, S. 224-230

[111] Cariaolaro G.L., Pupolin S.G.: *A Systematic Approach to Error Probability Evaluation in Correlated-Symbol Systems* Alta Frequenza, VOL. XLVI-N.11-November 1977, page 279E-535 to 291E-547

[112] Geir J.S.: *Error Rate of QPRS Evaluated in, Amplitude-Phase Space*, IEEE Trans. on Comm. VOL. COM-27, NO.2, December 1979, page 1802-1805

[113] Lindner J.: *Modulationsverfahren für die digitale Nachrichtenübertragung*, Teil I. Wiss. Ber. AEG-Telefunken, 54 (1981) 1-2, S. 44-57, Teil II, 54 (1981) 3, S. 107-114

[114] Sonnde G., Hoekstein K.N.: *Einstieg in die digitalen Modulationsverfahren*, Franzis-Verlag, München, 1992

[115] Pelchat M.G.: *The Autocorrelation Function and Power Spectrum of PCM/FM with Random Binary Modulating Waveforms*, IEEE Trans. on Space Electronics and Telemetry, March 1964, page 39-43

[116] Salz J.: *Performance of Multilevel Narrow-Band FM Digital Communication Systems*, IEEE Trans. on Comm. Technology VOL. COM-13, N0. 4, December 1965, page 420-424

[117] Mazo J.E., Salz J.: *Theory of Error Rates for Digital FM*, The Bell System Technical Journal, Nov. 1966, page 1511-1535

[118] Kettel E.: *Die Fehler-Wahrscheinlichkeit bei binärer Frequenzumtastung*, AEÜ, Band 22, Heft 6, 1968, S. 265-275

[119] Meinke/Gundlach: *Taschenbuch der Hochfrequenztechnik*, Vierte Auflage, Studienausgabe Band 3, Systeme, Springer-Verlag, Berlin, 1986

[120] AulinT., Persson B., Rydbeck N., Sundberg C-E.: *Spectrally Efficient Constant Amplitude Digital Modulation Schemes for Communication Satellite Applications*, 6th Int. Conf. on Digital Satellite Communications, Sept. 19-23, 1983, page VI-1 to VI-8

[121] Ruopp G.: *Frequenzdemodulation durch Verzögerung*, ntz, Band 30, Heft 7, 1977, S. 571-577

[122] Masamura T., Shuichi S., Morihiro Y. Fuketa H.: *Differential Detection of MSK with Nonredundant Error Correction*, IEEE Trans. on Comm. VOL. COM-27, NO. 6, June 1979, page 912-918

[123] Hartl Ph.: *Das Prinzip des "Phase Locked Loop" und seine Anwendung in Nachrichtenempfängern für die Raumfahrt*, Raumfahrtforschung, 8 (1964) 2, S. 55-64

[124] Aulin T., Sundberg C-E. W.: *Continuos Phase Modulation-Part I: Full Response Signaling*, IEEE Trans. on Comm. VOL. COM-29, NO. 3, March 1981, page 196-209

[125] Aulin T. Rydbeck N., Sundberg C-E. W.: *Continuos Phase Modulation-Part II: Partial Response Signaling*, IEEE Trans. on Comm. VOL. COM-29, NO. 3, March 1981, page 210-225

[126] Prahse R.P.: *Untersuchung der Pfadbilanz sowie der Empfangsdiversität im D2 GSM-Netz*, Diplomarbeit FH Frankfurt/M., Nr. E93254, SS 1993

[127] Jager F., Dekker C.B.: *Tamed Frequency Modulation A Novel Methode to Achieve Spectrum Economy in Digital Transmission*, IEEE Trans. on Comm., VOL. 1978, COM-26, page 534-542

[128] *Die "gezähmte FM" spart Bandbreite*, Funk-Technik, 34. Jahrgang Nr. 3/1979, S. T133-T134

[129] Panter P.: *Modulation, Noise and Spectral Analysis*, Mc-Graw Hill, New York, 1965

[130] Rother D.: *Einfluß von Gruppenlaufzeit-und Dämpfungsverzerrungen auf die Empfangssicherheit bei mehrstufiger Phasenmodulation*, NTZ 28 (1975) Heft 1, S. 18-24

[131] Aubele R., Bitzer W., Norz A., Rupp H.: *Randbedingungen für ein TDMA-System auf Grund von Gegebenheiten der Übertragungsstrecke*, Frequenz, 25 (1971) 12, S. 362-372

[132] Sunde E.D.: *Pulse Transmission by AM, FM and PM in the Presence of Phase Distortion*, The Bell System Technical Journal Vol. 40, 1961, page 353-422

[133] Benedetto S., Biglierei E., Castellani V.: *Combined Effects of Intersymbol, Interchannel, and Co-Channel Interferences in M-ary CPSK Systems*, IEEE Trans. on Communications Vol. COM-21, NO. 9, Sept. 1973, page 997-1008

[134] Prabhu V.: *Performance of Coherent Phase-Shift-Keyed Systems with Intersymbol Interference*, IEEE Trans. on Information Theory Vol. IT-17, July 1971, page 418-431

[135] Shehadeh N.M., Tu K.: *Effects of Bandlimiting on the Coherent Detection of PSK, ASK and FSK Signals*, AEÜ, Band 26, Heft 9, 1972, S. 369-376

[136] Weidner M.Y.: *Degraded Error Probability for Multi-Phase Digital Signalling with Linear Distortion and Gaussian Noise*, Int. Conf. on Digital Satellite Communications, London, Nov. 1969, page 202-212

[137] Thjung T., Wittke P.H.: *Carrier Transmission of Binary Data in a Restricted Band*, IEEE Trans. on Comm. Technology, VOL: COM-18, NO. 4, August 1970, page 295-304

[138] Kühne F.: *Conversion of Amplitude into Phase Modulation and Intelligible Crosstalk*, Siemens Forsch.-u. Entwicklungsber., Band 1, Nr. 2/71, S. 107-112

[139] Münzel, F.: *Verständliches Nebensprechen und AM/PM-Transfer in kommerziellen Nachrichtensatelliten*, Teil I: Frequenz, 26 (1972) 12, S. 343-347, Teil II: Frequenz 27 (1973) 1, S. 7-11

[140] Shimbo O.: *Effects of Intermodulation, AM-PM Conversion, and Additive Noise in Multicarrier TWT Systems*, Proc. IEEE VOL. 59, NO. 2, Feb. 1971, page 230-238

[141] Fuenzalida J.C., Shimbo O., Cook W.L.: *Time-domain analysis of intermodulation effects caused by nonlinear amplifiers*, Comsat Technical Review Vol. 3, No. 1, Spring 1973, page 88-143

[142] Murakami S., Furuya Y., Otani S., Tanimoto Y.: *Optimum Filters and their Tolerance for Nonlinear Satellite Channels*, 5th Internat. Conference on Digital Satellite Communications, March 23-23, Genoa Italy, page 69-75

[143] Ohwaku R.F., Kuwagaki D.: *Common Amplification of Many Signals by a Travelling Wave Tube Amplifier*, Trans. Inst. E.C.E., Japan Pt. B., May 1968, page 193-200

[144] Pawula R.F., Fong T.S., O'Sullivan M.R.: *Intermodulation Distortion in Frequency Multiplexed Satellite Repeaters*, Proc. of the IEEE, VOL. 59, NO: 2, February 1971, page 213-218

[145] Campanella S.J.: *Analysis of PSK Distortion Spectra Generated in Satellite Transponders*, Int. Conf. on Digital Satellite Communications, London 1969, page 453-471

[146] Lutz E., Tröndle K.: *Mittelwert, Effektivwert und Wahrscheinlichkeitsdichte des Taktjitters in digitalen Übertragungssystemen*, AEÜ, Band 34, 1980, Heft 3, S. 104-110

[147] Pospischil R.: *Jitterproblems in PCM Transmission* NTZ, Heft 11, 1971, S. 596-599

[148] Bartel W.: *Bestimmung des zulässsigen Taktjitters in einem nichtlinearen Phasenregelkreis*, Frequenz, 33 (1979) 2, S. 51-57

[149] Fang Y.: *Carrier Phase Jitter Extraction Method for VSB and SSB Data Transmission Systems*, IEEE Int. Conf. on Communications, 1972, Conf. Record, page 45-18 to 45-22

[150] Benedetto S., De Vincentiis G., Luvison A.: *The Effect of Phase Jitter on the Performance of Automatic Equalizers* IEEE Int. Conference on Communications, 1972, Conf. Record page 37-17 to 37-23

[151] Komaki S., Horikawa I., Morita K., Okamoto Y.: *Characteristics of a High Capacitiy 16 QAM Digital Radio System in Multipath Fading*, IEEE Trans. on Comm. VOL. COM-27, NO: 12, Dec. 1979, page 1854-1861

[152] Morais D.H. Swerinson A., Feher K.: *The Effect of the Amplitude and Delay Slope Components of Frequency Selective Fading on QPSK, Offset QPSK and 8PSK Systems*, IEEE Trans. on Comm. VOL. COM-27, NO. 12, Dec. 1979, page 1849-1853

[153] Ha T.T.: *Digital Satellite Communications*, Macmillan Publishing Company, New York, Collier Macmillan Publishers, London, 1986

[154] CCIR *Handbook on Satellite Communications*, ITU Geneva, 1985

Sachverzeichnis

Druck: Mercedesdruck, Berlin
Verarbeitung: Buchbinderei Lüderitz & Bauer, Berlin